全国高等院校计算机基础教育“十三五”规划教材

信息技术基础

主　编　　齐翠巧　韩建英
副主编　　白　洁　宋炳章　党　莹

中国铁道出版社有限公司
CHINA RAILWAY PUBLISHING HOUSE CO., LTD.

内 容 简 介

本书内容以“精理论、强实践，培养实用技能型人才”为核心指导思想，贴近全国计算机等级考试(一级 MS Office)考试大纲，介绍计算机基础知识和基本操作技能。全书分 7 章，主要内容包括信息技术基础概述、计算机系统、Windows 7 操作系统、Word 2010 文字处理软件、Excel 2010 电子表格处理软件、PowerPoint 2010 演示文稿制作软件、计算机网络基础与 Internet 应用。本书内容采用了大量典型案例，并辅以微课视频，便于读者自学；各章后配有技能训练或思考题，以提高学生的计算机操作技能和解决实际问题的能力。

本书适合作为高等院校非计算机专业公共课程的教材，也可作为计算机等级考试（一级 MS Office）的辅导教材和自学用书。

图书在版编目（CIP）数据

信息技术基础/齐翠巧，韩建英主编. —北京：中国铁道出版社有限公司，2020.6（2021.12重印）
全国高等院校计算机基础教育“十三五”规划教材
ISBN 978-7-113-26771-1

Ⅰ.①信… Ⅱ.①齐… ②韩… Ⅲ.①电子计算机-高等学校-教材 Ⅳ.①TP3

中国版本图书馆 CIP 数据核字(2020)第 054551 号

书　　名：信息技术基础
作　　者：齐翠巧　韩建英

策　　划：魏　娜　　　　**编辑部电话：**（010）51873202
责任编辑：刘丽丽　贾淑媛
封面设计：刘　颖
责任校对：张玉华
责任印制：樊启鹏

出版发行：中国铁道出版社有限公司（100054，北京市西城区右安门西街 8 号）
网　　址：http://www.tdpress.com/51eds/
印　　刷：中煤（北京）印务有限公司
版　　次：2020 年 6 月第 1 版　2021 年 12 月第 4 次印刷
开　　本：880 mm×1 230 mm 1/16　**印张：**13.5　**字数：**442 千
书　　号：ISBN 978-7-113-26771-1
定　　价：39.80 元

前言

PREFACE

在信息技术日新月异、高速发展的现代社会，信息技术已成为人们工作和沟通的重要工具，办公自动化的程度随着计算机技术的快速发展而不断提高。信息技术基础属于公共基础课，编者根据教育部制定的《大学计算机基础课程教学基本要求》，总结多年教学经验，结合行业应用，参照高校非计算机专业公共计算机课程改革的新动向，并结合全国计算机等级考试（一级 MS Office）考试大纲，进行充分的研讨与论证后编写了本书。

本书内容编写以“精理论、强实践，培养实用技能型人才”为核心指导思想，介绍计算机基础知识和基本操作技能。本书力求体现教学内容的基础性、科学性、前瞻性和适用性，反映计算机领域最新的软硬件发展情况；结合计算机在医学领域中的应用，使学生能够掌握利用计算机知识解决本专业相关问题的能力，培养学生终身学习的知识基础和能力基础；本书编写时注重理论知识浅显易懂，技能操作步骤清晰，并配以微课视频教学资源，支持在线移动学习，通俗易懂，具有较强的可读性和适用性，促进学生操作技能和综合应用能力的提高。

全书分 7 章，主要内容包括信息技术基础概述、计算机系统、Windows 7 操作系统、Word 2010 文字处理软件、Excel 2010 电子表格处理软件、PowerPoint 2010 演示文稿制作软件、计算机网络基础与 Internet 应用。本书内容采用了大量典型案例，文字简练，实用性强，且典型例题或知识点配有教学视频，扫描书中二维码即可观看，便于读者自学；第 3 ~ 7 章课后配有相应的技能训练，方便师生有目的、有计划地进行上机操作，巩固所学知识，提高学生计算机的操作技能和解决实际问题的能力。

本书由齐翠巧、韩建英任主编，白洁、宋炳章、党莹任副主编，张孟辉、郭红果、李鑫、段娜、杨志参与编写。第 1 章由白洁编写，第 2 章由韩建英编写，第 3 章由党莹编写，第 4 章由宋炳章编写，第 5 章由齐翠巧、杨志编写，第 6 章由张孟辉、李鑫编写，第 7 章由郭红果、段娜编写。

本书在编写过程中参考了大量文献和资料，在此一并致谢。由于本书的知识面较广，编者水平有限，加之时间仓促，不妥之处在所难免，敬请专家、教师及读者多提宝贵意见。

编　者

2020 年 2 月

目录

CONTENTS

第 1 章　信息技术基础概述..1
1.1　基础知识..1
1.1.1　信息与信息技术..1
1.1.2　计算机的产生与发展..2
1.1.3　计算机的特点..5
1.1.4　计算机的分类..5
1.1.5　计算机的应用..6
1.1.6　信息技术在医学中的应用..7
1.1.7　信息技术的发展趋势..8
1.2　计算机内部数据的表示方法..9
1.2.1　数制的基本概念..9
1.2.2　不同数制之间的转换..11
1.2.3　计算机的基本运算..13
1.2.4　数值型数据的表示方法..13
1.2.5　信息编码..14
思考题..17
第 2 章　计算机系统..19
2.1　计算机系统组成..19
2.1.1　计算机的工作原理..19
2.1.2　计算机硬件系统..20
2.1.3　计算机软件系统..21
2.2　微型计算机概论..23
2.2.1　微型计算机的硬件组成..23
2.2.2　微型计算机的主要性能指标..30
2.3　信息安全..31
2.3.1　信息安全的定义..31
2.3.2　信息安全的基本特征..31
2.3.3　信息安全的基本内容..31
2.3.4　信息安全法律法规..32
2.4　计算机病毒..32
2.4.1　计算机病毒的定义..32
2.4.2　计算机病毒的特性..32
2.4.3　计算机病毒的类型..33
2.4.4　计算机病毒的预防与清除..34
2.5　黑客与防火墙..34
2.5.1　黑客..34
2.5.2　防火墙（Firewall）..36
思考题..36
第 3 章　Windows 7 操作系统..37
3.1　Windows 7 概述..37
3.1.1　Windows 7 的特性..37
3.1.2　Windows 7 的安装..37
3.2　Windows 7 的基本操作..38
3.2.1　鼠标操作..38
3.2.2　Windows 7 的桌面..39
3.2.3　Windows 7 的窗口及操作..40
3.2.4　对话框及操作..43
3.2.5　Windows 7 的菜单..44
3.3　Windows 7 的资源管理..45
3.3.1　文件和文件夹..45
3.3.2　Windows 资源管理器..46
3.3.3　库..48
3.3.4　文件和文件夹的操作..49
3.3.5　回收站的管理..54
3.3.6　磁盘管理..55
3.4　Windows 7 的常用附件操作..57
3.4.1　画图..57
3.4.2　记事本..58
3.4.3　写字板的使用..58
3.4.4　计算器的使用..58
3.5　操作系统环境设置与系统维护..59
3.5.1　控制面板..59
3.5.2　桌面的个性化..59
3.5.3　日期和时间的设置..62

3.5.4 键盘和鼠标的设置 63
3.5.5 用户账户设置 64
3.5.6 添加和删除程序设置 66
3.5.7 打印机设置 67
3.6 Windows 7 中文输入 68
3.6.1 输入法的切换 68
3.6.2 “智能 ABC”中文输入法 68
3.7 使用“帮助和支持中心” 70
技能训练 71
技能训练一 资源管理器的使用 71
技能训练二 附件的使用和控制面板的设置 72
第 4 章 Word 2010 文字处理软件 73
4.1 Word 2010 概述 73
4.1.1 Word 2010 的基本功能 73
4.1.2 Word 2010 的启动与退出 74
4.1.3 Word 2010 的窗口组成 74
4.2 文档的基本操作 76
4.2.1 创建新文档 76
4.2.2 打开文档 77
4.2.3 保存文档 77
4.2.4 关闭文档 78
4.2.5 使用多个文档 79
4.3 文本的录入和编辑 79
4.3.1 录入文本 79
4.3.2 文本编辑 80
4.4 文档排版 84
4.4.1 文档视图 84
4.4.2 字符格式设置 85
4.4.3 段落格式设置 87
4.4.4 页面格式 90
4.4.5 样式 93
4.4.6 模板 95
4.5 表格制作 96
4.5.1 创建表格 96
4.5.2 编辑表格 97
4.5.3 设置表格格式 99
4.5.4 表格与文本的互换 101
4.5.5 数据处理 102
4.6 图形功能 102
4.6.1 绘制自选图形 102
4.6.2 图片和剪贴画 107
4.6.3 插入艺术字 107
4.6.4 插入文本框 107
4.6.5 插入 SmartArt 图形 108
4.6.6 使用公式编辑器 109
4.7 打印 110
技能训练 111
技能训练一 文档的基本操作与编辑 111
技能训练二 文档的编辑与排版操作 111
技能训练三 表格制作 114
技能训练四 图文混排操作和文档的打印 115
第 5 章 Excel 2010 电子表格处理软件 117
5.1 Excel 2010 概述 117
5.1.1 Excel 2010 的基本功能 117
5.1.2 Excel 2010 的启动与退出 117
5.1.3 Excel 2010 的工作界面 118
5.1.4 基本概念 119
5.2 Excel 2010 的基本操作 119
5.2.1 工作簿管理 119
5.2.2 工作表基本操作 121
5.3 录入数据 123
5.3.1 选择单元格 123
5.3.2 输入数据 124
5.3.3 自动填充数据 126
5.3.4 添加批注 129
5.4 工作表的编辑与格式化 129
5.4.1 编辑数据 129
5.4.2 复制与移动数据 130
5.4.3 清除数据 130
5.4.4 插入或删除行、列与单元格 131
5.4.5 查找和替换 131
5.4.6 设置工作表的格式 132
5.5 公式和函数 136
5.5.1 使用公式 136
5.5.2 引用单元格 137

5.5.3 使用函数 138
5.6 数据管理与分析 140
5.6.1 数据清单 140
5.6.2 数据排序 141
5.6.3 数据筛选 142
5.6.4 分类汇总 144
5.6.5 数据透视表 145
5.7 图表制作 147
5.7.1 创建图表 147
5.7.2 设置图表格式 149
5.8 打印 151
5.8.1 页面设置 151
5.8.2 打印预览与打印 154
技能训练 154
技能训练一 创建工作表及基本操作 154
技能训练二 工作表的编辑、格式化及公式和函数的使用 155
技能训练三 工作表的数据管理与分析 155
技能训练四 工作表的图表操作 157
第6章 PowerPoint 2010 演示文稿制作软件 159
6.1 PowerPoint 2010 概述 159
6.1.1 PowerPoint 2010 基本概念 159
6.1.2 PowerPoint 2010 的启动与退出 160
6.1.3 工作界面 160
6.1.4 视图模式 162
6.2 演示文稿的基本操作 164
6.2.1 创建演示文稿 164
6.2.2 保存演示文稿 167
6.2.3 文本的输入和格式化 167
6.2.4 插入图片和艺术字 168
6.2.5 插入表格 170
6.2.6 插入图表 171
6.2.7 插入声音和影片 172
6.2.8 插入页眉与页脚 173
6.2.9 插入公式 173
6.3 编辑幻灯片 173
6.4 演示文稿的外观修饰 174
6.4.1 设置幻灯片版式 174
6.4.2 使用幻灯片母版 174
6.4.3 应用主题 175
6.4.4 设置幻灯片的背景 176
6.5 演示文稿的播放效果 177
6.5.1 设置幻灯片内动画 177
6.5.2 设置幻灯片切换效果 179
6.5.3 创建超链接 180
6.6 放映演示文稿 181
6.6.1 放映演示文稿 181
6.6.2 设置放映方式 181
6.6.3 排练计时 182
6.6.4 录制旁白 182
6.6.5 隐藏幻灯片 183
6.6.6 打包演示文稿 183
6.7 打印 184
6.7.1 页面设置 184
6.7.2 打印演示文稿 184
技能训练 185
技能训练一 PowerPoint 2010 的基本操作 185
技能训练二 演示文稿的美化 187
技能训练三 幻灯片的动画、超链接设置及放映 187
第7章 计算机网络基础与 Internet 应用 188
7.1 计算机网络概述 188
7.1.1 计算机网络的发展 188
7.1.2 计算机网络的定义与分类 189
7.1.3 计算机网络的组成 191
7.1.4 计算机网络的功能 191
7.1.5 计算机网络体系结构和网络协议的基本概念 192
7.1.6 网络连接设备 193
7.1.7 网络传输介质 194
7.2 计算机网络新技术 195
7.2.1 IPv6 195
7.2.2 语义网 196
7.2.3 网格技术 197
7.2.4 P2P 199

7.2.5 移动计算技术 199
7.2.6 物联网技术 200
7.2.7 无线网络技术 200
7.2.8 蜂窝无线通信技术 200
7.3 Internet 基础 201
7.3.1 Internet 的发展史及其特点 201
7.3.2 Internet 提供的服务 202
7.3.3 IP 地址、域名、URL 地址 204
7.3.4 Internet 常用接入方式 206
思考题 207
参考文献 208

第1章 信息技术基础概述

信息技术教育的本质是利用信息技术培养信息素质，以适应信息社会对人才培养标准的要求。以计算机技术、网络与通信技术和微电子技术为代表的现代信息技术，正在改变人们传统的生活、学习和工作方式，同时也影响着教育的内容与方法。

1.1 基础知识

随着时间的推移，时代将赋予信息新的含义，使“信息”成为一个动态的概念。现代“信息”的概念，已经与半导体技术、微电子技术、计算机技术、通信技术、网络技术、多媒体技术、信息服务业、信息产业、信息经济、信息化社会、信息管理、信息论等含义紧密地联系在一起。

1.1.1 信息与信息技术

1. 信息

信息和控制是信息科学的基础和核心，因此从不同角度出发，对信息这一概念有不同的理解。信息论创始人香农（Shannon）认为信息是可以使不确定性减少或消除的知识。某一知识使不确定性减少的程度越大，则它的信息量越大。控制论的创始人维纳（N.Wiener）提出：“信息这个名词的内容就是我们对外界进行调节并使我们的调节为外界所了解时而与外界交换的东西。”如人与人之间的交流，目的在于相互了解，协调行为。我国信息论专家钟义信教授指出：信息是指事物状态及其状态变化的反映。

信息的概念已渗透到许多不同的学科。信息是一个多元化、多层次、多功能的复杂综合体，应当从不同角度和侧面进行考查。

2. 信息的主要特征

信息具有如下基本特征：普遍性、客观性、依附性、共享性、时效性、传递性等。

普遍性：在自然界和人类社会中，事物都是在不断发展和变化的。事物所表达出来的信息也是无所不在。因此，信息也是普遍存在的。

客观性：由于事物的发展和变化是不以人的主观意识为转移的，所以信息也是客观的。

依附性：信息不是具体的事物，也不是某种物质，而是客观事物的一种属性。信息必须依附于某个客观事物（媒体）而存在。同一个信息可以借助不同的信息媒体表现出来，如文字、图形、图像、声音、影视和动画等。

共享性：非实物的信息不同于实物的材料、能源。材料和能源在使用之后，会被消耗、被转化。信息也是一种资源，具有使用价值。但是随着信息传播的面积越广、使用信息的人越多，信息的价值和作用反而会越大。信息在复制、传递、共享的过程中，可以不断地重复产生副本。但是，信息本身并不会减少，也不会被消耗掉。

时效性：随着事物的发展与变化，信息的可利用价值也会相应地发生变化。信息随着时间的推移，可能会失去其使用价值，可能就是无效的信息了。这就要求人们必须及时获取信息、利用信息，这样才能体现信息的价值。

传递性：信息通过传输媒体的传播，可以实现信息在空间上的传递。如我国载人航天飞船“神舟九号”与“天宫一号”空间交会对接的现场直播，向全国及世界各地的人们介绍我国航天事业的发展进程。缩短了对接现场和电视观众之间的距离，实现了信息在空间上的传递。信息通过存储媒体的保存，可以实现信息在时间上的传递。如没能看到“神舟九号”与“天宫一号”空间交会对接的现场直播的人，可以采用回放或重播的方式来收看。这就是利用了信息存储媒体的牢固性，实现了信息在时间上的传递。

3. 信息技术

信息技术（Information Technology，IT），是主要用于管理和处理信息所采用的各种技术的总称。它主要是应用计算机科学和通信技术来设计、开发、安装和实施信息系统及应用软件。它也常被称为信息和通信技术（Information and Communications Technology，ICT），主要包括计算机技术、传感技术和通信技术。

信息技术的应用包括计算机硬件和软件、网络和通信技术、应用软件开发工具等。计算机和互联网普及以来，人们日益普遍地使用计算机来生产、处理、交换和传播各种形式的信息。

迄今为止，人类社会已经发生过四次信息技术革命。

第一次革命是人类创造了语言和文字，接着出现了文献。语言、文献是当时信息存在的形式，也是信息交流的工具。

第二次革命是造纸和印刷技术的出现。这次革命结束了人们单纯依靠手抄、撰刻文献的时代，使得知识可以大量生产、存储和流通，进一步扩大了信息交流的范围。

第三次革命是电报、电话、电视及其他通信技术的发明和应用。这次革命是信息传递手段的历史性变革，它结束了人们单纯依靠烽火和驿站传递信息的历史，大大加快了信息传递速度。

第四次革命是电子计算机和现代通信技术在信息工作中的应用。电子计算机和现代通信技术的有效结合，使信息的处理速度、传递速度得到了惊人的提高；人类处理信息和利用信息的能力达到了空前的高度。今天，人类社会已经进入了信息社会。

4. 信息系统

信息系统（Information System）是由计算机硬件、网络和通信设备、计算机软件、信息资源、信息用户和规章制度组成的以处理信息流为目的的人机一体化系统。

信息系统主要有五个基本功能，即对信息的输入、存储、处理、输出和控制。

信息系统经历了简单的数据处理信息系统、孤立的业务管理信息系统和集成的智能信息系统三个发展阶段。

5. 信息媒体

信息必须要依附于客观事物而存在。但是，获取后的信息通常是以文字、图形、图像、声音、影视和动画等形式存在的。人们将承载信息内容的文字、图形、图像、声音、影视和动画等称为信息的载体，也称为信息的媒体（Medium）。

信息媒体有着多种形式，国际电话与电报咨询委员会（Consultative Committee on International Telephone and Telegraph，CCITT），将信息媒体划分为感觉媒体、表示媒体、表现媒体、存储媒体和传输媒体五类。

感觉媒体（Perception Medium）是指直接作用于人的感觉器官，直接就能感觉到的媒体，如文字、图形、图像、声音、影视和动画等。

表示媒体（Representation Medium）是为了加工处理和传输感觉媒体而人为研究、构造出来的一种媒体，它有各种编码方式，如文字编码、图像编码和声音编码等。

表现媒体（Presentation Medium）是指进行信息输入和输出的媒体，如键盘、鼠标、扫描仪、话筒和摄像机等输入媒体，以及显示器、打印机和扬声器等输出媒体。

存储媒体（Storage Medium）是指用于存储感觉媒体和表示媒体的物理介质，如纸张、胶卷、唱片、磁带和硬盘、光盘、U 盘等。

传输媒体（Transmission Medium）是指用于传输表示媒体的物理介质，如电缆和光缆等。

在没有特殊说明的情况下，人们所说的“信息媒体”，通常是指信息的“感觉媒体”。

1.1.2 计算机的产生与发展

计算机技术是信息技术的基础。电子计算机的研制成功是人类最伟大的科学技术成就之一，它的诞生极大地推动着科学技术的发展。

1. 计算机的诞生

通常说到的“世界公认的第一台电子数字计算机”，大多数人认为是 1946 年 2 月面世的“ENIAC”，如图 1-1 所示，它主要是用于计算弹道。ENIAC 是美国宾夕法尼亚大学物理学家莫克利（J.Mauchly）和工程师埃克特（J.P.Eckert）等人共同开发的电子数值积分计算机（Electronic Numerical Integrator And Computer，ENIAC）。

ENIAC 中约有 18 000 多只电子管、1 500 多个继电器、70 000 多只电阻器以及其他各种电子元件，占地面积 170 m^2，功率为 100 kW。这样一台“巨大”的计算机每秒可以进行 5 000 次加减法运算，相当于手工计算的 20 万倍。虽然 ENIAC 体积庞大，耗电量惊人，运算速度不过几千次（现在的超级计算机运算速度最快可达每秒万亿次），但它比当时已有的计算装置的计算速度要快 1 000 倍，而且还有按事先编好的程序自动执行算术运算、逻辑运算和存储数据的功能。ENIAC 宣告了一个新时代的开始，从此开辟了人类使用电子计算工具的新纪元，科学计算的大门也被打开了。

图 1-1　世界上第一台电子计算机（ENIAC）

尽管 ENIAC 是第一台正式投入运行的电子计算机，但它不具备现代计算机“存储程序”的思想。

2. 计算机的发展阶段

随着电子技术的不断发展，计算机先后以电子管、晶体管、集成电路、大规模和超大规模集成电路为主要元器件，共经历了四代的变革。每一代的变革在技术上都是一次新的突破，在性能上都有一次质的飞跃。

第一代计算机（1946—1958 年）是电子管计算机，计算机使用的主要逻辑元件是电子管，因此也称电子管时代。主存储器先采用延迟线，后采用磁鼓磁芯，外存储器使用磁带。软件方面，用机器语言和汇编语言编写程序。这个时期计算机的特点是体积庞大、耗能高、运算速度低（一般每秒几千次到几万次）、内存容量小、可靠性差、价格昂贵。这一时期，计算机主要用于科学计算，从事军事和科学研究方面的工作，这为计算机技术的发展奠定了基础。其研究成果扩展到民用，形成了计算机产业，由此揭开了一个新的时代——计算机时代。其代表机型有 ENIAC、IBM650（小型机）、IBM709（大型机）等。

第二代计算机（1959—1964 年）是晶体管计算机，这个时期计算机使用的主要逻辑元件是晶体管，因此也称晶体管时代。主存储器采用磁芯，外存储器使用磁带和磁盘。软件方面开始使用管理程序，后期使用操作系统并出现了 FORTRAN、COBOL、BASIC 等一系列高级程序设计语言，并提出了操作系统的概念，计算机设计出现了系列化的思想。这一时期计算机的特点是体积缩小、能耗降低、寿命延长、运算速度提高（一般为每秒数十万次，最高可达每秒 300 万次）、可靠性提高、内存容量也有较大的提高、价格不断下降。应用范围也进一步扩大，从军事与尖端技术领域延伸到气象、工程设计、数据处理以及其他科学研究领域。其代表机型有 IBM 7090、IBM 7094、CDC 7600 等。

第三代计算机（1965—1970 年）是中小规模集成电路计算机，这个时期的计算机用中小规模集成电路代替了分立元件，用半导体存储器代替了磁芯存储器，外存储器使用磁盘。软件方面，操作系统进一步完善，高级语言数量增多，出现了并行处理、多处理机、虚拟存储系统，以及面向用户的应用软件。软硬件都向通用化、系列化、标准化的方向发展。

第四代计算机（1971 年以后）是大规模和超大规模集成电路计算机。这个时期的计算机主要逻辑元件采用大规模集成电路（LSI）和超大规模集成电路（VLSI）。

目前使用的计算机都属于第四代计算机。从 20 世纪 80 年代开始，一些国家开始研制第五代计算机，研究的目标是能够打破以往计算机固有的体系结构，使计算机能够具有像人一样的思维、推理和判断能力，向智能化发展，实现接近人的思考方式。

3. 我国计算机的发展

我国的计算机事业起步晚，发展快。计算机发展到今天经历了电子管、晶体管、集成电路、大规模集成电路等几个阶段。

我国从 1956 年开始研制计算机，1958 年 6 月第一台计算机诞生了，这台小型电子管数字计算机被命名为“103”

机，第二年，我国第一台大型电子管数字计算机“104”机也研制成功。此后又相继研制成功多台计算机，它们填补了我国计算机领域的空白，为形成我国自己的计算机工业奠定了基础。

我国在研制第一代电子管计算机的同时，已开始研制晶体管计算机，1965 年研制成功了我国第一台大型晶体管计算机 109 乙机。109 乙机共用 2 万多只晶体管、3 万多只二极管。对 109 乙机加以改进，两年后又推出 109 丙机，为用户运行了 15 年，有效运算时间在 10 万小时以上，为我国两弹试验发挥了重要作用，被用户誉为“功勋机”。

1971 年，又研制出以集成电路为重要器件的 DJS 系列计算机。1974 年 8 月，多功能小型通用数字机通过鉴定，宣告系列化计算机产品研制取得成功，这种产品生产了近千台，标志着我国计算机工业走上了系列化批量生产的道路。

1978 年，邓小平同志在第一次全国科技大会上提出，中国要搞四个现代化，不能没有巨型机！巨型机是一个国家重要的战略资源，没有它，飞船无法升空，基因研究无法继续，复杂的气象预报难以准确。

在我国计算机专家和科技工作者的不懈努力下，1983 年 12 月，“银河”超高速电子计算机系统研制成功，它的向量运算速度为每秒一亿次以上，软件系统内容丰富，我国从此跨入了世界巨型电子计算机的行列。这台计算机后来被人们称为“银河Ⅰ”巨型机。

1992 年，10 亿次巨型机“银河Ⅱ”通过鉴定。

1997 年，每秒 130 亿次浮点运算的“银河Ⅲ”并行巨型机研制成功。

1999 年 9 月，峰值速度达到每秒 1 117 亿次的曙光 2000-Ⅱ超级服务器问世。

同年，每秒 3 840 亿次浮点运算的“神威”并行计算机研制成功并投入运行。我国成为继美国、日本之后世界上第三个具备研制高性能计算机能力的国家。

2000 年，推出每秒浮点运算速度 3 000 亿次的曙光 3000 超级服务器。

2003 年 12 月 10 日，深腾 6800 超级计算机研制成功，运算速度为每秒 4.183 万亿次。

2004 年 6 月，曙光 4000A 研制成功，峰值运算速度为每秒 11 万亿次，是国内计算能力最强的商品化超级计算机。中国成为继美、日之后第三个跨越了 10 万亿次计算机研发、应用的国家。

2008 年 8 月，曙光 5000A 研制成功，并以峰值速度 230 万亿次的成绩跻身世界超级计算机前十名，标志着我国成为世界上继美国之后第二个成功研制浮点速度在百万亿次的超级计算机。

2010 年 11 月，“天河一号”（TH-1A）凭借着双精度浮点运算峰值速度达到每秒 5.49 亿亿次，问鼎全球超级计算机 500 强排行榜榜首。

自 2013 年 6 月以来，我国国防科技大学研制的“天河二号”超级计算机，连续第 6 次位居世界超级计算机 500 强排行榜榜首。

2016 年 6 月，由中国国家并行计算机工程技术研究中心研制的“神威·太湖之光”（见图 1-2），以每秒 9.3 亿亿次的浮点运算速度夺冠，并连续四次位居世界超级计算机 500 强排行榜榜首。

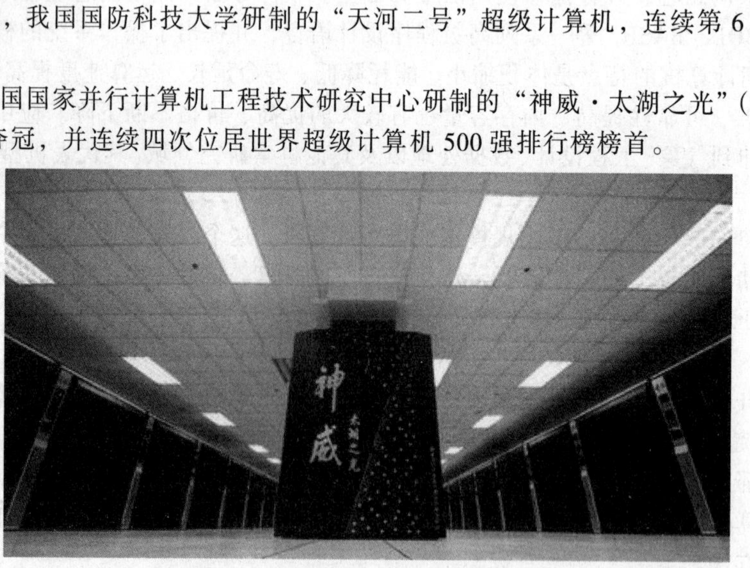

图 1-2 “神威·太湖之光”超级计算机

2019 年 12 月，中国境内有 219 台超级计算机上榜，上榜数量位列第一，美国以 116 台位列第二，日本、法国、英国和德国依次位居其后。这是 2017 年 11 月以来，中国超级计算机上榜数量第五次位居第一。美国的“顶点”以浮点运算速度峰值每秒 20 亿亿次夺冠，我国的“神威·太湖之光”位居第三。

超级计算机，被称为“国之重器”，属于战略高技术领域，是世界各国竞相角逐的科技制高点，也是一个国家科技实力的重要标志之一。

如今，超级计算机比以往任何时候都重要，它不仅能为能源、医药、飞机制造、汽车与娱乐业等广泛领域的行业提供高性能计算服务，而且还促使不同行业更快地生产出优异的新产品，从而提高一个国家的竞争力。

1.1.3 计算机的特点

计算机作为一种通用的信息处理工具，它具有极高的处理速度、很强的存储能力、精确的计算和逻辑判断能力，其主要特点如下：

1. 运算速度快，计算精度高

计算机具有高速的处理能力与很高的计算精度。计算机神奇的运算速度，是人类手工计算无法达到的。“神威·太湖之光”系统的峰值性能为每12.5亿亿次，持续性能为每秒9.3亿亿次。这套系统1分钟的计算能力，相当于全球72亿人同时用计算器不间断计算32年。

现代计算机提供多种表示数据的能力，以满足对各种计算精确度的要求。一般计算机可以有十几位甚至几十位（二进制）有效数字，计算精度可由千分之几到百万分之几，是任何计算工具所望尘莫及的。

2. 具有记忆和逻辑判断能力

在计算机中都配置了存储装置，它不仅可以存储计算过程中的原始数据信息、计算的中间结果与最后结果，还可以存储人们指挥计算机工作的程序。存储程序是计算机的一个重要特点，它是计算机能自动工作的基础。计算机不仅能够保存大量的文字、图像、声音等信息资料，还能将这些信息加以处理、分析与重新组合，以便满足在各种应用中对这些信息的要求。

计算机还具有可靠的逻辑判断功能，这种功能不仅有利于实现计算机工作的自动化，而且保证了计算机控制的判断可靠、反应迅速、控制灵敏，而这些特点是人脑所不能及的。

3. 有自动控制能力

计算机内部操作是根据人们事先编好的程序自动控制进行的。用户根据计算需要，事先设计好运行步骤与程序，计算机十分严格地按程序规定的步骤操作，整个过程不需要人工干预。

1.1.4 计算机的分类

按照1989年由美国电气电子工程师学会（IEEE）提出的分类法，可将计算机分为巨型计算机、小巨型计算机、主机、小型计算机、工作站和个人计算机。

1. 巨型计算机（Super Computer）

巨型计算机是一种超大型电子计算机，又称超级计算机，通常是指由数百数千甚至更多的处理器（机）组成的、能计算普通个人计算机和服务器不能完成的大型复杂课题的计算机。超级计算机是计算机中功能最强、运算速度最快、存储容量最大的一类计算机，多用于国家高科技领域和尖端技术研究，是国家科技发展水平和综合国力的重要标志。随着超级计算机运算速度的迅猛发展，它也被越来越多的应用在工业、科研和学术等领域。

2. 小巨型计算机

小巨型计算机亦称桌上型超级计算机。它是在巨型机的基础上，在力求保持或略微降低巨型机性能的条件下开发的一种性能价格比较高的计算机，即巨型机的小型化。这种计算机在技术上采用高性能的微处理器组成并行处理器系统。

3. 主机

主机即大型计算机，是计算机的一种，作为大型商业服务器，在今天仍具有很大活力。它们一般用于大型事务处理系统，其应用软件通常是硬件本身成本的好几倍，因此大型机仍有一定地位。

大型机体系结构的最大好处是无与伦比的输入/输出（I/O）处理能力。虽然大型机处理器并不总是拥有领先优势，但是I/O体系结构使其能处理好多个PC服务器一起工作才能处理的数据。大型机的另一些特点包括它们的大尺寸和使用液体冷却处理器阵列。在使用大量中心化处理的组织中，它们仍有重要的地位。

4．小型计算机

小型计算机是价格低、规模小的大型计算机，典型的小型计算机运行 UNIX 或者 MPE、VEM 等专用的操作系统。它们比大型计算机价格低，却几乎有同样的处理能力。HP 9000 系列小型计算机几乎可与 IBM 的传统大型计算机相竞争。

在高端小型机一般使用的技术有：基于 RISC 的多处理器体系结构、高速缓存、大容量内存和磁盘存储器，以及专设管理处理器。

5．工作站（Workstation）

工作站是一种以个人计算机和分布式网络计算为基础，主要面向专业应用领域，具备强大的数据运算与图形、图像处理能力，为满足工程设计、动画制作、科学研究、软件开发、金融管理、信息服务、模拟仿真等专业领域而设计开发的高性能计算机。

工作站通常配有高分辨率的大屏幕显示器及容量很大的内存储器和外部存储器，并且具有较强的信息处理功能和高性能的图形、图像处理功能以及联网功能。

6．个人计算机（Personal Computer，PC）

个人计算机是由大规模集成电路组成的、体积较小的电子计算机，如图 1-3 所示，其特点是体积小、灵活性大、价格便宜、使用方便。个人计算机以微处理器为基础，配以内存储器及 I/O 接口电路和相应的辅助电路。

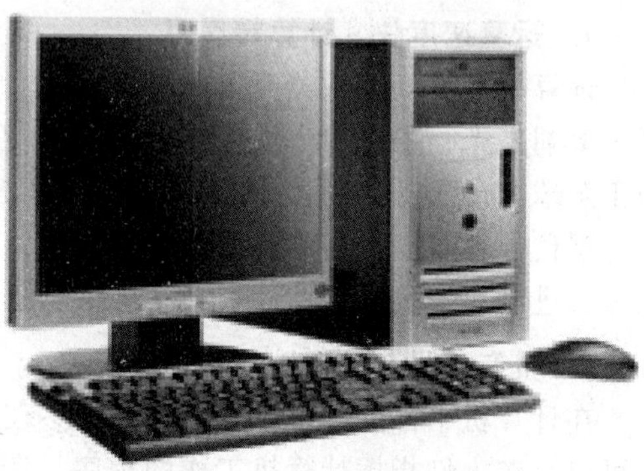

图 1-3 个人计算机

1.1.5 计算机的应用

随着计算机技术的不断发展，功能不断增强，计算机的应用领域也日益扩大。现在，计算机的发展与应用水平已成为衡量一个国家现代化水平的重要标志。

1．科学计算

科学计算又称数值计算，它是计算机最早的应用领域，也是最基本的应用。科学计算是指计算机用于完成科学研究中所提出的数学问题的计算。这类计算往往公式复杂、难度很大，用一般计算工具难以完成。例如，证明画地图时只需四种颜色即可做到使相邻两国不出现同一颜色的“四色定理”，在数学上长期不能得到证明，成为一大难题。因为用人工证明昼夜不停地计算要花费十几万年，而使用高速电子计算机，这问题就可解决。

2．数据处理

数据处理又称信息处理，是目前计算机应用最广泛的一个领域，也是现代化管理的基础。信息处理是指对信息进行采集、分析、存储、传送、检索等综合加工处理，从而得到人们所需要的数据形式。目前，计算机的信息处理应用已非常普遍，如人事管理、库存管理、财务管理、图书资料管理、商业数据交流、情报检索、经济管理等。

据统计，全世界计算机用于数据处理的工作量占全部计算机应用的 80%以上，大大提高了工作效率和管理水平。

3．过程控制

过程控制又称实时控制。目前，自动控制被广泛用于操作复杂的钢铁企业、石油化工业、医药工业等生产中。使用计算机进行自动控制可大大提高控制的实时性和准确性，提高劳动效率、产品质量，降低成本，缩短生产周期。

4．计算机辅助系统

计算机辅助系统可以包含多个方面，例如：计算机断层扫描技术（Computed Tomography，CT，图 1-4）、计算机辅助设计（Computer Aided Design，CAD）、计算机辅助制造（Computer Aided Manufacturing，

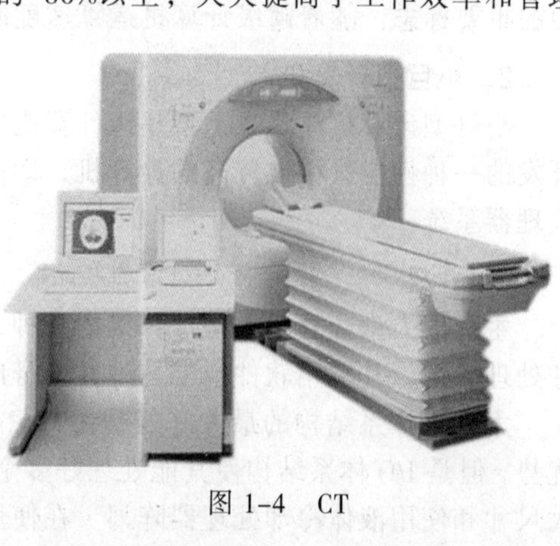

图 1-4 CT

CAM）、计算机辅助工艺过程设计（Computer Aided Process Planning，CAPP）、计算机辅助工程（Computer Aided Engineering，CAE）、计算机集成制造系统（Computer Integrated Manufacturing System，CIMS）、计算机辅助测试（Computer Aided Testing，CAT）、计算机辅助教育（Computer-Based Education，CBE）等，人们通常又把计算机辅助教育分为计算机辅助教学（Computer Assisted Instruction，CAI）和计算机管理教学（Computer Managed Instruction，CMI）。

此外，还有计算机辅助出版（Computer Aided Publishing，CAP）、计算机辅助学习（Computer Aided Learning，CAL）、计算机辅助软件工程（Computer Aided Software Engineer，CASE）等多方面的计算机辅助应用。

5. 人工智能

人工智能是计算机学科的一个分支。人工智能（Artificial Intelligence，AI）也称智能模拟，是用计算机来模拟人的感应、判断、理解、学习、问题求解等人类的智能活动。人工智能是处于计算机应用研究最前沿的学科，主要应用表现在机器人、专家系统、模式识别、智能检索和机器自动翻译等方面。

6. 多媒体技术应用

通常的计算机应用系统可以处理文字、数据和图形等信息，而多媒体计算机除了可以处理以上的信息外，还可以综合处理图像、声音、动画、视频等信息。在医疗、教育、商业、银行、保险行政管理、军事、工业、广播和出版等领域中，多媒体技术的应用发展得很快。

7. 网络应用

随着网络技术的发展，计算机的应用更为广泛，如通过高速信息网实现数据与信息的查询、高速通信服务（电子邮件、电视电话、电视会议、文档传输）、电子教育、电子娱乐、电子购物、远程医疗和会诊、交通信息管理等。

8. 办公自动化

办公自动化是信息革命的产物，也是社会信息化的重要技术保证。在行政机关中，大都把办公自动化称为电子政务，企事业单位就称为 OA，即办公自动化。

办公自动化（Office Automation，OA）是将现代化办公和计算机网络功能结合起来的一种新型的办公方式。通过实现办公自动化，或者说实现数字化办公，可以优化现有的管理组织结构，调整管理体制，在提高效率的基础上，增加协同办公能力，强化决策的一致性，最后实现提高决策效能的目的。凡是在传统的办公室中采用各种新技术、新机器、新设备从事办公业务，都属于办公自动化的领域。办公软件具备易用性、健壮性、开放性三大特性。

9. 大数据与云计算

大数据技术支持海量数据的获取、存储、分析和应用过程，而云计算也使海量数据的信息处理成为可能。

大数据（Big Data）指无法在一定时间范围内用常规软件工具进行捕捉、管理和处理的数据集合，是需要新处理模式才能具有更强的决策力、洞察发现力和流程优化能力的海量、高增长率和多样化的信息资产。从各种各样类型的数据中，快速获得有价值信息的能力就是大数据技术。大数据无法用单台计算机进行处理，必须依托云计算的分布式处理、分布式数据库、云存储和虚拟化技术，其特色在于对海量数据的把握。相比现有的其他技术而言，大数据最核心的价值在于对于海量数据进行存储和分析，它在“廉价、迅速、优化”这三方面的综合成本是最优的。大数据具有 Volume（大量）、Velocity（高速）、Variety（多样）、Value（价值）的特点。

云计算是继互联网、计算机后在信息时代又一种革新，云计算是信息时代的一个大飞跃，未来可能是云计算的时代。云计算（Cloud Computing）是一种基于互联网的计算方式，通过这种方式，共享的软硬件资源和信息可以按需提供给计算机和其他设备。云计算具有超大规模、虚拟化、高可靠性、通用性、高可扩展性、按需服务、极其廉价等特点，并具有潜在的危险性。

大数据与云计算的关系是动与静的关系。数据是计算的对象，是静的概念；云计算强调的是计算，是动的概念。

1.1.6 信息技术在医学中的应用

随着信息时代的来临，医疗机构也在充分利用电子计算机这一现代化技术，来努力提高劳动生产力，并力争在最短的时间内获得最大最好的收益。

1．医院信息系统（HIS）

我国卫生部在《医院信息系统基本功能规范》中对医院信息系统的定义为：医院信息系统是指利用计算机软硬件技术、网络通信技术等现代化手段，对医院及其所属各部门的人流、物流、财流进行综合管理，对在医疗活动各阶段中产生的数据进行采集、存储、处理、提取、传输、汇总、加工生成各种信息，从而为医院的整体运行提供全面的、自动化的管理及各种服务的信息系统。医院信息系统是现代化医院建设中不可缺少的基础设施与支撑环境。

（1）医院管理信息系统（HMIS）：其主要目标是支持医院的行政管理与事务处理业务，减轻事务处理人员的劳动强度，辅助医院管理，辅助高层领导决策，提高医院的工作效率，从而使医院能够以较少的投入获得更好的社会效益与经济效益。如财务系统、人事系统、住院病人管理系统、药品库存管理系统等就属于HMIS的范围。

（2）临床信息系统（CIS）：其主要目标是支持医院医护人员的临床活动，收集和处理病人的临床医疗信息，丰富和积累临床医学知识，并提供临床咨询、辅助诊疗、辅助临床决策，提高医护人员的工作效率，为病人提供更多、更快、更好的服务。如医嘱处理系统、病人床边系统、医生工作站系统、实验室系统、药物咨询系统等就属于CIS范围。

（3）医学影像的存储和传输系统（PACS）：是放射学、影像医学、数字化图像技术、计算机技术及通信技术的结合，它将医学图像资料转化为计算机数字形式，通过高速计算设备及通信网络，完成对图像信息的采集、存储、管理、处理及传输等功能，使得图像资料得以有效管理和充分利用。

（4）放射科信息系统（RIS）：是放射医疗学的信息管理系统，它将中文化的HIS挂号与西文的医疗仪器有效地结合，不但可以提高医生的工作质量，方便放射科内部管理，也可缩短病人的候诊时间。它提供的强大的统计分析功能，为医院作病理分析、疾病统计提供了高效而准确的手段。RIS是HIS在放射科的缩影，其中包含病人安排系统、放射科管理系统、放射科子系统。

2．远程医疗系统

远程医疗系统是指以计算机和网络通信为基础，实现针对医学资料（数据、文本、图片和声像）的多媒体特性和远距离会诊视频与音频信息的传输、存储、查询、比较、显示以及共享的系统。

一个开放性的远程医疗系统应包括：远程诊断（Remote Diagnosis）、专家会诊（Consultant of Specialists）、信息服务（Information Service）、在线检查（Online Examination）和远程学习（Remote Studying）等几个主要部分。

1.1.7 信息技术的发展趋势

计算机的发展表现为巨型化、微型化、多媒体化、网络化和智能化五种趋势。

1．巨型化

巨型化是指发展高速、大存储容量和强大功能的超大型计算机。这既是诸如天文、气象、宇航、核反应等尖端科学以及进一步探索新兴科学，如基因工程、生物工程的需要，也是为了能让计算机具有人脑学习、推理的复杂功能。巨型机的研制、开发和利用，代表着一个国家的经济实力和科学水平。

2．微型化

因大规模、超大规模集成电路的出现，计算机迅速微型化。微型机可渗透到诸如仪表、家用电器、导弹弹头等中小型机无法进入的领地。当前微型机的标志是运算部件和控制部件集成在一起，今后将逐步发展到对存储器、通道处理机、高速运算部件、图形卡、声卡的集成，进一步将系统的软件固化，达到整个微型机系统的集成。微型机的研制、开发和广泛应用，则标志着一个国家科学普及的程度。

3．多媒体化

多媒体是“以数字技术为核心的图像、声音与计算机、通信等融为一体的信息环境”的总称。多媒体技术的目标是无论在什么地方，只需要简单的设备，就能自由自在地以接近自然的交互方式收发所需要的各种媒体信息。

4．网络化

计算机网络是计算机技术发展中崛起的又一重要分支，是现代通信技术与计算机技术结合的产物。从单机走向联网，是计算机应用发展的必然结果。所谓计算机网络，就是在一定的地理区域内，将分布在不同地点的不同机型的计算机和专门的外围设备由通信线路互联组成一个规模大、功能强的网络系统，以达到共享信息、共享资源的目的。

5．智能化

智能化是建立在现代化科学基础之上、综合性很强的边缘学科。它是让计算机来模拟人的感觉、行为、思维过程的机理，使计算机具备“视觉”“听觉”“语言”“行为”“思维”，以及逻辑推理、学习、证明等能力，形成智能型、超智能型计算机。

1.2　计算机内部数据的表示方法

计算机所表示和使用的数据可分为两大类：数值型数据和非数值型数据。数值型数据用以表示量的大小、正负，如整数、小数等。非数值型数据，用以表示一些符号、标记，如英文字母 A～Z、a～z、数字 0～9、各种专用字符+、–、*、/、[、]、(、) 及标点符号等。汉字、图形和声音数据也属非数值型数据。由于在计算机内部只能处理二进制数，所以数字编码的实质就是用 0 和 1 两个数字进行各种组合，将要处理的信息表示出来。

1.2.1　数制的基本概念

日常生活中使用的数制很多，如 1 年有 12 个月（十二进制），1 斤等于 10 两（十进制），1 分钟等于 60 秒（六十进制）等。计算机科学中经常使用十进制、二进制、八进制和十六进制。但在计算机内部，一般使用二进制编码形式来表示。

1．进位计数制

数制也称计数制，是人们利用符号来计数的科学方法，指用一组固定的符号和统一的规则来表示数值的方法。

如何表示一个“数”，最为人们所接受的是“进位计数制”。例如大家非常熟悉的十进制数，它用 0～9 共 10 个数字符号及其进位来表示数的大小。下面我们利用它引出进位计数制的有关概念。

（1）0～9 这些数字符号称为“数码”。

（2）全部数码的个数称为“基数”。十进制数的基数为 10。

（3）用“逢基数进位”的原则进行计数，称为“进位计数制”。例如，十进制数的基数是 10，所以它的计数原则就是“逢十进一”。

（4）进位以后的数字，按其所在位置的前后，将代表不同的数值，表示各位有不同的“位权”，又称“权值”。

（5）位权与基数的关系是：位权的值等于基数的若干次幂。

在十进制数中，各个位的权值分别是：10^i（i=–m～n，其中 n，m 为整数）。

例如：

$13\ 651.78=1\times10^4+3\times10^3+6\times10^2+5\times10^1+1\times10^0+7\times10^{-1}+8\times10^{-2}$

式中 10^4、10^3、10^2、10^1、10^0、10^{-1}、10^{-2} 即为各个位的权值，每一位上的数码与该位权值的乘积，就是该位的数值。

即：1　3　6　5　1　.　7　8

↓　↓　↓　↓　↓　　↓　↓

1×10^4　3×10^3　6×10^2　5×10^1　1×10^0　7×10^{-1}　8×10^{-2}

（6）任何一种数制表示的数都可以写成按位权展开的多项式之和。

设一个 R 进制的数 $A=(a_na_{n-1}a_{n-2}a_{n-3}\cdots a_1a_0.a_{-1}a_{-2}\cdots a_{-m})$，则

$$A=a_n\times R^n+a_{n-1}\times R^{n-1}+a_{n-2}\times R^{n-2}+\cdots+a_1\times R^1+a_0\times R^0+a_{-1}\times R^{-1}+\cdots+a_{-m}\times R^{-m}$$

$$=\sum a_i\times R^i \qquad (i=n\sim -m)$$

2．常用的进位计数制

计算机中常用的进位计数制除了前面介绍的十进制以外还有二进制、八进制和十六进制。

（1）二进制数。与十进制相似，二进制数也遵循两个规则：

① 仅有两个不同的数码，即 0，1。

② 进/借位规则为：逢二进一，借一当二。

如：$(11001.101)_2=1\times2^4+1\times2^3+0\times2^2+0\times2^1+1\times2^0+1\times2^{-1}+0\times2^{-2}+1\times2^{-3}$。

（2）八进制数。八进制数也遵循两个规则：

① 有 8 个不同的数码，即 0，1，2，3，4，5，6，7。

② 进/借位规则为：逢八进一，借一当八。

如：$(21064.271)_8=2\times8^4+1\times8^3+0\times8^2+6\times8^1+4\times8^0+2\times8^{-1}+7\times8^{-2}+1\times8^{-3}$。

（3）十六进制数。二进制数在计算机系统中处理很方便，但当位数较多时，比较难记忆和书写。为此，通常将二进制数用十六进制数表示。

十六进制是计算机系统中除二进制之外使用较多的进制，其遵循的两个规则为：

① 其有 0，1，2，3，4，5，6，7，8，9，A，B，C，D，E，F 共 16 个数码，分别对应十进制数的 0～15；

② 进/借位规则为：逢十六进一，借一当十六。

十六进制数同二进制数及十进制数一样，也可以写成展开式的形式。

如：$(C1A4.BD)_{16}=12\times16^3+1\times16^2+10\times16^1+4\times16^0+11\times16^{-1}+13\times16^{-2}$。

3．书写规则

为了区分各种计数制的数，常采用如下表示方法：

（1）在数字后面加写相应的英文字母作为标识：

B（Binary）表示二进制数。二进制数的 1001011 可写成 1001011B。

O（Octonary）表示八进制数。八进制数的 2513 可写成 2513O。但为了避免字母 O 与数字 0 相混淆，常用 Q 代替 O。八进制数的 2513 又可写成 2513Q。

D（Decimal）表示十进制数。十进制数的 6597 可写成 6597D。一般约定 D 可省略，即无后缀的数字为十进制数字。

H（Hexadecimal）表示十六进制数，十六进制数 3DE6 可写成 3DE6H。

（2）在括号外面加数字下标：

$(1001011)_2$——表示二进制数的 1001011。

$(2513)_8$——表示八进制数的 2513。

$(6597)_{10}$——表示十进制数的 6597。

$(3DE6)_{16}$——表示十六进制数的 3DE6。

常用的不同计数制数值的表示方法如表 1-1 所示。

表 1-1 常用计数制的表示方法

十进制	二进制	八进制	十六进制	十进制	二进制	八进制	十六进制
0	0	0	0	9	1001	11	9
1	1	1	1	10	1010	12	A
2	10	2	2	11	1011	13	B
3	11	3	3	12	1100	14	C
4	100	4	4	13	1101	15	D
5	101	5	5	14	1110	16	E
6	110	6	6	15	1111	17	F
7	111	7	7	16	10000	20	10
8	1000	10	8	17	10001	21	11

1.2.2　不同数制之间的转换

1．十进制数与二进制数之间的转换

用计算机处理十进制数，必须先把它转换成二进制数才能被计算机接受。计算结果应将二进制数转换成人们习惯的十进制数。

1）十进制数转换为二进制数

当将一个十进制数转换为二进制数时，通常是将其整数部分和小数部分分别进行转换。

（1）十进制整数转换为二进制整数。

由于二进制计数的原则是“逢二进一”，因此，将十进制整数转换为二进制整数时采用除以 2 取余法。其具体做法是：将十进制数除以 2，得到商和余数；再将这个商除以 2，又得到商和余数；继续这个过程，直到商等于零为止。此时，每次所得的余数（必定是 0 或 1）就是对应二进制数中的各位数字。但必须注意，在这个过程中，第一次得到的余数为对应二进制数的最低位，最后一次得到的余数为对应二进制数的最高位，将每次取得的余数部分从下到上逆序排列即得到所对应的二进制整数。

（2）十进制小数转换为二进制小数

在将十进制小数转换为二进制小数时采用乘 2 取整法。其具体做法是：用 2 乘十进制纯小数，取出乘积的整数部分；再用 2 乘余下的纯小数部分，再取出乘积的整数部分；继续这个过程，直到余下的纯小数为 0，或者已得到足够的位数为止。最后将每次取得的整数部分从上到下顺序排列即得到所对应的二进制小数。

（3）一般的十进制数转换为二进制数

对于一般的十进制数转换为二进制数，可以将其整数部分与小数部分分别转换，然后再把它们组合起来。

【例 1-1】将十进制数 57.84375 转换成二进制数。

整数部分采用除 2 取余法，小数部分采用乘 2 取整法：

```
                                  0.84375
                                 ×       2
                                 ---------
                                  1.68750…………1   ↓
                                  0.68750
2 |57 …………1   ↑                  ×       2
2 |28 …………0                     ---------
2 |14 …………0                      1.37500…………1
  2 |7 …………1                     0.37500
  2 |3 …………1                    ×       2
  2 |1 …………1                    ---------
     0                             0.75000…………0
                                  0.75000
                                 ×       2
                                 ---------
                                  1.50000…………1
                                  0.50000
                                 ×       2
                                 ---------
                                  1.000000…………1
```

整数部分的结果为：$(57)_{10}=(111001)_2$　　　　小数部分的结果为：$(0.84375)_{10}=(0.11011)_2$

最后结果为：$(57.84375)_{10}=(111001.11011)_2$。

2）二进制数转换成十进制数

把二进制数转换为十进制数的方法是：将二进制数按权展开后求和。

【例 1-2】将二进制数 10111001.101 转换成十进制数。

$$
\begin{aligned}
(10111001.101)_2 &= 1\times2^7+0\times2^6+1\times2^5+1\times2^4+1\times2^3+0\times2^2+0\times2^1+1\times2^0 \\
&\quad +1\times2^{-1}+0\times2^{-2}+1\times2^{-3} \\
&=128+0+32+16+8+0+0+1+0.5+0+0.125 \\
&=(185.625)_{10}
\end{aligned}
$$

注意：一个二进制小数能够完全准确地转换成十进制小数，但是，一个十进制小数不一定能够完全准确地转换成二进制小数。

2．十进制数与八进制数、十六进制数之间的转换

1）十进制数转换成八进制数、十六进制数

了解了十进制数转换成二进制数的方法以后，对十进制转换成八进制数或十六进制数就很容易了。十进制数转换成非十进制数的方法是：整数部分和小数部分分别进行转换，整数部分采用“除以基数取余法”，小数部分采用“乘基数取整法”。对于八进制数，整数部分采用除以 8 取余法，小数部分采用乘 8 取整法；对于十六进制数，整数部分采用除以 16 取余法，小数部分采用乘 16 取整法。

【例 1-3】将十进制数 263.6875 转换为八进制数。

整数部分采用除 8 取余法，小数部分采用乘 8 取整法：

```
                                        0.6875
8 | 263 ………… 7   ↑                 ×       8
  8 | 32 ………… 0  |                 5.5000 ………… 5   ↓
    8 | 4 ………… 4  |                 0.5000
        0                            ×      8
                                     4.0000 ………… 4
```

整数部分的结果为：$(263)_{10}=(407)_8$ 小数部分的结果为：$(0.6875)_{10}=(0.54)_8$

最后结果为：$(263.6875)_{10}=(407.54)_8$。

【例 1-4】将十进制数 986.84375 转换为十六进制数。

整数部分采用除 16 取余法，小数部分采用乘 16 取整法：

```
                                      0.84375
                                   ×       16
                                      506250
16 | 986 ………… 10——A   ↑            + 84375
  16 | 61 ………… 13——D  |            13.50000 ………… 13——D   ↓
    16 | 3 ………… 3     |             0.50000
         0                         ×       16
                                     3  00000
                                   +5   0000
                                     8.00000 ………… 8
```

整数部分的结果为：$(986)_{10}=(3DA)_{16}$ 小数部分的结果为：$(0.84375)_{10}=(0.D8)_{16}$

最后结果为：$(986.84375)_{10}=(3DA.D8)_{16}$。

2）八进制数、十六进制数转换成十进制数

非十进制数转换成十进制数的方法是：把各个非十进制数按权展开后求和。对于八进制数或十六进制数可以写成 8 或 16 的各次幂之和的形式，然后再计算其结果。

【例 1-5】将八进制数 366.54 转换为十进制数。

$$
\begin{aligned}
(366.54)_8 &= 3\times8^2+6\times8^1+6\times8^0+5\times8^{-1}+4\times8^{-2}\\
&=192+48+6+0.625+0.0625\\
&=(246.6875)_{10}
\end{aligned}
$$

【例 1-6】将十六进制数 A1C.D8 转换为十进制数。

$$
\begin{aligned}
(A1C.D8)_{16} &= A\times16^2+1\times16^1+C\times16^0+D\times16^{-1}+8\times16^{-2}\\
&=10\times16^2+1\times16^1+12\times16^0+13\times16^{-1}+8\times16^{-2}\\
&=2560+16+12+0.8125+0.03125\\
&=(2588.84375)_{10}
\end{aligned}
$$

1.2.3 计算机的基本运算

计算机的基本运算有两种：数值计算（最基本的是算术运算）和非数值计算（最基本的是逻辑运算）。

1. 算术运算

二进制数的算术运算非常简单，它的基本运算是加法。在计算机中，引入补码后，加上一些控制逻辑，利用加法就可以实现二进制的减法、乘法和除法运算。

（1）二进制加法规则：

$0+0=0$　　　　$1+0=1$

$0+1=1$　　　　$1+1=\underline{1}0$（加下画线为进位位）

（2）二进制减法规则：

$0-0=0$　　　　$0-1=1$——借位

$1-0=1$　　　　$1-1=0$

（3）二进制乘法规则：

$0\times0=0$　　　　$0\times1=0$

$1\times0=0$　　　　$1\times1=1$

（4）二进制除法规则：

$0\div0=0$　　　　$0\div1=0$

$1\div0=0$（无意义）　　　　$1\div1=1$

2. 逻辑运算

逻辑变量之间的运算称为逻辑运算。逻辑运算包括三种基本运算：与（AND）、或（OR）、非（NOT）。一般 1 表示事件的肯定（真），0 表示事件的否定（假）。

（1）“与”运算（AND）。“与”运算又称逻辑乘，用符号“·”或“∧”来表示。运算规则如下：

$0\wedge0=0$　　　　$0\wedge1=0$

$1\wedge0=0$　　　　$1\wedge1=1$

即当两个参与运算的数中有一个数为 0，则运算结果为 0，两个参与运算的数都为 1，结果为 1。

（2）“或”运算（OR）。“或”运算又称逻辑加，用符号“+”或“∨”表示。运算规则如下：

$0\vee0=0$　　　　$0\vee1=1$

$1\vee0=1$　　　　$1\vee1=1$

即当两个参与运算的数中有一个数为 1，则运算结果为 1，两个参与运算的数都为 0，结果为 0。

（3）“非”运算（NOT）。如果变量为 A，则它的非运算结果用 $\bar{A}$ 表示。运算规则如下：

$\bar{0}=1$　　　　$\bar{1}=0$

1.2.4 数值型数据的表示方法

数值型数据指数学中的代数值，具有量的含义，且有正负之分、整数和小数之分。

1. 机器数的概念

任何一个非二进制整数输入到计算机中都必须以二进制格式存放在计算机的存储器中。每个数据占用一个或多个字节。通常把一个数的最高位规定为数值的符号位，用“0”表示正，用“1”表示负，称为数符，其余的数表示数值。这种连同数字与符号组合在一起的二进制数称为机器数。由机器数所表示的实际值称为真值。

要全面、完整地表示一个机器数，应该考虑三个因素：机器数的范围、机器数的符号、机器数中小数点的位置。

（1）机器数的范围。由于计算机设备上的限制及满足操作上的便利，机器数都有固定的位数，因此它表示的数受到固定位数的限制，机器数的范围由硬件（CPU 中的寄存器）决定，超过这个范围就会产生“溢出”。

当使用 8 位寄存器时，字长为 8 位，所以一个无符号整数的最大值是 255，即$(11111111)_2=(255)_{10}$，此时机器数的范围为 0～255，如果超过这个值，就会产生“溢出”；当使用 16 位寄存器时，字长为 16 位，所以一个无符号整数的最大值是$(FFFF)_{16}=(65535)_{10}$。此时机器数的范围为 0～65 535。

（2）机器数的符号。不考虑正负的机器数称为无符号数；考虑正负的机器数称为有符号数。例如，一个 8 位机器数，其最高位是符号位，那么在定点整数原码表示情况下，对于 00110010 和 10011001，其真值分别为十进制数+50 和–25。

如果用一个字节表示一个有符号整数，其取值范围 - 127～ + 127。例如：如果用一个字节表示整数，则能表示的最大正整数为 01111111（最高位为符号位），即最大值为 127，若｜数值｜＞127，则“溢出”。

（3）机器数中小数点的位置。带小数点的数在计算机中用隐含规定小数点的位置来表示。根据小数点的位置是否固定，分为定点数和浮点数。

2．定点数和浮点数

（1）定点数的表示法。

定点数的表示法是把小数点约定在机器数的某一固定的位置上。

如果小数点约定在符号位和数值的最高位之间，那么所有参加运算的数的绝对值小于 1，即为定点纯小数。

【例 1-7】设机器数的定点数长度为 2 字节（8 个二进制位称为一个字节），用定点数表示$(0.8125)_{10}$。

$(0.8125)_{10}=(0.1101)_2$，在机器内表示形式为

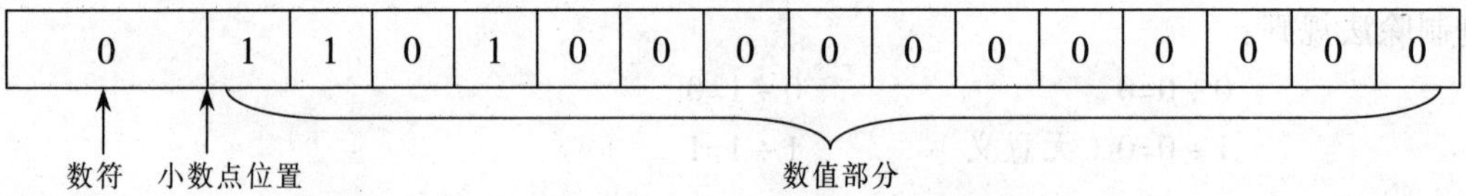

如果小数点约定在数值的最低位之后，那么所有参加运算的数都是整数，即为定点整数。

【例 1-8】设机器数的定点数长度为 2 字节，请用定点数表示整数$(-185)_{10}$。

$(-185)_{10}=(-10111001)_2$，在机器内表示形式为

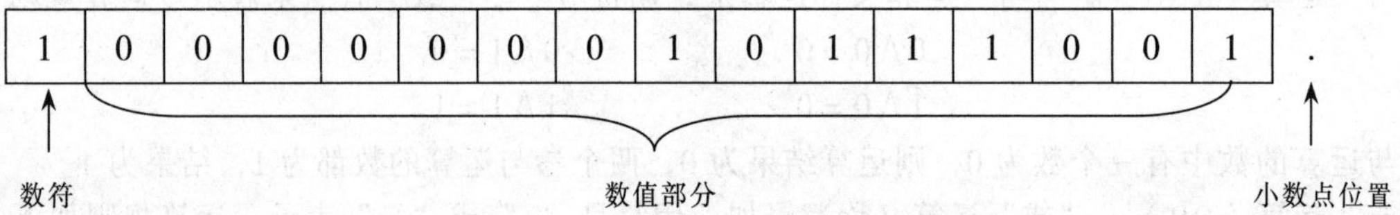

定点数在使用时，所有原始数据事先都要按比例转换成纯小数或整数，运算结果还要按比例转换成实际值。

定点表示法所能表示的数值范围非常有限，一个 n 位的无符号二进制数 X，其表示范围为：$0\leqslant X\leqslant 2^n-1$，若运算结果超出这个范围，则产生“溢出”。

（2）浮点数的表示法。

浮点数是指小数点位置不固定的数，它既有整数部分又有小数部分，如 121.57、63.589 等。

任何一个二进制数 N 都可写成：$N=\pm S\times 2^{\pm j}$。

其中，j 称为 N 的阶码，j 前面的正、负号称为阶符，S 称为 N 的尾数，S 前面的正、负号称为数符。

在计算机中一般浮点数的存放形式为

阶符	阶码	数符	尾数

在浮点数表示中，数符和阶符各占用一位，阶码是定点整数，阶码的位数决定了所表示的数的范围，尾数是定点小数，尾数的位数决定了数的精度，在不同字长的计算机中，浮点数所占的位数不同，一般占用 2 个或 4 个机器字长。

1.2.5 信息编码

信息编码（Information Coding）是为了方便信息的存储、检索和使用，在进行信息处理时赋予信息元素以代码的过程。即用不同的代码与各种信息中的基本单位组成部分建立一一对应的关系。信息编码必须标准、系统化，设计合理的编码系统是关系信息管理系统生命力的重要因素。

1. 认识编码

在工作和生活中我们会遇到各种各样的编码，如身份证号、手机号、电话号、学生的学号、图书的编号等，这些用数字、字母、文字按规定的方法来代表固定的信息称为编码。

以我国的身份证号由 18 位编码组成为例。其中，顺序码表示在同一地区内对同一出生日期的人的顺序编号，顺序码的奇数分配给男性，偶数分配给女性；X 为校验码，其值取决于校验结果，可以是 X 或 0 ~ 9 中的数，如图 1-5 所示。

1	3	0	5	0	1	Y	Y	Y	Y	M	M	D	D	8	8	8	X
地址码						出生日期码								顺序码			校验码

图 1-5　身份证号码

2. 美国信息交换标准代码（ASCII 码）

ASCII 码（American Standard Code for Information Interchange）是美国信息交换标准代码的简称，已被国际标准化组织（ISO）采纳，作为国际通用的信息交换标准代码。ASCII 码是一种西文字符编码，有 7 位 ASCII 码和 8 位 ASCII 码两种，7 位 ASCII 码称为标准 ASCII 码，8 位 ASCII 码称为扩展 ASCII 码。7 位 ASCII 码用一个字节（8 位）表示一个字符，并规定最高位为 0，实际只用到 7 位，可以表示 128（$2^7 = 128$）种字符。ASCII 码包括英文大小写字母、数字、专用字符、控制字符等；在 ASCII 码中，按其作用可分为：34 个控制字符，第 0～32 号及 127 号，主要包括换行、回车等功能字符；10 个阿拉伯数字，第 48～57 号；52 个英文大小写字母，其中 65～90 号为 26 个英文大写字母，97～122 号为 26 个小写字母；其余为一些标点符号、运算符号等 32 个专用符号，同一个字母的 ASCII 码值小写字母比大写字母大 32。ASCII 码的编码如表 1-2 所示。在计算机中，对非数值的文字和其他符号进行处理时，要对文字和符号进行数字化处理，即用二进制编码来表示文字和符号。字符编码（Character Code）是用二进制编码来表示字母、数字以及专门符号。

表 1-2　ASCII 码的编码表

$b_4b_3b_2b_1$ \ $b_7b_6b_5$	000	001	010	011	100	101	110	111
0000	NUL	DLE	空格	0	@	P	、	p
0001	SOH	DC1	!	1	A	Q	a	q
0010	STX	DC2	“	2	B	R	b	r
0011	ETX	DC3	#	3	C	S	c	s
0100	EOT	DC4	$	4	D	T	d	t
0101	ENQ	NAK	%	5	E	U	e	u
0110	ACK	SYN	&	6	F	V	f	v
0111	BEL	ETB	‘	7	G	W	g	w
1000	BS	CAN	(	8	H	X	h	x
1001	HT	EM	)	9	I	Y	i	y
1010	LF	SUB	*	:	J	Z	j	z
1011	VT	ESC	+	;	K	[	k	{
1100	FF	FS	,	<	L	\	l	|
1101	CR	GS	–	=	M	]	m	}
1110	SO	RS	.	>	N	ˆ	n	～
1111	SI	US	/	?	O	_	o	DEL

为了适应 Internet 的需要，进一步扩展计算机中各种语言文字的表达能力，国际标准化组织推出了兼容世界各国文字的 Unicode 编码方案。Unicode 兼容 ASCII 码，采用 16 位编码。

3．汉字编码

1）汉字编码字符集

我国已公布的汉字信息交换码标准以及与此有关的字符集标准有：GB 1988—1998《信息技术 信息交换用七位编码字符集》、GB 2311—2000《信息技术 字符代码结构与扩充技术》、GB 2312—1980《信息交换用汉字编码字符集 基本集》。

我国于 1981 年颁布《信息交换用汉字编码字符集 基本集》GB 2312—1980（简称 GB，国标码），该字符集把高频字、常用字和次常用字归结为汉字基本集（共 6 763 个），再按出现的频度分为一级汉字 3 755 个（按拼音排序）和二级汉字 3 008 个（按部首排序），字体均为简化字。这样，一、二级汉字约占累计使用频度的 99.99%以上。基本集还包括西文字母、日文假名、俄文字母、数字以及一些特殊的图符记号，共 7 445 个图形字符作了编码。

整个编码表分成 94 个区，每区 94 位。每个字符采用两个字节（高位为 0）来表示，区编号为第一字节，位编号为第二字节。第一字节的 21H 开始为第 1 区，7EH 结束为第 94 区；第二字节的 21H 开始为第 1 位，7EH 结束为第 94 位。整个编码空间达 8 836 个字符位置，汉字从第 16 区开始，一个字符的区码和位码表示该字符在编码空间中的位置，两者可组合成该字符的国标区位码（简称区位码）。每一字符与区位码对应的、两个字节均从 21H 开始的编码称为汉字信息交换码，简称国标码。例如，16 区第 1 位所对应的汉字“啊”，其区位码为 1001H，而其国标码为 3021H。这样，区位码与国标码之间存在着简单的对应关系：

字符的国标码 = 字符的区位码 + 2020H

由此可知，国标码实际上是由两个字节的各 7 位二进制数来表示的，而西文字符是用一个字节来表示的。因此，为解决在计算机内部如何来表示汉字与西文的问题，引进了汉字内部码（或称汉字内码）。目前计算机采用的汉字内码绝大部分采用“高位为 1 的两字节码”，即把某汉字的国标码的第一、二字节的最高位均置 1，就是该汉字的机内码（简称内码）。

汉字机内码 = 汉字国标码 + 8080H

【例 1-9】汉字“啊”的国标码为 3021H，求其机内码。

其机内码为：3021H + 8080H = B0A1H。

由于汉字编码基本集为简体字，且字数不多，因此对于中医药管理、古籍管理和户籍管理等领域的计算机处理就显得不足。为此我国又先后推出了多个汉字编码辅助集，即第一辅助集 GB 12345—1990（简称 G1）、第三辅助集 GB 7589—1987（简称 G3）和第五辅助集 GB 7590—1987（简称 G5）。

2）汉字编码的分类

汉字也是字符，但它比西文字符量多且复杂，给计算机处理带来了困难。汉字处理技术首先要解决的是汉字输入、输出及计算机内部的编码问题。根据汉字处理过程中的不同要求，有多种编码形式，主要可分为四类：汉字输入码、汉字交换码、汉字机内码和汉字字型码。

（1）汉字输入码。

汉字输入码又称外码。目前，汉字输入法主要有键盘输入、文字识别和语音识别。键盘输入法是当前汉字输入的主要方法。汉字输入码的作用是让用户能直接使用西文键盘输入汉字。

汉字输入码必须具有易学、易记、易用的特点，且编码与汉字的对应性要好。因而，汉字输入码的产生往往都结合了汉字某一方面的特点，如读音、字型等。由于产生编码时兼顾的汉字特点可以不同，所以编码方案也有多种，通常将其分为四类。

流水码：根据汉字的排列顺序形成汉字编码，如区位码、国标码、电报码等，优点是重码率低，缺点是难于记忆。

音码：根据汉字的“音”形成汉字编码，如全拼码、双拼码、简拼码等，优点是容易掌握，缺点是重码率高。

形码：根据汉字的“形”形成汉字编码，如王码、郑码、大众码等，优点是重码率低，缺点是不容易掌握。

音形码：根据汉字的“音”和“形”形成汉字编码，如智能 ABC 等，将音码和形码结合起来，能减少重码率同时提高汉字输入速度。

目前，我国推出的汉字输入码编码方案已有数百种，受到用户欢迎的也有数十种，用户可以根据自己的喜好选择使用某一种汉字输入码。

（2）汉字交换码。

汉字交换码（即国标码）是指在汉字信息处理系统之间或者信息处理系统与通信系统之间进行汉字信息交换时所使用的编码。设计汉字交换码编码体系应该考虑如下几点：被编码的字符个数尽量多，编码的长度尽可能短，编码具有唯一性，码制的转换尽可能方便。

（3）汉字机内码。

汉字机内码又称汉字内码，它是计算机内部存储、传送或运算时使用的代码，是汉字系统设计的基础。在计算机系统中，西文字符也有机内码，一般采用一个字节的 ASCII 码表示。每个 ASCII 码由 7 位二进制数表示，在一个字节中最高位为 0。而汉字国标码由两个字节的 ASCII 码组成，每个字节的最高位也是 0。这样，在计算机系统中存储、传送或运算时，难以与西文 ASCII 码区分。故此，将国标码中每个字节的最高位置“1”，构成变形“国标码”，称为汉字机内码。例如 “欢迎”二字的国标码为“3B36H–532DH”，而其机内码为“BBB6H–D3ADH”。

目前，我国使用的汉字机内码是采用双字节的变形国标码。要想实现中西文信息处理彻底兼容问题，理想办法是尽快贯彻 ISO 10646 标准。

（4）汉字字型码。

汉字字型码用在显示或打印输出汉字时产生的字型，该种编码是通过点阵形式产生的。不论汉字的笔画多少，都可以在同样大小的方块中书写，从而把方块分割为许多小方块，组成一个点阵，每个小方块就是点阵中的一个点，即二进制的一个位。每个点由“0”和“1”表示“白”和“黑”两种颜色。这样就得到了字模点阵的汉字字型码，如图 1–6 所示。

根据对输出汉字精美程度的要求不同，汉字点阵的多少也不同，点阵的密度越大，汉字输出的质量也就越好。目前计算机上显示使用的汉字字型大多采用简易型汉字，即 16×16 点阵，这样每个汉字的汉字字型码就要占 32 个字节（16×16÷8=32），书写时常用十六进制数来表示。打印输出时使用的汉字字型大多为提高型，如 24×24 点阵、32×32 点阵、48×48 点阵、64×64 点阵等。

有了汉字字型码，计算机就能够将输入的汉字编码在统一成汉字内码存储后，在输出时将它还原成汉字。一个汉字信息系统具有的所有汉字字型码的集合构成了该系统的汉字库。

3）各种汉字编码的关系

从汉字编码转换的角度，图 1–7 所示显示了 4 种编码之间的关系，其间都需要各自的转换程序来实现。

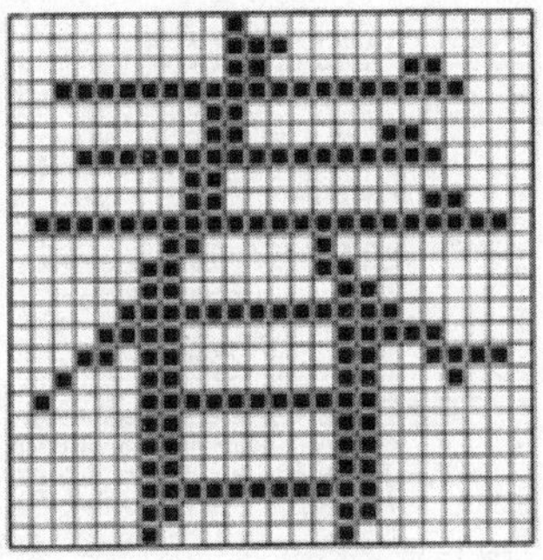

图 1–6　24×24 点阵

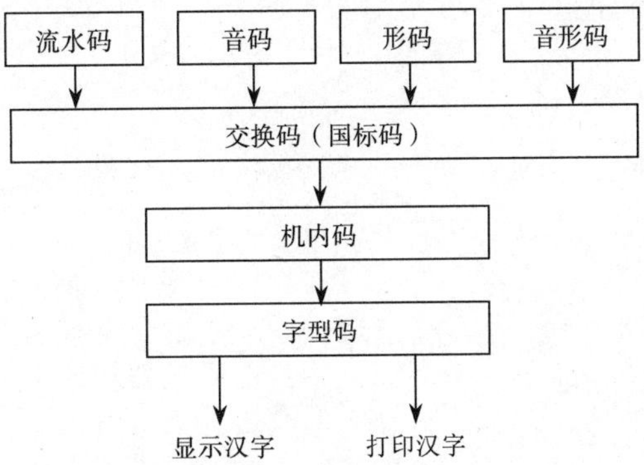

图 1–7　汉字编码之间的关系

思　考　题

1. 计算机的发展经历了哪几个阶段，各阶段的特点是什么？
2. 计算机的特点是什么？
3. 计算机的应用领域有哪些？
4. 计算机按规模分类，可分为哪几类？
5. 将下列数字按要求进行转换。

（1）11010011B =（　　　）D=（　　　）Q=(　　　)H

（2）2BH =（　　　）Q=（　　　）D=（　　）B

（3）163.6875 D =（　　　）H=（　　）Q=(　　)B

（4）63Q=（　　　）B =（　　）H=(　　)D

6. 试比较下列 ASCII 码的大小：6，t，a，Q 及空格。

7. 简述常用汉字编码的分类。

8. 如果计算机中采用 48×48 点阵存储汉字，则 50 个汉字需要占用多少磁盘空间（字节）？

第2章 计算机系统

计算机系统由硬件系统和软件系统两大部分组成。硬件是计算机的物质基础，软件是计算机的灵魂，二者相辅相成。本章主要介绍计算机硬件系统、软件系统及计算机病毒等知识。

2.1 计算机系统组成

2.1.1 计算机的工作原理

迄今为止，计算机系统基本上是建立在冯·诺依曼结构计算机原理基础上的。

1. 冯·诺依曼结构计算机工作原理的核心和特点

冯·诺依曼结构计算机工作原理的核心是“存储程序”和“程序控制”，并具有如下3个特点。

（1）计算机硬件由五大基本部件组成：控制器、运算器、存储器、输入设备、输出设备。

（2）程序和数据均存放在存储器中，且能自动依次执行指令。

（3）所有的数据和程序均采用二进制数0，1表示。

2. 计算机系统的组成

一个完整的计算机系统由硬件系统和软件系统两大部分组成，如图2-1所示。

- 计算机系统
  - 硬件系统
    - 主机
      - 中央处理器（CPU）
        - 运算器（ALU）
        - 控制器（CU）
      - 内存储器
        - ROM
        - RAM
    - 外围设备
      - 外存储器——硬盘、软盘、光盘、U盘
      - 输入设备——键盘、鼠标、扫描仪
      - 输出设备——显示器、打印机、绘图仪
      - 其他设备——调制解调器
  - 软件系统
    - 系统软件
      - 操作系统——UNIX、Linux、Windows等
      - 语言处理程序
      - 数据库管理系统
      - 服务程序——检查、诊断、排错
    - 应用软件
      - 通用软件——如Office 2010办公软件
      - 专用软件——用户程序

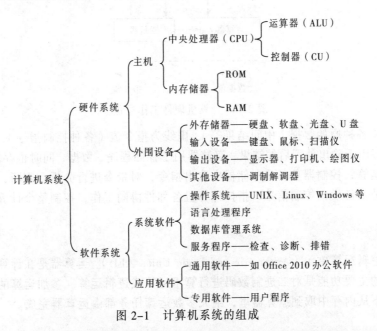

图2-1 计算机系统的组成

计算机硬件系统是指由电子部件和机电装置组成的计算机实体，是那些看得见摸得着的部分，即电子线路、元器件和各种设备。它们是计算机工作的物质基础。硬件的功能是接收计算机程序，并在程序的控制下完成数据

输入、数据处理和输出结果等任务。当然，大型计算机的硬件要比微机复杂得多。但无论什么类型的计算机，都可以将其硬件划分为几个部分，而不同机器的相应部分负责完成的功能则基本相同。

计算机软件系统是指能够相互配合、协调工作的各种计算机软件。计算机软件是指在硬件设备上运行的各种程序、数据及相关文档的总和。

程序是用于指挥计算机执行各种动作以便完成指定任务的指令序列。程序和相关数据存放在存储器中，计算机的工作就是执行存放在存储器中的程序。计算机运行程序的过程就是一条一条地执行指令的过程。

计算机指令就是人对计算机发出的完成一个最基本操作的工作命令，由计算机硬件来执行。人们用指令表达自己的意图，并交给控制器执行，控制器按指令指挥机器工作。一台计算机所能识别和执行的全部指令的集合就是该计算机的指令系统。指令系统中有数以百计的不同指令。由于计算机硬件结构不同，指令也不相同，指令系统决定了一台计算机硬件的主要性能和基本功能。

计算机的基本工作过程可以概括为取指令、分析指令、执行指令等，然后再取下一条指令，如此周而复始，直到遇到停机指令或外来事件的干预为止，如图 2-2 所示。

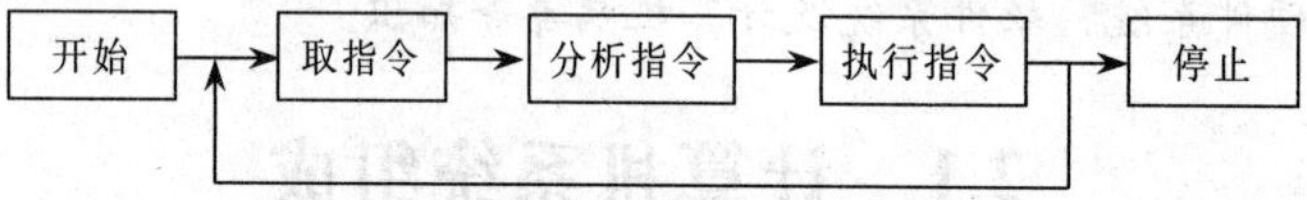

图 2-2 指令的执行过程

在计算机系统中，硬件与软件是相辅相成的，硬件是计算机的物质基础，没有硬件就无所谓计算机，软件也无从依附。软件是计算机的灵魂，没有软件，计算机的存在就毫无价值。只有硬件没有软件的计算机称为“裸机”，裸机是不能工作的。硬件系统的发展给软件系统提供了良好的开发环境，而软件系统发展又给硬件系统提出了新的要求。

2.1.2 计算机硬件系统

计算机硬件系统由运算器、控制器、存储器、输入设备和输出设备五大部分组成，如图 2-3 所示。

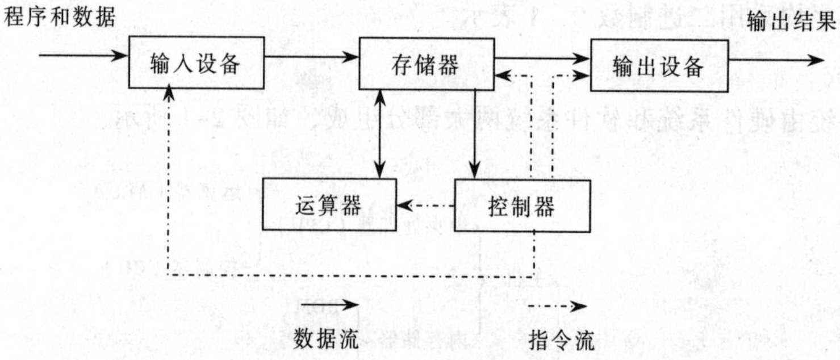

图 2-3 计算机硬件工作过程

其中实线为数据流（各种原始数据、中间结果等），虚线为指令流（各种控制指令）。输入设备输入程序和原始程序和数据；输出设备用于输出处理后的结果；存储器用于存储程序、数据，同时也存放运算结果或中间数据；运算器用于执行指定的运算；控制器负责从存储器中取出指令，对指令进行分析、判断，确定指令的类型并对指令进行译码，然后向其他部件发出控制信号，指挥计算机各部件协同工作，控制整个计算机系统逐步地完成各种操作。

1. 运算器

运算器也称算术与逻辑运算单元（Arithmetic and Logic Unit，ALU）。运算器是在计算机系统中用来进行数据运算的电路的总称，它的主要功能是对二进制数码进行算术运算或逻辑运算。参加运算的数（称为操作数）全部是在控制器的统一指挥下从内存中取到运算器里，绝大多数运算任务都由运算器完成。

2. 控制器

控制器（Control Unit，CU）是计算机的神经中枢，它的功能是控制计算机各部件协调工作，使计算机自动地执行程序。控制器的主要部件有：指令寄存器（Instruction Register，IR）、指令译码器（Instruction Decoder，ID）、操作控制部件（Operation Control Unit，OC）、指令计数器（又称程序计数器，Program Counter，PC）和时序节拍发生器。

把运算器、控制器做在一个大规模集成电路块上称为中央处理器（Central Processing Unit，CPU）。它是计算机硬件的核心部件。

3.存储器

存储器（Memory）是用来存储程序和数据的记忆装置，是计算机中各种信息存储和交流的中心。

根据存储器在计算机系统中所起的作用，可分为主存储器、辅助存储器、高速缓冲存储器等，其用途及特点如表 2-1 所示。为了解决对存储器要求容量大，速度快，成本低三者之间的矛盾，目前通常采用多级存储器体系结构。

表 2-1 存储器的用途及特点

名　称	简　称	用　途	特　点
高速缓冲存储器	Cache	高速存取指令和数据	存取速度快，但存储容量小，价格昂贵，非永久记忆的存储器
主存储器（内存储器）	主存（内存）	存放计算机运行期间的程序和数据	存取速度较快，存储容量不大、价格较贵，非永久记忆的存储器
辅助存储器（外存储器）	辅存（外存）	存放暂时不运行的程序和数据、系统程序、大型数据文件及数据库	存取速度慢，存储容量大，廉价，永久记忆的存储器

人们通常把内存储器、运算器和控制器合称为计算机主机。也可以说主机是由 CPU 与内存储器组成的。

4. 输入设备

输入设备（Input Device）是把准备好的数据、程序等送入计算机的装置。例如，用键盘可以把字母、数字或其他字符送入计算机；又如模/数转换装置可以把控制现场采集到的温度、压力、流量、电压、电流等模拟量转换成计算机能接受的数字信号传入计算机。目前常见的输入设备有鼠标、键盘、扫描仪、光笔和传声器（麦克风）等。

5. 输出设备

输出设备（Output Device）是把计算机产生的信息或工作过程以人们习惯的直观形式表现出来的装置。例如在纸上打印出印刷符号或在屏幕上显示字符、图形等。常见的输出设备有显示器、打印机、绘图仪和扬声器等。

主机以外的装置称为外围设备，外围设备包括输入/输出设备，外存储器、网络设备等。

2.1.3 计算机软件系统

相对于计算机硬件而言，软件是计算机无形的部分，但它的作用非常大。计算机系统是在硬件“裸机”的基础上，通过一层层软件的支持，向用户呈现出强大的功能和友好方便的使用界面。通常将软件分为系统软件和应用软件两大类。

1. 系统软件

系统软件是计算机设计者或厂商提供的使用和管理计算机的软件。它包括操作系统、语言处理系统、数据库系统、分布式软件系统和人机交互系统等。

（1）操作系统（Operating System，OS）是一组程序，它们用于统一管理计算机中的所有软、硬件资源，合理地组织计算机的工作流程，协调计算机系统的各部件之间、系统之间、用户与用户之间的关系。操作系统是底层的系统软件，它是对硬件系统的首次扩充，所有的其他软件（包括系统软件和应用软件）都建立在操作系统的基础之上，并得到它的支持和服务。通常操作系统具有以下几个方面的功能：存储器管理、处理器管理、设备管理、文件管理和作业管理。这也是通常所说的操作系统的五大主要任务。操作系统主要有 CP/M、DOS、Windows、UNIX、Linux 等。

（2）语言处理系统。人和计算机交流信息使用的语言称为计算机语言或程序设计语言。计算机语言通常分为机器语言、汇编语言和高级语言三类。

机器语言（Machine Language）是一种用二进制代码“0”和“1”形式表示的，能被计算机直接识别和执行的语言。用机器语言编写的程序，称为计算机机器语言程序。它是一种低级语言。

汇编语言（Assemble Language）是一种用助记符表示的面向机器的程序设计语言，也是一种低级语言。汇编语言的每条指令对应一条机器语言代码，不同类型的计算机系统一般有不同的汇编语言。用汇编语言编制的程序称为汇编语言程序，机器不能直接识别和执行，必须由“汇编程序”（或汇编系统）翻译成机器语言程序才能运行。这种“汇编程序”就是汇编语言的翻译程序。其执行过程如图 2-4 所示。汇编语言适用于编写直接控制机器操作的低层程序，它与机器密切相关，不容易使用。

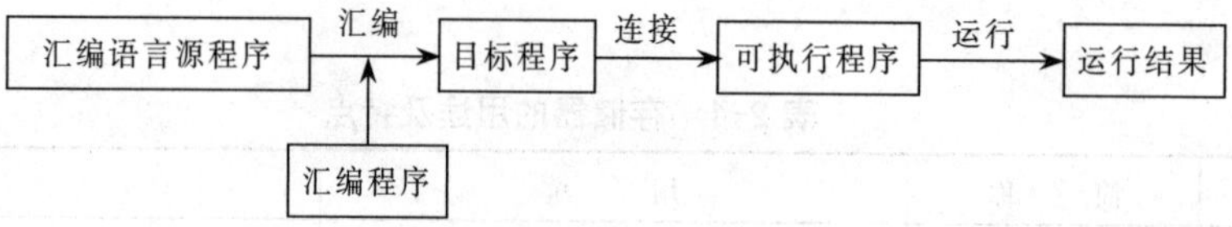

图 2-4　汇编语言源程序的汇编运行过程

高级语言（High Level Language）是一种比较接近自然语言和数学表达式的计算机程序设计语言，是面向用户的程序设计语言。用高级语言编写的程序称为“高级语言源程序”，计算机不能识别和执行，要把用高级语言编写的源程序翻译成机器指令，通常有编译和解释两种方式。

编译方式是将源程序整个编译成目标程序，然后通过连接程序将目标程序连接成可执行程序，如图 2-5 所示。

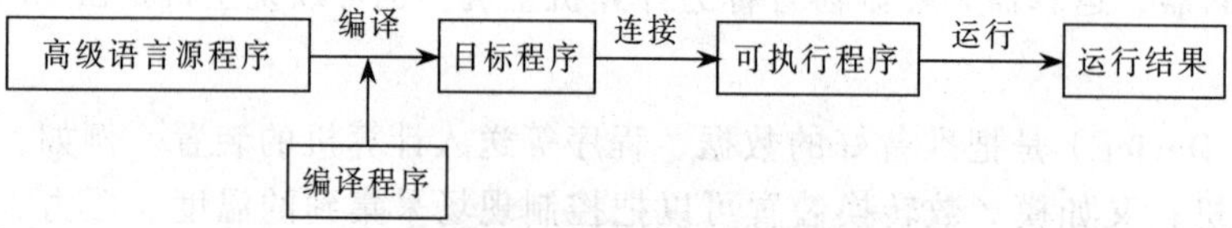

图 2-5　高级语言源程序的编译运行过程

解释方式是将源程序逐句翻译，翻译一句执行一句，边翻译边执行，不产生目标程序，由计算机执行解释程序自动完成，如图 2-6 所示。

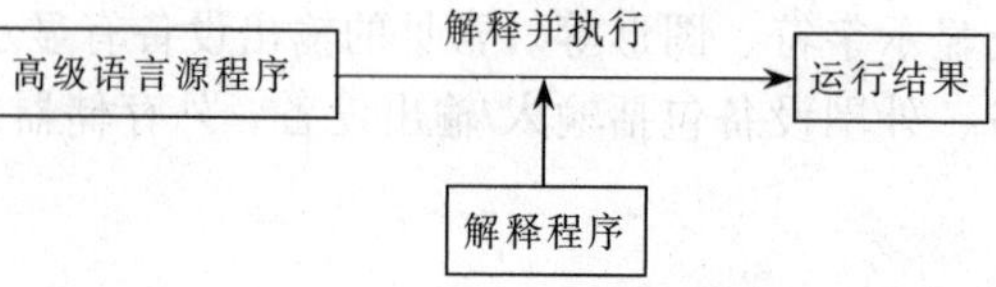

图 2-6　高级语言源程序的解释运行过程

（3）数据库系统（DataBase System，DBS）是一个实际可运行的存储、维护和为应用系统提供数据的软件系统，是存储介质、处理对象和管理系统的集合体。

数据库系统的主要功能包括数据库的定义和操纵、共享数据的并发控制、数据的安全和保密等。按数据定义模块划分，数据库系统可分为关系数据库、层次数据库和网状数据库。按控制方式划分，可分为集中式数据库系统、分布式数据库系统和并行数据库系统。数据库系统研究的主要内容包括：数据库设计、数据模式、数据定义和操纵语言、关系数据库理论、数据完整性和相容性、数据库恢复与容错、死锁控制和防止、数据安全性等。

数据库系统的出现是计算机应用的一个里程碑，它使得计算机应用从以科学计算为主转向以数据处理为主，并从而使计算机得以在各行各业乃至家庭普遍使用。

（4）服务程序主要是对用户的程序和数据提供通用的服务，如编辑程序、连接程序、分类合并程序、PCTOOLS 等。

2. 应用软件

应用软件是为用户解决实际问题而开发的软件，如医院管理系统、学生管理系统，字处理软件 Word、表格处理软件 Excel 等。

2.2　微型计算机概论

微型计算机也称个人计算机、PC 等，其结构与其他计算机并无本质区别。

2.2.1　微型计算机的硬件组成

1. 中央处理器

微型计算机是大规模集成电路技术发展的产物。中央处理器在微型计算机中被称为微处理器（MPU）。微处理器是微型计算机的核心部件，它主要由控制器和运算器组成，是采用大规模集成电路工艺制成的芯片，其外观如图 2-7 所示。

1）常见 CPU 的种类

计算机的所有工作都要通过 CPU 来协调处理，而 CPU 芯片的型号直接决定着计算机档次的高低。多核微处理器已成为计算市场的主流。

Intel 的 CPU 不仅性能出色，而且在稳定性、功耗方面都十分理想；AMD 产品的特点是性价比较高；威盛公司生产的 VIA CyrixⅢ（C3）处理器，其最大特点是价格低廉、性能实用，对于经济比较紧张的用户具有很大的吸引力；中国的神州龙芯 Loongson，是中国科学院计算所自主研发的通用 CPU，2015 年 3 月 31 日中国发射首枚使用“龙芯”的北斗卫星。

图 2-7　CPU 芯片外观

2）CPU 的主要性能指标

衡量 CPU 的主要性能指标主要有 CPU 的频率、CPU 的缓存、CPU 的流水线与指令集、CPU 的制程、功耗与发热量等。

2. 内存储器

内存储器简称内存，用来存放当前计算机运行所需要的程序和数据。内存容量的大小是衡量计算机性能的主要指标之一。

内存储器包括随机存储器（RAM）和只读存储器（ROM）。这两种内存储器都是由半导体芯片组成的存储电路。它们的区别是：RAM 只能临时保存数据，计算机电源关闭后，RAM 中的数据就会全部丢失，但其优点是既可以写入数据，也可读取数据；而 ROM 只能读取数据，不能写入数据，但电源关闭后仍可保存数据。这两种存储器的功能互为补充。ROM 一般用来存储微机运行时必不可少的程序，其中最主要的是 BIOS，即基本输入/输出程序。而 RAM 的制造成本比 ROM 更低一些，因此，计算机中大量使用 RAM。一般计算机说明书上所说的内存容量指的都是 RAM 的容量。

由于中央处理器可以直接访问内存储器，所以内存是决定计算机性能的一个重要的技术指标。内存越大，程序执行的速度越快。现在许多大型软件都对内存有最低配置的要求，少于这个最低配置，软件将无法运行。为了解决内存与 CPU 不匹配的问题，现在的计算机都配置有高速缓冲存储器（Cache）。

1）RAM

RAM 可分为静态随机存储器（SRAM）和动态随机存储器（DRAM），其中，DRAM 的制造成本低，适合于作计算机的大容量随机存储器；而 SRAM 的制造成本高，但速度快，因此往往用作高速缓冲存储器。高速缓冲存储器的作用是预先将数据或程序读入，以提高 CPU 读取数据的速度。

计算机中大量使用的是 DRAM。随着技术的发展，RAM 的更新换代很快，目前有 DDR SDRAM、DDR2 SDRAM、DDR3 SDRAM、DDR4 SDRAM 等同步动态随机存储器，如图 2-8 所示。

图 2-8　16GB DDR4 内存条

2）ROM

ROM 根据其特点和用途可以分为固化 ROM、PROM、EPROM、EEPROM 和 Flash EPROM 几种。固化 ROM 出厂时所存储的内容就被固化，永久不变，只能读出数据，不能写入数据。PROM 是可编程 ROM，可以由厂家一次性将内容写入，以后不能改动；EPROM 是可擦除可编程的只读存储器；EEPROM 是电可擦写可编程只读存储器；Flash EPROM 是快速擦写存储器，可用专门软件改写内容。

3. 外存储器

外存储器又称辅助存储器。主要用来保存暂时不用的程序和数据。外存的特点是存储容量大、价格低、可以长期保存信息，不足之处是读写速度比内存慢。

微型计算机常用的外存有：软盘存储器、硬盘存储器、光盘存储器，此外，还有 U 盘、移动硬盘和固态硬盘等。

1）软盘存储器

软盘存储器由软盘、软盘驱动器和软盘适配器 3 部分组成。软盘是活动的存储介质，软盘驱动器是读/写装置；软盘适配器是软盘驱动器与主机连接的接口。软盘驱动器又称软驱，基本作用是存取软盘的数据，也是数据交换的传递媒体。

新盘在“格式化”之后，盘片的面（Side）将被划分出许多不同半径的同心圆，称为磁道（Track），信息就记录在这些磁道上。磁道编号由 0 开始，自外沿向圆心排序。为便于读写，磁道又被径向划分成若干段，由于这些分区的物理形状呈扇形，所以称为扇区（Sector）。扇区编号由 1 开始，自定位点顺时针旋转。3.5 英寸软盘片，其上、下两面各被划分为 80 个磁道，每个磁道被划分为 18 个扇区，每个扇区的存储容量固定为 512 字节。其容量为：

80(磁道) × 18(扇区) × 512 B(扇区的大小) × 2(双面) = 1 440 ×1 024 B = 1 440 KB ≈1.44 MB。

软盘存储器的优点是携带和交换数据方便，价格便宜，用低成本即可实现存储及交换数据的目的。由于软盘的容量小、容易损坏、软驱的读取速度慢等缺点，目前已被淘汰。

2）硬盘存储器

硬盘的存储容量已经从最初的 2 MB 发展到目前的 16 TB。硬盘存储器是目前微机系统配置中必不可少的外存储器。

硬盘主要包括盘片、磁头、盘片主轴电机、控制电机、磁头控制器、数据转换器、接口、缓存等几个部分，并且被永久性地密封固定在硬盘驱动器中，如图 2-9 所示。

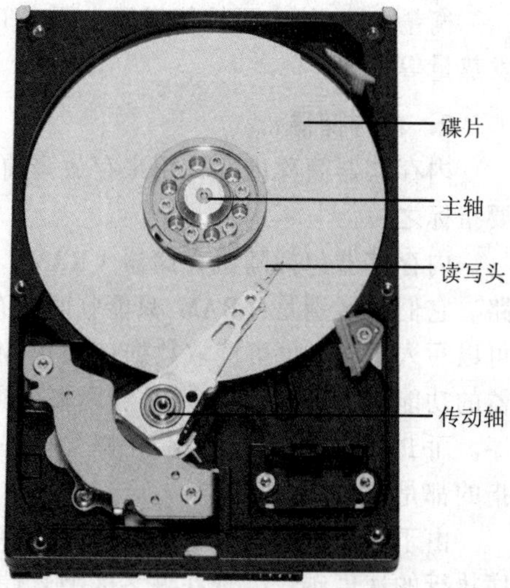

图 2-9 硬盘结构图

3）光盘存储器

光盘存储器是利用光学原理进行信息读写的存储器。光盘存储器主要由光盘、光盘驱动器和光盘控制器组成。光盘驱动器是读取光盘的设备，通常固定在主机箱内，常用的光盘驱动器有 CD-ROM 和 DVD-ROM。光盘存储容量大，价格低，可靠性高。常用光盘有 CD、VCD、DVD、MO。

4）U 盘

U 盘也称为闪存盘。由 Flash 芯片、USB 接口芯片、塑料壳、电压控制电路四部分组成，是移动存储设备之一。一般的 U 盘容量有 64 GB、128 GB、256 GB 等，甚至达 1 TB。在 Windows 2000/Me 以上版本的 Windows 系统中，可以通过 USB 接口即插即用。

5）移动硬盘

硬盘由于安装在主机箱内，又怕震动，虽然容量大，但不方便移动。移动硬盘小巧轻便，方便携带，有防震装置，如图 2-10 所示。它的容量为 320 GB ~ 14 TB，可用于存放大量数据。

6）固态硬盘

固态硬盘又称电子硬盘或者固态电子盘，如图 2-11 所示，是一种基于永久性存储器（如闪存）或非永久性存储器［如同步动态随机存取存储器（SDRAM）］的计算机外部存储设备。由控制单元和固态存储单元（DRAM 或 Flash 芯片）组成。存储单元负责存储数据，控制单元负责读取、写入数据。现有的固态硬盘容量一般为 128 GB ~ 8 TB。接口规格与传统硬盘一致，有 UATA、SATA、SCSI 等。由于固态硬盘具有体积小、质量小、速度快、不怕震动、功耗低等特点，它已成为新一代存储介质的先锋。广泛应用于车载、工控、视频监控、网络监控、网络终端、电力、医疗、航空、导航设备等领域。

图 2-10 移动硬盘及其背部接口

图 2-11 固态硬盘

4. 输入设备

输入设备是用户和计算机之间进行对话的主要设备。声、光、图、像等信息都需要通过输入设备才能被计算机所接收。键盘和鼠标是微机上常用的输入设备，此外还有扫描仪、光笔、语音输入装置、数字点化仪、点触式设备、跟踪球、条形码等。

1）键盘

（1）键盘的分类。较早的键盘主要是 84 键，后来升级到 101 键，主要是增加了一些功能键。随着 Windows 操作系统的普及，键盘又增加到 104 键、107 键等。现在市场主流的标准键盘是 104 键键盘，如图 2-12 所示。

图 2-12 主流键盘

现在人体工程学键盘、多功能 Internet 键盘、遥控键盘、手写板键盘等新型键盘不断出现，这些键盘要么使用更舒适，要么在键盘上集成了一些特殊功能，但基本功能和使用方法与 104 键盘一样。

（2）键盘的结构。一般键盘的按键布局基本相同，所有按键按功能可以分为四组。

功能键区：【F1】~【F12】键，位于键盘的最上边，其功能一般由正运行的软件决定，对于不同软件某一功能键的作用不尽相同，如在文字处理软件 Word 中【F5】键的作用是查找替换，在网页浏览器 IE 中【F5】键的作用变成了刷新网页。

主键盘区：它就是常见的打字键区，是键盘上面积最大的一块，上面有 A ~ Z 共 26 个字母、数字键、符号键以及【Space】键、【Enter】键等。

小键盘区：主要是数字键和加减乘除运算键，处于键盘的右侧，为方便数据录入而设计。

编辑键区：在主键盘和小键盘的中间，主要是上下左右四个方向键和【Home】、【End】等光标控制键。

（3）常用键的使用。

【Esc】键：释放键。按下该键，则是取消当前的操作。

【Shift】键：上档键。按下【Shift】键不释放，再按下某个双字符键，即可输入该键的上档字符；在输入英文字符时，按住【Shift】键不释放，再按下英文字符键，则可输入与键盘大、小写状态相反的英文字符。

【Alt】键：控制键。它和其他键配合使用才有意义。

【Ctrl】键：控制键。功能与【Alt】键相似。

【Caps Lock】键：大小写字母转换键。此键在键盘右上角对应一指示灯，按一次此键，对应的指示灯点亮时，输入大写英文字母；再按一次此键，对应的指示灯熄灭，输入小写英文字母。

【Enter】键：回车键。它的功能是执行输入的命令或结束一行的输入，并将光标移至下一行。

【Space】键：空格键。它的功能是输入空格，使光标右移。

【Backspace】键：退格键。用此键可以删除光标左边的一个字符，同时光标及其右边的字符自动左移。

【Tab】键：跳格键。每按一次，光标向右跳过若干个字符的位置。

【Home】键：是光标快速移动键。按此键光标移至行首。

【End】键：也是光标快速移动键。按此键光标移至行尾。

【PgUp】键：按此键屏幕或窗口向前翻一页。

【PgDn】键：按此键屏幕或窗口向后翻一页。

【Insert】键：插入/改写键。插入状态时输入的字符插入到当前光标的位置；改写状态时输入的字符将替换原光标处的字符。

【Delete】键：删除键。按下此键则删除当前光标所在位置右侧的字符。

【Print Screen】键：打印屏幕键，按下此键则可将屏幕上显示的内容在打印机上输出。

【Scroll Lock】键：屏幕锁定键，按下此键屏幕停止滚动，再按一次则继续滚动。

【Pause/Break】键：暂停键，按下此键可暂停程序或命令的执行。按【Ctrl+Break】组合键，可终止程序执行。

【Num Lock】键：数字锁定键，按下此键，Num Lock 指示灯亮时，小键盘为数字输入键盘；Num Lock 指示灯灭时，小键盘为编辑键。

2）鼠标

鼠标又称为鼠标器。只要拖动鼠标，单击或双击鼠标上的按键就可以指挥计算机工作。鼠标外观如图 2-13 所示。

光电鼠标采用光学定位，成本低、质量小、定位好，所以被逐渐推广开来。

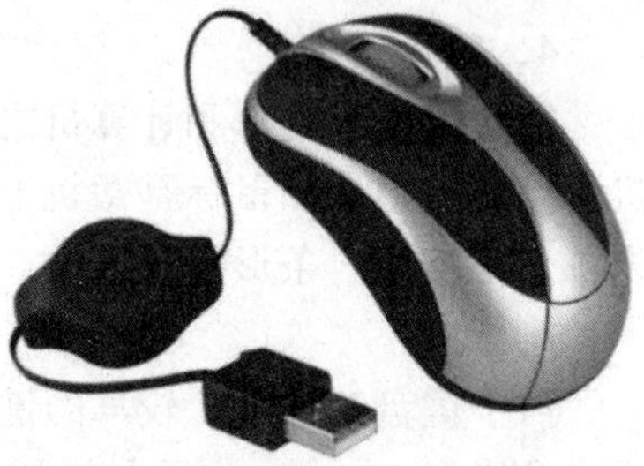

图 2-13 鼠标

3）扫描仪

扫描仪有很多种，按不同的标准可分成不同的类型。按扫描原理可将扫描仪分为以 CCD 为核心的平板式扫描仪、手持式扫描仪和以光电倍增管为核心的滚筒式扫描仪；按扫描图像幅面的大小可分为小幅面的手持式扫描仪，中等幅面的台式扫描仪和大幅面的工程图扫描仪；按扫描图稿的介质可分为反射式（纸材料）扫描仪和透射式（胶片）扫描仪以及既可扫反射稿又可扫透射稿的多用途扫描仪；按用途可将扫描仪分为可用于各种图稿输入的通用型扫描仪和专门用于特殊图像输入的专用型扫描仪加条码读入器、卡片阅读机；按接口类型可分为 USB 接口、SCSI 接口和并行打印机接口等。扫描仪外观如图 2-14 所示。

4）数码照相机（Digital Camera，DC）

数码照相机是集光学、机械、电子一体化的产品，如图 2-15 所示。它集成了影像信息的转换、存储和传输等部件，具有数字化存取模式，以及与计算机交互处理和实时拍摄等特点。

图 2-14 扫描仪

图 2-15 数码照相机

感光器是数码照相机的核心，也是最关键的技术。数码照相机的发展道路，可以说就是感光器的发展道路。目前数码照相机的核心成像部件有两种：一种是广泛使用的 CCD（电荷耦合）元件；另一种是 CMOS（金属互补氧化物导体）器件。

5．输出设备

输出设备是用来显示或打印输出计算机的数据以及计算机处理结果的设备，常见的输出设备有显示器、打印机、绘图仪、语言输出设备等。

1）显示器

显示器是计算机中基本的输出设备。它用以显示数据、图形、图像。

（1）显示器的分类。显示器的分类方法很多，按能显示的色彩种类的多少，可分为单色显示器和彩色显示器；

按显示器件不同有阴极射线管（CRT）显示器、液晶显示器（LCD）、发光二极管（LED）、等离子体（PDP）、荧光（VF）等平板显示器；按显示方式的不同有图形显示方式的显示器和字符显示方式的显示器；按照显像管外观不同有球面屏幕、平面直角屏幕、柱面屏幕等。

（2）显示器的主要性能指标。下面主要介绍阴极射线管显示器和液晶显示器的主要性能指标。

① 阴极射线管显示器的主要性能指标有空间分辨率、颜色分辨率、扫描频率、带宽、TCO 认证等，其外观如图 2-16 所示。

空间分辨率：阴极射线管显示器像素光点的大小直接影响显示效果，像素光点越小显示器质量越好。所谓像素光点的大小是指光点的直径，就是两个光点中心的距离。通常说的显示器的屏幕大小是指显示器的荧光屏的对角线的尺寸。像素光点和显示器屏幕尺寸决定了显示器每屏的点数。像素在显示器屏幕中的排列就是显示器的空间分辨率，描述的方法是每行的点数 × 每列的点数，如 640 像素 ×480 像素、800 像素 ×600 像素、1 024 像素 ×768 像素等。显示器每帧画面的像素数目越多，则显示器的空间分辨率越高。

颜色分辨率：显示器的颜色分辨率取决于每个像素的灰度等级的多少。每个像素用一位二进制信息存储时，只能表示该像素是黑还是白，当需要表示每个像素的“灰度”等级或色彩时，就得用位来描述一个像素。例如，用 4 位二进制数能表示 2^4=16 种不同颜色；用三个字节二进制数可以表示大约 16.7×1024^2（俗称“16.7 M”）种不同的颜色，也就是我们通常所说的真彩色。显示器能显示的颜色的多少称为显示器的颜色分辨率。

显示器的颜色分辨率和空间分辨率直接受显卡存储容量的影响。

显示器的扫描频率：显示器有逐行扫描与隔行扫描两种方式，逐行扫描显示器比隔行扫描显示器显示的图形要稳定得多。扫描频率必须达到一定值才不至于产生闪烁现象。

带宽：视频带宽指每秒电子枪扫描过的总像素数，等于“水平分辨率 × 垂直分辨率 × 场频（画面刷新次数）”。

TCO 认证：用于规范显示器的电子和静电辐射对环境的污染。现在常用的有 TCO92、TCO95、TCO99、TCO06。

② 液晶显示器的主要性能指标有响应时间、可视角度、点距、分辨率、刷新率、亮度、对比度等，其外观如图 2-17 所示。

图 2-16　阴极射线管显示器

图 2-17　液晶显示器

响应时间：响应时间越小越好，它反映了液晶显示器各像素点对输入信号反应的速度，即像素由暗转亮或由亮转暗的速度。

可视角度：一般而言，LCD 的可视角度都是左右对称的，但上下可就不一定了。而且，常常是上下角度小于左右角度。可视角是越大越好。当我们说可视角是左右 80° 时，表示站在始于屏幕法线 80°的位置时仍可清晰看见屏幕图像，但每个人的视力不同；因此我们以对比度为准。在最大可视角时所量到的对比度越大越好。

点距：液晶屏幕的点距就是两个液晶颗粒（光点）之间的距离，点距的计算方式是以面板尺寸除以解析度所得的数值。由于液晶显示器的像素数量是固定的，因此在尺寸与分辨率都相同的情况下，液晶显示器的像素间距是相同的。

分辨率：LCD 的分辨率与 CRT 显示器不同，一般不能任意调整，它是制造商所设置和规定的。分辨率是指屏幕上每行有多少像素点、每列有多少像素点，一般用矩阵行列式来表示，其中每个像素点都能被计算机单独访问。LCD 的分辨有 2 560 像素 ×1 600 像素、1 920 像素 ×1 200 像素、1 920 像素 ×1 080 像素、1 680 像素 ×1 050 像素、1 440 像素 ×900 像素、1 366 像素 ×768 像素、1 280 像素 ×1 024 像素。

刷新率：LCD 刷新率是指显示帧频，即每个像素为该频率所刷新的时间，与屏幕扫描速度及避免屏幕闪烁的能力相关。刷新率过低，可能出现屏幕图像闪烁或抖动。

亮度：由于液晶分子自己本身并不发光，而是靠外界光源即采用在液晶的背部设置发光管提供背透式发光。所以这一指标是相当重要的，它将决定其抗干扰能力的大小。液晶显示器亮度以烛光每平方米（cd/m^2）为单位，液晶显示器亮度普遍在 150～250 cd/m^2。低档液晶显示器存在严重的亮度不均匀的现象，中心的亮度和距离边框部分区域的亮度差别比较大。

对比度：对比度是指最亮区域和最暗区域之间的比值，对比度是直接体现该液晶显示器能否体现丰富的色阶的参数，对比度越高，还原的画面层次感就越好，即使在观看亮度很高的照片时，黑暗部位的细节也可以清晰体现，液晶显示器的对比度普遍为 150：1～500：1。

（3）显卡。显卡又称视频卡、视频适配器、图形卡、图形适配器和显示适配器等，如图 2-18 所示。

图 2-18　显卡

显卡是主机与显示器之间连接的“桥梁”，作用是控制计算机的图形输出，负责将 CPU 送来的影像数据处理成显示器认识的格式，再送到显示器形成图像。显卡主要由显示芯片（即图形处理芯片 Graphic Processing Unit）、显存、数-模转换器（DAC）、VGA BIOS、各方面接口等几部分组成。

2）打印机

打印机是使用最普遍的计算机输出设备之一。它可以将计算机处理的结果（文字或图形）在纸上打印出来。

打印机种类较多，常见的分类方法是以最后成像原理和技术来区分的，可分为针式打印机、喷墨打印机、激光打印机，如图 2-19 所示。在这些打印机中，有击打式，也有非击打式；有针式点阵打印，也有页面照排打印；有采用墨粉打印，也有采用墨水打印，甚至蜡染料打印。它们不仅打印原理相差较远，物理结构也有较大区别，至于打印技术就更是完全不同了，当然，它们的应用领域也是不同的。下面介绍针式打印机、喷墨打印机和激光打印机。

（a）针式打印机　（b）喷墨打印机　（c）激光打印机

图 2-19　打印机

（1）针式打印机（简称针打）：利用机械和电路驱动原理，使打印针撞击色带和打印介质，进而打印出点阵，再由点阵组成字符或图形来完成打印任务。针式打印机的缺点是噪声大、分辨率较低、打印针易损坏，优点是机械结构与电路组织简单，耗材费用低、性价比好、纸张适应面广。

由于针打是一种击打式和行式机械打印输出设备，其特有的多份复制、复写打印和连续打印功能，使许多专业打印领域对其情有独钟。现代针打越来越趋向于被设计成各种各样的专业类型，用以打印各类专业性较强的报表、存折、发票、车票、卡片等输出介质。

（2）喷墨打印机（简称喷打）：是打印机家族中的后起之秀，是一种经济型非击打式的高品质彩色打印机，既能满足专业设计或出版公司苛刻的印刷彩色要求，又能胜任简单快捷的黑白文字和表格打印任务。在整个纷繁复杂的打印机市场中，它在产品价格、打印效果、色彩品质以及体积、噪声等方面都具有一定的竞争优势，是目前办公打印、特别是家用打印市场中的重要产品。

喷打的优点是打印质量好、噪声小、可以以较低成本实现彩色打印，而缺点则是打印速度较慢、墨水较贵且用量较大、打印量较小。因而主要适用于家庭和小型办公室打印量不大、打印速度要求不高的场合，以及低成本彩色打印环境。

（3）激光打印机：激光打印机由激光器、声光调制器、高频驱动、扫描器、同步器及光偏转器等组成。其作用是把接口电路送来的二进制点阵信息调制在激光束上，之后扫描到感光体上。感光体与照相机构组成电子照相转印系统，把射到感光鼓上的图文映像转印到打印纸上。激光打印机是将激光扫描技术和电子显像技术相结合的非击打输出设备。

激光打印机是现代高新技术的结晶，因而具有高速度、高品质和高打印量，以及噪声低、多功能和全自动化输出等性能。

6. 总线

1）总线的概念

总线是传送信息的公共通道。总线技术早就被采用，因为使用总线可以减少连线。总线技术在微型计算机中应用得更为广泛。

2）系统总线的分类

按总线的功能可分为地址总线、数据总线和控制总线。通常所说的总线都包括上述 3 个组成部分。地址总线（Address Bus，AB）用来传送地址信息；数据总线（Data Bus，DB）用来传送数据信息；控制总线（Control Bus，CB）用来传送各种控制信号。

3）常用的总线标准

总线标准是指计算机部件各生产厂家都需要遵守的系统总线要求，从而使不同厂家生产的部件能够互换。微机系统采用的总线标准种类很多，但目前采用最多的是工业标准结构 ISA 总线、扩展工业标准结构 EISA 总线、微通道结构 MCA 总线、外围设备互联 PCI 总线和图形加速器专用线 AGP 等。

（1）ISA 总线：它是工业标准结构总线，数据传输率为 8 Mbit/s，是 IBM 公司为其生产的 PC 系列微机制定的总线标准，分 XT 和 AT 两种类型。ISA 总线是系统总线，最多可提供 8 个总线扩展槽，其他优点是采用了开放性体系结构，适应性强。缺点是 8 个总线扩展槽共用一个 DMA 请求，经常会发生中断冲突。

（2）EISA 总线是 ISA 总线的扩充，它是一条 32 位总线，数据传输率为 33 Mbit/s，总线时钟频率为 10 MHz，它是由 AST、NEC、COMPAQ、HP 等九家计算机公司推出的总线标准。它保持了 ISA 总线的兼容性，提供了中断共享，允许用户配置多个设备共享一个中断。

（3）MCA 总线：是 IBM 公司在继 ISA 总线之后推出的全新的系统总线标准，叫作微通道结构总线。它是一条 32 位总线，数据传输速率为 40 ~ 80 Mbit/s，可提供成组传送方式，使数据的运行速度更快、噪声更小，真正实现多任务功能，但这种总线与 ISA 总线不兼容。

（4）PCI 总线：属于局部总线，是由 Intel 公司于 1992 年 6 月提出的面向个人计算机的输入/输出总线标准。PCI 总线具有 v1.0 和 v2.1 两种规范。v1.0 规范的数据宽度是 32 位，最大传输率为 132 Mbit/s，总线时钟为 33 MHz，具有高度的可靠性和兼容性，可以与 ISA、EISA 总线兼容，可以实现即插即用，具有自动配置功能，支持 3.3 V 工作电压，允许接口卡从 32 位扩展到 64 位。

（5）AGP：是图形加速器专用线。它是 Intel 公司于 1996 年 7 月公布的一种新型视频接口技术标准，使用 AGP 必须对 PC 的系统结构作相应的改变，主板上要有 AGP 插槽，用以安插符合 AGP 标准的图形卡，系统芯片组要有一个新的 32 位 I/O 口，用于与插槽连接。另外，还需要有相应的操作系统支持。

7. 主板

主板又称为系统主板（System Board），如图 2–20 所示。主板上有内存槽（Bank）、扩展槽（Slot）、各种跳线（Jumper）和一些辅助电路。

1）内存槽

内存槽用来插入内存条。一个内存条上安装有多个 RAM 芯片。目前微型机的 RAM 都采用这种“内存条结构”，以节省主板空间并加强配置的灵活性。现在使用的内存条有 16 GB、32 GB、64 GB、128 GB 等规格。

2）扩展槽

扩展槽用来插入各种外围设备的适配卡。选择主板时，应注意它的扩展槽数量和总线标准。前者反映计算机的扩展能力，后者表达对 CPU 的支持程度以及对适配卡的要求。

3）跳线、跳线开关和排线

（1）跳线：实际是一种起“短接”作用的微型插头，它与多孔微型插座配合使用。当用这个插头短接不同的插孔时，便可调整某些相关的参数，以扩大主板通用性。

（2）跳线开关：就是一组微型开关。它利用开关的通、断实现跳线的短路、开路作用，且比跳线更加方便、可靠。新型的主板大多使用跳线开关。

（3）排线：主板上设置有若干多孔微型插座，称为排线座。这些排线座用来连接电源、复位开关、各种指示灯以及喇叭等部件的插头。

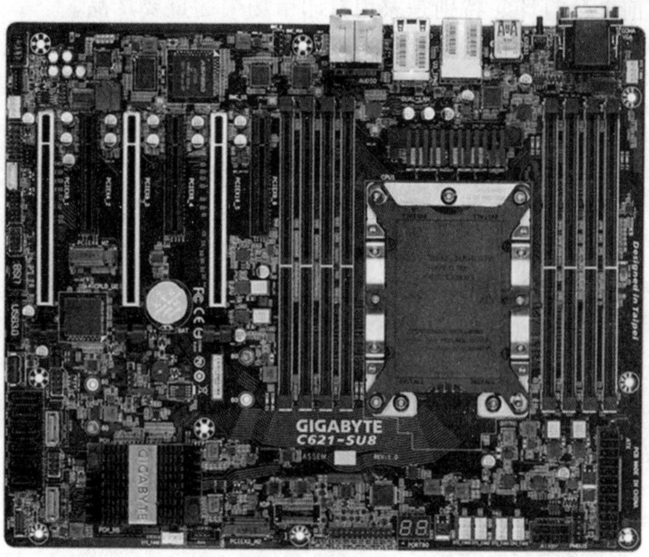

图 2-20 主板

4）主要辅助电路

（1）CMOS 电路：这是一个小型的 ROM，它的工作电压低，耗电量要比 DRAM 少得多。在 CMOS 中保存有存储器和外围设备的种类、规格、当前日期、时间等大量参数，以便为系统的正常运行提供所需数据。如果这些数据记载错误，或者因故丢失，将造成机器无法正常工作，甚至不能启动运行。当 CMOS 中的数据出现问题或需要重新设置时，可以在系统启动阶段按照提示，按【Delete】或【Del】键启动 SETUP 程序，进入修改状态。开机时，CMOS 电路由系统电源供电；关机后，则由电池供电。因此，要注意适时更换电池。

（2）ROM BIOS 芯片：ROM 表示它是一个只读存储器，BIOS 指此 ROM 中固化有“基本输入/输出系统”程序。BIOS 程序的性能对主板影响较大，好的 BIOS 程序能够充分发挥主板各种部件的功能，提高效率，并能在不同的硬件环境下，方便地兼容运行多种应用软件。所以 BIOS 为系统提供了一个便于操作的软硬件接口。主板上有两个 ROM BIOS 芯片：系统 ROM BIOS 芯片和键盘 ROM BIOS 芯片。

（3）外部 Cache 芯片：高速缓冲存储器强调的是存取速度，所以它采用静态读写存储器，用来补充 CPU 内部 Cache 容量的不足。依据 Cache 的工作原理，Cache 结构由两部分组成。一部分存放数据，另一部分是此数据的标记，这两部分分别存放在两个芯片中。存放数据的芯片写为 Data RAM；存放标记的芯片写为 Tag RAM。

（4）芯片组：是成套使用的一组芯片，负责将 CPU 运算或处理的结果以及其他信息传送到相关的部件，从而实现对这些部件的控制。从这点来说，芯片组是 CPU 与所有部件的硬件接口。

（5）振荡晶体：产生 CPU 主频所要求的固定频率。有的主板采用可调式振荡晶体，利用跳线生成多种频率，以适应不同的 CPU。

2.2.2 微型计算机的主要性能指标

微型计算机的主要性能指标有字长、运算速度、时钟频率、存储容量。

1．字长

字长是计算机一次存取、处理和传输的数据的二进制位数。字长是由 CPU 内部的寄存器、加法器和数据总线的位数决定的。字长标志着计算机处理信息的精度，字长越长，精度越高，速度越快，但价格也越高。目前市面上的计算机的处理器大部分已达到 64 位。

2．运算速度

由于计算机执行不同的操作所需时间可能不同，因而对运算速度的描述常采用不同的方法。

（1）以加法指令的执行时间为标准来计算。例如 DJS130 机一次加法时间为 2 μs，所以运算速度为 50 万次每秒。

（2）根据不同指令在程序中出现的频度，乘上不同的系数，求得系统平均值，得到平均运算速度。

（3）具体指明每条指令的执行时间。

大中型机常使用每秒平均执行的指令条数（IPS）作为运算速度单位。如 MIPS（百万条指令每秒）、MFLOPS（百万个浮点运算每秒）。微型机常用主时钟频率反应速度的快慢。

3. 时钟频率（主频）

CPU 的主频，即 CPU 内核工作的时钟频率。主频指 CPU 在单位时间（秒）内发出的脉冲数。主频和实际的运算速度存在一定的关系，但目前还没有一个确定的公式能够定量两者的数值关系，因为 CPU 的运算速度还要看 CPU 的流水线的各方面的性能指标（缓存、指令集、CPU 的位数等）。比如 AMD 公司的 Athlon XP 系列 CPU 大多都能以较低的主频，达到英特尔公司的 Pentium 4 系列 CPU 较高主频的 CPU 性能。

主频的单位是兆赫兹（MHz）、吉赫兹（GHz）。如：80486 为 25 ~ 100 MHz，80586 为 75 ~ 266 MHz，Pentium 4 630 处理器的主频为 3.0 GHz，Core i7 7700K 处理器的主频为 4.2 GHz。

4. 存储容量

（1）内存容量：指内存储器能够存储信息的总字节数。内存容量的大小反映了计算机存储程序和处理数据能力的大小，容量越大，运行速度越快。

（2）外存容量：指外存储器所能容纳的总字节数。

外围设备的配置、软件的配置、可靠性、可用性和可维护性也是重要的性能指标；此外，还有一些评价计算机的综合指标，例如系统的兼容性、完整性和安全性以及性能价格比。

2.3 信息安全

信息安全的实质就是要保护信息系统或信息网络中的信息资源免受各种类型的威胁、干扰和破坏，即保证信息的安全性。信息安全是任何国家、政府、部门、行业都必须十分重视的问题，是一个不容忽视的国家安全战略。

2.3.1 信息安全的定义

进入 21 世纪，随着信息技术的不断发展，信息安全问题也日益突出。信息安全有多种定义，国际标准化组织（ISO）对信息安全的定义为：为数据处理系统建立和采取的技术上和管理上的安全保护，保护计算机硬件、软件和数据不因偶然或恶意的原因而遭到破坏、更改和泄露。

我国较为认同的观点认为，信息安全是指信息网络的硬件、软件及其系统中的数据受到保护，不受偶然的或者恶意的原因而遭到破坏、更改、泄露，系统连续可靠正常地运行，信息服务不中断。

2.3.2 信息安全的基本特征

所有的信息安全技术都是为了达到一定的安全目标。信息系统安全有如下四个特征：完整性（Integrity）、可用性（Availability）、保密性（Confidentiality) 和可控性（Controllability）。

（1）完整性是信息在存储或传输过程中保持不被修改、不被破坏和不丢失的特性。是信息安全的基本要求。

（2）可用性是指信息可被合法用户访问并按要求的特性使用。

（3）保密性是指信息不泄露给非授权的个人或实体，或供其利用的特性。

（4）可控性是指对信息的内容及传播具有的控制能力，任何信息都应该在一定的范围内是可控的。

保密性、完整性和可用性被称为信息安全的铁三角（CIA）。信息安全就是要保证信息系统的以上四个特征不被威胁和破坏。

2.3.3 信息安全的基本内容

信息安全的内容包括实体安全、运行安全、信息资产安全、人员安全等几个方面。

（1）实体安全就是计算机设备、设施（含网络）以及其他媒体免遭地震、水灾、火灾、有害气体和其他环境事故破坏的措施和过程。实体安全包括环境安全、设备安全、媒体安全三部分。

（2）运行安全是信息安全的重要环节，是一套保护信息处理过程安全的措施，包括风险分析、审计跟踪、备份与恢复、应急等内容。

（3）信息资产包括文件、数据、程序等，其安全是防止信息资产被故意或偶然的非授权泄露、更改、破坏或信息被非法控制，保证信息的完整性、保密性、可用性和可控性。信息资产安全包括操作系统安全、数据库安全、网络安全、病毒防治、访问控制、加密、鉴别等7个方面。

（4）人员安全主要是指信息系统使用人员的安全意识、法律意识、安全技能。

2.3.4 信息安全法律法规

随着信息技术的发展，人们的各种信息活动更多地通过以计算机及网络为主体的信息系统进行，为了保障网络安全和公民信息安全，国家制定了网络安全法律法规，每个网络公民都必须有相应的法律法规和社会道德标准。例如《中华人民共和国计算机信息系统安全保护条例》中华人民共和国国务院令（第147号）、《计算机信息网络国际联网安全保护管理办法》公安部令（第33号）、《互联网信息服务管理办法》中华人民共和国国务院令（第292号）、《中华人民共和国网络安全法》中华人民共和国主席令（第53号）等。

2.4 计算机病毒

随着互联网日益广泛的使用，计算机病毒正以前所未有的速度殃及全球，给国家和个人带来重大损失。

2.4.1 计算机病毒的定义

《中华人民共和国计算机信息系统安全保护条例》（1994年）第二十八条中，将计算机病毒定义为：计算机病毒是指编制或者在计算机程序中插入的破坏计算机功能或者毁坏数据，影响计算机使用，并能自我复制的一组计算机指令或者程序代码。

计算机病毒总是想方设法在正常程序运行之前运行，并处于特权级状态。这段程序代码一旦进入计算机并得以执行，对计算机的某些资源进行监视。它会搜寻其他符合其传染条件的程序或存储介质，确定目标后再将自身代码插入其中，达到自我繁殖的目的。

任何病毒只要侵入系统，都会对系统及应用程序产生程度不同的影响。轻者会降低计算机工作效率，占用系统资源，重者可导致系统崩溃。

2.4.2 计算机病毒的特性

大部分的病毒感染系统之后一般不会马上发作，它可长期隐藏在系统中，只有在满足特定条件时才启动其表现（破坏）模块，只有这样它才可进行广泛地传播。

计算机病毒具有以下特性。

1. 传染性

传染性是病毒的基本特征，也是确定一个程序是否为病毒的首要条件。计算机病毒一旦夺取了计算机的控制权（占领CPU），就把自身传染到内存、硬盘，有的还立即传染到存储器的所有文件中。网络中的病毒可传染该网络中的所有计算机系统，移动盘的可移动性使得所有使用该盘的计算机系统可能被传染。

2. 隐蔽性

计算机病毒是嵌入正常程序当中的，一般只有几百字节或几千字节，而PC对文件的存取速度可达每秒几十兆字节，所以病毒转瞬之间便可附着到正常程序之中，不易察觉。

3. 破坏性

计算机病毒的目的是破坏数据或软硬件资源。计算机病毒的破坏性因计算机病毒的种类不同而差别很大。有的计算机病毒仅干扰软件的运行并不破坏该软件；有的无限制地侵占系统资源，使系统无法运行；有的甚至可以毁坏整个系统，使该系统无法启动。

4. 潜伏性

计算机病毒并不是一传染给别的程序后就立即发作，而是等待着一定条件的发生，在此期间它们不断地传染新对象，一旦满足条件发作时破坏的范围更大。如“黑色星期五”病毒逢 13 号的星期五发作。

5. 可触发性

计算机病毒因某个事件或数值的出现，诱使病毒实施感染或进行攻击的特性称为可触发性。病毒的触发机制就是用来控制感染和破坏动作的频率的。病毒具有预定的触发条件，这些条件可能是时间、日期、文件类型或某些特定数据等。病毒运行时，触发机制检查预定条件是否满足，如果满足，启动感染或破坏动作，使病毒进行感染或攻击；如果不满足，使病毒继续潜伏。

2.4.3 计算机病毒的类型

计算机病毒的分类方法有多种，可以按病毒对计算机破坏的程度、传染方式、按连接方式等来分类。

1. 按病毒对计算机破坏的程度分类

按病毒对计算机破坏的程度可将病毒分为良性病毒与恶性病毒。

（1）良性病毒是指那些只表现自己而不破坏系统数据的病毒。它多数是恶作剧者的产物，其目的不是对系统数据进行破坏，而是让使用这种被传染的计算机系统用户，通过屏幕显示的表现形式，了解病毒程序编写者在计算机编程技术与技巧方面的才华。但这种病毒在一定程度上对系统也有破坏作用（称为副作用）。这类病毒较多，如 GENP、小球、W-BOOT 等。

（2）恶性病毒的目的在于人为地破坏计算机系统的数据、删除文件或对硬盘进行格式化，甚至有些病毒既不删除计算机系统的数据，也不格式化硬盘，而只是对系统数据进行修改，这样的病毒所造成的危害具有较大破坏性，有的占用系统资源（如大麻病毒等），有的可能删除执行文件，甚至在某种条件下使机器死锁（如 CIH 病毒等）。

2. 按病毒的传染方式分类

按病毒的传染方式可以将计算机病毒分为引导区型病毒、文件型病毒、混合型病毒。

（1）引导区型病毒（BOOT Sector Virus）：开机启动时，在系统的引导过程中被引入内存的病毒。引导区型病毒不以文件的形式存在磁盘上，没有文件名，不能用 DIR 命令显示，也不能用 DEL 命令删除，十分隐蔽。例如圆点病毒、大麻病毒及 BRAIN 病毒等。

（2）文件型病毒：也常称为外壳型病毒，这种病毒的载体是可执行文件，即文件扩展名为.com 和.exe 等的程序，它们存放在可执行文件的头部或尾部，将病毒的代码加载到运行程序的文件中，只要运行该程序，病毒就会被激活，同时又会传染给其他文件。

宏病毒是一种特殊的文件型病毒，主要是使用某个应用程序自带的宏编程语言编写的病毒，如感染 Word 系统的 Word 宏病毒、感染 Excel 系统的 Excel 宏病毒和感染 Lotus Ami Pro 的宏病毒等，它们可感染数据文件。

（3）混合型病毒：具有引导区病毒和文件型病毒两种特征，以两种方式进行传染。这种病毒既可以传染引导扇区又可以传染可执行文件，从而使它们的传播范围更广，也更难于被消除干净，如 FILP 病毒就属此类。

3. 按连接方式分类

病毒按连接方式分为源码型病毒、入侵型病毒、操作系统型病毒、外壳型病毒。

（1）源码型病毒：主要攻击高级语言编写的源程序，它会将自己嵌入系统的源程序中，并随源程序一起编译、连接成可执行文件，从而导致生成的可执行文件直接带毒。不过该病毒较为少见，亦难以编写。

（2）入侵型病毒：那些用自身代替正常程序中的部分模块或堆栈区的病毒，它只攻击某些特定程序，针对性强，一般情况下也难以被发现，清除起来也较困难。

（3）操作系统型病毒：用其自身部分加入或替代操作系统的部分功能，危害性较大。

（4）外壳型病毒：将自身附着在正常程序的开头或结尾，相当于给正常程序加了个外壳，大部分的文件型病毒都属于这一类。

2.4.4 计算机病毒的预防与清除

做好计算机病毒的防治是减少其危害的有力措施。

1．计算机病毒的预防

预防的办法一是从管理入手，二是采取一些技术手段，如定期利用杀毒软件检查和清除病毒或安装防病毒卡等。

（1）不要随意使用外来的U盘和各种可移动硬盘，必须使用时务必先用杀毒软件扫描，确信无毒后方可使用。

（2）不要使用来源不明的程序，尤其是游戏程序，这些程序中很可能有病毒。

（3）不要到网上随意下载程序或资料，对来源不明的邮件不要随意打开。

（4）定期更新操作系统，安装补丁程序，提高系统的安全性。

（5）对特定日期发作的病毒应作提示公告。

（6）对重要的数据和程序应做独立备份，以防万一。

2．计算机病毒的清除

计算机病毒的清除是指从内存、磁盘系统区和文件中清除掉病毒程序，恢复原先的正常状态。杀毒软件是在发现病毒后编写的，因此它一般不能对未知病毒进行清除。现有软件必须在发现新病毒之后进行版本升级。

对于计算机病毒用以下方法进行清除。

（1）用杀毒软件杀毒。

（2）认真做好杀毒软件里的各项设置。通常一个杀毒软件在首次运行时，其默认的杀毒设置是不能符合用户需要的，所以，用户必须因“毒”制宜对它进行相应的设置，如当不能确定病毒的性质时，应在“查杀设置”中选中“所有文件”，包括“查压缩文件、包含子文件夹、查未知宏病毒、清除未知宏病毒（所有宏）”等，这样，查杀才能更为充分广泛和深入，避免漏杀。如果已知道了该病毒的性质，则应有选择地做好各方面的设置。

（3）在系统的安全模式下进行杀毒。在Windows的环境下杀过之后，还要在安全模式下进行查杀，这样才可以更彻底地清除掉计算机上的病毒。

（4）运用手工杀除该病毒的原理进行检查，看看是否还有该病毒存在。如果是那些难以根除的病毒，会很难杀干净，这时可以做如下操作：首先，删除所有能感染但不重要的文件，如欢乐时光容易感染的文件主要是“htm”或“html”、“asp”类文件，这些多数是网页类文件，接着进行手工杀除该病毒的方法，然后再灵活地运用这个原理来搜索还有没有文件带有该病毒。

（5）用手工删除用以解释、运行该病毒的程序文件。如果用尽了所有的办法都不能彻底地将病毒消灭，最好在不影响重要程序执行的情况下，将用以解释、运行该病毒的程序文件删除。如果删除某些程序文件后使某些要用的程序不能运行，则可在彻底消灭病毒、确认病毒不再有复发的可能后，再重新安装被破坏的程序或系统。假如感染病毒的磁盘没有重要文件，也可以格式化磁盘（一定要慎重操作），计算机病毒连同所有的文件将一并删除。

2.5 黑客与防火墙

2.5.1 黑客

1．黑客的起源

一般认为，黑客起源于20世纪50年代麻省理工学院的实验室中，他们精力充沛，热衷于解决难题。60年代他们反对技术垄断，70年代他们提出计算机应该为民所用，80年代他们又提出信息共享。那时，“黑客”一词极富褒义，用于指代那些独立思考、奉公守法的计算机迷，他们智力超群，对计算机全身心投入，从事黑客活动意味着对计算机的最大潜力进行智力上的自由探索，为计算机技术的发展做出了巨大贡献。正是这些黑客，倡导了一场个人计算机革命，倡导了现行的计算机开放式体系结构，打破了计算机技术只掌握在少数人手里的局面，开了个人计算机的先河，提出了“计算机为人民所用”的观点。那时的“黑客”能使更多的网络趋于完善和安全，他们以保护网络为目的，而以不正当侵入为手段找出网络漏洞。但到了90年代，技术不再是少数人的专有权力，越来越多的人都掌握了这些，导致了黑客的概念与行为都发生了很大的变化。现在的黑客已经成了利用技术手段进入其权限以外的计算机系统的人，人们对他们已不再是以往的崇拜，更多的是畏惧和批评。

2. 黑客的定义

计算机黑客是指未经许可擅自进入某个计算机网络系统的非法用户。计算机黑客往往具有一定的计算机技术，采取截获密码等方法，非法闯入某个计算机系统，进行盗窃、修改信息、破坏系统运行等活动，对计算机网络造成很大的损失和破坏。

3. 黑客的攻击方法

黑客的攻击方法大致可以分为 7 类，它们分别是：

（1）口令入侵。使用某些合法用户的账户和口令登录到目的主机，然后再实施攻击活动。这种方法的前提是必须先得到该主机上的某个合法用户的账号，然后再进行对合法用户口令的破译。

（2）放置特洛伊木马程序。特洛伊木马程序可以直接侵入用户的计算机并进行破坏，它常被伪装成工具软件或者游戏等，诱使用户打开带有特洛伊木马程序的邮件附件或从网上直接下载。一旦用户打开了这些邮件的附件或者执行了这些程序之后，它们就会像古特洛伊人在敌人城外留下的藏满士兵的木马一样留在自己的计算机中，并在自己的计算机系统中隐藏一个可以在系统启动时悄悄运行的程序。当连接到因特网时，这个程序就会通知攻击者，并报告你的 IP 地址以及预先设定的端口。攻击者收到这些信息后，再利用这个潜伏在其中的程序，就可以任意地修改目的计算机的参数设定并复制文件，或窃视目的计算机硬盘中的所有内容等，从而控制计算机。

（3）WWW 欺骗技术。通过网络，用户可以利用 IE 等浏览器进行各种各样的 Web 站点的访问，如阅读新闻组、咨询产品价格、订阅报纸、电子商务等。然而，一般的用户恐怕不会想到这样也会存在安全问题，但如果黑客将用户要浏览的网页的 URL 改写为指向黑客自己的服务器，当用户浏览目标网页的时候，实际上是向黑客服务器发出请求，那么黑客就可以达到欺骗的目的了。

（4）电子邮件攻击：电子邮件是互联网运用得十分广泛的一种通信方式。攻击者可以使用一些邮件炸弹软件向目的邮箱发送大量内容重复、无用的垃圾邮件，从而使目的邮箱被撑爆而无法使用。当垃圾邮件的发送流量特别大时，还有可能造成邮件系统对于正常的工作反应缓慢，甚至瘫痪。目前，电子邮件攻击主要表现为两种方式：一是电子邮件轰炸和电子邮件"滚雪球"，也就是通常所说的邮件炸弹，指的是用伪装的 IP 地址和电子邮件地址向同一信箱发送数以千计、万计甚至无穷多次的内容相同的垃圾邮件，致使受害人的邮箱被"炸"，严重者可能会给电子邮件服务器操作系统带来危险，甚至瘫痪；二是电子邮件欺骗，攻击者佯称自己为系统管理员（邮件地址和系统管理员完全相同），给用户发送邮件要求用户修改口令（口令可能为指定字符串）或在貌似正常的附件中加载病毒或其他木马程序。

（5）网络监听。网络监听是主机的一种工作模式，在这种模式下，主机可以接收到本网段在同一条物理通道上传输的所有信息，而不管这些信息的发送方和接收方是谁。因为系统在进行密码校验时，用户输入的密码须是从用户端传送到服务器端，而攻击者就能在两端之间进行数据监听。此时若两台主机进行通信的信息没有加密，只要使用某些网络监听工具软件就可轻而易举地截取包括口令和账号在内的信息资料。

（6）安全漏洞攻击。许多系统都有这样那样的安全漏洞（Bug）。其中一些是操作系统或应用软件本身具有的，如缓存区溢出攻击。由于很多系统都不检查程序与缓存之间变化的情况，接收任意长度的数据输入，把溢出的数据放在堆栈里，系统还照常执行命令。这样，攻击者只要发送超出缓存区所能处理的长度的指令，系统便进入不稳定状态。若攻击者特别配置一串准备用作攻击的字符，他甚至可以访问根目录，从而拥有对整个网络的绝对控制权。

另一种是利用协议漏洞进行攻击。如有些攻击者利用 POP3 一定要在根目录下运行的这一漏洞发动攻击，破坏根目录，从而获得超级用户的权限。

（7）端口扫描攻击。利用 Socket 编程与目标主机的某些端口建立 TCP 连接、进行传输协议的验证等，从而侦知目标主机的扫描端口是否是处于激活状态、主机提供了哪些服务、提供的服务中是否含有某些缺陷等。

我国的《刑法》有针对利用计算机犯罪的条款，非法制造、传播计算机病毒和非法进入计算机网络系统进行破坏都是犯罪行为。

2.5.2 防火墙（Firewall）

防火墙是用于将因特网的子网与因特网的其余部分相隔离，以达到网络和信息安全效果的软件或硬件设施。防火墙可以被安装在一个单独的路由器中，用来过滤不想要的信息包，也可以被安装在路由器和主机中，发挥更大的网络安全保护作用。防火墙被广泛用来让用户在一个安全屏障后接入互联网，还被用来把一家企业的公共网络服务器和企业内部网络隔开。另外，防火墙还可以被用来保护企业内部网络某一个部分的安全。例如，一个研究或者会计子网可能很容易受到来自企业内部网络的窥探。

防火墙可以确定哪些内部服务允许外部访问，哪些外人被许可访问所允许的内部服务，哪些外部服务可由内部人员访问。为了使防火墙发挥效力，来自和发往因特网的所有信息都必须经由防火墙出入。防火墙只允许授权信息通过，而防火墙本身不能被渗透。

思 考 题

1. 简述计算机系统的组成。
2. 微型计算机的主要性能指标有哪些？
3. 内存储器中 ROM 和 RAM 的特点是什么？
4. 列举常用的输出设备。
5. 什么是计算机病毒，计算机病毒有哪些特点？

第3章

Windows 7操作系统

Windows 7是微软公司开发的可供家庭及商业工作环境、笔记本式计算机、平板电脑、多媒体中心等使用的操作系统，具有易用、快速、简单、安全、效果华丽、系统资源消耗低等特点。本章主要介绍Windows 7概述、基本操作、资源管理、常用附件的使用、控制面板的设置、中文输入及使用帮助和支持。

3.1 Windows 7概述

Windows系列操作系统是微软（Microsoft）公司目前最具影响力的操作系统之一。2009年10月22日微软正式发布Windows 7。Windows 7目前包括Windows 7 Home Basic（家庭普通版）、Windows 7 Home Premium（家庭高级版）、Windows 7 Professional（专业版）、Windows 7 Ultimate（旗舰版）四个版本。

本章讲授内容为Windows 7 Ultimate（旗舰版）。

3.1.1 Windows 7的特性

Windows 7 的设计主要围绕五个重点——针对笔记本式计算机的特有设计、基于应用服务的设计、用户的个性化、视听娱乐的优化、用户易用性的新引擎。

Windows 7的新特性主要体现在Windows 7做了许多方便用户的设计，这些新功能令Windows 7成为最易用的Windows 操作系统；大幅缩减了的启动速度；让搜索和使用信息更加简单，包括本地、网络和互联网搜索功能；桌面和“开始”菜单包括改进了的安全和功能合法性，还会把数据保护和管理扩展到外围设备，并且改进了基于角色的计算方案和用户账户管理，在数据保护和坚固协作的固有冲突之间搭建沟通桥梁，同时也会开启企业级的数据保护和权限许可；把程序兼容工具与系统整合在一起，使旧的程序不致于被淘汰；进一步增强了移动工作能力，无论何时、何地、任何设备都能访问数据和应用程序，开启坚固的特别协作体验，无线连接、管理和安全功能会进一步扩展。

3.1.2 Windows 7的安装

Windows 7比以前版本的安装过程更简单。

1. Windows 7运行环境

安装Windows 7的最低硬件系统需求如下：

（1）处理器：1 GHz，32位或者64位处理器。

（2）内存：1 GB及以上。

（3）显卡：支持DirectX 9 128 MB及以上（开启Aero效果）。

（4）硬盘空间：16 GB以上（主分区，NTFS格式）。

（5）显示器：要求分辨率在1 024像素×768像素及以上（低于该分辨率则无法正常显示部分功能），也可使用支持触摸技术的显示设备。

2. 确定安装方式

安装方式大致分为升级安装和全新安装。升级安装即覆盖原有的操作系统，将操作系统替换为 Windows 7；全新安装则是在计算机上没有任何操作系统的情况下安装 Windows 7 操作系统。可以使用光盘安装，也可以将 U 盘制作为系统盘，进行安装。

3. 系统安装

下面介绍 Windows 7 的安装方式，通过 Windows 7 安装光盘引导系统并自动运行安装程序。

（1）BIOS 的设置：首先在计算机启动的时候按【Del】键，在 BIOS 中将启动顺序设置第一启动项（First Boot）为 CD/DVD。

（2）将已购买的 Windows 7 光盘插入光驱中。

（3）重新启动计算机，屏幕出现“Press any key to boot from DVD”，此时按下键盘上任意键进入 Windows 7 安装界面，如图 3-1 所示。

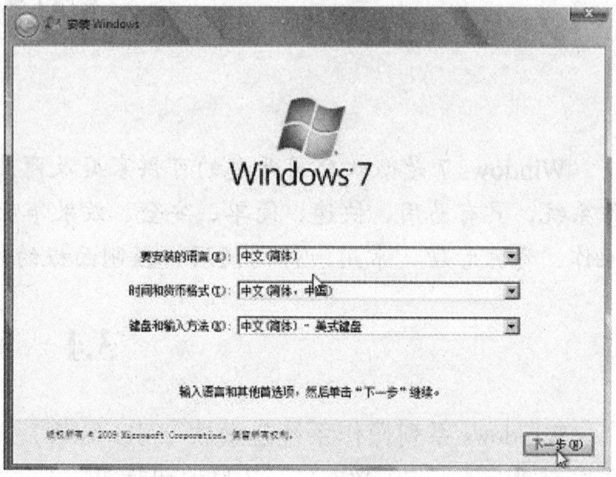

图 3-1 “Windows 7 安装向导”窗口

（4）选择“计算机语言”等设置（一般就直接单击【下一步】按钮，不用设置），在单击【现在安装】按钮后，即可根据它的提示安装。

（5）选择第一硬盘的第一分区作为系统目的安装分区，可对此分区进行格式化操作后再单击【下一步】按钮。

（6）复制系统文件到系统盘临时文件夹中，安装临时文件。系统文件解包完成，等待 10 s 后，将会自动重启计算机，重启时一定要从硬盘启动计算机，如果光驱中有系统光盘，启动时不要按【Enter】键，让计算机自动从硬盘启动，或者是在启动时退出光驱后，待硬盘启动后再光上光驱门。

（7）重启。请从硬盘启动安装系统，完成系统设置安装。可打开光驱门，待硬盘启动后再推上光驱门。

（8）第一次进入系统桌面，手动对系统做简单设置。此时系统桌面只有回收站图标。

（9）根据个人机器配置安装相关的驱动程序。根据版本，激活 Windows 7 系统。

3.2 Windows 7 的基本操作

本节主要介绍鼠标的操作，Windows 7 的桌面、窗口、对话框及菜单等操作。

3.2.1 鼠标操作

鼠标是操作计算机过程中使用最频繁的输入设备之一。鼠标的基本操作有 5 种，可协助用户完成不同的动作。按照用户一般使用习惯，鼠标的基本操作如表 3-1 所示。

表 3-1 鼠标的基本操作

鼠标操作	完成方法及功能
指向	移动鼠标，将鼠标指针放在某一对象上
单击	在屏幕上把鼠标指针指向某一个对象，然后快速地按下并释放鼠标的左键一次。通过单击，用户可以选择屏幕上的对象或执行菜单命令
双击	在屏幕上把鼠标指针指向某一个对象，然后快速地按下并释放鼠标的左键两次。通常用鼠标双击一个文件或快捷方式图标来运行相应的程序或打开文档
右击	在屏幕上把鼠标指针指向某一个对象，然后快速地按下并释放鼠标的右键一次。通过右击，可以弹出该对象的快捷菜单
拖动	在屏幕上把鼠标指针指向某一个对象，然后在保持按住鼠标左键的同时移动鼠标。用户可以使用“拖动”操作来选择数据块、移动并复制正文或对象等

3.2.2　Windows 7 的桌面

桌面是用户启动计算机登录到 Windows 7 系统后，呈现在用户面前的整个屏幕区域。它是用户与计算机进行交流的窗口。桌面上整齐排列着可供操作的图标及其他工具，如图 3-2 所示。

Windows 7 桌面主要由桌面背景、桌面图标和任务栏构成。

1．桌面背景

桌面背景是系统为用户提供的一个图形界面，即当用户打开计算机进入 Windows 7 操作系统后，所出现的桌面颜色或图片。用户可以选择单一的颜色作为桌面的背景，也可以选择各种位图文件作为背景。

2．桌面图标

"图标"是一个带有文字名称和图形的标志。图标是应用软件、文件、文件夹、设备和计算机信息等的图形表示。如果用户把鼠标指针放在图标上停留片刻，桌面上会出现对图标所表示内容的说明或者是文件存放的路径。

当用户安装好 Windows 7 第一次登录系统时，桌面上只有一个回收站的图标。

如果用户要恢复系统默认的图标，可进行下列操作：

（1）在桌面空白处右击，从弹出的快捷菜单中选择"个性化"命令，在弹出的对话框中选择"更改桌面图标"，弹出"桌面图标设置"对话框。

（2）在"桌面图标设置"对话框中，有"桌面图标"选项卡，如图 3-3 所示，可将桌面图标下的选项全部勾选。单击【确定】按钮可完成桌面图标的设置。

图 3-2　Windows 7 桌面

图 3-3　"桌面图标设置"对话框

3．任务栏

任务栏是桌面的重要组成部分，默认情况下，任务栏是位于 Windows 7 屏幕最下方的蓝色长条，如图 3-4 所示。

图 3-4　任务栏

1）任务栏的组成元素

在任务栏上自左向右包括"开始"按钮、快速启动区、程序按钮区、语言栏、通知区域、显示桌面按钮几部分。

（1）【开始】按钮。在任务栏的最左边，有一个【开始】按钮，单击该按钮可弹出"开始"菜单，在"开始"菜单中可以完成所有的程序任务。

（2）快速启动区：它提供了快速启动应用程序的方法。单击其中的某个按钮，就会打开相应的程序。右击其中的某个按钮，在弹出的快捷菜单中可进行一些操作，如删除、重命名等。用户可以根据实际需要来设定快速启动区的内容。

添加快速启动程序按钮的具体操作步骤如下：选定程序的快捷图标，如"暴风影音"，按住鼠标左键拖动图标至任务栏中的快速启动程序区，当出现"附到任务栏"时，松开鼠标即可添加暴风影音程序按钮。

（3）程序按钮区：用来显示已打开的窗口按钮。由于 Windows 7 支持多任务同时运行，所有需要与用户交互的任务出现后，在任务栏上就会添加一个窗口按钮。其中只有一个是当前活动窗口，对应的按钮是“按下”状态，其他隐藏在当前窗口后面或处于最小化，其按钮是“弹起”状态。

用户可以单击任务栏上的窗口按钮在打开的多个应用程序窗口之间进行切换。

（4）语言栏：用于显示输入法及对输入法的设置。

（5）通知区域：在任务栏的右侧显示系统的一些软硬件状态的小图标，可使用鼠标操作这些图标，实现对它们的快速控制和设置。这些图标主要有声卡、显示器、音量、日期和时间等。

（6）显示桌面按钮：在任务栏的最右边，有一个显示桌面按钮，单击该按钮可以显示桌面，再次单击可恢复程序窗口。

2）任务栏的操作

（1）改变任务栏的位置。任务栏不锁定时，用户可将鼠标指针指向任务栏上的空白位置，然后拖动鼠标左键到桌面的顶部、底部、左边、右边，这样可将任务栏分别放到桌面的四个边缘。

（2）调整任务栏的大小。任务栏不锁定时，当用户将鼠标指针指向任务栏的边框上，待鼠标指针变为双向箭头时，按住鼠标左键沿箭头方向拖动以改变任务栏的大小。可将任务栏拉伸或压缩到合适的宽度，但最宽不能超过桌面的 1/2。

（3）任务栏的设置。

任务栏是在使用计算机时最常用的项目之一，通过设置任务栏用户可方便地操作计算机。

设置任务栏的操作步骤：在任务栏空白处右击，弹出快捷菜单，选择“属性”命令，打开“任务栏和「开始」菜单属性”对话框，如图 3-5 所示。其中包括“任务栏”“「开始」菜单”“工具栏”三个选项卡。

在“任务栏外观”选项组中可以进行如下操作：

- “锁定任务栏”：任务栏会始终处于屏幕的最上层，这是默认状态。
- “自动隐藏任务栏”：选定后，任务栏会自动隐藏起来，只有当鼠标指针移到屏幕的底部时才会重新弹起，这样桌面上就可为其他窗口留出更多的使用空间。
- “屏幕上的任务栏位置”：默认选项为“底部”。可以选择“底部”“左侧”“右侧”“顶部”，确定任务栏在屏幕上的位置。
- 在“通知区域”选项组中可以定义出现的图标和通知，如图 3-6 所示。

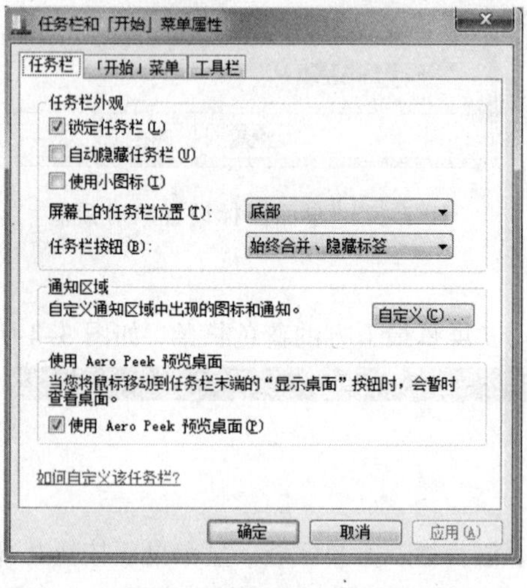

图 3-5 “任务栏和「开始」菜单属性”对话框

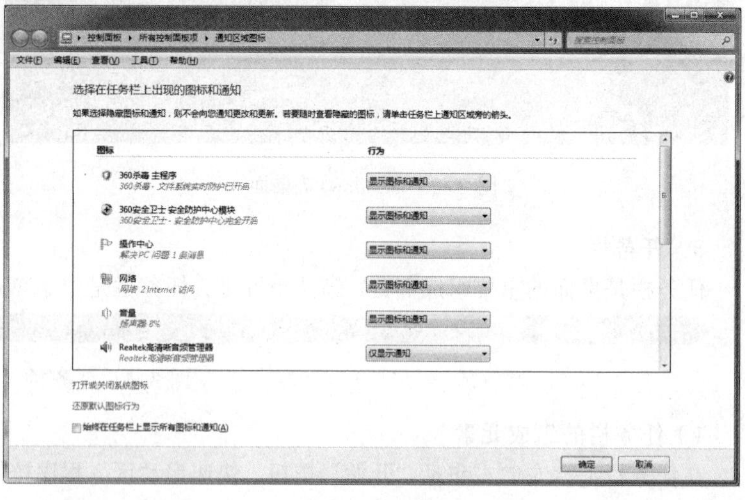

图 3-6 “通知区域图标”窗口

3.2.3 Windows 7 的窗口及操作

在 Windows 系统中，当用户打开一个文件或应用程序时，桌面上会出现一个矩形区域，即窗口，Windows 的名称就是由此而来。窗口是人机交互的主要方式和界面，大多数程序都是以窗口的形式呈现在用户面前，窗口操作是最基本的操作。

1. 窗口类型

一般分为 4 类，即应用程序窗口、文件夹窗口、文档窗口和对话框。

（1）应用程序窗口：是最常见的一种窗口，它可以是一个应用软件、Windows 实用程序或附件窗口。启动其中任何一个都会打开其特有的“程序窗口”，关闭了应用程序窗口，也就关闭了该应用程序。

（2）文件夹窗口：是用来存放文件和子文件夹的。双击文件夹图标可以打开文件夹窗口，文件夹窗口仅显示文件夹的结构，即它用来显示文件夹中文件和下级子文件夹的图标。例如“计算机”“我的文档”“回收站”等为系统文件夹。

（3）文档窗口：是出现在应用程序窗口内的一种子窗口，它隶属于应用程序。

（4）对话框：对话框是一种特殊的窗口，它可供用户输入较多的信息或进行某些参数设置。

2. 窗口组成

在 Windows 7 中，窗口的外观基本上是一样的，通常由标题栏、地址栏、搜索框、菜单栏、工具栏、用户工作区、细节窗格等部分组成。以“计算机”窗口为例，介绍窗口的组成，如图 3-7 所示。

（1）标题栏：位于窗口的最上方。双击此处，可以使窗口在最大化和还原间切换。其右侧为窗口控制按钮，分别是【最小化】按钮、【最大化/还原】按钮、【关闭】按钮。

①【最小化】按钮：单击该按钮可将窗口缩小成任务栏上的窗口按钮，应用程序转入后台继续运行，单击任务栏上的窗口按钮又可将窗口展开。

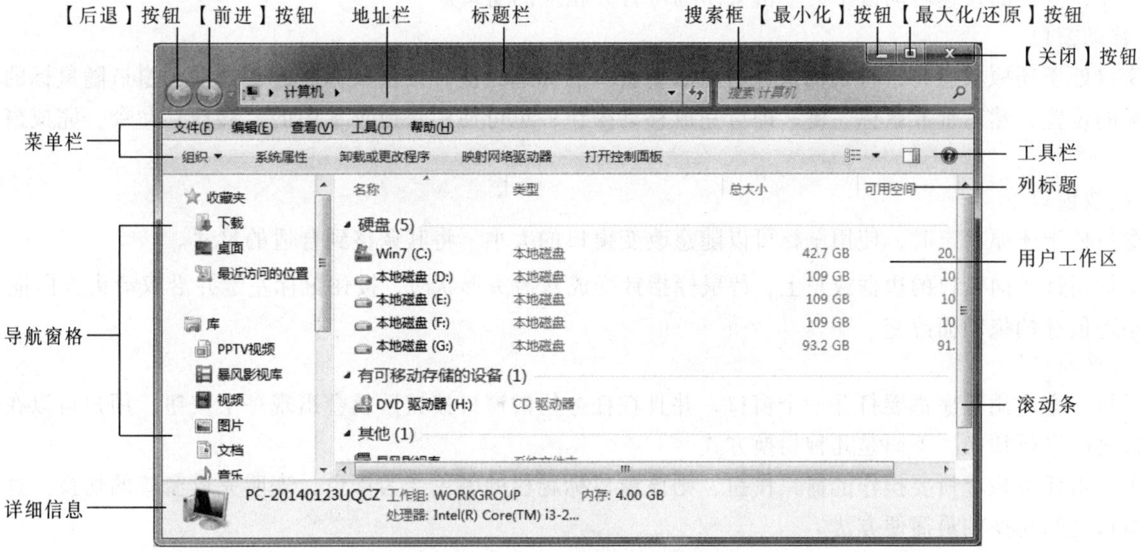

图 3-7　“计算机”窗口

②【最大化/还原】按钮：单击【最大化】按钮，可将窗口放大到整个屏幕，此时该按钮将变成【还原】按钮；单击【还原】按钮，可将窗口缩到原来大小，该按钮又变成了【最大化】按钮。也可以双击窗口标题栏中的空白区域，使窗口在最大化和还原之间切换。

③【关闭】按钮：单击该按钮可关闭窗口，结束应用程序运行，且任务栏上的窗口按钮消失。

（2）地址栏：使用地址栏可以导航至不同的文件夹或库，或返回上一文件夹或库。

（3）搜索框：在搜索框中输入词或短语可查找当前文件夹或库中的项。开始输入内容，搜索就开始了。

（4）菜单栏：位于标题栏的下一行，由若干个菜单项组成，其中所列的项目分类集中了该系统的全部操作功能。每个菜单项都有一个下拉菜单，列出该菜单下的操作命令，单击其中的某项执行对应的一个操作命令。不同的应用程序菜单栏的项目不同。

（5）导航窗格：使用导航窗格可以访问库、文件夹、保存的搜索结果，甚至可以访问整个硬盘。使用“收藏夹”部分可以打开最常用的文件夹和搜索；使用“库”部分可以访问库。还可以使用“计算机”文件夹浏览文件夹和子文件夹。

（6）工具栏：使用工具栏可以执行一些常见任务，如更改文件和文件夹的外观、将文件刻录到 CD 或启动数字图片的幻灯片放映。工具栏的按钮可更改为仅显示相关的任务，比如单击图片文件，则工具栏显示的按钮与单击音乐文件时不同。

（7）用户工作区：位于窗口的中间部分，用于显示和处理工作对象的有关信息，是放置用户编辑内容的空间。一般不同类型的窗口，其工作区中内容不同。

（8）详细信息：详细信息可以显示选定文件的常见属性，如作者、上一次更改文件的日期，以及可能已添加到文件的所有描述性标记。

（9）边框：边框是窗口的边界，当窗口处于还原状态时，用户可用鼠标拖动任何一边或一角来调整窗口的大小。

3. 窗口操作

窗口操作可以通过鼠标使用窗口上的各种命令进行，或者通过键盘使用快捷键来进行。其基本的操作包括打开、移动、缩放、切换等。

1）打开窗口

（1）选中要打开的窗口图标，然后双击打开；或者在选中的图标上右击，在弹出的快捷菜单中选择“打开”命令。

（2）利用“开始”菜单打开相应的应用程序窗口。如单击“开始”按钮，选择“所有程序”|“附件”|“记事本”命令，打开“记事本”应用程序窗口。

（3）在任务栏的快速启动区中，单击某图标可打开相应的窗口。

2）移动窗口

在窗口处于还原状态时，将鼠标指针指向活动窗口的标题栏上，按住鼠标左键并拖动，窗口随鼠标的拖动而移动到新的位置，然后释放鼠标左键，即可完成移动操作；也可使用快捷菜单中的“移动”命令，完成窗口的移动操作。

3）缩放窗口

在窗口处于还原状态时，使用鼠标可以随意改变窗口的大小，将其调整到合适的尺寸。

将鼠标指针指向窗口的边框或角上，待鼠标指针变成双箭头形状时，按住鼠标左键并沿双箭头方向拖动，窗口的大小随鼠标的拖动而改变。

4）切换窗口

每运行一个应用程序都要打开一个窗口，并且在任务栏的窗口按钮区就会出现一个按钮，用户可以在打开的多个窗口之间进行切换，下面是几种切换方式。

（1）单击任务栏上所要操作的窗口按钮，则该窗口标题栏的颜色变为深色，表明完成窗口的切换。这是实现在多个窗口之间切换的最简便方法。

（2）如果所要操作的窗口在桌面上有可见部分，可直接单击来激活窗口，完成窗口的切换。

（3）使用键盘，在键盘上按住【Alt+Tab】组合键，屏幕上会出现切换任务栏，列出当前正在运行的窗口，这时按住【Alt】键不放，然后按【Tab】键依次进行切换，当找到需要的窗口时，同时释放【Alt】和【Tab】两个键，即切换到该窗口。

（4）可以按【Alt+Esc】组合键来选择切换已经打开的窗口，但此方法不适用于最小化以后的窗口。

（5）可以按【Win+Tab】组合键，会显示出三维窗口切换效果，如图 3-8 所示。按住【Win】键不放，然后按【Tab】键或滚动鼠标滚轮可以在现有窗口缩略图中进行切换，当找到需要的窗口时，同时释放【Win】和【Tab】两个键，即切换到该窗口了。

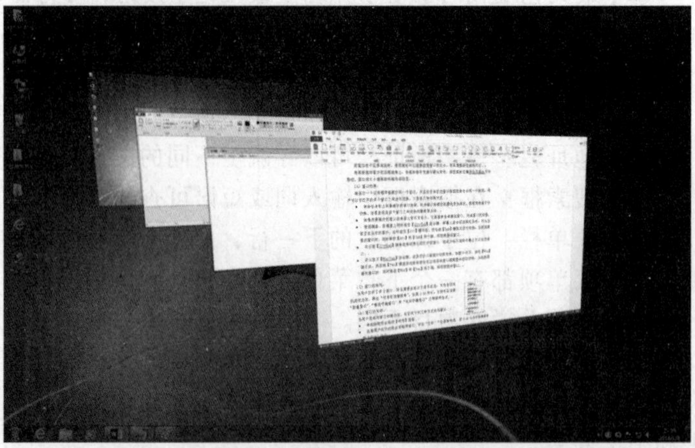

图 3-8 现有窗口三维切换效果

5）排列窗口

当用户打开了多个窗口，而且需要全部处于显示状态，可右击任务栏的空白处，弹出任务栏快捷菜单，如图 3-9 所示，可选择“层叠窗口”“堆叠显示窗口”“并排显示窗口”三种排列方式。

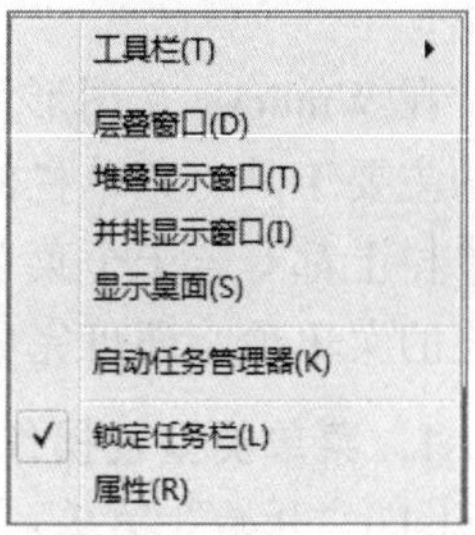

图 3-9　任务栏快捷菜单

6）关闭窗口

当用户完成对窗口的操作后，可采用下列几种方式关闭窗口。

（1）单击标题栏右端的【关闭】按钮。

（2）如果用户打开的是应用程序窗口，可选择“文件”|“退出”命令。

（3）在任务栏上右击要关闭的窗口按钮，或右击标题栏，从弹出的快捷菜单中选择“关闭窗口”命令。

3.2.4　对话框及操作

对话框是用户与计算机系统进行信息交流的一种特殊的窗口。在某些程序运行过程中，当选择了带有省略号“…”的菜单项或命令按钮时，都会弹出相应的对话框窗口。用户通过在对话框中的设定，实现与计算机的交流。

对话框的组成和窗口有相似之处，但对话框更简洁、更直观、更侧重于与用户的交流。另外，对话框和其他窗口的最大区别就是没有【最大化】和【最小化】按钮，用户一般不能调整其形状大小。不同的对话框在大小、内容和形式上有很大的差异，但也具有一些共同特性。对话框一般包括标题栏、选项卡、单选按钮、复选框、文本框、列表框和命令按钮等几部分。图 3-10 所示为一个“文件夹选项”对话框。

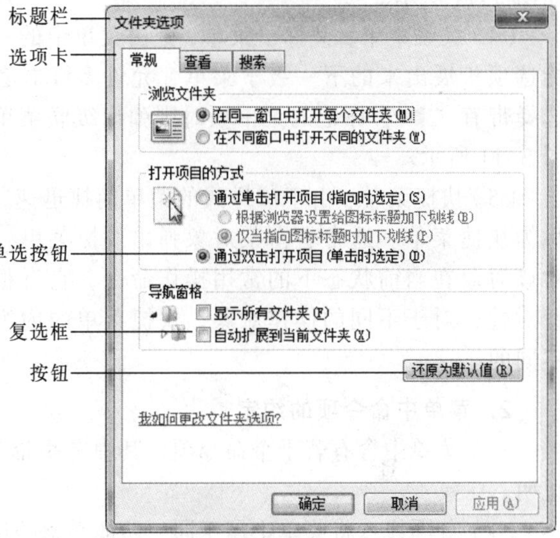

图 3-10　“文件夹选项”对话框

（1）标题栏：位于对话框的最上方，其中包含对话框的名称和【关闭】按钮。有的对话框还有【帮助】按钮。拖动标题栏可以移动对话框的位置。

（2）选项卡：一个对话框可以包含一个或多个选项卡，如在“文件夹选项”对话框中包括三个选项卡。单击某选项卡就可以输入相应的一组信息。

（3）文本框：文本框可用于输入信息，在文本框内单击，出现插入点，此时由键盘输入信息，还可以对各种已有的内容进行修改。

（4）下拉列表框：类似于文本框，其右边有一个向下的箭头按钮“▼”。单击此按钮，下拉列表框被打开，显示列表选项，用户可从列表中选择一项，但是通常不能更改。

（5）列表框：列表框显示多个选择项，由用户选择其中一项，如果列表框容纳不下所列的信息，系统会提供滚动条帮助用户快速查看。

（6）单选按钮：通常是一个小圆形“○”，单选按钮表示一组互斥的选项，只能而且必须选中其中的一项，单击单选按钮，标志变成“⊙”表示被选中。

（7）复选框：通常是一个小正方形“□”，用户可根据需要同时选择一项或多项，单击其标志，选中后在方框内出现“√”，再单击复选框则会去掉方框内的“√”，表示该项不被选中。

（8）数值框：可单击该项右边的上微调按钮来调整框中的数值，也可直接输入一个数值。

（9）标尺：移动标尺的滑块就可以在标尺上选择不同的数据或选项。

（10）按钮：是对话框中圆角矩形并且带有文字的按钮，每一个按钮都对应一个动作，单击按钮即可启动该动作。按钮带有省略号“…”的表示将打开一个对话框。常见的按钮有【确认】【取消】【应用】等。

3.2.5 Windows 7 的菜单

在 Windows 7 图形用户界面系统中，菜单是各种应用程序命令的集合，是一张命令表。菜单栏是展示可用命令的主要工具，菜单栏的典型位置是在标题栏的下面，有些程序允许将菜单栏移到屏幕的不同位置。每个窗口的菜单栏上都有若干个菜单项，每个菜单项都是一组相关命令的集合，当用户需要执行某种操作时，只要从中选择对应的菜单项，即可完成相应的操作。

1. 菜单类型及操作

（1）“开始”菜单：单击【开始】按钮或按【Ctrl+Esc】组合键，即可打开“开始”菜单，在该菜单中包含了 Windows 的全部功能，是实施 Windows 操作的最完整的菜单。

（2）控制菜单：单击窗口标题栏最左端的控制菜单图标或右击标题栏空白位置，也可按【Alt+Space】组合键，均可打开控制菜单，从中可选择还原、移动、大小、最大化、最小化和关闭命令。

（3）下拉菜单：一般菜单栏中的菜单都属于此类菜单，单击菜单栏中某一菜单项，或同时按下【Alt】键和菜单名右边的英文字母，均可打开相应下拉菜单，如图 3-11 所示。

（4）级联菜单：又称子菜单，是由菜单中的一个功能选项扩展出来的下一级子菜单，允许多级嵌套。当选择带有“▶”标记的菜单项时则弹出级联菜单，如图 3-11 所示。

（5）快捷菜单：由于该样式的菜单简捷迅速，所以称为快捷菜单。通常右击某对象弹出快捷菜单，列出对该对象在当前状态下的常用操作命令，它有很强的针对性，对于不同的操作对象，快捷菜单的内容也是不同的。

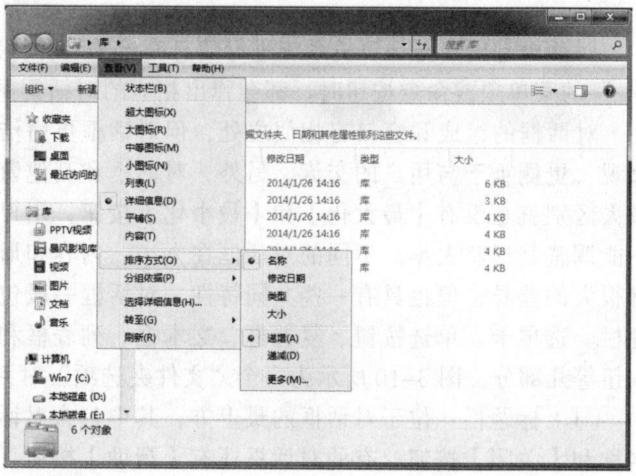

图 3-11 下拉菜单和级联菜单

2. 菜单中命令项的约定

一个菜单中含有若干个命令项，其中有些命令项后面带有一些符号。这些符号都有特定的含义，下面做简要说明。

（1）分隔线：将菜单中属于同一功能类型的选项排列在一起成为一组，中间用横线分隔以便于用户查找。

（2）灰色菜单项：表示该命令当前不能使用，要执行该命令还需要执行一些其他操作。

（3）带省略号“…”的命令项：表示选择该命令项后将弹出一个对话框，要求用户提供执行该命令所需的信息。

（4）菜单项前的“√”：又称为复选标记，此菜单项为一组复选功能开关中的一项，复选指可以同时使多项有效。其作用像一个开关，第一次选中该命令使命令有效，再次选中则关闭该命令。

（5）菜单项前的“●”：又称为单选标记，此菜单项为一组单选功能开关中的一项，即在同一组菜单中只能选一条命令。

（6）带“▶”的命令项：表示该命令项下有级联菜单，选择该项后弹出级联菜单，用户可以做出进一步的选择。

（7）快捷键：指菜单项后面列出的组合键名，用户不必打开菜单，直接按组合键，即可执行该命令。例如“编辑”菜单中，按【Ctrl+X】组合键可以执行“剪切”菜单项。

（8）命令字母：当菜单项文字中包含带下画线的单个字母时，表示为命令字母。如“文件（F）”菜单项，【F】为该菜单的访问键，按【Alt+F】组合键可以打开“文件”的下拉菜单。即按下访问键可直接执行相应的命令，不必通过鼠标操作。

3.3　Windows 7 的资源管理

在计算机系统中，功能和作用各不相同的文件和文件夹组成了整个计算机系统的数据资源，而且 Windows 系统将设备也看作文件，对设备的操作同对文件的操作类似。本节主要介绍用户如何操作与管理计算机系统的数据资源。

3.3.1　文件和文件夹

文件是具有名称的一组相关信息的集合。它可以是用户创建的文档，也可以是可执行的应用程序或一张图片、一段声音等。文件分为两类：一类是存储在外存储器上的文件，称为磁盘文件；另一类是系统的标准设备，称为设备文件。用户把信息组织成文件，由操作系统统一管理，操作系统为用户提供“按名存取”的功能。

文件夹（在 DOS 操作系统中称为目录）是系统组织和管理文件的一种形式，是为方便用户查找、维护和存储而设置的，用户可将文件分门别类地存放在不同的文件夹中。文件夹还可以存储其他文件夹。文件夹中包含的文件夹通常称为“子文件夹”。可以创建任何数量的子文件夹，每个子文件夹中又可以容纳任何数量的文件和其他子文件夹。

在 Windows 的文件夹树状结构中，处于顶层（树根）的文件夹为桌面，计算机上所有的资源都组织在桌面上，从桌面开始可以访问到任何一个文件或文件夹。

1. 文件命名

文件名的一般形式为：

[<盘符: >]<主文件名>[<.扩展名>]

（1）括号的含义：尖括号与方括号本身不是文件名的部分，尖括号中的内容由用户给出，不可省略；方括号中的内容是可选内容。

（2）主文件名：由用户给出的字符序列，一般用来表示文件的内容，不同系统有不同的要求。

（3）扩展名：由用户给出的字符序列，用于表示文件的类型。

（4）盘符和扩展名可以省略，盘符省略用于表示当前盘及当前文件夹；扩展名省略时，其前面的“.”一起省略。

例如：文件 Setup.exe 的主文件名为 Setup，表示该文件与安装有关，扩展名为.exe，表示这是一个可执行的程序文件。

2. 文件和文件夹的命名规则

文件和文件夹命名时，应尽量做到既能够清楚地表达内容又比较简短，同时必须注意以下问题。

（1）Windows 环境下，文件或文件夹的名字最多为 255 个西文字符，但有些早期的操作系统不能识别很长的文件名。

（2）可使用多分隔符，最后一组才是文件的扩展名。

（3）可使用多种字符。组成文件或文件夹名的字符可以是英文字母、数字及￥、@、&、+、(、)、下画线、空格、汉字等。但不能使用下列 9 个字符：\、/、:、*、?、"、<、 >、|。

（4）在同一个文件夹内不允许有同名文件或文件夹。

（5）不区分大小写，但文件名保留命名时输入的大小写状态。例如，Mydocument.doc 和 mydocument.doc 被认为是同一个文件名。

（6）文件名中除开头外都可以用空格。

（7）不能使用系统保留的设备名。表 3-2 所示为系统保留的设备名。

表 3-2　系统保留的设备名

系统保留的设备名	代 表 设 备
CON	控制台（输入时代表键盘，输出时代表显示器）
AUX	串行端口

续表

系统保留的设备名	代表设备
COM1、COM2、COM3、COM4	串行端口
PRN	打印机端口
LPT1、LPT2、LPT3、LPT4	并行端口
NUL	虚拟设备

3．文件的类型和图标

大多数文件在存盘时，应用程序都会自动地给文件加上默认的扩展名。当然，用户也可以特定指出文件的扩展名。通常文件扩展名由 3 个字符组成，可以是数字、字母、符号。不同的扩展名决定了不同文件类型和作用，如表 3-3 所示。

表 3-3　文件扩展名表

扩展名	文件类型	扩展名	文件类型	扩展名	文件类型
.com	系统命令文件	.docx	Word 文档	.mpg	动画视频影像压缩文件
.exe	可执行文件	.xlsx	Excel 文档	.mp3	压缩存储音频文件
.bat	批处理文件	.pptx	PowerPoint 文档	.wav	波形音频文件
.sys	系统文件	.png	位图文件	.rar	另一种压缩格式文件
.txt	文本文件	.pdf	图片文件	.dbf	数据库文件
.rtf	带格式的文本文件	.html	网页文件	.c	C 语言源程序

4．通配符

通配符提供了用一个名称指定多个文件名或目录名的便捷方式。最常用的两个通配符是 * 和 ?。

*：可以表示任何字符序列（字符串），包括无字符的情况。

?：可以表示任何一个字符。

如：*.exe 表示当前磁盘上所有以.exe 为扩展名的文件；zmhok? 表示当前磁盘上所有前五个字符是 zmhok、最后一个字符是任意字符的文件；*.*表示当前磁盘上的所有文件。

【例 3-1】请在“计算机”中搜索所有的 MP3 文件。

具体操作步骤如下：双击“桌面”上的“计算机”图标，在打开窗口的左窗格中单击“计算机”命令，在右上角的搜索栏中输入“*.mp3”，单击“搜索”按钮，搜索结果显示在右窗格中。

3.3.2　Windows 资源管理器

“资源管理器”是 Windows 系统提供的资源管理工具，使用它可以查看计算机的所有资源，特别是它提供的树状的文件系统结构，使用户能更清楚、更直观地认识计算机的文件和文件夹。

“资源管理器”以分层的方式（类似于树结构）显示计算机内所有文件的详细图标，可以更方便地实现浏览、查看、移动和复制文件或文件夹等操作。用户只在一个窗口中就可以浏览所有的磁盘和文件夹，免去了在多个窗口之间来回切换。而且“资源管理器”还可以管理磁盘，映射网络驱动器，查看“控制面板”，浏览万维网的主页等。所以“资源管理器”是最常用的管理工具。双击“计算机”图标或任意文件夹即可打开“资源管理器”。

1．资源管理器窗口组成

“资源管理器”窗口有左、右两个窗格，如图 3-12 所示。“资源管理器”窗口除了与其他窗口一样有标题栏、菜单栏、工具栏、状态栏和边框外，其用户工作区由下列元素组成。

（1）左窗格：由收藏夹、库、计算机和网络组成，也称为导航窗格。

（2）右窗格：又称文件夹内容窗格，该窗格用于显示在左窗格中选定文件夹内的内容。

（3）窗口分隔条：位于左、右窗格之间，当把鼠标指针移到分隔线时，鼠标指针变成双向箭头，拖动鼠标就可移动分隔条来改变左、右窗格的相对大小。

（4）子文件夹：在文件夹树结构中从属于某个文件夹的下一级文件夹称为子文件夹。如“资源管理器”中的

“Tencent”文件夹就是“Program Files”文件夹的子文件夹。

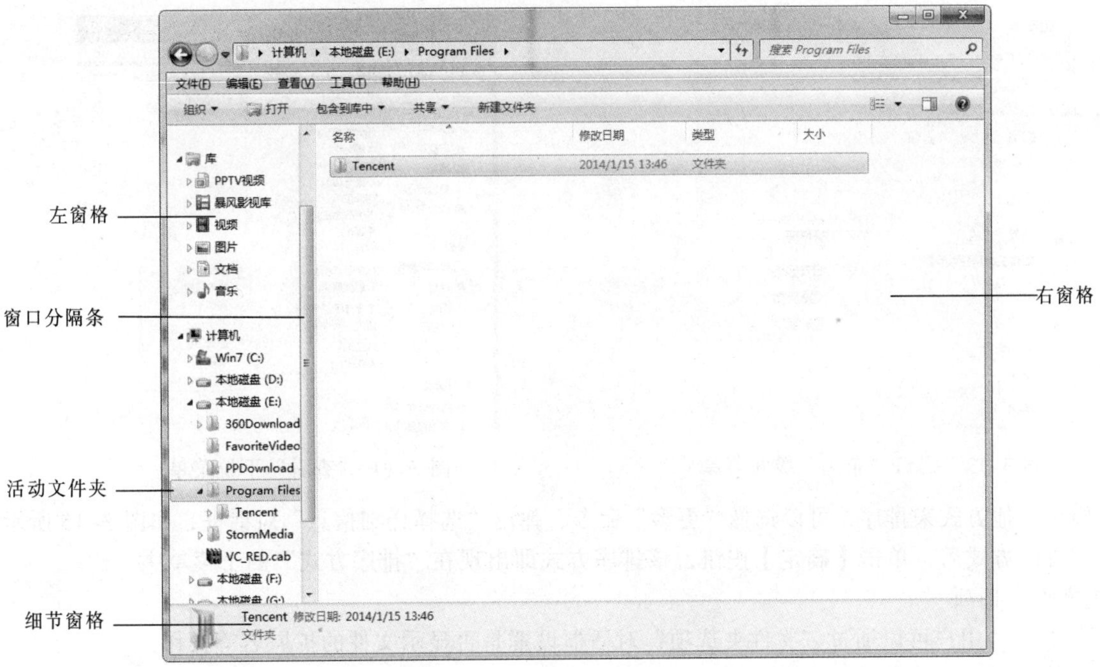

图 3-12　“资源管理器”窗口

（5）活动文件夹：单击左窗格中的驱动器或文件夹，即可打开该驱动器或文件夹，在右窗格中显示该文件夹包含的内容，此驱动器或文件夹称为活动文件夹。处于活动状态的文件夹，用反相显示方式表示。如“资源管理器”中的“Program Files”文件夹就是活动文件夹。

（6）文件夹的展开与折叠：当驱动器或文件夹图标左侧有 ▷ 时，表示该驱动器或文件夹有子文件夹，单击 ▷，可进一步展开其所包含的子文件夹。当展开后，▷ 变为 ◢，◢ 表示该驱动器或文件夹已展开。如果单击 ◢，可折叠已展开的内容。如果驱动器或文件夹图标左侧无标志，表示该驱动器或文件夹中没有子文件夹。

2.“资源管理器”的操作

1）窗口布局

“资源管理器”的窗口可以根据用户习惯进行布局。在“资源管理器”窗口中打开“组织”下拉菜单，单击“布局”便出现其级联菜单，在此菜单中包括“菜单栏”“细节窗格”“预览窗格”“导航窗格”选项，如图 3-13 所示。通过单击菜单项，使其前面的 ✓ 符号显示或消失，用户可以设置相应项目的显示或隐藏状态。

【例 3-2】 如何显示资源管理器的菜单栏。

具体操作步骤如下：

（1）打开“资源管理器”。

（2）单击“组织”|“布局”|“菜单栏”命令，使菜单栏前的 ✓ 显示，菜单栏就会显示起来。

2）改变文件和文件夹的显示方式

在“资源管理器”窗口单击“查看”菜单项，弹出“查看”下拉菜单，如图 3-14 所示。其中包括“超大图标”“大图标”“中等图标”“小图标”“列表”“详细信息”“平铺”“内容”八种视图方式。此外，也可以在文件夹空白处右击，在弹出的快捷菜单中选择“查看”命令，进行显示方式的设置，还可以单击“视图”按钮 ☷ 后的 ▾，利用滑动块在各个视图选项间进行微调。

若要在视图之间快速切换，单击“视图”按钮 ☷。每次单击，文件夹都会切换到下列五个视图之一：列表、详细信息、平铺、内容和大图标。在不同的场景下使用不同的视图方式可以大大提高用户寻找文件或文件夹的速度。

3）文件和文件夹的排序方式

为便于用户从多个项目中查找某个具体文件或文件夹，“资源管理器”提供了多种排序方式。打开“查看”菜单，鼠标指针指向“排序方式”子菜单，或在文件夹空白处右击，在弹出的快捷菜单中选择“排序方式”命令。默认情况下，其子菜单中列出 4 种排序方式：名称、修改日期、类型、大小，如图 3-14 所示。针对每种排序方式，用户可以选择“递增”或“递减”规律。

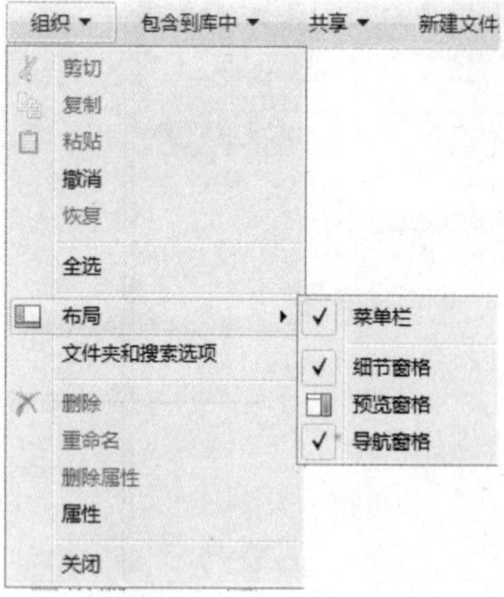

图 3-13　窗口“布局”级联菜单

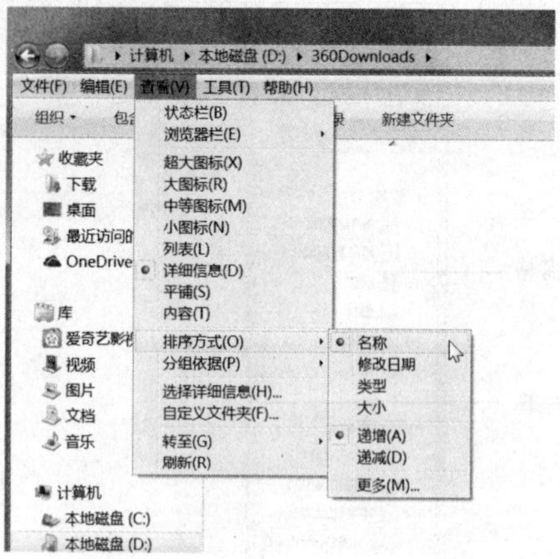

图 3-14　“查看”下拉菜单

如果希望用其他方式来排序，可以选择“更多”命令，弹出“选择详细信息”对话框，如图 3-15 所示。在其中选择需要的排序方式后，单击【确定】按钮，该排序方式即出现在“排序方式”的子菜单中。

4）设置文件夹选项

视频 1

用户可以通过“文件夹选项”对话框设置是否显示文件的扩展名等操作。

（1）隐藏已知文件类型的扩展名。单击“工具”|“文件夹选项”命令，打开“文件夹选项”对话框，选择“查看”选项卡，如图 3-16 所示，在“高级设置”选项区将“隐藏已知文件类型的扩展名”复选框勾选，则隐藏了已知文件类型的扩展名。

（2）显示所有文件和文件夹。单击“工具”|“文件夹选项”命令，打开“文件夹选项”对话框，选择“查看”选项卡，在“高级设置”选项区将“显示隐藏的文件、文件夹和驱动器”前的单选按钮选中，则显示该文件夹下所有文件和文件夹。

（3）在标题栏中显示完整路径。

（4）鼠标指针指向文件夹或桌面时显示提示信息。

另外，在“文件夹选项”对话框中还可以设置在文件夹提示中显示文件大小信息、在“计算机”窗口中显示“控制面板”等内容。

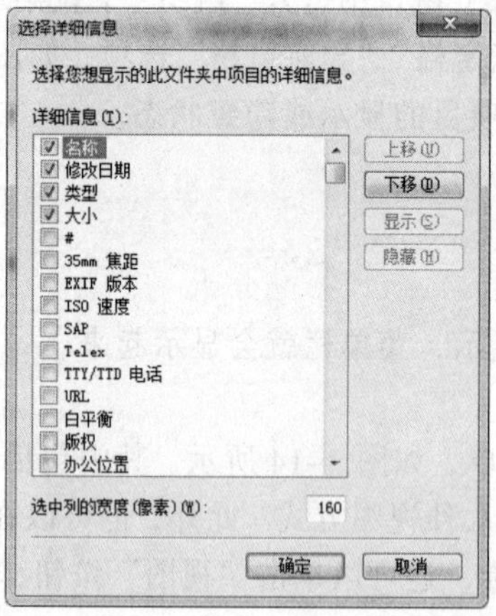

图 3-15　“选择详细信息”对话框

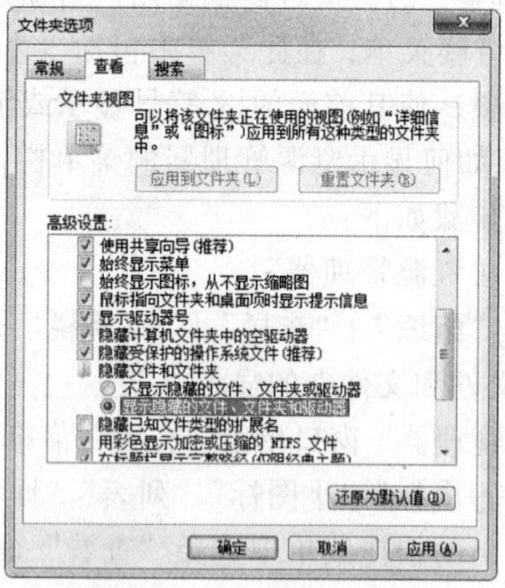

图 3-16　“查看”选项卡

3.3.3　库

库是 Windows 7 中的新增功能。在以前版本的 Windows 中，管理文件意味着在不同的文件夹和子文件夹中组织这些文件。在 Windows 7 中，可以使用库组织和访问文件，而不管其存储位置如何。

1. 库的概念

库是用于管理文档、音乐、图片和其他文件的位置。可以使用与在文件夹中浏览文件相同的方式浏览文件，也可以查看按属性（如日期、类型和作者）排列的文件。

在某些方面，库类似于文件夹。例如，打开库时将看到一个或多个文件。但与文件夹不同的是，库可以收集存储在多个位置中的文件。这是一个细微但重要的差异。库实际上不存储项目。它们监视包含项目的文件夹，并允许用户以不同的方式访问和排列这些项目。例如，如果在硬盘和外部驱动器上的文件夹中有音乐文件，则可以使用音乐库同时访问所有音乐文件。

默认情况下，库中有四个子库：文档库、图片库、音乐库和视频库。

（1）文档库：使用该库可组织和排列字处理文档、电子表格、演示文稿以及其他与文本有关的文件。默认情况下，移动、复制或保存到文档库的文件都存储在“文档”文件夹中。

（2）图片库：使用该库可组织和排列数字图片，图片可从照相机、扫描仪或者从其他人的电子邮件中获取。默认情况下，移动、复制或保存到图片库的文件都存储在“图片”文件夹中。

（3）音乐库：使用该库可组织和排列数字音乐，如从音频 CD 翻录或从 Internet 下载的歌曲。默认情况下，移动、复制或保存到音乐库的文件都存储在“音乐”文件夹中。

（4）视频库：使用该库可组织和排列视频，例如取自数码照相机、数码摄像机的剪辑，或者从 Internet 下载的视频文件。默认情况下，移动、复制或保存到视频库的文件都存储在“视频”文件夹中。

2. 新建库

Windows 7 中有四个默认库（文档、音乐、图片和视频），但还可以新建库用于其他集合。

新建库的方法如下：

（1）单击【开始】按钮，单击用户名（这样将打开个人文件夹），然后单击左窗格中的“库”。也可在“资源管理器”窗口的左窗格中单击“库”。

（2）在“库”中的工具栏上，单击“新建库”，如图 3-17 所示。

（3）输入库的名称，然后按【Enter】键。

默认保存位置确定将项目复制、移动或保存到库时的存储位置。更改默认保存位置的方法如下。

（1）打开要更改的库。

（2）在库窗格（文件列表上方）中，在“包含”旁边，单击“位置”选项。

（3）在“库位置”对话框中，右击当前不是默认保存位置的库位置，单击“设置为默认保存位置”命令，然后单击【确定】按钮。

图 3-17　新建库

3.3.4　文件和文件夹的操作

1. 选定文件和文件夹

在对文件或文件夹进行操作之前，首先应选定对象，然后再对它进行其他操作，即“先选定后操作”的原则，选定的文件或文件夹呈反显状态。为了能够快速选定一个或多个对象，Windows 7 提供了多种选定方法。

（1）选定一个文件或文件夹：单击对象图标即可。

（2）选定多个连续的文件或文件夹：先选定第一个对象，然后按住【Shift】键不放，单击最后一个对象，这时在两个对象之间的所有文件或文件夹都被选定。或在文件夹窗口中按住鼠标左键拖动，就会形成一个矩形区域，释放鼠标后，被这个框包围的所有对象都会被选定。

（3）选定多个不连续的文件或文件夹：单击要选定的第一个对象，按住【Ctrl】键不放，依次单击其他要选定的对象，最后放开【Ctrl】键。

（4）选定所有文件或文件夹：单击“编辑”|“全选”命令，或按【Ctrl+A】组合键。

（5）反向选择文件或文件夹：先选中不想要的对象，单击“编辑”|“反向选择”命令，则刚才选中的对象处于未选中状态，而未选中的对象处于选中状态。

（6）取消文件或文件夹的选定：要取消某一个对象的选定，按住【Ctrl】键，再单击该对象即可；要取消所有选定，在当前窗口空白处单击即可。

2. 创建文件和文件夹

（1）创建文件夹。用户可以在指定的驱动器或文件夹中创建文件夹，并可在子文件夹下再创建子文件夹，以实现文件夹的树状结构。其操作步骤如下：

① 在“资源管理器”窗口中，打开要创建新文件夹的磁盘或目的文件夹。

② 在“文件和文件夹任务”窗格中，单击“文件”|“新建”|“文件夹”命令，或在空白处右击，在弹出的快捷菜单中选择“新建”|“文件夹”命令。

③ 系统则在指定位置新建一个文件夹，其默认名称为“新建文件夹”。在新建的文件夹名称框中输入新的文件夹的名称，按【Enter】键或单击窗口的其他位置，新文件夹创建完毕。

（2）创建文件。创建文件基于用户使用的程序，不同程序创建出的文件类型不同。可以使用与创建文件夹相似的方法来创建文件。下面以在某文件夹下创建文本文档为例简述其操作过程。

① 通过“资源管理器”窗口打开某文件夹，新建的文件将创建于该文件夹下。

② 单击“文件”|“新建”|“文本文档”命令，或在该文件夹窗口工作区的空白处右击，选择快捷菜单的“新建”|“文本文档”命令。

③ 在该文件夹窗口中出现一个默认名为“新建文本文档”的文件，此时用户在编辑状态下为新文档输入名称，即建立了一个新的文本文档。

（3）创建快捷方式。快捷方式是一种扩展名为“.lnk”的特殊文件，该文件中存放的是指向某对象的地址，它是与程序、文档或文件夹相链接的小型文件。快捷方式文件的图标左下角有一个小箭头。打开或运行快捷方式即可打开或运行它所指向的对象。可以在不同的位置分别创建指向同一个文件的快捷方式，快捷方式的名字可以和原文件同名，也可以不同。创建或删除快捷方式不会影响到它所指向的对象。

视频 2

【例 3-3】在桌面位置为 D 盘上的“考试文件夹”创建名为“my exam”的快捷方式。

具体操作步骤如下：

① 在桌面空白处右击，选择快捷菜单中的“新建”|“快捷方式”命令，弹出“创建快捷方式”对话框，如图 3-18 所示。

② 在文本框中输入要创建快捷方式的对象的位置和名称“D:\考试文件夹”，或通过“浏览”对话框一步步找到“考试文件夹”，单击【下一步】按钮。

③ 在弹出的提示用户输入快捷方式名称的对话框中输入快捷方式的名称“my exam”，如图 3-19 所示。接着单击【完成】按钮，即在桌面上建立了名称为“my exam”指向“考试文件夹”的快捷方式。

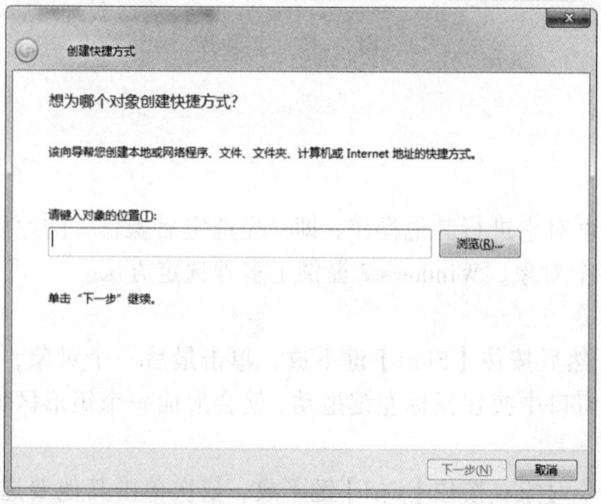

图 3-18 “创建快捷方式”对话框

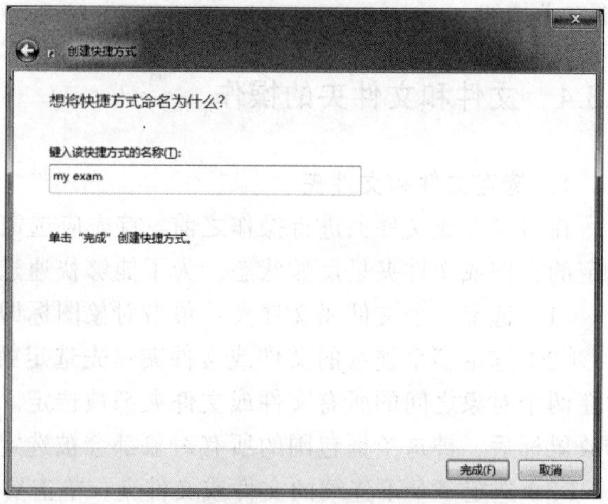

图 3-19 键入快捷方式名称

3．打开文件或文件夹

要对某个文件或文件夹进行操作，必须先打开该对象。在“资源管理器”左窗格中单击某文件夹就打开该文件夹，此时右窗格中显示该文件夹中的子文件夹和文件。在右窗格中打开文件或文件夹的方法是双击对象图标。

4．重命名文件和文件夹

在 Windows 7 系统中，用户可以随时根据需要更改文件或文件夹的名称。

重命名文件和文件夹的操作方法如下：

- 选定需要重命名的文件或文件夹，单击“文件”|“重命名”命令。
- 选定需要重命名的文件或文件夹，单击“组织”|“重命名”命令。
- 右击对象，在弹出的快捷菜单中选择“重命名”命令。
- 选定需要重命名的对象，按【F2】键。

当文件名处于编辑状态时，输入新的文件或文件夹名称，然后按【Enter】键。

5．移动或复制文件和文件夹

移动或复制文件、文件夹的操作是通过“剪贴板”完成的，它们的操作过程基本相同，但操作的结果不同。下面首先介绍一下剪贴板。

剪贴板是在计算机内存中开辟的一个临时存储区，用于在应用程序之间、各文档之间、文档内部等传递信息。它是 Windows 7 中一个非常有用的编辑工具，是实现对象的复制、移动等操作的基础。

剪贴板的基本操作：

- 剪切：将选定的信息移动到剪贴板中，原来位置上的信息将被删除。
- 复制：将选定的信息复制到剪贴板中，原来位置上的信息仍然保留。
- 粘贴：将剪贴板中的信息插入指定的位置，剪贴板中的内容不变。

当信息粘贴到目标位置后，剪贴板中的内容依旧保持不变，用户可以反复使用“粘贴”命令将剪贴板中的信息送到不同的程序或同一程序的不同地方。在实际操作过程中，剪贴板总是保留最后一次用户存入的信息。

“剪切”“复制”“粘贴”命令对应的组合键分别为【Ctrl+X】、【Ctrl+C】和【Ctrl+V】。

在实际工作中用户可以利用剪贴板复制屏幕信息，如按下【PrintScreen】键可将当前屏幕信息复制到剪贴板中；按下【Alt+PrintScreen】组合键可将当前活动窗口内的信息复制到了剪贴板中。

Windows 7 系统提供了多种移动、复制文件和文件夹的操作方法，首先选定要移动或复制的文件（或文件夹），然后执行下列某种操作。

（1）使用“编辑”命令：

① 单击“编辑”|“剪切（或复制）”命令。

② 选择目标位置（磁盘或文件夹）。

③ 执行“编辑”|“粘贴”命令。

（2）使用“组织”命令：

① 单击“组织”|“剪切（或复制）”命令。

② 选择目标位置（磁盘或文件夹）。

③ 执行“编辑”|“粘贴”命令。

（3）使用快捷键：

① 按【Ctrl+X】组合键或【Ctrl+C】组合键。

② 选择目标位置（磁盘或文件夹）。

③ 按【Ctrl+V】组合键。

（4）使用快捷菜单：

① 右击对象，在弹出的快捷菜单中单击“剪切（或复制）”命令，如果想要发送，单击“发送到”命令。

② 选择目标位置（磁盘或文件夹）。

③ 右击，在弹出的快捷菜单中单击“粘贴”命令。

（5）使用鼠标拖动法：

① 分别打开需要移动或复制的对象所在的源窗口和目标窗口，调整窗口的大小使两个窗口同时可见。

② 选定要移动或复制的文件（或文件夹）。

③ 若要操作的对象和目标文件夹为同一磁盘时，直接（或按住【Ctrl】键后）拖动文件到目标文件夹，然后释放鼠标左键即可实现移动（或复制）操作；若要操作的对象和目标文件夹为属于不同磁盘时，按住【Shift】键后（或直接）拖动文件到目标文件夹，然后释放鼠标左键即可实现移动（或复制）操作。

6．删除文件和文件夹

当用户运行计算机一段时间之后，为了使磁盘中的文件和文件夹更加有条理，同时也为了节省磁盘存储空间，可以将不再使用的文件或文件夹删除，及时清理磁盘垃圾。但是应该注意，不要随意删除系统文件或其他重要的应用程序文件，因为一旦删除了这些文件，可能会导致系统出现故障或应用程序无法运行。

首先选定要删除的文件和文件夹，然后执行下列任意操作。

- 单击“文件”|“删除”命令。
- 单击“组织”|“删除”命令。
- 右击要删除的对象，在弹出的快捷菜单中单击“删除”命令。
- 按键盘上的【Delete】键。
- 拖动要删除的对象图标到桌面回收站的图标上，然后释放鼠标左键。

系统会弹出确认删除文件或文件夹夹的对话框，询问“您确实要把此文件或文件夹放入回收站吗？”，单击【是】按钮或按【Enter】键即可。此时若用户想取消删除操作，可以单击【否】按钮或按【Esc】键。

注意：如果文件或文件夹已经打开或正在被使用，系统会提示不允许删除。

从网络文件夹或U盘中删除的文件或文件夹会被永久删除，而不放入“回收站”中。

7．文件和文件夹的属性

每一个文件和文件夹都有自己的属性，有的属性信息只能查看不能修改，而有的属性则可以根据用户的需要进行设置。文件和文件夹的固定信息包括类型、位置、大小、占用空间和操作的时间等。图3-20所示为文件夹属性对话框。

（1）文件或文件夹的属性包括只读、隐藏、存档三种。

① 只读：表示对象只能打开、显示或执行，不能修改和删除。如果文件具有这个属性，在修改或删除该文件时将出现提示。

② 隐藏：表示该对象被隐藏起来，不允许用户修改或删除。如果文件具有这个属性，默认情况下该文件不会出现。用户可通过执行“工具”|“文件夹选项”|“查看”选项卡进行设置，从而显示出隐藏文件，但图标的颜色会比其他图标颜色浅。在实际工作中一般都是将系统中一些重要的文件设置为隐藏属性，如果误删除了这些文件，可能会破坏系统，无法正常运行，因此通常该类文件不显示在文件夹内容窗口中。

③ 存档属性：该属性用于数据备份时记录文件的备份信息。可通过单击【高级】按钮进行设置，如图3-21所示。

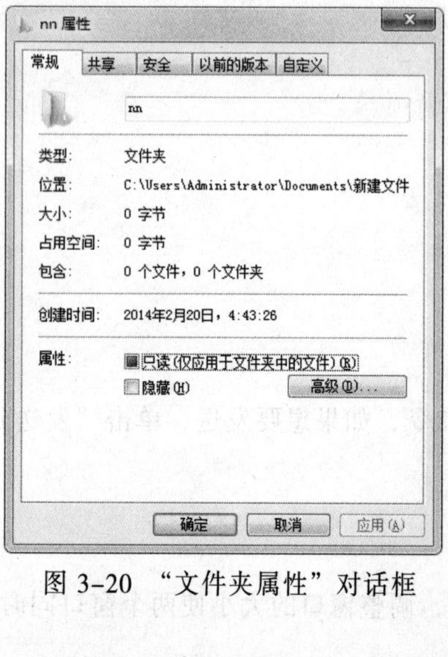

图3-20 “文件夹属性”对话框

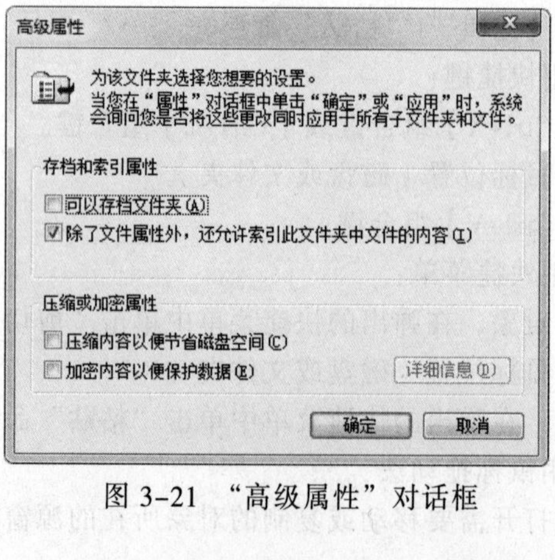

图3-21 “高级属性”对话框

（2）查看和修改文件或文件夹属性。

① 选定要查看或修改属性的文件或文件夹。

② 单击“文件”|“属性”命令，或单击“组织”|“属性”命令，或右击对象，从快捷菜单中选择“属性”命令，弹出“属性”对话框。

③ 修改文件或文件夹属性，要使文件具有某种属性，只需选中相应的复选框。要取消文件某种属性，只需取消选中相应的复选框。

④ 单击【确定】按钮。

8. 文件和文件夹的搜索

当用户要查找一个文件或文件夹而又记不得它的存放位置时，可以使用 Windows 7 提供的“搜索”功能。Windows 7 将要查找的内容做了详细的归类，分为图片、音乐或视频，以及所有文件和文件夹、计算机或人四种选项，用户只要找到相应的类别，然后在其类别下查找会缩小搜索范围，节约时间。

（1）使用“开始”菜单上的搜索框查找程序或文件。

使用“开始”菜单上的搜索框来查找存储在计算机上的文件、文件夹、程序和电子邮件。该搜索是基于文件名中的文本、文件中的文本、标记以及其他文件属性。

单击【开始】按钮，打开“开始”菜单，然后在搜索框中输入字词或字词的一部分。输入后，与所输入文本相匹配的项将出现在“开始”菜单上。

注意：从“开始”菜单搜索时，搜索结果中仅显示已建立索引的文件。计算机上的大多数文件会自动建立索引。例如，包含在库中的所有内容都会自动建立索引。

（2）在文件夹或库中使用搜索框来查找文件或文件夹。

如果知道要查找的文件位于某个特定文件夹或库中，例如文档或图片文件夹/库。为了节省时间和精力，请使用已打开窗口顶部的搜索框。

搜索框位于每个库的顶部，如图 3-22 所示。它根据所输入的文本筛选当前视图。搜索将查找文件名和内容中的文本，以及标记等文件属性中的文本。在库中，搜索包括库中包含的所有文件夹及这些文件夹中的子文件夹。

若要使用搜索框搜索文件或文件夹，请执行下列操作：

在搜索框中输入字词或字词的一部分。输入时，将筛选文件夹或库的内容，看到需要的文件后，即可停止输入。

（3）使用搜索筛选器查找文件。

如果要基于一个或多个属性（例如标记或上次修改文件的日期）搜索文件，则可以在搜索时使用搜索筛选器指定属性，如图 3-23 所示。

图 3-22　搜索框

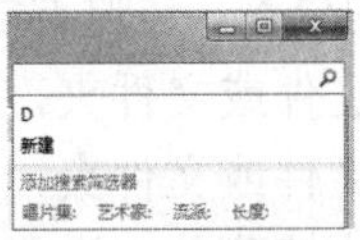

图 3-23　搜索筛选器

在库或文件夹中，单击搜索框，然后单击搜索框下的相应搜索筛选器。

例如，若要按特定艺术家搜索音乐库中的歌曲，请单击“艺术家”搜索筛选器。

根据单击的搜索筛选器，选择一个值。可以重复执行这些步骤，以建立基于多个属性的复杂搜索。每次单击搜索筛选器或值时，都会将相关字词自动添加到搜索框中。

（4）扩展特定库或文件夹之外的搜索。

如果在特定库或文件夹中无法找到要查找的内容，则可以扩展搜索，以便包括其他位置。

在搜索框中输入某个字词。滚动到搜索结果列表的底部。在“在以下内容中再次搜索”下，执行下列操作之一：

- 单击“库”在每个库中进行搜索。
- 单击“计算机”在整个计算机中进行搜索。这是搜索未建立索引的文件（如系统文件或程序文件）的方式。但是请注意，搜索会变得比较慢。
- 单击“自定义”搜索特定位置。

• 单击 Internet，以使用默认 Web 浏览器及默认搜索提供程序进行联机搜索。

3.3.5 回收站的管理

“回收站”是硬盘上的一块存储区域，是一个特殊的文件夹。它的主要功能是用来暂时存放用户从本地硬盘上删除的文件或文件夹，使它们仍然存在于硬盘中。但是，从 U 盘中删除的文件或文件夹将不放入“回收站”，而是被直接删除。

用户可以在“回收站”中把对象恢复到原来的位置，也可以在“回收站”中彻底删除对象来释放硬盘空间，同时用户还可以通过设定“回收站”的属性来规定其容量的大小和进行资源的永久删除（即不将删除资源保存在“回收站”中）。此外，当“回收站”容量填满时，最先放入“回收站”的对象就会被自动永久删除，因此，“回收站”中只能保存最近删除的项目。

1.“回收站”窗口

双击桌面上的“回收站”图标可打开“回收站”窗口，如图 3-24 所示。在窗口内可以浏览已删除的文件或文件夹，包括对象的名字、位置、日期、类型和大小等信息，但不能在此打开对象。

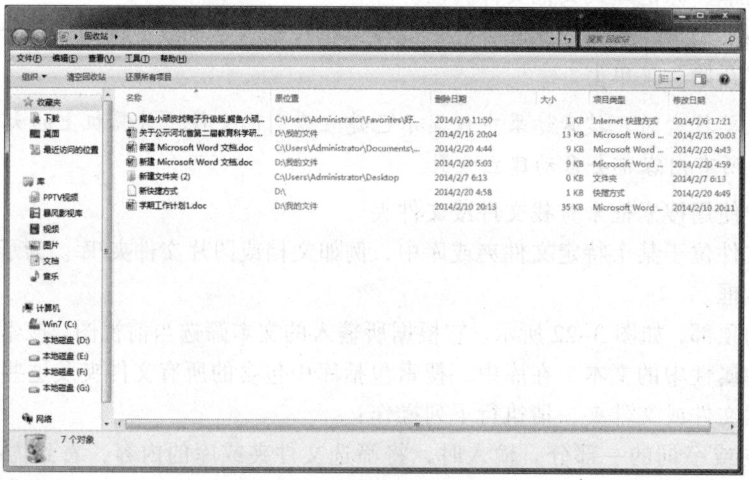

图 3-24 “回收站”窗口

2. 还原文件或文件夹

删除的文件通常被移动到“回收站”中，以便将来需要时还原文件。如果用户发现删除有误，可以将它从“回收站”中还原到原来的位置。还原方法有多种：

• 选定要还原的文件或文件夹，在“回收站任务”窗格中，单击“还原此项目”选项。
• 选定要还原的文件或文件夹，单击“文件”|“还原”命令。
• 右击对象，在快捷菜单中选择“还原”命令。

3. 彻底删除文件或文件夹

如果对象确实不需要了，可以将其从“回收站”中清除来释放一些磁盘空间。在“回收站”窗口内选定准备彻底删除的文件或文件夹，执行下列任意一种操作，可将选定的对象彻底删除，且不能再还原。

• 单击“文件”或“组织”|“删除”命令。
• 按【Delete】键。
• 右击对象，在快捷菜单中选择“删除”命令。
• 若要不将文件发送到回收站而将其永久删除，可单击该文件，然后按【Shift+Delete】组合键。

4. 清空回收站

在“回收站”窗口内单击“文件”|“清空回收站”命令，如图 3-25 所示，可以清空回收站。

5.“回收站”的常用属性项设置

右击桌面上“回收站”图标，在弹出的快捷菜单中选择“属性”命令，打开“回收站属性”对话框，如图 3-26

所示。在该对话框中可进行如下常用属性项设置。

- 各驱动器上的回收站大小的设置。
- 删除对象时是否放入“回收站”。
- 删除对象时是否显示确认对话框。

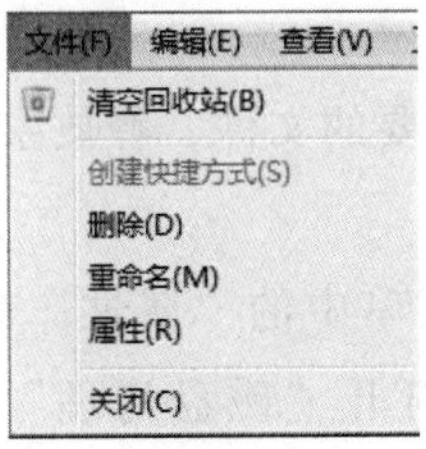

图 3-25 回收站的“文件”下拉菜单

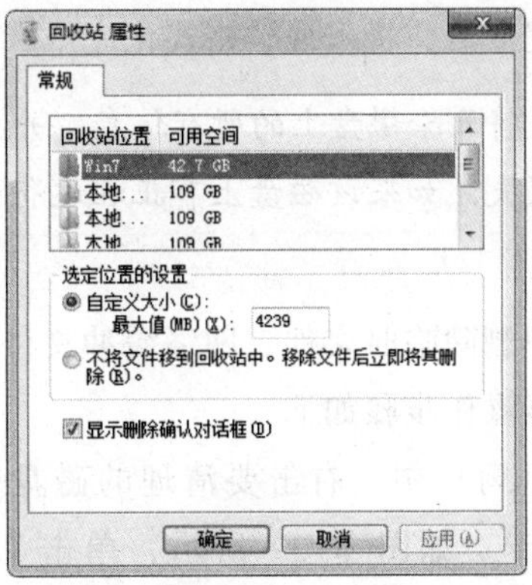

图 3-26 “回收站属性”对话框

3.3.6 磁盘管理

用户在使用计算机的过程中，经常需要了解外存储器的信息，查看存储空间。计算机使用过程中，由于频繁操作，如应用程序安装、卸载，文件的移动、复制、删除或下载文件等，计算机硬盘上会有大量的临时文件，致使程序运行缓慢，出现系统性能下降的现象。因此，用户需要定期对磁盘进行管理，使计算机处于良好的状态。

系统将磁盘视为一种特殊的文件夹，用户可以在“计算机”中选择相应的磁盘，在“组织”中选择“属性”，打开图 3-27 所示的磁盘属性对话框，对其进行各种操作，包括格式化磁盘、磁盘清理、磁盘碎片整理等。

1. 磁盘格式化

新的磁盘在使用之前需要进行格式化处理，格式化磁盘就是在磁盘内进行扇区的分割，建立文件系统。只有格式化后的磁盘才能安装操作系统、存储文件。

格式化磁盘的操作步骤如下：

（1）打开“计算机”窗口，右击要进行格式化操作的磁盘，在快捷菜单中选择“格式化”命令，如图 3-28 所示。

（2）打开格式化磁盘对话框，如图 3-29 所示。

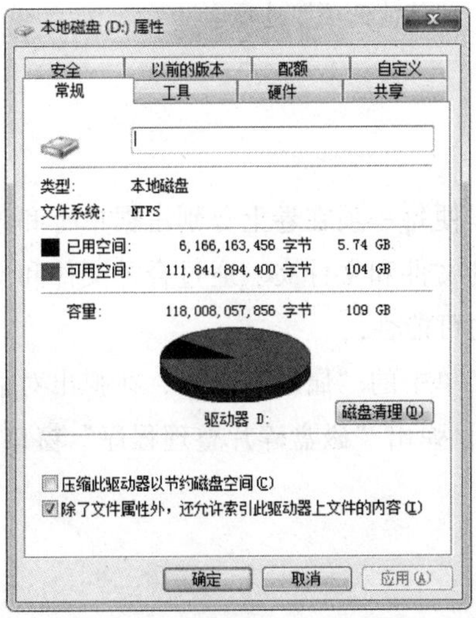

图 3-27 磁盘属性对话框

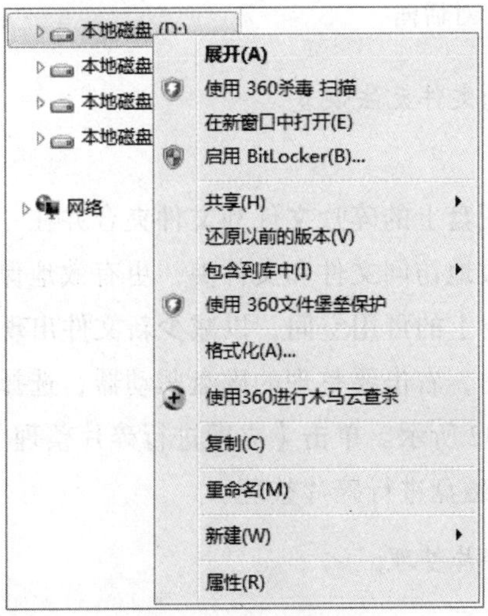

图 3-28 磁盘格式化命令

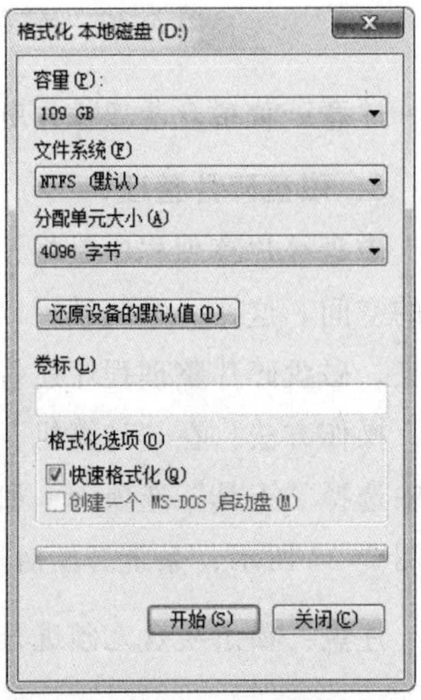

图 3-29 格式化磁盘对话框

（3）在“文件系统”下拉列表中选择 NTFS，在“分配单元大小”下拉列表中选择要分配的单元大小。若要快速格式化，可选中“快速格式化”复选框。

（4）在“格式化”对话框中，单击【开始】按钮，则弹出“格式化警告”对话框，若确认要格式化，单击【确认】按钮即开始进行格式化操作，并且在“进程”框中看到格式化的进程。

（5）格式化操作完成后，将出现“格式化完毕”对话框，单击【确定】按钮即可。

注意：格式化磁盘将删除磁盘上的所有信息，并且使用一般的方法无法恢复，因此不要轻易对硬盘做格式化，避免造成不可挽回的损失；如果该磁盘上有正在运行的文件，将无法进行格式化。

2. 清理磁盘

磁盘清理是指用户删除临时文件、网络缓冲文件，以及安全删除不需要的文件，释放系统资源，以提高系统性能的操作过程。具体操作步骤如下。

（1）在“计算机”窗口中，右击要清理的磁盘驱动器，选择快捷菜单中的“属性”命令，在弹出对话框中选择“常规”选项卡，如图 3-27 所示，单击【磁盘清理】按钮，打开“磁盘清理”对话框，如图 3-30 所示。

（2）在“要删除的文件”列表中选中某文件类型前的复选框，在进行清除时即可将其清除。

（3）单击【确定】按钮，按对话框提示继续操作即可完成磁盘清理。

当选择了“其他选项”选项卡后，还可以删除程序以释放磁盘空间，如图 3-31 所示。

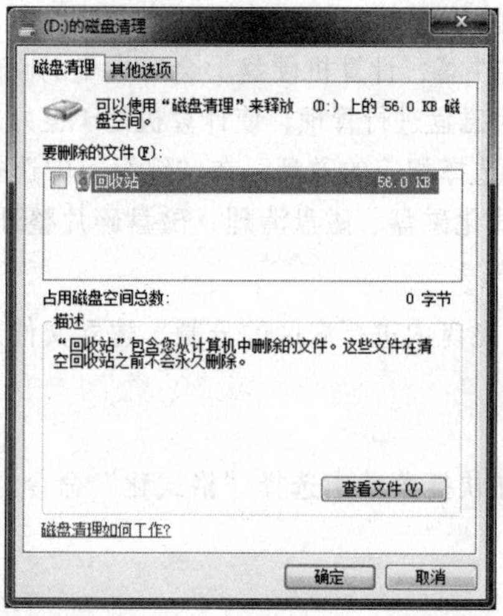

图 3-30 “磁盘清理”对话框

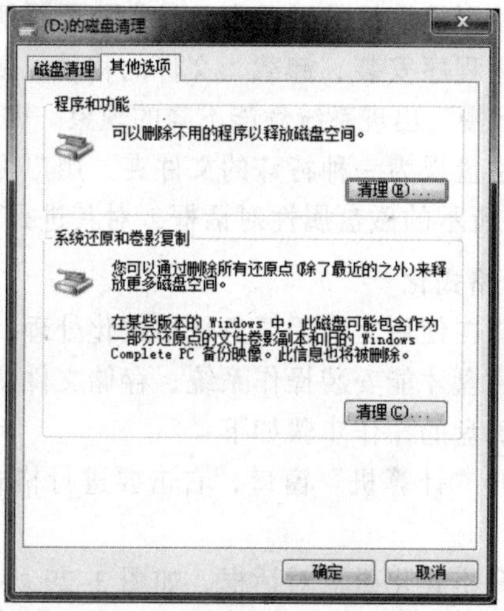

图 3-31 “其他选项”选项卡

注意：被磁盘清理操作所删除的文件无法恢复。

3. 磁盘碎片整理

磁盘碎片整理程序是将计算机硬盘上的碎片文件和文件夹合并在一起，以便每一项在卷上分别占据单个和连续的空间。这样，系统就可以更有效地访问文件和文件夹，更有效地保存新的文件和文件夹。通过合并文件和文件夹，磁盘碎片整理程序还将合并卷上的可用空间，以减少新文件出现碎片的可能性。

操作方法：在“计算机”窗口中，右击要整理的磁盘驱动器，选择快捷菜单中的“属性”命令，在弹出对话框中选择“工具”选项卡，如图 3-32 所示。单击【立即进行碎片整理】按钮，弹出“磁盘碎片整理程序”窗口，如图 3-33 所示，系统开始对选定的磁盘进行碎片整理。

注意：固态硬盘无须进行磁盘碎片整理。

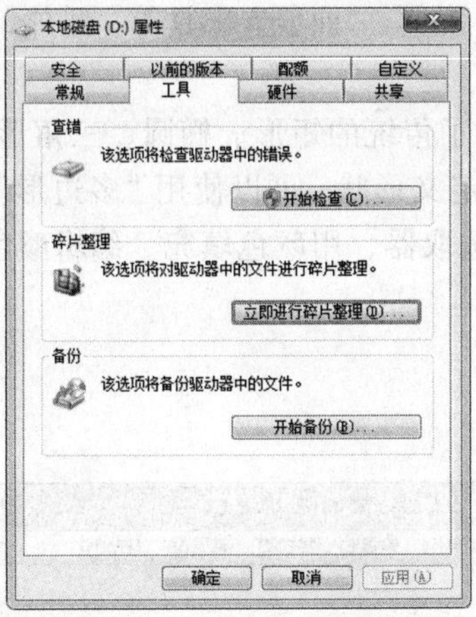

图 3-32　“工具”选项卡

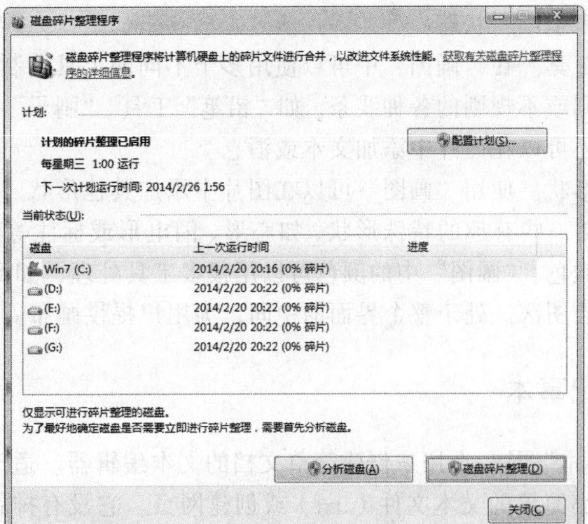

图 3-33　“磁盘碎片整理程序”　窗口

3.4　Windows 7 的常用附件操作

当用户要处理一些要求不是很高的工作时，可以使用 Windows 7 附件中的工具来完成。这些工具软件都是非常小的程序，运行速度比较快，用户可以节省很多的时间和系统资源，提高工作效率。

3.4.1　画图

“画图”程序是一个位图编辑器，用户可以使用该软件自己绘制图画，也可以对扫描的图片进行编辑修改。

1.“画图”程序的启动

单击“开始”|“所有程序”|“附件”|“画图”命令，即可打开“画图”程序窗口，如图 3-34 所示。

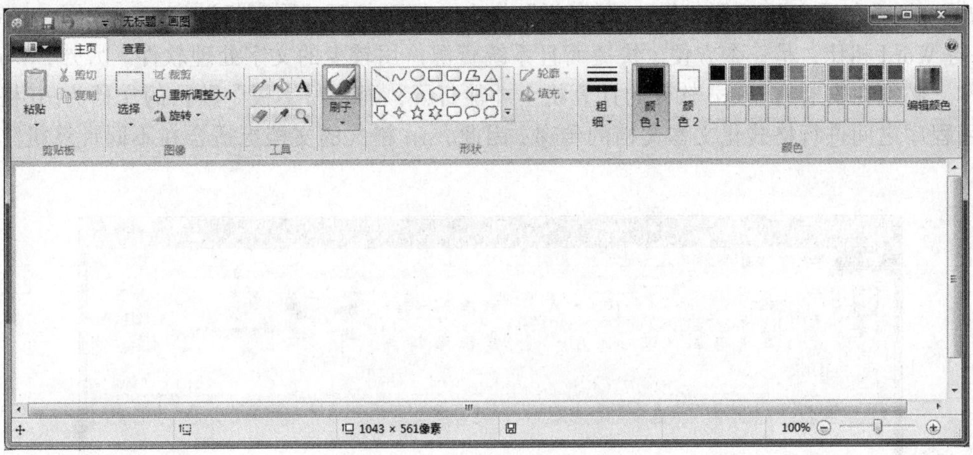

图 3-34　“画图”程序窗口

2.“画图”窗口界面组成

“画图”窗口界面由快速访问工具栏、菜单栏、功能区、绘图区和状态栏构成。下面介绍部分组成元素和操作。

（1）移动和复制对象。选择对象后，可以剪切或复制选定项。这样便可以重复使用图片中某个对象，或将对象（选中后）移动到图片中的新位置。

（2）对象。在“画图”中，可以对图片或对象的某一部分进行更改。选择图片中要更改的部分，然后进行编辑。可以进行的更改包括：调整对象大小、移动或复制对象、旋转对象或裁剪图片使之只显示选定的项。使用“重设大小”“调整大小”功能可以调整整个图像、图片中某个对象或某部分的大小，还可以扭曲图片中的某个对象，使之看起来呈倾斜状态。

（3）工具。在“画图”中可以使用多个不同的工具绘制线条，每个工具又有不同的选项。使用不同的工具可以绘制规则或不规则的各种线条。如“铅笔”工具、“刷子”工具、“直线”工具、“曲线”工具等。此外，利用“文本”工具还可以在图片中添加文本或消息。

（4）形状。使用“画图”可以在图片中添加其他形状。已有的形状除了传统的矩形、椭圆、三角形和箭头之外，还包括一些有趣的特殊形状，如心形、闪电形或标注等。如果希望自定义形状，可以使用“多边形”工具。

（5）颜色。“画图”中的颜色可以用很多工具处理，如颜料盒、颜色选取器、用颜色填充、编辑颜色等。

（6）绘图区。处于整个界面的中间，为用户提供画布。

3.4.2 记事本

“记事本”是一个用来创建简单文档的文本编辑器。适于编写一些篇幅短小简单的文本文件（.txt）或创建网页。它没有排版格式，因此它有广泛的兼容性，很容易被其他类型的程序打开和编辑。用“记事本”建立的文件默认扩展名为“.txt”，所以常称为“txt 文件”。

单击“开始”|“所有程序”|“附件”|“记事本”命令，即可打开“记事本”窗口，如图 3-35 所示。

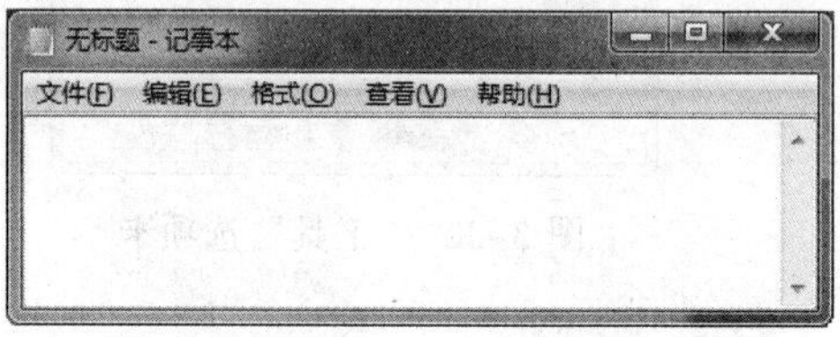

图 3-35 “记事本”窗口

3.4.3 写字板的使用

“写字板”是一个使用简单，但功能较全面的文字处理程序。用户可以使用“写字板”创建或编辑简单文本文档和有复杂格式、图形的文档。可以将信息从其他文档链接或嵌入写字板文档。而且可以使用“写字板”进行编辑或创建网页。

利用“写字板”创建的文件可以保存为文本文件、多信息文本文件、MS-DOS 文本文件或者 Unicode 文本文件。当用于其他程序时，这些格式可以向用户提供更大的灵活性。应将使用多种语言的文档保存为多信息文本文件（.rtf）。

单击“开始”|“所有程序”|“附件”|“写字板”命令，即可打开“写字板”窗口，如图 3-36 所示。

“写字板”与 Word 相比，是一个方便、快捷而且系统资源占用较少的文字处理软件。另外，Word 默认的文档类型保存的文件，必须在安装有 Word 软件的计算机上才能打开，而“写字板”默认的文档为.rtf 格式，这种格式用于在不同应用程序之间进行格式化文本文档的传递，因此，.rtf 格式的文档更适合在不同计算机之间实现信息的交流。

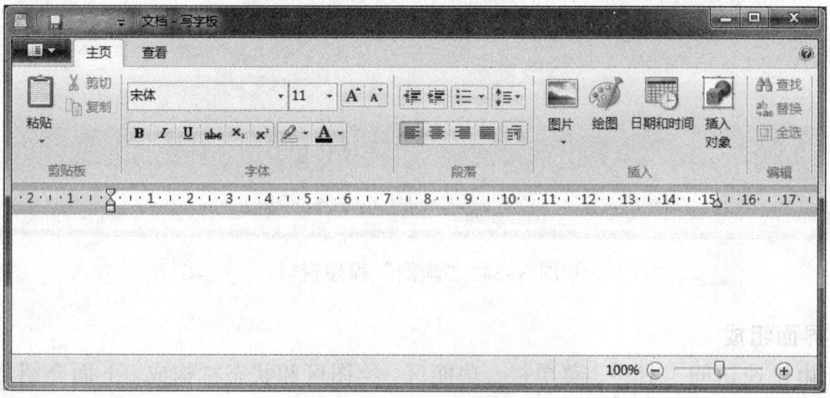

图 3-36 “写字板”窗口

3.4.4 计算器的使用

“计算器”是 Windows 7 自带的应用程序。不仅可以进行如加、减、乘、除等简单运算，还提供了编程计算器、科学型计算器和统计信息计算器等高级功能。

单击“开始”|“所有程序”|“附件”|“计算器”命令，即可打开“计算器”程序窗口。图 3-37 所示为“程序员计算器”窗口。

如要进行复杂运算，可以单击“查看”命令，打开查看菜单，从中选择所需功能，如图 3-38 所示。

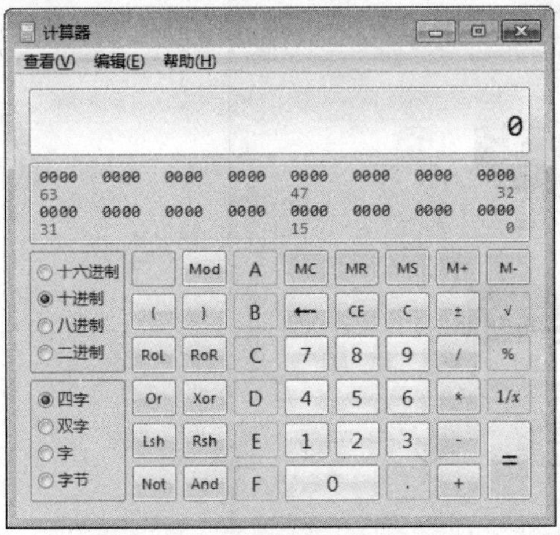

图 3-37　“程序员计算器”窗口

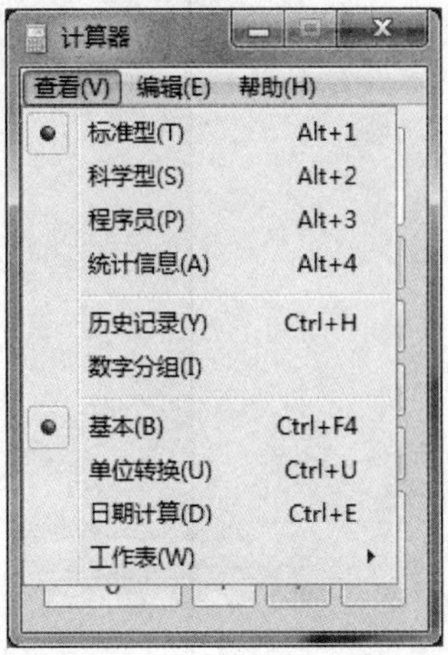

图 3-38　计算器“查看”菜单

【例 3-4】将十进制数 123 转换为二进制数。

其操作方法为：单击“查看”|“程序员”命令，在十进制状态下，输入“123”，单击“二进制”单选按钮，则在文本框中自动出现结果为“1111011”。

用户在运行其他 Windows 应用程序过程中，如果需要进行有关的计算，可以随时调用 Windows 的“计算器”。并且可以将计算结果利用“计算器”窗口中“编辑”菜单中的“复制”命令复制到剪贴板中，再粘贴到有关的应用程序中。

3.5　操作系统环境设置与系统维护

3.5.1　控制面板

控制面板是一组系统管理程序，它既可以安装或删除系统的软硬件，还可以控制重要的系统设置，从而使计算机更容易使用。

启动“控制面板”的常用方法：

- 打开“开始”菜单，单击“控制面板”命令。
- 在“资源管理器”窗口中，单击导航窗格中的“计算机”，选择“打开控制面板”。
- 单击“开始”|“所有程序”|“附件”|“系统工具”|“控制面板”。

打开的“控制面板”窗口如图 3-39 所示。要打开某个项目，双击它的链接即可。

控制面板的查看方式有类别、大图标和小图标三类。

图 3-39　“控制面板”窗口

3.5.2　桌面的个性化

用户可通过更改计算机的主题、颜色、声音、桌面背景、屏幕保护程序、字体大小和用户账户图片来向计算机添加个性化设置，还可以为桌面选择特定的小工具。

打开“控制面板”窗口，单击“外观和个性化”|“个性化”，打开图 3-40 所示的“个性化”窗口。

图 3-40 “个性化”窗口

1. 主题

桌面主题是图标、字体、颜色、声音和其他窗口元素的预定义的集合，它使用户的桌面具有统一与众不同的外观。

主题包括桌面背景、屏幕保护程序、窗口边框颜色和声音，还可以包括图标和鼠标指针。用户可以从多个 Aero 主题中进行选择。

如果是多人使用同一台计算机，每个人都有自己的用户账户，每个人都可以选择不同的主题。

2. Aero

Aero 是此 Windows 版本的高级视觉体验。其特点是透明的玻璃图案中带有精致的窗口动画，以及全新的“开始”菜单、任务栏和窗口边框颜色。

(1) Aero Shake。如果希望只保留一个窗口，又不希望逐个最小化所有其他打开的窗口，可以使用 Aero Shake 功能。拖动已打开窗口的菜单栏晃动，可以使其他打开的窗口快速最小化，再次晃动打开的窗口即可还原所有最小化的窗口。

(2) Aero Peek。Aero Peek 有两个功能，可以在桌面上预览打开的窗口，也可以临时预览桌面。

① 在桌面上预览打开的窗口。将鼠标指针指向任务栏上包含打开文件的程序图标缩略图，此时所有其他的打开窗口都会临时淡出，以显示所选的窗口。若要预览其他窗口，则指向其他缩略图。 若要还原桌面视图，则将鼠标移开缩略图。若要打开正在预览的窗口，请单击该窗口对应的缩略图。

② 临时预览桌面。将鼠标指针指向任务栏末端的“显示桌面”按钮。此时打开的窗口将会淡出视图，以显示桌面。

若要再次显示这些窗口，只需将鼠标指针移开“显示桌面”按钮。

单击“显示桌面”按钮，则所有窗口都将最小化。

(3) Aero Snap。Dero Snap 也是 Aero 桌面改进的一部分，这项功能是用来进行 Windows 窗口管理的。它可以为用户提供一些基本操作，如：最大化、最小化和并排显示窗口等。这些操作只需普通的鼠标移动即可实现，用户甚至无须点击鼠标。

3. 桌面背景

桌面背景（也称为“壁纸”）是显示在桌面上的图片、颜色或图案。

单击“个性化”|“更改桌面背景”命令，可以打开图 3-41 所示的“桌面背景”窗口。

图 3-41　“桌面背景”窗口

单击要用于桌面背景的图片或颜色。如果要使用的图片不在桌面背景图片列表中，可单击“图片位置”列表中的选项查看其他类别，或单击“浏览”搜索计算机上的图片。找到所需的图片后，双击该图片，它将成为桌面背景。

单击“图片位置”下拉按钮，选择对图片进行裁剪以使其全屏显示、使图片适合屏幕大小、拉伸图片以适合屏幕大小、平铺图片或使图片在屏幕上居中显示，然后单击【保存更改】按钮。

除了设置图片背景之外，还可以设置纯色背景。即在“图片位置”下拉列表中选择“纯色”选项，然后选择合适的颜色作为桌面颜色，如果颜色都不合适，还可以选择“其他”命令，在弹出的对话框中选择颜色后单击【确定】按钮。最后单击【保存修改】按钮即可完成桌面颜色的设置。

4．窗口颜色和外观

单击“个性化”|“窗口颜色”，打开图 3-42 所示的“窗口颜色和外观”对话框。

5．屏幕保护程序

为了保护显示器，防止长时间屏幕内容不变对显示器的损坏，可以启动屏幕保护程序。单击“个性化”|“屏幕保护程序”，打开图 3-43 所示的“屏幕保护程序设置”对话框。Windows 提供了多个屏幕保护程序。

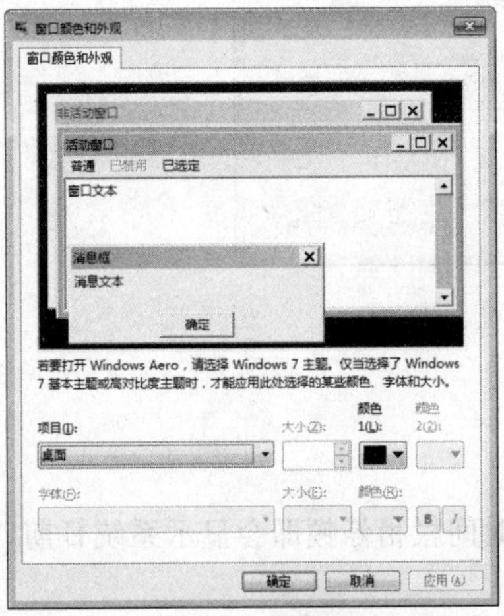

图 3-42　“窗口颜色和外观”对话框

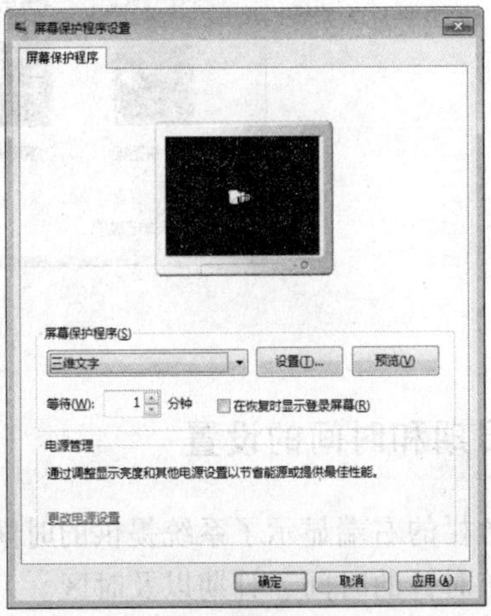

图 3-43　“屏幕保护程序设置”对话框

6．屏幕分辨率和颜色质量的设置

屏幕分辨率是指屏幕像素的点阵，即屏幕的横向像素和纵向像素之积。该数值越大，屏幕显示的信息越多，图像的质量越好。颜色的二进制位数越多则颜色数量越大，显示的图像质量越高。

对于LCD，一般将其设置为“最大分辨率”。单击“控制面板”|“外观和个性化”|“调整屏幕分辨率”命令，在图3-44所示的窗口中进行设置。

若要设置LCD上显示的最佳颜色，则需将其设置为 32 位颜色。

打开“屏幕分辨率”|“高级设置”|“监视器”，如图3-45所示，在“颜色”下拉列表中选择“真彩色（32 位）”，然后单击【确定】按钮。

图3-44 “屏幕分辨率”窗口

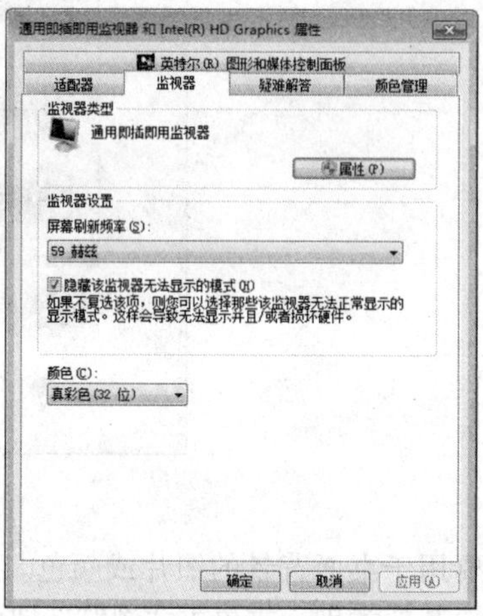

图3-45 “监视器”选项卡

7. 桌面小工具

Windows 中包含称为“小工具”的小程序。例如日历、时钟、天气、CPU仪表盘、幻灯片等。

在桌面空白处右击，在快捷菜单中选择“小工具”命令，可打开图3-46所示的小工具窗口。双击其中的小工具，如“天气”，即可将“天气”添加到桌面。如需将小工具从窗口删除，则在“天气”上右击，在快捷菜单中选择“关闭小工具”命令即可。

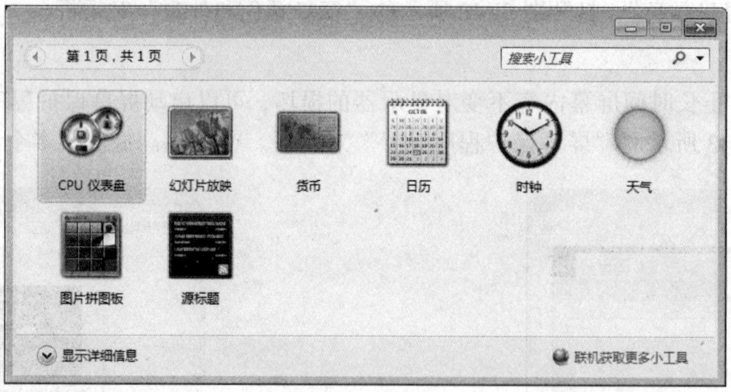

图3-46 小工具窗口

3.5.3 日期和时间的设置

在任务栏的右端显示了系统提供的时间和日期，将鼠标指针指向时间栏稍停顿即会显示系统日期。用户可随时调整系统时钟的时间、日期以及时区。

打开“控制面板”，单击“时钟、语言和区域”|“日期和时间”|“设置日期和时间”命令，或单击任务栏右侧的时间，单击“更改日期和时间设置”命令，打开“日期和时间”对话框，如图3-47所示。

在“日期和时间”“附加时钟”“Internet 时间”三个选项卡中，可调整日期的年月日、时间的时分秒，世界各地的时区，以及设置用户的计算机与Internet上的时间服务器上的时钟保持同步。

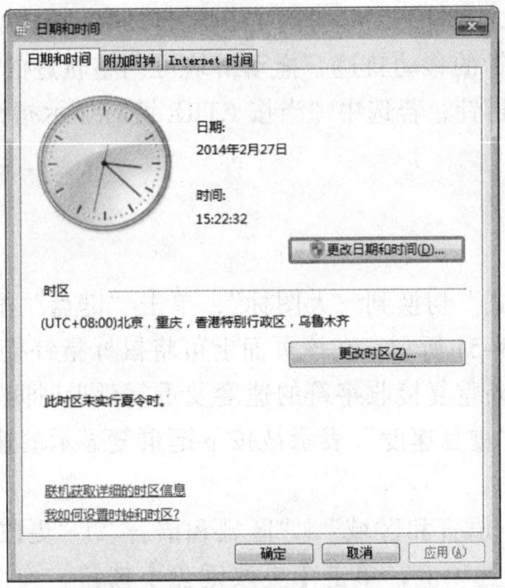

图 3-47　“日期和时间”对话框

3.5.4　键盘和鼠标的设置

键盘和鼠标是用户操作计算机过程中使用最多的输入设备，几乎所有的操作都要用到键盘和鼠标，用户可以按个人喜好对键盘和鼠标进行调整。

1. 鼠标设置

打开“控制面板”，单击“硬件和声音”|“设备和打印机”|“鼠标”命令，打开“鼠标 属性”对话框。可进行如下设置。

（1）鼠标键的设置。选择“鼠标键”选项卡，如图 3-48 所示，在“鼠标键配置”选项组中，可进行“切换主要和次要的按钮”设置；在“双击速度”选项组中拖动滑块可调整鼠标的双击速度；在“单击锁定”选项组中，若选中“启用单击锁定”复选框，则就可以不用一直按着鼠标键来移动项目，单击【设置】按钮，可调整实现单击锁定需要按鼠标键或轨迹球按钮的时间。

（2）鼠标指针外观的设置。选择“指针”选项卡，如图 3-49 所示。在“方案”下拉列表中用户可以选择一种喜欢的鼠标指针方案，指针方案是桌面上使用的指针的任意集合；在“自定义”列表框中显示了该方案中鼠标指针在各种状态下显示的模式，可单击【浏览】按钮更改鼠标指针方案，然后单击【另存为】按钮，将其保存为新方案。新方案将显示在“方案”下拉列表中。要删除指针方案，可单击“方案”下拉列表中的相应方案，然后单击【删除】按钮即可。

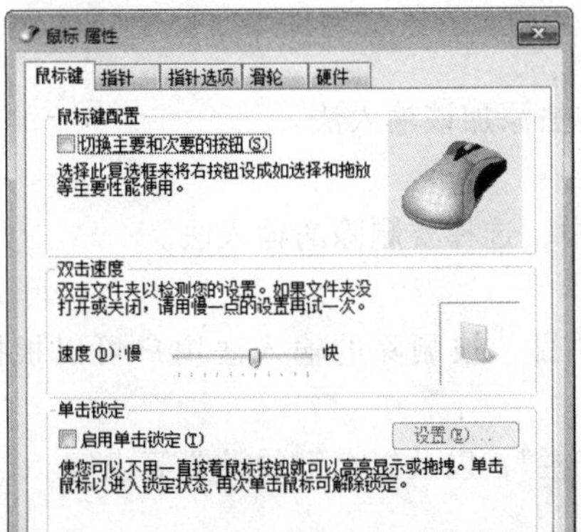

图 3-48　“鼠标键”选项卡

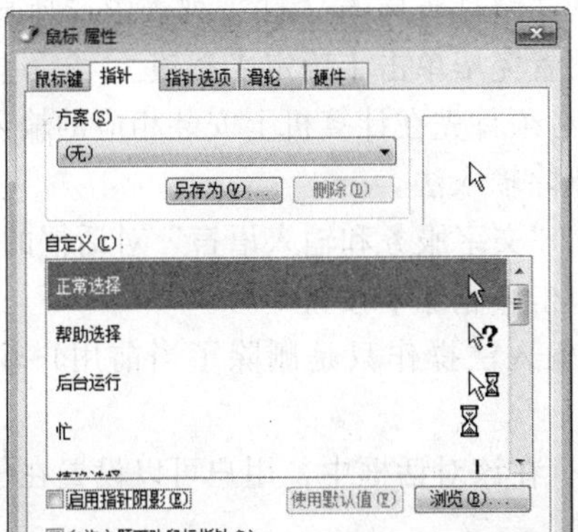

图 3-49　“指针”选项卡

（3）鼠标指针选项的设置。鼠标指针移动速度指鼠标自身移动做出响应的快慢程度。选择“指针选项”选项卡，如图 3-50 所示。用户可在“移动”选项组中通过拖动滑块来调整鼠标指针的移动速度；若选中“自动将指针移动到对话框中的默认按钮”复选框，在打开对话框时光标将自动移动到默认按钮；若选中“显示指针轨迹”复选框，则在移动鼠标指针时会显示指针的移动轨迹，拖动滑块可调整轨迹的长短；若选中“在打字时隐藏指针”复选框，则在输入文字时将自动隐藏指针；若选中“当按 CTRL 键时显示指针的位置”复选框，则按【Ctrl】键时会显示指针的位置。

2．键盘设置

设置键盘的操作步骤如下：

（1）打开“控制面板”，“查看方式”切换到“大图标”，单击“键盘”图标，打开“键盘属性”对话框。

（2）选择“速度”选项卡，如图 3-51 所示。在该页面上可将鼠标指针指向相应项目上的滑块，然后拖动滑块来设定光标闪烁的频率和进行键盘录入重复接收字符的速度及重复延迟时间。其中：“重复延迟”表示从按住某个键不放到该键重复显示的间隔时间；“重复速度”表示被按下键重复显示的速度；“光标闪烁速度”指光标在屏幕上的闪烁的速度。

打开“控制面板”，单击“时钟、语言和区域”|“区域和语言”|“更改键盘和其他输入法”，打开“区域和语言”对话框，选择“键盘和语言”选项卡，单击【更改键盘】按钮，弹出“文字服务和输入语言”对话框，如图 3-52 所示。

图 3-50 “指针选项”选项卡

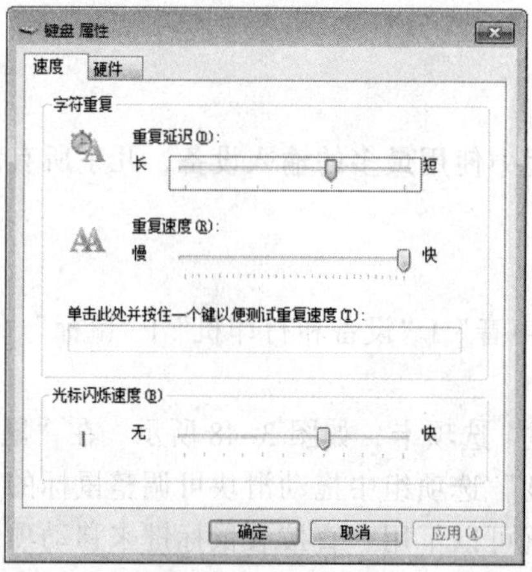

图 3-51 “速度”选项卡

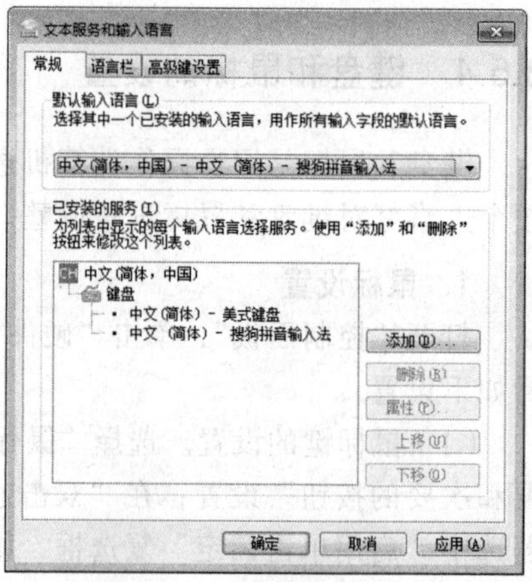

图 3-52 “常规”选项卡

在该对话框中可进行如下设置：

① 添加输入法。

a. 单击【添加】按钮，打开“添加输入语言”对话框。

b. 从“输入语言”列表中选择要添加的语言。

c. 从“键盘布局/输入法”列表中选择某种输入法。

d. 设置完毕单击【确定】按钮。

用户必须首先在计算机上安装相应的输入法，然后再利用上述方法添加该输入法。

② 删除输入法。

a. 在“文字服务和输入语言”对话框的“已安装的服务”列表中，选择要删除的输入法。

b. 单击【删除】按钮即可。

删除输入法操作只是删除了当前用户输入法状态条中的一个项目，被删除的输入法用户可以根据需要再添加。

另外，在该对话框中，用户可以设置在任务栏中是否显示“语言栏”，以及组合键的设置等内容。

3.5.5 用户账户设置

用户账户定义了该用户可以在系统中执行的操作权限。在独立计算机或作为工作组成员的计算机上，用户账户建立了分配给每个用户的特权。在作为网络域一部分的计算机上，用户必须是至少一个组的成员，授予组的权限和权利也会指派给其成员。Windows 7 允许多个用户使用一台计算机，因此，用户可以进行多用户环境的设置。

使用多用户环境设置后，用户使用不同身份登录时，系统将按该用户身份的设置运行。

1. 创建用户账户

添加新用户的操作步骤如下：

（1）以管理员身份登录计算机，打开“控制面板”，单击“用户账户和家庭安全”|“用户账户”，打开图 3-53 所示的“用户账户”窗口。

（2）单击“管理其他账户”，选择“创建一个新账户”，打开“命名账户并选择账户类型”窗口，如图 3-54 所示。账户名就是出现在欢迎屏幕和“开始”菜单中的名称，建议用户名的长度为 3～15 个字符，输入用户名。

（3）在“标准用户”和“管理员”之间挑选一个账户类型。

Windows 7 的账户类型有两种：

① 管理员。该级别的用户拥有全部的管理权限，可以创建、更改和删除账户；可以为计算机上其他用户账户创建账户密码；可以更改其他人的账户名、图片、密码和账户类型；无法将自己的账户类型更改为受限制账户类型，除非至少有一个其他用户在该计算机上拥有计算机管理员账户类型。这样可以确保计算机上总是至少有一个人拥有计算机管理员账户。

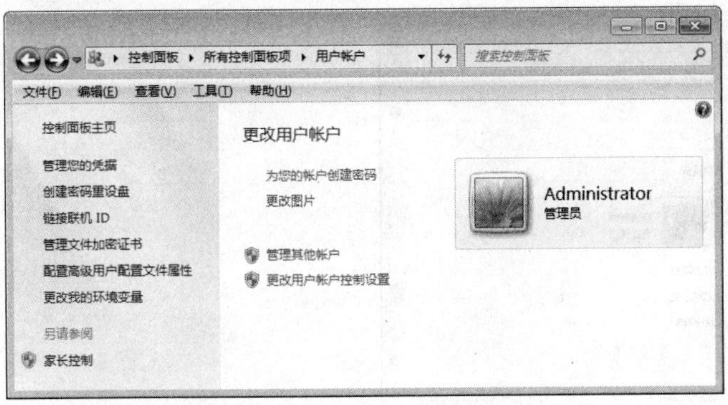

图 3-53 “用户账户”窗口

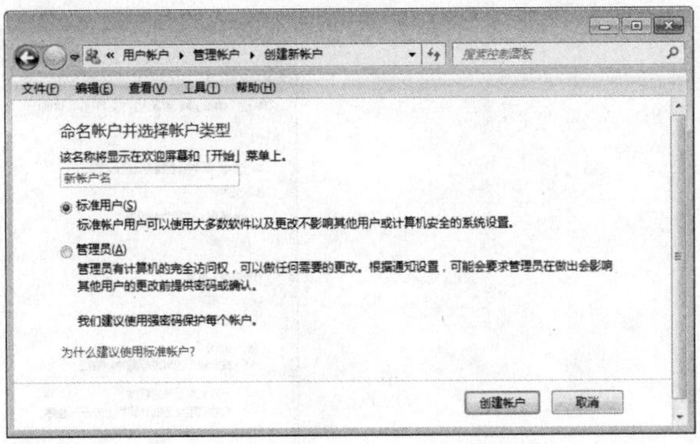

图 3-54 “创建新账户”窗口

② 标准用户。该级别的用户可以更改或删除自己的密码，更改自己的图片、主题和其他桌面设置，查看自己创建的文档，在共享文档中查看文件。

在实际工作中，必须将第一个添加到计算机的用户指派为计算机管理员账户。由于用户的权限越大，可能对计算机造成的破坏也越大，因此应该慎重选择账户类型。但是，如果需要安装程序，则必须选择“计算机管理员”。

（4）单击【创建账户】按钮，新的用户账户即创建成功。

2. 创建用户密码

密码增加了计算机的安全性。Windows 7 系统中，每个用户都可以设置自己的密码，以使用户的自定义设置、程序以及系统资源更加安全。

创建用户密码的操作步骤如下：

（1）打开“用户账户”窗口。

（2）单击“为您的账户创建密码”。

（3）在相应的文本框中输入两次新密码，再输入密码提示后，单击【创建密码】按钮即可。

3. 家长控制

Windows 7 系统自带了家长控制功能，家长可以使用这个功能设置允许孩子使用计算机的时段、可以玩的游戏类型以及可以运行的程序。具体操作过程如下：

（1）打开“用户账户”窗口。

（2）选择“家长控制”命令，打开“家长控制”窗口，如图 3-55 所示。

（3）选择需要设置家长控制的儿童账户，打开图 3-56 所示的窗口，选择“启用，应用当前设置”单选按钮。

图 3-55 “家长控制”窗口

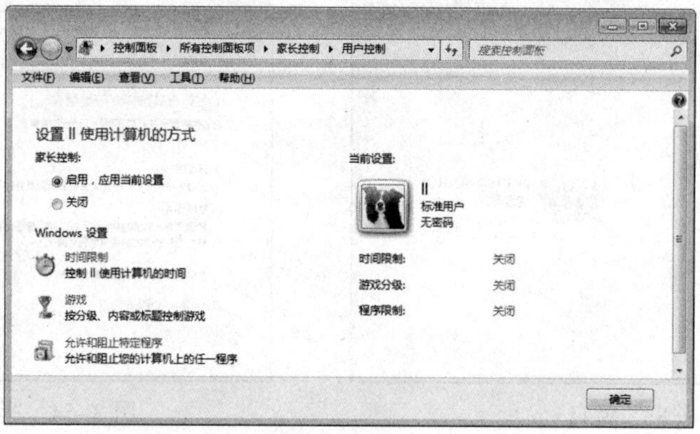

图 3-56 “用户控制”窗口

Windows 7 系统提供了三种控制方式，分别是时间、游戏和程序限制。

①“时间限制”可以设置允许儿童登录到计算机的时间。

②“游戏”可以禁止孩子玩指定设置的游戏。家长可以在这里控制儿童账户对游戏的访问、选择年龄分级级别、选择要阻止的内容类型、确定允许还是阻止未分级游戏或特定游戏被运行。

③“允许和阻止特定程序”可以阻止儿童运行特定程序。在这个设置界面中家长可以勾选孩子可以运行的程序。

注意：在设置家长控制前，必须对所有“计算机管理员”用户设置密码，并为孩子创立一个“标准用户”。管理员可以对此标准用户进行控制。不可对“来宾用户”进行家长控制。

3.5.6 添加和删除程序设置

在 Windows 7 中，绝大多数应用程序必须事先安装到系统中才能够使用，但是，安装应用程序并不是简单地将应用程序复制到硬盘中，而是在安装的过程中需要进行一系列设置，并在 Windows 7 中注册，这样才能正常使用。同理，当某个应用程序不再使用时，可以把它从 Windows 7 中删除，以节省磁盘空间。

1. 添加程序

安装应用程序的方法有多种，简单介绍如下：

（1）通过自动安装程序安装。目前相当一部分的商品化软件都配置了自动安装程序，将此类安装光盘放入光驱中，安装程序将自动运行，出现“安装向导”界面，用户只需按“安装向导”的提示一步一步进行操作就可以完成软件的安装。

（2）通过“资源管理器”窗口安装。某些软件的安装光盘中，一般有一个安装程序文件 Setup.exe 或 Install.exe，通过“资源管理器”或“计算机”找到该文件，双击该文件直接启动安装程序，再根据提示向导的提示执行安装过程，就可以完成软件的安装。

2. 删除程序

通常情况下，在 Windows 7 中可以使用应用程序自带的卸载文件删除程序，按提示完成卸载操作。也可以利用 Windows 7 提供的“程序和功能”进行程序的卸载。具体操作步骤如下。

（1）打开“控制面板”，单击“程序”|“程序和功能”|“卸载程序”，打开图 3-57 所示的“程序和功能”窗口。

图 3-57 “程序和功能”窗口

（2）选中要删除的程序，然后单击【卸载】按钮。

（3）在确认卸载对话框中，单击【是】按钮，即可完成删除程序。

除了卸载选项外，某些程序还包含更改或修复程序选项，但许多程序只提供卸载选项。若要更改程序，请单击【更改】或【修复】按钮，这需要管理员权限，如果系统提示输入管理员密码或进行确认，请输入该密码或提供确认。

3.5.7 打印机设置

打印机是一种重要的输出设备。Windows 7 系统用户如果要使用打印机，则需要先添加打印机。

1. 添加打印机

（1）打开“控制面板”，单击“硬件和声音”|“查看设备和打印机”，或单击 Windows【开始】按钮，选择“设备和打印机”命令进入图 3-58 所示的“设备和打印机”窗口。

图 3-58 “设备和打印机”窗口

（2）单击“添加打印机”命令，打开图 3-59 所示的“添加打印机”对话框。

此时可以添加本地的打印机，也可以添加新的网络、无线或蓝牙打印机。

单击任一个选项，弹出“正在完成添加打印机向导”，并显示刚才所设置的参数信息，单击【完成】按钮，结束安装。

2. 设置共享打印机

对已安装的打印机设置共享，可以在“控制面板”的“设备和打印机”窗口中，选中要设置共享的打印机并右击，选择快捷菜单中的“打印机属性”命令，弹出该打印机的属性对话框，通过“共享”选项卡进行设置，如图 3-60 所示。

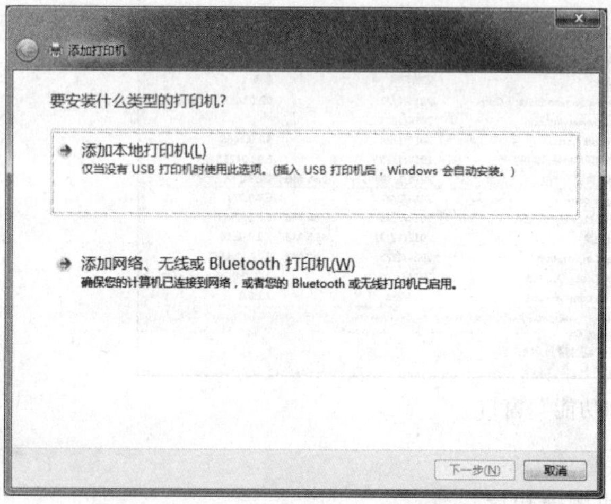

图 3-59 “添加打印机”对话框

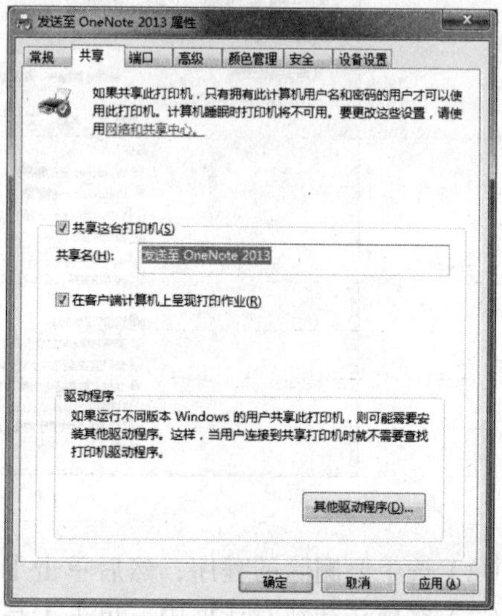

图 3-60 设置共享打印机

3. 删除打印机

如果要删除已安装的打印机，其操作步骤如下：

（1）打开“设备和打印机”窗口，选择要删除的打印机。

（2）选择菜单栏中的“删除设备”命令，在弹出的对话框中，单击【是】按钮，即可完成删除打印机操作。也可右击并选择“删除设备”命令，删除该打印机。

3.6 Windows 7 中文输入

3.6.1 输入法的切换

用户在操作过程中，可利用鼠标或键盘随时在不同的输入法之间进行切换，以便于输入相应信息。

（1）鼠标法。用户可单击任务栏上的“输入法指示器”，显示当前系统已经安装的输入法菜单，单击要选用的输入法，即可切换到该输入法状态下。

（2）键盘法。使用【Ctrl+Space】组合键，用户可以启动或关闭中文输入法；使用【Ctrl+Shift】组合键，用户可以实现在各种输入法之间进行灵活切换。

3.6.2 “智能 ABC”中文输入法

Windows 7 中的“智能 ABC”输入法是常用的一种输入方法，它是以拼音为基础、以词组输入为主的汉字输入方式，分为标准输入法和双打输入法两种方式。

当用户选择“智能 ABC”汉字输入法以后，屏幕下方会显示输入法状态条，如图 3-61 所示。

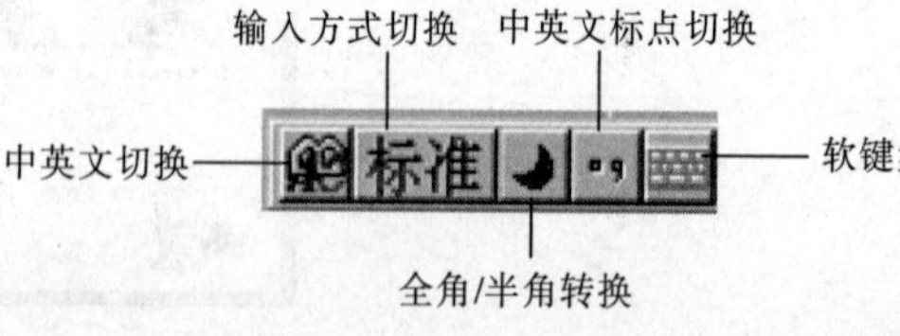

图 3-61 输入法状态条

输入法状态条由 5 个按钮组成，功能如下：

（1）中英文切换。单击该按钮可在中英文输入法之间进行切换。当按钮标识为“A”时，为英文输入状态。

（2）输入方式切换。在 Windows 7 中内置的某些中文输入法中，还含有其携带的其他输入方式，单击该按钮可在不同输入方式之间进行切换，并在按钮上标识该输入方式的名称。

（3）全角/半角切换。单击该按钮可在全角与半角之间进行切换（也可用【Shift+Space】组合键切换），按钮显示“●”时，为全角状态，显示月牙时为半角状态。半角方式时输入的西文字符占一个字节位置；全角方式时输入的西文字符占一个汉字位置。

（4）中英文标点切换。单击该按钮可在中文与英文标点符号之间进行切换（也可用【Ctrl+.】组合键切换）。在中文标点状态下，从键盘输入的标点转换为中文标点，例如“\”变为“、”等。中文标点符号与键位对照如表 3-4 所示。

表 3-4 中文标点符号与键位对照表

标点符号	键位	说明	标点符号	键位	说明
。 句号	.		） 右括号	)	
， 逗号	,		〈《 单双书名号	<	自动嵌套
； 分号	;		〉》单双书名号	>	自动嵌套
： 冒号	:		……省略号	^	双符处理
？ 问号	?		— 破折号	_	双符处理
！ 感叹号	!		、 顿号	\	
“” 双引号	"	自动配对	· 间隔号	@	
‘’ 单引号	'	自动配对	– 连字号	&	
（ 左括号	(		￥人民币号	$	

（5）软键盘。单击该按钮，用户可以打开或关闭系统中的软键盘。软键盘如图 3-62 所示。Windows 提供了 13 种软键盘，每种软键盘用于输入某一类字符或符号。系统默认的格式为“PC 键盘”格式。右击“软键盘”按钮，将弹出“软键盘”菜单，如图 3-63 所示。用户可从中选择所需软键盘。使用完毕后，再次单击该按钮，即关闭软键盘。

图 3-62 软键盘

图 3-63 软键盘菜单

1.“智能 ABC”标准输入法

在“智能 ABC”输入法的标准输入方式中，可按全拼拼音、简拼音和混合拼音方式输入汉字。

（1）全拼输入法。是把汉字的汉语拼音作为输入编码，用户只要按照汉语拼音规则输入汉字的拼音即可。只是遇到韵母 ü 时用英文字母 v 代替，如输入“女”字，依次输入“nv”。

例如：输入汉字“张”，用户需输入全拼音外码“zhang”，在候选框中选择所需汉字，如图 3-64 所示。若候选框中没有显示出所需的汉字，可按键盘上的【-】【+】键前后翻页进行查找，或者用候选框右下角的一组按钮前后翻页查找。

为防止词组两音节间的拼音字符的混淆，在两音节字符之间可加入间隔号“'”或“-”。

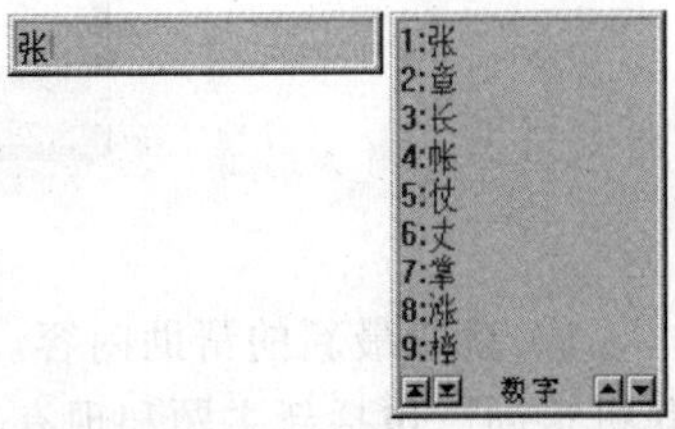

图 3-64 输入法的外码框和候选框

例如：输入词组　　　　应输入的拼音字符

　　金额　　　　jin'e 或 jin-e

　　方案　　　　fang'an 或 fang-an

（2）简拼输入法。是在输入汉字或词组时只输入每个音节的声母，不必输入韵母；对于省略了韵母的复合声母，可以输入复合声母的全部字符，也可以只输入复合声母的第一个字母。

在简拼音方法中分隔两个易混淆汉字音节的方法仍然是在两个音节之间插入符号“'”或“-”。

（3）混合拼音输入法。是允许在同一个词组内有的音节的汉字使用全拼音方法，有的音节的汉字使用简化拼音方法。

2．智能 ABC 双打输入法

智能 ABC 为专业录入人员提供了一种快速的双打输入。在双打方式下输入一个汉字，只需要击键两次：奇次为声母，偶次为韵母。使用双打能减少击键次数，可提高输入速度。在双打输入时声母和韵母的相应键位如图 3-65 和图 3-66 所示。

键位	E	V	A	O（'）
声母	ch	sh	zh	O声母

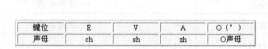

图 3-65　复合声母和零声母键位图

键位	Q	W	E	R	T	Y	U	I	O	P
声母	ei	ian	e	iu er	uang iang	ing	u	i	uo o	uan üan

键位		A	S	D	F	G	H	J	K	L	
声母		a	ong iong	ua ia	en	eng	ang	an	ao	ai	

键位		Z	X	C	V（ü）	B	N	M		
声母		iao	ie	in uai		ou	un（ün）	üe（ue） ui		

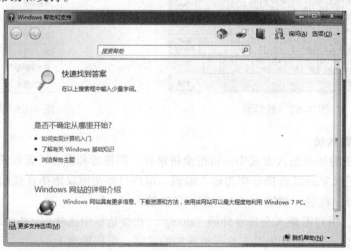

图 3-66　双打输入的韵母键位图

3.7　使用“帮助和支持中心”

Microsoft 的帮助和支持中心是帮助用户学习使用 Windows 7 的完整资源，它包括各种实践建议、教程和演示。使用搜索特性、索引或目录查看所有 Windows 帮助资源，也可以基于 Web 的帮助使用户从互联网上享受 Microsoft 公司的在线服务等。

打开“开始”菜单，选择“帮助和支持”命令，或按【F1】键，打开图 3-67 所示的“Windows 帮助和支持”窗口，用户可以得到如下帮助和支持。

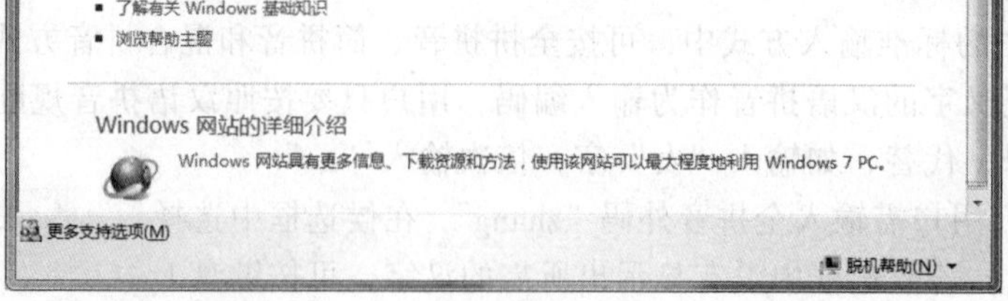

图 3-67　“Windows 帮助和支持”窗口

（1）获取最新的帮助内容。如果已连接到 Internet，请确保已将 Windows 帮助和支持设置为“联机帮助”。“联机帮助”包括新主题和现有主题的最新版本。

（2）搜索帮助。获得帮助的最快方法是在搜索框中输入一个或两个词，然后按【Enter】键。将出现结果列表，其中最有用的结果显示在顶部。单击其中一个结果以阅读主题。

（3）浏览帮助。按主题浏览帮助主题。单击“浏览帮助”按钮，然后单击出现的主题标题列表中的项目。主题标题可以包含帮助主题或其他主题标题。

（4）获得程序帮助。几乎每个程序都包含自己的内置帮助系统。

（5）获得对话框和窗口帮助：除特定于程序的帮助以外，有些对话框和窗口还包含有关其特定功能的帮助主题的链接。如果看到圆形或正方形内有一个问号，或者带下画线的彩色文本链接，单击它可以打开帮助主题。

（6）从其他 Windows 用户获得帮助。如果无法通过帮助信息来解答问题，则可以尝试从其他 Windows 用户获得帮助。如邀请某人使用“远程协助”提供帮助。

（7）从专业人员获得帮助。如果其他所有方法均失败，则可以从技术专业支持人员处获得帮助，其工作就是解决计算机问题。通常可以通过电话、电子邮件或在线聊天与专业支持人员联系。

当了解“帮助和支持”后，用户就能很好地利用 Windows 7 开展各方面工作了。

技 能 训 练

技能训练一　资源管理器的使用

【训练目的】

1. 掌握“资源管理器”的启动和使用。
2. 掌握文件和文件夹的浏览、查找、移动、复制、删除、重命名等基本操作。
3. 了解“回收站”的使用。
4. 熟悉磁盘管理。

【训练内容】

1. 在“资源管理器”左窗格中选中 C 盘，将 C 盘内的文件、文件夹设置显示方式为“详细信息”，按修改日期对 C 盘中的文件、文件夹进行排序。在右窗格中练习选择单个文件、多个连续的文件、多个不连续文件及全部文件和文件夹。

2. 在桌面上建立如下所示的文件夹结构并对文件和文件夹进行管理。

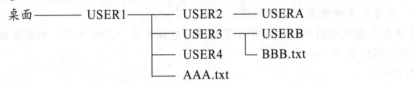

```
桌面——— USER1 ─┬─ USER2 ── USERA
               ├─ USER3 ─┬─ USERB
               ├─ USER4  └─ BBB.txt
               └─ AAA.txt
```

（1）将 USERB 文件夹复制到 USER1 文件夹下。

（2）将 USER1 文件夹下的 AAA.txt 文本文档移动到 USER2 文件夹中。

（3）将 USER3 文件夹重命名为 USERC。

（4）删除 USERA 和 USERC 文件夹。

（5）恢复被删除的 USERA 文件夹，彻底删除 USERC 文件夹。

（6）在 USER2 文件夹下查找所有文本文件（*.txt），并将找到的文件分别复制到 USER1 和 USER4 文件夹中。

（7）在桌面上创建 USERB 文件夹的快捷方式，并将该快捷方式复制到 USER1 文件夹中，重命名为“快捷方式练习”。

（8）设置 USER1 文件夹的属性为“只读”和“存档”。

3. 对文件和文件夹进行综合管理。

（1）在桌面上建立如下所示的文件夹结构。

```
桌面 ——— 学生管理 ─┬─ 高级护理 ─┬─ 学生简介.txt
                  ├─ 临床医学  └─ 学生情况.docx
                  └─ 口腔医学
```

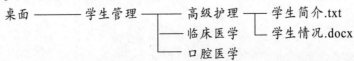

（2）打开“学生简介.txt”并输入自己的专业、班级、姓名和电话号码，保存并关闭该文件。

（3）在桌面上建立“学生简介.txt”的快捷方式，利用快捷方式打开文件并输入内容“很高兴考入我们学校，今后我将认真学习”，保存并关闭文件。

（4）将文档“学生情况.docx”重命名为“学生档案.rtf”；并在文件夹“高级护理”中将“学生档案.rtf”进行复制操作。

（5）将文件夹“临床医学”复制到桌面上；将文件夹“口腔医学”移动到桌面上。

（6）将桌面上的“口腔医学”删除并还原；将桌面上的“临床医学”直接彻底删除。

（7）将文件夹“临床医学”设置为隐藏。

（8）将文本文档“学生简介.txt”设置为只读，然后打开该文件并输入内容“提高自身综合素质”，保存后关闭文件，并观察和步骤（3）的区别。

（9）在“学生管理”文件夹中搜索“*.rtf”文档，并将搜索到的对象复制到“临床医学”中。

技能训练二　附件的使用和控制面板的设置

【训练目的】

1. 熟悉常用附件的操作。
2. 掌握“控制面板”的启动和使用。
3. 了解系统工具的使用。
4. 熟悉对系统和操作环境的设置。
5. 了解 Windows 7 的帮助系统。

【训练内容】

1. 启动“画图”程序，利用绘图工具绘制一幅图画，并保存到桌面，命名为“我的成果.png”。
2. 启动“写字板”程序，输入本章中的一段文字，并设置输入的内容：字体为“楷体”、字号为“28 磅”，文字颜色为“蓝色”。将文件保存到桌面，命名为“打字练习.rtf”。
3. 启动“记事本”程序，输入“鸟语烟光里，人行草色中。池边各分散，花下复相逢”。将文件保存到桌面，命名为“春游吟.txt”。比较“记事本”与“写字板”的区别。
4. 启动“计算器”程序，切换到“程序员”，进行算术运算和不同进制数的转换练习。
5. 启动“控制面板”，并进行各种视图模式的转换，观察其变化。
6. 在“个性化”中选择自己喜欢的墙纸，设置其位置居中；选择名为“三维文字”的屏幕保护程序，并将文字设为“万事如意!”，等待时间设置为 2 分钟。
7. 设置鼠标指针的不同形状。
8. 调整计算机系统的日期和时间。
9. 利用“帮助”获取系统帮助信息。

第4章

Word 2010 文字处理软件

办公软件主要包括文字处理软件、电子表格处理软件、演示文稿制作软件。现在流行的办公软件主要有Microsoft Office、Open Office、WPS Office 等。Microsoft Office 是微软公司开发的一套非常流行的办公软件，它包括 Word、Excel、PowerPoint、Outlook、Publisher、Access 等组件。Office 2010 是微软推出的一个较新的版本，它在 Office 2007 的基础上增强了部分功能，具有设计完善的用户界面、稳定安全的文件格式，使用户工作起来更加得心应手。

4.1 Word 2010 概述

文字处理是计算机应用中非常重要的一个功能。现有的中文文字处理软件主要有微软公司的 Word 和金山公司的 WPS。其中，Word 在文字处理软件市场上占据着主导地位，它以功能强大、操作简单而受到广大用户的欢迎。Word 2010 是 Office 2010 中的文字处理软件，它使用了面向结果的用户界面，能快速实现文本录入、文档编辑、排版设置、表格处理、图文混排等功能。

4.1.1 Word 2010 的基本功能

Word 2010 文字处理软件是使用最广泛、也是最受欢迎的办公软件之一，它是 Office 2010 中文版中的最重要的组成部分。它集文字处理、电子邮件、传真、Web 页制作等各种功能于一体，具有强大的编辑、排版、审阅和打印功能，能轻松地生成图文并茂、赏心悦目的文档。

1. 编辑功能

编辑是 Word 的基础功能。编辑时 Word 提供了即点即输功能，在文字输入时能自动更正错误，自动编写摘要，支持智能拼写。

2. 排版功能

排版时不仅可以对简单的字符、段落格式进行设置，还可以进行高级的页面、节格式设置，并且由于采用了“所见即所得”的模式，排版效果在屏幕上即时可见，而屏幕所见即为在打印机上打印的效果。

3. 表格处理

Word 具有自由、强大的制表工具。用户可轻松地制作各种表格，并可对表格中的数据进行计算和排序操作，对表格的外观进行各种修饰。在 Word 中，还可以直接插入电子表格。总之，用 Word 制作表格既轻松美观，又快捷方便。

4. 图形处理

用户在 Word 中可轻松插入多种格式的图片文件，同时它本身还提供了一套绘图和图形工具，使用户可以方便地制作和修饰图形。除此之外，Word 还提供图形和文字的混合排版处理功能。

4.1.2 Word 2010 的启动与退出

1. 启动

Word 有多种打开方法，每一种方法都有自己的特点，用户可以根据自己的使用习惯和实际情况灵活的选择使用。

（1）通过“开始”菜单中的“程序”。

① 单击“开始”菜单，选择“所有程序”命令。

② 在“所有程序”的级联菜单中选择“Microsoft Office”命令。

③ 在“Microsoft Office”的级联菜单中选择“Microsoft Office Word 2010”命令。

（2）利用鼠标右键。在桌面空白处右击，或在文件夹窗口的空白处右击，在快捷菜单中选择“新建”命令，再从级联菜单中选择“Microsoft Word 文档”，此时在桌面或文件夹窗口中出现一个 Word 文档的图标，双击此图标即可打开 Word 2010。

（3）利用快捷方式。

① 在桌面上创建 Word 的应用程序 Winword.exe 的快捷方式。

② 双击快捷方式就可以进入 Word。

2. 退出

用户可以采用以下几种方法退出 Word：

- 单击 Word 窗口标题栏上的【关闭】按钮【×】。
- 双击 Word 窗口的控制菜单图标 W，或者单击控制菜单图标并在弹出的菜单中选择“关闭”命令。
- 单击“文件”选项卡，选择“退出”命令。
- 按【Alt+F4】组合键。
- 右击 Word 窗口在任务栏上的相应按钮，在弹出的快捷菜单中选择“关闭”命令。

4.1.3 Word 2010 的窗口组成

Word 启动后，出现在用户面前的就是 Word 的窗口，这是一个标准的 Windows 应用程序窗口，如图 4-1 所示。它延续了 Word 2007 的特点，操作界面采用“面向结果”的用户界面，即按照用户希望完成工作来组织程序功能，将不同的命令集中到不同的选项卡中，同时将相关联的功能按钮分别归类于不同的组中，从而有效减少了用户查找命令的时间，办公效率得到了极大的提高。Word 程序窗口主要由快速访问工具栏、标题栏、选项卡、功能区、文档编辑区、导航任务窗格、状态栏等组成。

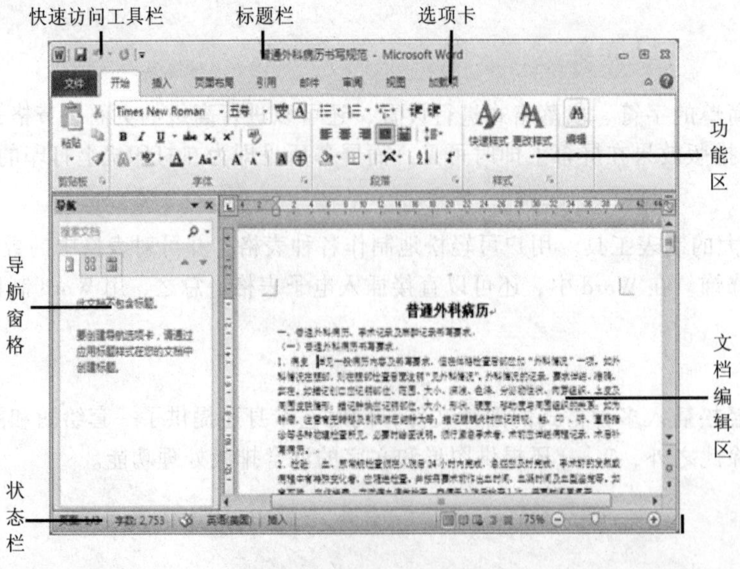

图 4-1 Word 窗口组成

1. 快速访问工具栏

默认情况下，快速访问工具栏一般位于窗口顶部，用来快速执行某些常用操作。快速访问工具栏除了默认的按钮之外，还隐藏了很多按钮，用户可以根据自己的实际情况对工具按钮进行调整，单击快速工具栏右侧的下拉按钮，弹出图 4-2 所示的下拉列表，用户选择其中的工具即可进行相应的调整。

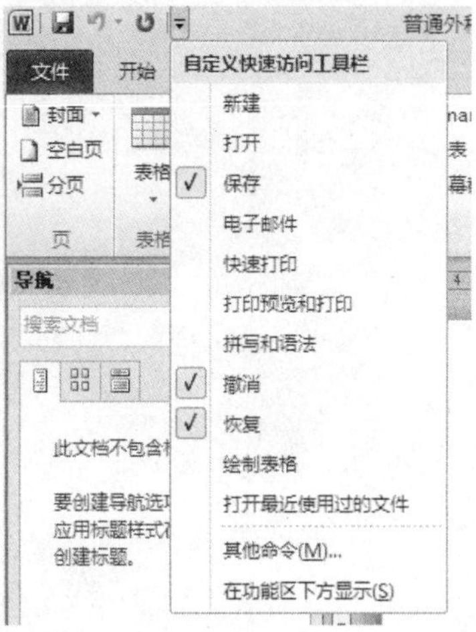

图 4-2　自定义快速访问工具栏

2. 标题栏

标题栏位于快速访问工具栏的右侧，主要用来显示程序和打开的文档名称。同时还为用户提供了三个窗口按钮，分别是【最小化】、【最大化】(或【还原】) 和【关闭】按钮。

3. 选项卡

选项卡栏位于标题栏下方，它类似于 Windows 中的菜单，不同的是当用户单击某个选项卡时并不会弹出下拉菜单，而是在功能区显示与之相对应的工具按钮。选项卡分为主选项卡和工具选项卡，默认情况下 Word 显示主选项卡。"文件"选项卡主要用于对文档进行管理，如"新建""打开""关闭""保存"等操作。其他选项卡主要是针对文档的编辑操作。

需要注意的是，Word 中的选项卡不是固定不变的，用户可以根据自己的实际需要进行相应的调整。方法是在功能区上右击，在快捷菜单中选择"自定义功能区"命令。

4. 功能区

功能区位于选项卡下方，是菜单和工具栏的主要显示区域，基本上包含了 Word 的所有编辑功能。用户每选择一个选项卡就会打开相对应的功能区面板，每个功能区面板又会根据功能的不同细化为若干功能组。

5. 导航任务窗格

Word 2010 将用户要做的工作归纳到了不同类别的任务中，并将这些任务以一个"任务窗格"的窗口形式提供给了用户。用户在工作时，Word 会自动弹出相应的任务窗格，常见的任务窗格有审阅窗格、导航窗格、样式和剪贴画等。

图 4-1 中左侧为"导航窗格"。它是一个独立的窗格，能显示文档的标题列表。使用导航窗格可以方便用户对文档结构进行快速浏览并跟踪用户位置。导航窗格的上方是搜索框，用于搜索文档中的内容，在下方的列表框中通过单击相应的按钮，分别可以浏览文档标题、文档中的页面和搜索结果。

6. 文档编辑区

文档编辑区就是窗口中间的大块空白区域，是用户工作的主要区域。用户既可以在这个区域输入文本、表格、图形等内容，又可对文本进行编辑和排版等操作。

在文档编辑区有一黑色垂直不停闪动的竖线，称为插入点，用户通过它来控制编辑字符的位置，利用键盘上的方向键或鼠标在不同位置单击都可以对插入点进行定位。

文档编辑区的标尺分为水平标尺和垂直标尺。水平标尺位于文档区的正上方，垂直标尺位于文档区的左侧。水平标尺的功能是设置段落缩进、调整页边距、改变制表位等。在默认情况下，水平标尺数值表示一行中可以输入的字符个数（包括首行缩进在内），垂直标尺数值表示行数。

标尺是一个可选择的栏目。它的显示和隐藏可通过"视图"选项卡中的"标尺"复选框来实现。

滚动条分为水平滚动条和垂直滚动条，分别位于文档编辑区的下边和右侧。当屏幕所显示的页面区域不能完全显示出当前文档时，滚动条会自动显示出来，利用滚动条，用户可将文档窗口以外的文本移动到窗口的可视区域。垂直滚动条用来调节文档的上下位置，水平滚动条用来调整文档的左右位置。

7. 状态栏

状态栏位于 Word 文档窗口的底部，默认情况下它提供了文档的页码、字数、校对、插入和改写、视图方式、视图比例等辅助功能，如图 4-3 所示。用户还可以根据需要自己来定义状态栏所显示的信息，方法是在状态栏上右击，弹出"自定义状态栏"快捷菜单，用户选中所需显示的选项即可，如图 4-4 所示。

图 4-3　状态栏

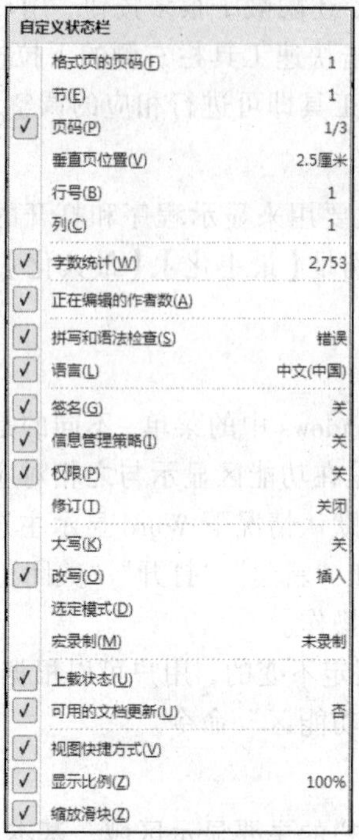

图 4-4　自定义状态栏

4.2　文档的基本操作

用户在使用 Word 进行文字处理工作时，首先要创建或打开文档，然后输入要编辑的文字或图形等内容，再进行格式设置等操作，最后对文档进行保存和打印。文档操作是 Word 中最基本的操作，用户必须熟练掌握文档的创建、保存、关闭、打开及打印等基本操作。

4.2.1　创建新文档

要创建新文档，首先要确定文档的类型。Word 2010 可创建的文档类型有空白文档、博客文章、书法字帖等。本书主要介绍常用的空白文档的建立方法，常用的有以下几种。

1. 自动创建

每次启动 Word 后，会自动生成一个基于“普通”模板的空白文档，并在标题栏上显示“文档 1-Microsoft Word”字样。用户可直接在其中进行字符录入和编辑工作。如果继续创建其他新文档，Word 会自动命名“文档 2”“文档 3”等，依此类推。

2. 菜单创建

如果用户已经启动了 Word 程序，需要创建新文档时可单击“文件”选项卡，选择“新建”命令，如图 4-5 所示，在“可用模板”区选择“空白文档”，再单击右侧的“创建”按钮，Word 就会创建一个空白文档。

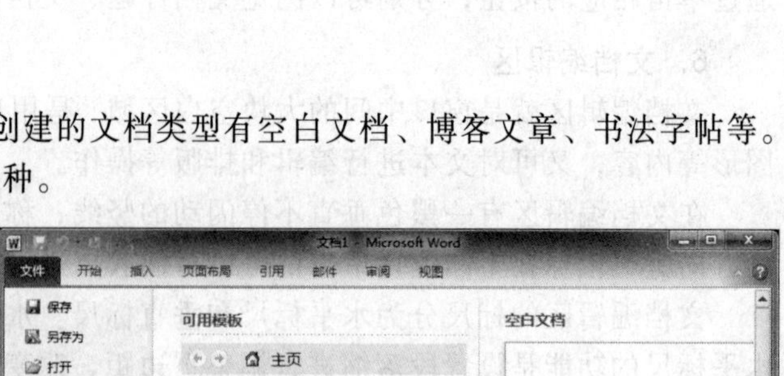

图 4-5　新建文档

如果用户要创建的不是普通的空白文档，而是“博客文章”“传真”“贺卡”“法律文书”等特殊文档，用户可在“可用模板”列表框中选择相应的模板，再单击“创建”按钮即可新建文档，并自动套用所选的模板样式。

3．右键创建

在欲建立 Word 文档的文件夹处右击，在快捷菜单中选择“新建”命令，再选择“Microsoft Word 文档”即可创建 Word 空白文档。

通过以上方法所创建的空白文档都是基于 Normal 模板的，其默认格式为：

（1）中文字体为宋体，英文字体为 Times New Roman，大小为五号，字符缩放为 100%。

（2）段落对齐方式为两端对齐，行距为单倍行距。

（3）纸张大小为 A4，纵向，上下页边距均为 2.54 cm，左右页边距均为 3.17 cm。

4.2.2　打开文档

当需要对已有的文档进行重新编辑时，可使用 Word 的打开文档功能。Word 可以打开本地磁盘、与本机映射的网络驱动器和 Internet 上的文档，并且有多种操作方法。

1．打开已经存在的文档

单击“文件”选项卡，选中“打开”命令，或按组合键【Ctrl+O】，都会弹出对话框，如图 4-6 所示。其中默认显示的文件夹是用户上次打开的文件夹，用户可通过左侧的导航窗格选择要打开的 Word 文档所在的驱动器和文件夹，右侧窗口则会显示所选驱动器或文件夹下的子文件夹和文件（默认显示所有的 Word 文档，如想选择其他类型的文档可以通过窗口底部的“打开类型”下拉列表框来进行），移动鼠标指针到欲打开的文档上并选中，最后单击【打开】按钮。

图 4-6　“打开”对话框

2．直接打开文档

在计算机磁盘中找到要打开的文档，直接双击文件图标即可打开。

如果用户想打开最近用过的文档，也可单击“文件”选项卡，选择“最近所用文件”命令，即可显示用户近期打开过的文档，选择相应的图标即可打开。

4.2.3　保存文档

保存操作是 Word 处理文档过程中一个非常重要的操作，因为用户所做的编辑操作都是在内存中进行的，一旦计算机突然断电或系统发生意外，用户所做的工作就有可能化为乌有，因此用户要养成良好的保存习惯。用户可以在编辑文档过程中或结束时，随时对文档进行保存。

1．第一次保存文档

单击“文件”选项卡，选择“保存”命令，或单击快速访问工具栏的“保存”按钮，弹出“保存”对话框，其界面和操作与打开文档对话框类似，默认的保存位置是在库文档中，用户可通过“保存位置”下拉列表框选择文档要保存的驱动器和文件夹，然后在“文件名”文本框中输入要保存的文档名字，再通过“保存类型”下拉列表框选择保存文件的类型，最后单击【保存】按钮。

2．保存已有的文档

对已有的文档进行修改编辑后，单击“文件”选项卡，选择“保存”命令，或单击快速访问工具栏的“保存”按钮即可，此时不会弹出“保存”对话框，Word 会将修改后的内容在原保存位置以原文件名保存。

3．保存为其他格式或名字的文档

Word 2010 默认的文档格式是“.docx”，相比较与以前的“.doc”类型，2010 版的文档更安全，而且节省磁盘空间。其他软件一般不能存取该类型的文档，如 2007 版和以前的 Word 版本。为了便于与其他软件互相传递交流文档，Word 允许在保存文档时采用一些其他格式，如 rtf（*.rtf）、Web 页（*.html）、Word 97-2003（*.doc）等格式。

单击“文件”选项卡，选择“另存为”命令，在弹出的“另存为”对话框中，通过对话框底部的“文件名”文本框更改名称，通过“保存类型”列表框更改保存类型。注意：这种保存方法不会更改或删除原文档，原文档仍以修改前的内容、以原文件名保存在原位置。

4．加密保存

为文档设置密码可以有效地防止其他人对文档的访问或未经授权的修改和查阅。当用户需要对文档进行密码保护时，Word 提供了两种方法。

（1）使用“保护文档”按钮。“保护文档”按钮提供了五种加密方式，这里以最常用的“用密码进行加密”方式进行介绍。单击“文件”选项卡，选择“信息”命令，单击“保护文档”按钮，在弹出的下拉菜单中选择“用密码进行加密”选项，弹出图 4-7 所示的“加密文档”对话框，用户在其中输入欲设置的密码并进行确认即可。设置完毕后，“保护文档”按钮右侧的“权限”由黑色变为红色，此后用户再想打开此文档，必须在系统弹出的“密码”对话框中输入正确的密码，否则系统会提示密码错误，无法打开文档。

（2）使用“另存为”对话框。单击“文件”选项卡，选择“另存为”选项，弹出“另存为”对话框，单击“工具”按钮，在弹出的下拉菜单中选择“常规选项”，弹出图 4-8 所示的“常规选项”对话框，在该对话框中可设置文档的“打开文件时的密码”和“修改文件时的密码”。

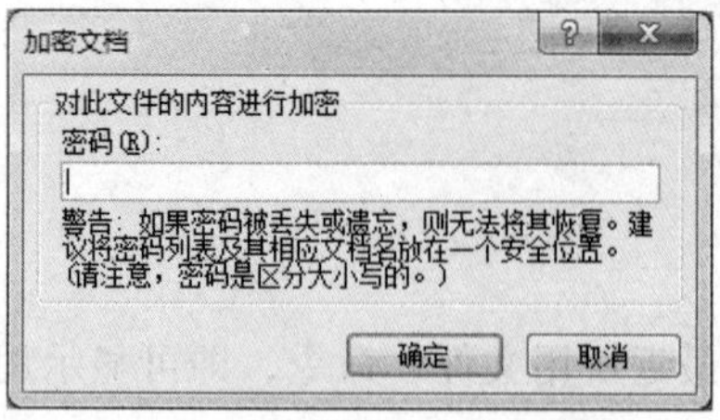

图 4-7 “加密文档”对话框

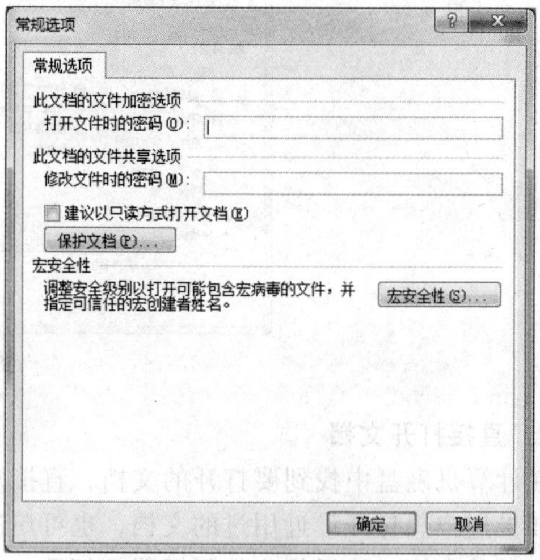

图 4-8 “常规选项”对话框

4.2.4 关闭文档

当用户在文档中完成所有操作后，即可关闭文档了。用户可通过单击【×】按钮或单击“文件”菜单选择“关闭”命令来关闭文档，这时 Word 会检查该文档是否被保存或修改过，如果该文档已经保存或未做修改，则会直接关闭该文档，否则，Word 会弹出图 4-9 所示的询问对话框，询问用户如何处理，单击【保存】按钮会进行保存，单击【不保存】按钮会不保存而直接关闭文档，单击【取消】按钮会撤销关闭操作。

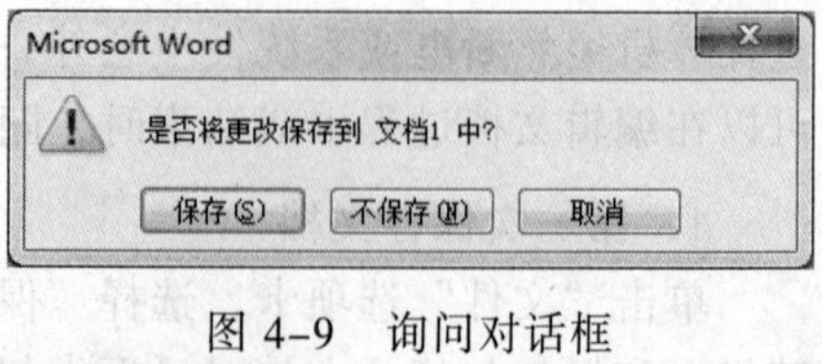

图 4-9 询问对话框

4.2.5　使用多个文档

由于 Word 采用了单文档界面，这使得同时编辑处理多个 Word 文档变得非常方便。

1. 切换文档

常用的操作方法有以下两种：

- 在任务栏窗口按钮区单击想要使用的文档按钮。
- 选择“视图”选项卡，单击“切换窗口”按钮，在弹出的下拉列表框中选择想要使用的文档名称。

2. 全部重排文档

利用 Word 进行编辑工作时，如果经常需要在不同文档窗口之间切换，或想在屏幕上能够同时看到不同文档窗口中的内容，可选择“视图”选项卡并单击“全部重排”按钮，则所有已经打开的文档窗口都会显示在屏幕上，用户想编辑哪个文档，只需在其标题栏上单击使其变成活动窗口即可。如果同时显示的文档窗口过多，则每个文档窗口所占的空间会比较小，因此同时显示两三个文档为佳。

3. 并排查看文档

当打开多个文档时，用户可对多个文档中的两个进行并排比较，从而在不同文档之间比较内容的差异。操作方法是单击选择“视图”选项卡并单击“并排查看”按钮，在弹出的对话框中选择想和当前文档并排查看的文档。

4. 拆分文档

拆分窗口就是把一个窗口分成上下独立的两个窗口，这两个窗口可分别显示同一文档中不同部分的内容。方便用户对同一文档的前后内容进行复制和粘贴操作。选择“视图”选项卡并单击“拆分”按钮，在 Word 窗口中会出现一个拆分条，用鼠标拖动拆分条可调整上下两个窗格的大小。这两个窗格可分别独立进行编辑操作。操作完成后单击 “取消拆分”按钮就可将两个窗格恢复为一个窗口。

4.3　文本的录入和编辑

创建新文档后就可以在编辑区进行文本编辑了。编辑文档最基本的工作就是输入文本，包括文字、字母、特殊符号等的输入，其次是对文档的一些修改操作，如删除、更正、替换等。

4.3.1　录入文本

在 Word 文档窗口中有一个闪烁的光标，指示了字符的插入位置，称为插入点。字符的输入都是从插入点开始的。

插入点默认是在文档首字符开始处，用户可以随时改变插入点的位置。如果新位置已有内容则用户只需移动鼠标指针到新位置并单击即可定位插入点；如果新位置是空白的，用户需移动鼠标指针到新位置并双击，这其实就是 Word 的即点即输功能。所谓即点即输就是 Word 能自动将插入点定位到双击的位置，并智能地判断用户是否需要居中对齐、左缩进或右对齐。

1. 输入普通文本

输入文本时首先要选择合适的输入法，由于 Windows 默认的语言是英语，一般情况下系统默认的是英文输入法，用户可通过键盘直接输入英文字符，输入中文时应先把输入状态切换成中文输入法，然后按相应的中文输入法规则来输入中文。

每输入一个字符或文字后插入点会自动后移，同时文本会显示在屏幕上，当文本输满一行时 Word 会自动开始下一行。而当一个段落输入完毕后用户要按【Enter】键来标识段落的结束，系统将自动插入一个回车符作为“段落标记”并换行开始新段落。

2. 输入特殊符号

常用的符号用户可通过键盘直接输入，当用户需要输入特殊字符，如单位符号、数学符号、数字序号或键盘上找不到的特殊符号时，可通过 Word 提供的特殊符号功能来完成。

视频 3

【例 4-1】在文档中输入文字“学号”，并在“学号”后输入 3 个方框符号。

具体操作步骤如下：

（1）在文档中定位插入点，切换中文输入法，输入“学号”。

（2）选择“插入”选项卡，单击“符号”按钮，选择“其他符号”命令，弹出“符号”对话框。

（3）在“符号”选项卡的“字体”下拉列表框中选择“普通文本”，在“子集”下拉列表框中选择“几何图形符”，如图 4-10 所示，在列表框中选择“空心方形”符号，单击【插入】按钮。

（4）输入完成后结果显示为“学号□□□”。

3. 输入当前日期和时间

在文档中，有时需要插入日期和时间，用户可直接手工输入固定的日期或时间，也可用 Word 的数据域插入当前的日期或时间。

【例 4-2】在文档末尾输入“2019 年 2 月 9 日”。

具体操作步骤如下：

（1）首先将插入点定位到文档末尾。

（2）选择“插入”选项卡，单击“日期和时间”命令，弹出图 4-11 所示“日期和时间”对话框。

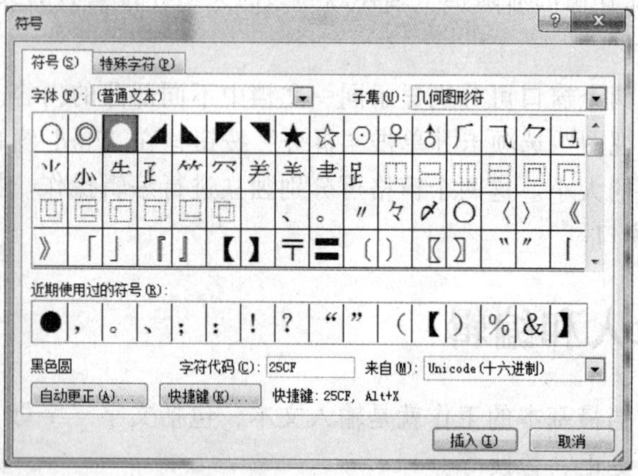

图 4-10 “符号”对话框

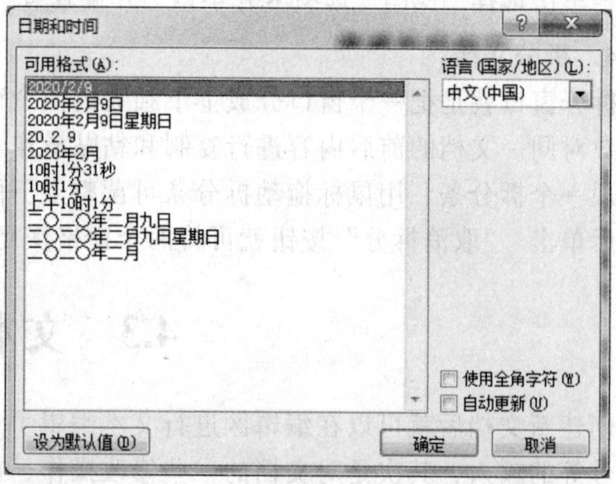

图 4-11 “日期和时间”对话框

（3）在“语言”下拉列表框中选择“中文（中国）”，在“可用格式”列表框中选择“2019 年 2 月 9 日”，单击【确定】按钮。注意在“日期和时间”对话框中有一个“自动更新”复选框，如果用户选中了它，下次打开文档时日期和时间会自动更改为新的日期和时间。

4.3.2 文本编辑

1. 移动插入点

对文本进行编辑修改时首先要定位插入点。改变插入点有以下几种方法。

（1）利用键盘上的方向键【→】、【←】、【↑】、【↓】，按键的功能如表 4-1 所示。

表 4-1 插入点按键功能

按　键	插 入 点	按　键	插 入 点
→	右移一个字符	←	左移一个字符
↑	上移一个字符	↓	下移一个字符
Home	移至行首	End	移至行尾
PgUp	上移一屏	PgDn	下移一屏
Ctrl+Home	移至文档开始	Ctrl+End	移至文档结尾

（2）首先利用滚动条移动到要定位插入点所在的页，然后移动鼠标指针到插入位置并单击。

2．选定文本

Word 中编辑文本时要遵循一个“先选定，后操作”的基本原则。因此选定文本是一个非常重要的基本操作，是其他操作的前提。在选定文本内容后，被选中的部分会加底色并高亮显示以便与未选中的部分区别开来。选定文本的方法有很多种，用户只需熟练掌握适合自己的几种即可。

1）鼠标法

用鼠标选择文本时很多情况下是先将鼠标指针放到选定栏，选定栏是在文档编辑区左边界和工作区左边界之间的空白区域。将鼠标指针从文档编辑区移到选定栏时，鼠标指针的形状会从“I”变为斜指向右上角的箭头。

一个单词或中文词语：将插入点定位到所选字词的任一部分并双击。

一行：将鼠标指针移动到所选行的左侧文本选定栏，此时鼠标指针会从“I”变为斜指向右上角的箭头，单击即可。

多行：将鼠标指针移动到所选多行的首行的左侧文本选定栏，这时鼠标指针会从“I”变为斜指向右上角的箭头，按住鼠标左键进行拖动，直到多行都反相显示后松开左键即可。

一个段落：将鼠标指针移动到所选段落的左侧文本选定栏，这时鼠标指针会从“I”变为斜指向右上角的箭头，双击即可。

多个段落：将鼠标指针移动到所选多个段落的首段落的左侧文本选定栏，这时鼠标指针会从“I”变为斜指向右上角的箭头，双击鼠标左键并进行拖动，直到多个段落都反相显示后松开左键即可。

连续文本的选择：当所选内容处于同一屏上时，可先将光标定位在所选文本的开始处，然后按住鼠标左键一直拖到所选文本的终点再松开，此时高亮区就是所选的文本；如果所选内容特别多或无法在一屏上显示，用户可先将插入点定位在所选连续文本的开始部分，然后按住【Shift】键，拖动滚动条一直到所选文本的末尾显示在屏幕上，移动鼠标指针到所选文本的结尾部分单击，同时松开【Shift】键即可。

不连续文本的选择：当用户所选择的文本不是连续的时候，首先选择第一个区域，然后按住【Ctrl】键的同时用鼠标选择其他区域。

全部文本：将鼠标指针放置在选定栏的任意部分，并三击鼠标左键（即快速单击鼠标左键三次）；或者按快捷组合键【Ctrl+A】。

矩形区域：按住【Alt】键的同时，按住鼠标向下拖动可以纵向选定矩形区域文本。

在 Word 2010 中还提供了选择格式相似文本的功能，用户可通过“插入”选项卡中的“编辑”命令来实现。

取消选定：在 Word 窗口的任意处单击即可取消选定。

2）键盘法

首先把插入点定位在所选文本的开头，再按表 4-2 的内容进行操作。

表 4-2　键盘选取文本功能键

操 作 键	选 取 范 围	操 作 键	选 取 范 围
Shift+ →	光标右边的一个字符	Shift+ ←	光标左边的一个字符
Shift+ ↑	自光标位置起到上一行的内容	Shift+ ↓	自光标位置起到下一行的内容
Shift+Home	光标到当前行开头的所有内容	Shift+End	光标到当前行末尾的所有内容
Shift+Ctrl+ ↑	光标到当前段落的开头	Shift+Ctrl+ ↓	光标到当前段落的末尾
Shift+Ctrl+Home	自光标位置起到文档开头的内容	Shift+Ctrl+End	自光标位置起到文档末尾的内容

Word 提供了一种扩展选取模式，用户按【F8】键可切换到扩展选取模式。当处于该模式时，插入点的起始位置为选择文本的起始部分，操作后的插入点位置为选择文本的终止部分，两端之间的文本都是被选定的文本。

3．插入和删除

1）插入文本

使用 Word 可以方便地对文档进行编辑和修改操作，它提供了两种编辑模式，分别是插入模式和改写模式。默认情况下，文档处于插入模式，此时用户输入的文字会添加到插入点的位置，而该位置原有的字符会依次向右移动，该模式适用于插入遗漏的内容；当处于改写模式时，用户输入的文字会依次替换插入点后的文字，以实现对文档的修改，该模式的优点是即时删除了无用的文字，从而提高了编辑速度。

单击状态栏上的“插入”按钮或按【Insert】键，用户可在插入模式和改写模式之间快速切换。

2）删除文本

当输入的文本不再需要或出现错误后，用户可随时将其删除。操作方法如下：

- 将插入点移到要删除的字符处，按【Backspace】键删除插入点前的字符，或按【Delete】键删除插入点后的字符。
- 首先选中所有欲删除的文本，然后按【Backspace】键或【Delete】键对选定的文本进行删除。
- 选定待删除的文本后，选择“开始”选项卡，单击“剪切”按钮。

4．移动和复制文本

用户编辑文档时，熟练地利用移动和复制功能，不但可方便地对文档进行重组和调整，还能节省编辑时间。复制文本是指将所选定的文本做一个备份，然后在一个或多个位置复制出来，但原始文本并不改变。移动文本是指将选定的文本从当前位置移动到新位置，原始位置的文本将会消失。

1）移动文本

（1）利用鼠标。首先选取要移动的文本，然后将鼠标指针指向所选定的文本，这时鼠标指针会从“I”变为斜向左上角的箭头，用鼠标将其拖动，这时指针箭头下方出现一个虚线方框，而且箭头左边会出现一条竖直的虚线表示插入位置，拖动鼠标使这条虚线处于想要移动的新位置并单击即可。此种方法比较快捷，但主要适用于短距离的文本移动。

（2）利用菜单。如果要长距离的移动文本，比如将第一页的内容移动到最后一页，或者需要在不同文档之间进行移动，此时利用鼠标拖动就比较麻烦了。用户可以通过剪贴板来进行，先选取要移动的文本，然后选择“开始”选项卡，再单击“剪切”按钮，把光标移动到想要移动的位置并单击，再单击“粘贴”按钮。

在 Word 2010 中，针对所粘贴的内容和目标位置的格式不一致可能造成的错误，Word 提供了智能粘贴和预览粘贴功能，用户单击“粘贴”下拉按钮，会打开图 4-12 所示的下拉列表。Word 提供了三种粘贴选项，从左向右依次是“保留源格式”“合并格式”“只保留文本”。“保留源格式”是粘贴后仍保留源文本的格式，“合并格式”是指粘贴后的文本格式是源格式和粘贴处文本格式的合并，“只保留文本”指粘贴后的文本与粘贴处的文本格式一致。

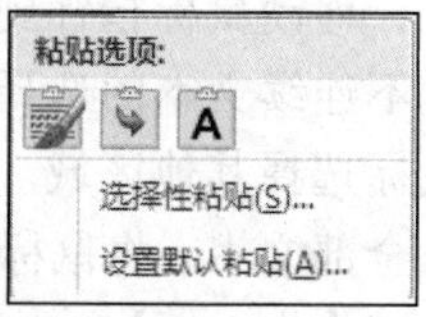

图 4-12 “粘贴选项”菜单

用户用鼠标指向不同的粘贴选项即可预览粘贴效果，单击即可以进行相应的粘贴。需要注意的是，粘贴的内容不同，“粘贴选项”列表中所出现的内容也会有所差别。

（3）利用键盘。首先选取要移动的文本，然后按【Ctrl+X】组合键，将欲移动的文本放到 Office“剪贴板”上，再把插入点移动到新的位置并单击，最后按【Ctrl+V】组合键即可。

2）复制文本

复制文本的方法和移动文本类似。

（1）利用鼠标。首先选取要复制的文本，然后将鼠标指针指向所选定的文本，这时鼠标指针会从“I”变为斜向左上角的箭头，按住【Ctrl】键用鼠标将其拖动，这时指针箭头下方出现一个虚的方框和带加号的实方框，而且箭头左边会出现一条竖直的虚线表示插入位置，拖动鼠标使这条虚线处于想要复制的新位置并单击即可。

（2）利用菜单。首先选取要复制的文本，然后选择“开始”选项卡单击“复制”按钮，把插入点移动到新的位置并单击，再单击“粘贴”按钮。

（3）利用键盘。首先选取要复制的文本，然后按【Ctrl+C】组合键，将欲复制的文本放到 Office“剪贴板”上，把插入点移动到新的位置并单击，然后再按【Ctrl+V】组合键即可。

5．撤销与恢复

（1）撤销。操作过程中，如果对先前做的工作感到不满意或出现了错误，可利用快速访问工具栏的“撤销”按钮，恢复到原来的状态。 用户可以撤销最近进行的多次操作。单击快速访问工具栏上“撤销”下拉按钮，弹出允许撤销的动作列表，该动作列表记录了用户所作的每一步动作，如果想撤销前几次动作，可以在列表中选中该动作并单击。

（2）重复输入。在编辑文档时有时输入的内容是重复的，如果手工一次次的输入会很麻烦，Word 提供了记忆功能，用户只需单击快速访问工具栏的“重复键入”按钮即可将相同内容重复录入。“重复键入”操作是在没有撤销过的情况下重复最后一次操作。

（3）恢复。如果在执行完“撤销”操作后再单击“恢复”按钮，则表示放弃这次撤销操作，恢复到原来的状态。如果在执行“撤销”操作之后已进行了新的操作，“恢复”按钮不再起作用。

6．查找与替换

在编辑文档过程中，通常要用某一文本内容替换另一文本，最原始的方法是逐个查找并进行修改，这是一件很麻烦的事情，而且很容易出现遗漏。Word 提供了强大的快速查找与替换功能。用户既可以在文档中搜索指定的内容，并将搜索到的内容替换为其他内容，还可以查找和替换单词的各种形式以及定位要查找的内容所在的页或行。用户在修改、编辑大篇幅长文档时，使用此功能将非常方便。

“查找”命令能帮助用户快速定位目标文本出现的位置，除了对文本内容进行查找以外，Word 还提供了高级查找方式，可对格式、样式、图形、标记等进行查找。“替换”命令能帮助用户有针对性地对特定的文本进行自动替换，节省了手工替换的时间和有可能出现错误的问题。

【例 4-3】查找文档中“手术”文本。将文档中所有的“医院”替换为字符“hospital”，字符颜色为红色。

视频 4

具体操作步骤如下：

（1）选择“开始”选项卡，单击“编辑”组中“查找”命令，在文档的左侧弹出导航窗格。在导航任务窗格下方的列表框中输入“手术”，此时在列表框下方出现“27 个匹配项”，并且在文档中查找的内容都会被填涂成黄色，如图 4-13 所示。

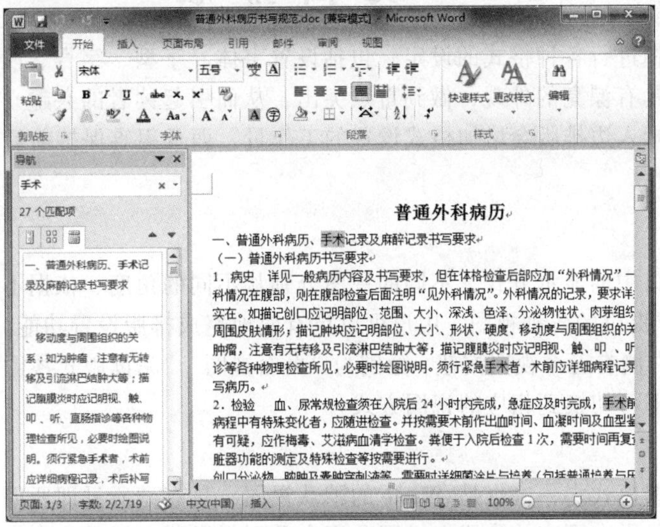

图 4-13　“查找”结果

（2）选择“开始”选项卡，单击“编辑”组中“替换”命令，弹出“查找和替换”对话框，如图 4-14 所示。

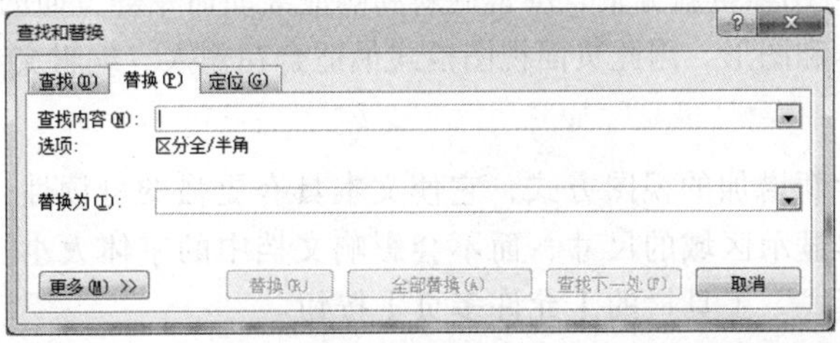

图 4-14　“查找和替换”对话框的“替换”选项卡

（3）在“查找内容”文本框内输入要查找的文字“医院”，如果要查找的文字有格式等特殊要求，可单击对话框底部的【更多】按钮，在展开的列表区域中单击【格式】按钮进行设定，设定完毕后在“查找内容”文本框下部会显示刚才所设定的格式，用户也可在“搜索选项”区域中选中“搜索”范围“区分大小写”等复选框。在“替换为”文本框内输入要替换的文字“hospital”，单击【格式】按钮，在弹出的菜单中选择“字体”，在“字体”对话框的“字体颜色”列表区域中选择红色，设置完成后的“查找和替换”对话框如图 4-15 所示。

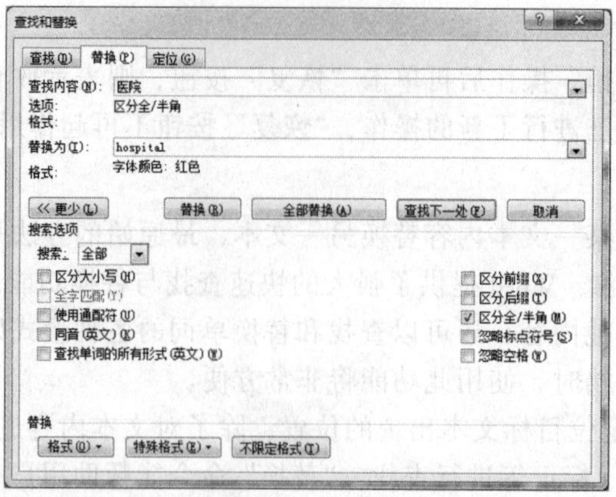

图 4-15 设置后“查找和替换”对话框

（4）单击【全部替换】按钮。Word 提供了两种替换方式。一种是有选择的替换，单击【替换】按钮，系统开始查找，若找到一个后将插入点停留在该处，并反相显示该对象，此时如果单击【替换】按钮则进行替换，如果单击【查找下一处】按钮将跳过当前查找到的对象，继续向后查找。另一种是全部替换，单击【全部替换】按钮后所有的查找对象均被替换，然后 Word 会显示总共替换了多少处。

4.4 文档排版

文档排版就是用户对文档进行各种格式的设定，包括设置字体、字型、字号、段落缩进、对齐方式、页边距等。通过这些设置可使文档具有漂亮的外观，做到重点突出，从而引起读者的兴趣。对于用户来说最好是先录入文本，再进行排版，因为边录入边排版会增加格式设置的工作量，而且很难保持前后风格的一致。

4.4.1 文档视图

文档视图是指文档在窗口中的显示方式，不同的视图分别从不同的角度、依据不同的方式显示文档，并适应不同的工作环境。利用 Word 提供的各种视图，用户可以更有效地完成排版设置功能。Word 2010 提供了五种视图方式。在文档窗口的状态栏右侧有五个视图按钮，分别为“页面视图”“阅读版式视图”“Web 版式视图”“大纲视图”“草稿”。单击某一按钮即可切换到相应的视图方式。

1. 页面视图

页面视图是最常用的视图模式之一，也是 Word 的默认视图，具有“所见即所得”的效果，页眉、页脚、分栏、脚注、尾注和图形都能显示在真实的位置上，因此用户看到的屏幕布局与将来打印机上打印输出的结果是完全一致的，可用来查看文档的打印外观。

由于简化了页面布局，页面视图在重新分页、屏幕刷新和响应滚动命令等方面的速度最快，用户在输入文本和图形后 Word 能很快地显示这些文本和图形。因此页面视图模式最适合在输入、编辑文本和设置简单排版格式时使用。

2. 阅读版式视图

阅读版式视图是 Word 2010 新增加的视图方式，它使文本具有更强的可读性，比较适合长篇幅文档的阅读。用户可以方便地增大或减小文本显示区域的尺寸，而不会影响文档中的字体大小。阅读版式默认以一页显示，若要以两页显示，可单击“阅读版式”工具栏的【允许多页】按钮。

3. Web 版式视图

Web 版式视图主要用于查看网页形式的文档外观，它能够仿真 Web 浏览器来显示文档。在 Web 视图方式下文档内容不再是一个页面，而是一个整体的 Web 页面，此时编辑窗口将显示得更大，文本能自动排版以适应窗口大小。此外，用户还可以在 Web 版式视图下设置文档背景和浏览制作网页。

4. 大纲视图

大纲视图用于显示、修改或创建文档的大纲，它将所有的标题分级显示出来，层次分明，比较适合多层次、长篇幅文档。大纲视图可按用户要求显示文档内容，例如只显示文档的各级标题，从而查看整个文档的框架，也可以通过拖动标题来实现移动、复制和重新组织长文档。利用“大纲”工具栏上的按钮还可以将标题和正文升级或降级。

5．草稿

草稿类似之前 Word 版本的普通视图，它是最适合文本录入和图片插入的视图。该视图页面布局最简洁，只显示字体、字号、段落和行间距等最基本的格式，这样就可以缩短显示和查找的时间，方便用户的查看和浏览。

草稿视图中不能显示页眉、页脚、页码、分栏、背景和图形对象等内容。因此这种视图方式最适合录入和编辑文本。

6．其他方式

Word 还提供了一些其他视图方式，如全屏显示、显示比例、导航窗格视图等，这些视图方式用户可通过“视图”选项卡中的相应命令按钮来切换。

4.4.2　字符格式设置

用户完成输入文本的基本操作后，需要根据文档的使用场合或行为要求对文本进行格式设置，以便使文档层次分明，结构清晰。文档字符格式设置是指对英文、汉字、标点符号、数字等进行格式编辑。主要包括字体、字号、字符间距、文字艺术效果等的设置。

字符格式设置时应首先选中要设置的字符，再通过“开始”选项卡中的“字体”组设置，也可以通过“字体”对话框或浮动工具栏设置。若不选定字符，则设置的格式只对插入点之后的字符起作用。

1．字体

字体是文字的书写风格，指具有相同外观和设计的一组字符和符号。Word 提供了多种可用的字体，选中需要设置字体格式的文本后，选择“开始”选项卡，在“字体”组中单击“字体”下拉按钮，在弹出的字体下拉列表中选择合适的字体选项便可。Word 中的“字体”组如图 4-16 所示。

图 4-16　“字体”组

字号是指字符的大小。Word 中用两种形式表示字号：一种是中文表示法，比如“一号”“三号”，这种表示法字号越小则对应的字符就越大；另一种是数字表示法，比如“16”“18”，这种表示法字号越小则对应的字符也越小。这两种表示方法之间存在着一定的转换关系。改变字号的方法是在“字体”组中的字号列表框中选择合适的字号或直接在字号列表框中输入数字来设定字号。

字形是指字符显示时的修饰方式，用来突出显示字符。对字符的修饰一般有加粗、倾斜、下画线，分别对应“字体”组中“**B**”“*I*”“<u>U</u>”按钮。

字体颜色是指文字显示的颜色。用户单击“字体颜色”下拉按钮，在弹出颜色面板中单击所需的颜色即可为文字改变颜色。

Word 可以对文本添加一些特殊效果，从而使其更加突出和引人注目，以达到强调或修饰字符的效果。

【例 4-4】将文档中的文字“计算机基础”设为黑体、三号字、红色、加粗，并添加双删除线的效果。

具体操作步骤如下：

（1）选中文字“计算机基础”，选择“开始”选项卡。

（2）在“字体”组中单击“字体”下拉按钮在弹出的下拉列表中选择“黑体”，单击“字号”下拉按钮，选择“三号”，单击“**B**”按钮，单击“字体颜色”按钮下拉按钮，在颜色面板中选择“红色”。

（3）在选中的文字“计算机基础”上右击，在弹出的快捷菜单中选择“字体”命令，弹出“字体”对话框，选择“字体”选项卡，在“效果”列表框中单击“双删除线”复选框，如图 4-17 所示，单击【确定】按钮。

（4）设置完成的格式：**~~计算机基础~~**。

2．字符间距

字符间距是指字符之间的距离。有时会因为文档设置的需要而调整字符间距，以达到理想的排版效果。

缩放：“缩放”下拉列表框中可以输入一个比例值来设置字符横向缩放的比例，可设置缩放比例为 33%～200%。

间距：用来调整字符之间的距离，有“标准”“加宽”“紧缩”三种选择。当选择了“加宽”或“紧缩”选项后，可在其右边的“磅值”文本框中输入具体数值以对字符间距做精确的调整。

位置：用来设置字符出现在基准线或其上、下的位置，有“标准”“提升”“降低”三种选择。用户也可在其右边的“磅值”文本框中输入数字进行精确控制。

字符间距的设置可通过单击“字体”组右下角的按钮，或在选中的文本上右击，在快捷菜单中选择“字体”命令，弹出“字体”对话框，选择“高级”选项卡，如图 4-18 所示。

图 4-17 “字体”对话框的“字体”选项卡

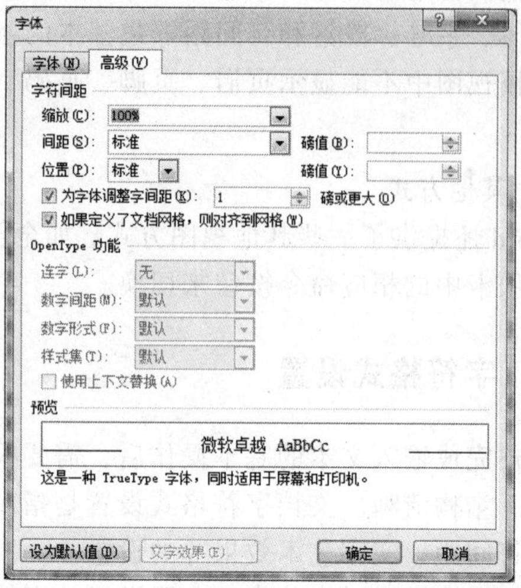

图 4-18 “字体”对话框的“高级”选项卡

3. 文字艺术效果

文字的艺术效果是指改变字符的填充方式，或更改字符边框，或为字符添加阴影、发光、映像等效果。艺术效果能使字符看起来更加美观和漂亮。艺术效果的设置可通过“字体”组中“文本效果”按钮来实现。

4. 文字方向

文字的排列方向一般情况下是从左向右，但是当用户有特殊要求时，可能会要求文字的排列方向为从上到下。选择“页面布局”选项卡，在“页面设置”组单击“文字方向”下拉按钮，在弹出的下拉列表中用户可选择相应的文字排列方向，用户也可选择其中的“文字方向选项”命令，弹出“文字方向-主文档”对话框，如图 4-19 所示。需要注意的是，更改文字方向主要针对整个文档，当用户只想为指定的段落更改文字方向时，该段落会单独占用一页纸的版面。

5. 背景

Word 提供了页面背景功能，背景显示在文档页面的底层。利用背景功能用户可设置出色彩鲜艳活泼的文档，将读者的阅读过程变成一种享受。

选择“页面布局”选项卡，在“页面背景”组中单击“页面颜色”下拉按钮弹出下拉列表，在“主题颜色”区域中单击要作为背景的颜色块，则文章使用这种颜色做背景。如果用户觉得单色背景太单调，可单击“页面颜色”列表框中的“填充效果”命令，弹出“填充效果”对话框，如图 4-20 所示，用户可从中设置背景填充的渐变、纹理、图案或图片等特殊效果，使背景能更加吸引读者的注意力。

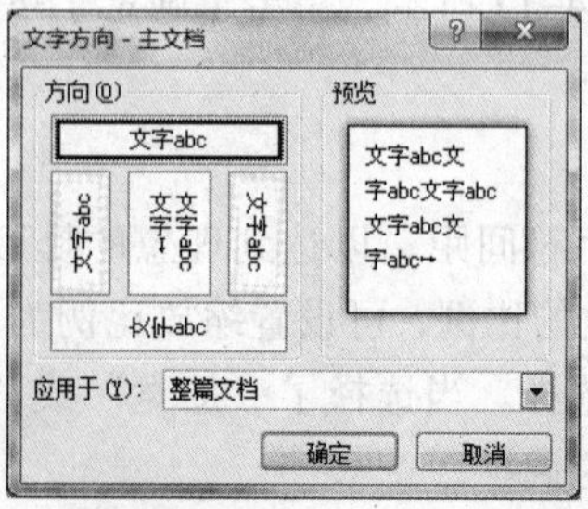

图 4-19 “文字方向-主文档”对话框

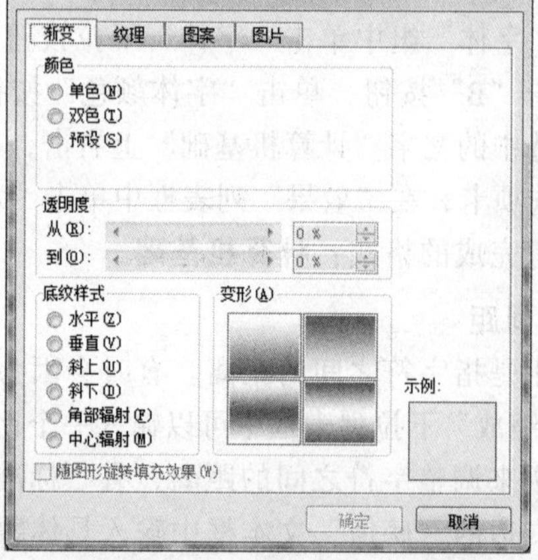

图 4-20 “填充效果”对话框

6．更改大小写

单击“字体”组中“更改大小写”按钮，在弹出的列表框中可以调整文档中英文字母的大小写设置。

7．中文版式

Word 为用户提供了许多功能，中文版式就是其中之一。它提供了拼音指南、合并字符、双行合一等功能。这些中文版式的设置可通过“字体”组中的相应按钮来快速完成。

【例 4-5】给文档中文字“饕餮”添加拼音。

具体操作步骤如下：

（1）选中文字“饕餮”。

（2）单击“字体”组中“拼音指南”按钮，在弹出的“拼音指南”对话框中进行拼音的修改或确认后单击【确定】按钮。

（3）设置后的格式为：“饕餮(tāotiè)”。

文字格式设定好之后，如果文档中有其他字符也想应用此格式，用户可使用 Word 提供的复制格式的工具——“格式刷”。选中已经设置好格式的字符，单击“剪贴板”组中的“格式刷”按钮，鼠标指针变成一个刷子形状，在需要设置相同格式的字符上拖动，就达到了快速复制格式的目的。这种方法也适用于段落的格式复制。

4.4.3　段落格式设置

为使文档布局合理、条理清晰，用户需要对文档进行段落格式设置。所谓的段落是指文档中回车键之间的所有字符，包括段后的回车键。段落格式主要包括段落缩进、对齐方式、行间距、段间距和段落修饰等。在对段落进行格式设置时，要遵循一个相同的原则：如果对一个段落操作，只需在操作前将插入点置于段落中即可，倘若是对几个段落操作，首先应当选定这几个段落，再进行各种设置。

1．段落缩进

段落缩进是指改变段落中的文本与页边距之间的距离，从而突出该段落，增加层次感，以使文档看上去更加清晰美观。Word 中提供了四种缩进方式，分别是左缩进、右缩进、首行缩进和悬挂缩进，如表 4-3 所示。

表 4-3　段落缩进方式

缩 进 方 式	效　　果
左缩进	段落所有行的左边界相对于左页边距向右缩进一定距离
右缩进	段落所有行的右边界相对于右页边距向左缩进一定距离
首行缩进	段落首行的左边界相对于左页边距向右缩进一定距离，其余行不变
悬挂缩进	段落首行的左边界不变，其余各行的左边界相对于左页边距向右缩进一定距离

设置段落缩进主要有两种方法：

（1）利用水平标尺：如图 4-21 所示，单击要缩进的段落或者选定要缩进的多个段落，用鼠标拖动水平标尺的缩进标记，屏幕上会出现一条垂直虚线，用户可根据虚线的位置来判断缩进量是否合适。此种方法设置起来比较简单快速，但不够精确。

当用户拖动标记时，可以通过按住【Alt】键来查看标尺中的度量数字。

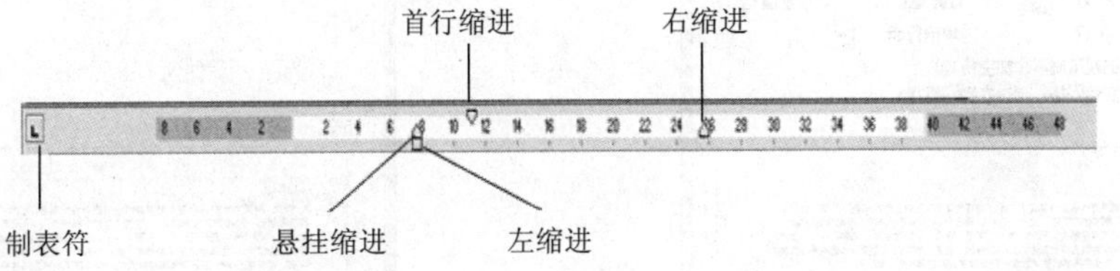

图 4-21　标尺上的缩进按钮

（2）利用“段落”组：选择“开始”选项卡，在“段落”组中单击按钮，弹出“段落”对话框，如图 4-23 所示，用户也可以在选中段落后右击，在快捷菜单中选择“段落”命令，同样可弹出“段落”对话框。选择“缩进和间距”选项卡，通过在“左侧”或“右侧”缩进文本框中输入数值来调整左右缩进，用户也可在“特殊格式”下拉列表框中选择“首行缩进”或“悬挂缩进”选项，并在“度量值”文本框中输入具体的缩进值。

2．段落间距

段落间距是指相邻段落之间的间隔，它决定了段落前后空白距离的大小。行距是指段落中行与行之间的距离，它决定了段落中各行文本之间的垂直距离。设置合适的间距可以增强文档的可读性。选中要设置的段落，打开“段落”对话框，如图 4-23 所示，选择“缩进和间距”选项卡，在“段前”“段后”文本框中输入段落前、后间距的数值来调整段落距离。默认情况下，文档中的行距是单倍行距，用户也可以根据需要改变行距。行距有“固定值”“单倍行距”“1.5 倍行距”“2 倍行距”“最小值”“多倍行距”多种选择，选择“最小值”“固定值”后，还要在“设置值”文本框中输入具体数值；如果选择“多倍行距”选项，在“设置值”文本框中要输入所需行数。

3．对齐方式

为了达到美化版面的目的，可以对文档的各个段落和标题设置不同的对齐方式。Word 中提供五种对齐方式，分别为左对齐、右对齐、居中、两端对齐和分散对齐。

左对齐：段落中所有行都以该段落的左缩进位置为基准对齐。当段落中各行字数不相等时，Word 不会自动调整字符间距，从而导致段落右边可能参差不齐。

右对齐：段落中所有行都以该段落的右缩进位置为基准对齐。段落的左边是不规则的，文档的落款多采用此格式。

两端对齐：是 Word 默认的对齐方式，段落中每行的左右两端以左右缩进标记为基准向两端对齐。各行之间字体大小不同时，Word 将自动调整每一行中的字符间距，以保证段落的两端对齐，如果输入的文本不满一行，则该行保持左对齐。

居中对齐：段落的每一行的左右两端距该段落的左右缩进标记的距离相等。文章的标题多使用此对齐方式。

分散对齐：段落中所有行的左右两端分别按左右缩进标记对齐，段落中的每一行都以同样的长度显示。使用这种方式可能会导致字符之间的距离过大，因此分散对齐多用于一些特殊文档的排版。与两端对齐不一样，如果输入的文本不满一行，该行同样首尾对齐，字与字之间的间距相等。

设置段落的对齐方式时，先选中需设置的段落，右击，在快捷菜单中选择“段落”命令，同样弹出图 4-22 所示的“段落”对话框，选择“缩进和间距”选项卡，单击“对齐方式”下拉按钮，在弹出的列表框中选择所需设置的对齐方式，最后单击【确定】按钮即可。

4．换行与分页

换行与分页是指段落与页的位置关系。例如，有的段落不希望出现在不同的页上，或每个新的章节标题出现时希望在新的一页上。这些特殊要求可在“段落”对话框的“换行与分页”选项卡中进行设置。换行与分页的格式主要有“孤行控制”“段前分页”“与下段同页”“段中不分页”等，如图 4-23 所示。

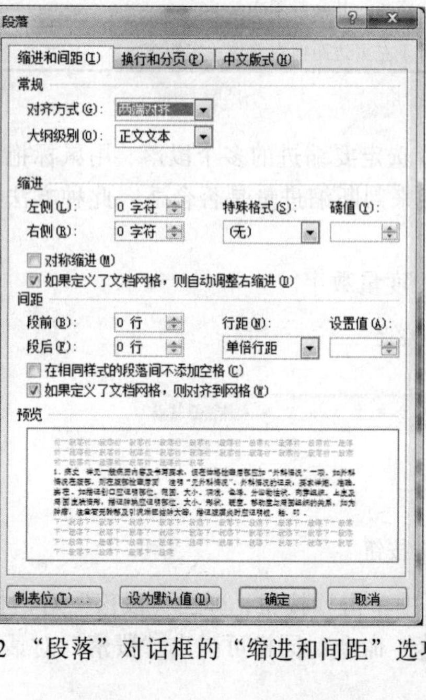

图 4-22 “段落”对话框的“缩进和间距”选项卡

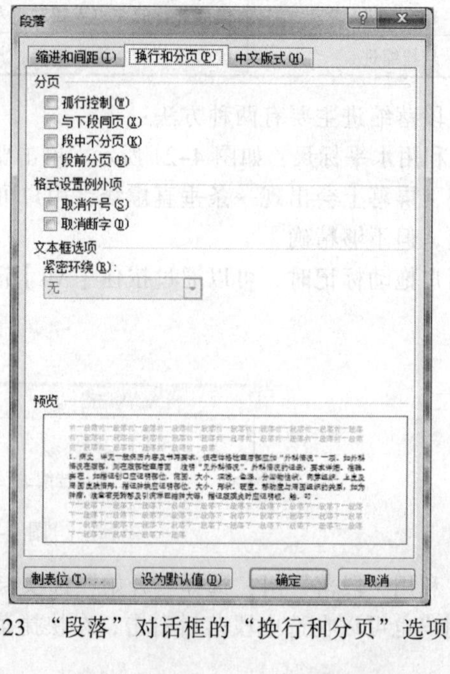

图 4-23 “段落”对话框的“换行和分页”选项卡

5．边框和底纹

在 Word 中，可以为选定的字符、段落、页面及各种图形设置各种颜色的边框和底纹，从而美化文档，使文档内容达到突出显示的效果。边框是指围在对象四周的一个边上或多个边上的线条。底纹是指用选定的背景填充对象。设置方法主要有两种。

（1）边框设置：首先选中设置的段落，选择“开始”选项卡，在“段落”组中单击“框线”下拉按钮，用户可在弹出的列表框中选择相应的框线形式，如果想对边框线进行更多的设置，可选择“边框和底纹”命令，弹出“边框和底纹”对话框，如图 4-24 所示。单击“边框”选项卡，用户可设置边框的样式、线型、颜色、宽度、应用范围等，应用范围可以是选定的“文字”或“段落”，设定后对话框右边区域会出现相应的效果预览，用户可以根据预览效果随时进行调整，直到满意为止。

单击“页面边框”选项卡，分别设置边框的样式、线型、颜色、宽度、应用范围等。如果要使用“艺术型”页面边框，可以单击“艺术型”下拉按钮，从下拉列表中进行选择后，应用范围可以是整篇文档或本节。

单击“底纹”选项卡，可以设定填充底纹的颜色、式样和设定应用范围等。

（2）底纹设置：底纹的添加与边框设置略有不同，底纹只能对文字或段落添加，而不能对页面设置底纹。选中需要添加底纹的段落或文字后，单击“段落”组中的“底纹”下拉按钮，在弹出的下拉列表中选择相应的颜色即可为文字或段落添加底纹。同样，如果用户对底纹的设置样式要求比较高，也可在图 4-24 所示的“边框和底纹”对话框中选择“底纹”选项卡来完成更多的底纹样式设置。

6．项目符号和编号

使用项目符号和编号来组织文档不但可以使文章结构层次分明，易于阅读，还可以简化用户的操作。项目符号使用的是统一符号，而编号使用的是一组连续的数字或字母，它们均出现在文本之前。

1）手工创建

首先选中欲添加项目符号的文本，选择“开始”选项卡，在“段落”组中单击“项目符号”下拉按钮，弹出图 4-25 所示的“项目符号”下拉列表，在喜欢的项目符号上单击就可以给选定的文本设置项目符号了。如果列表中没有用户中意的项目符号，可单击“定义新项目符号”命令，在弹出的“定义新项目符号”对话框中用户可自定义设置一个新项目符号。

编号的添加方法和项目符号的添加基本一样，只不过是在【编号】按钮下进行。

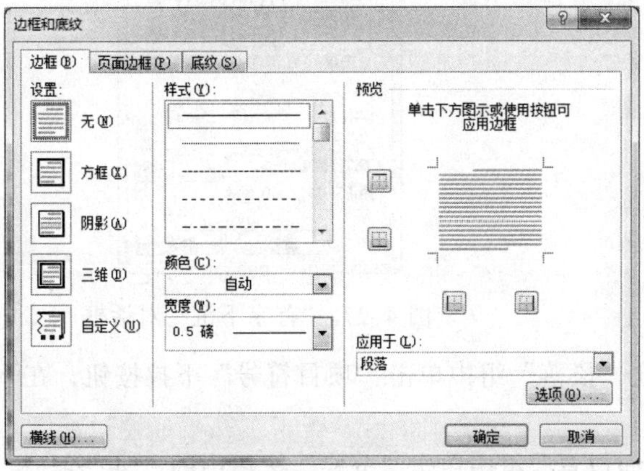

图 4-24　“边框和底纹”对话框

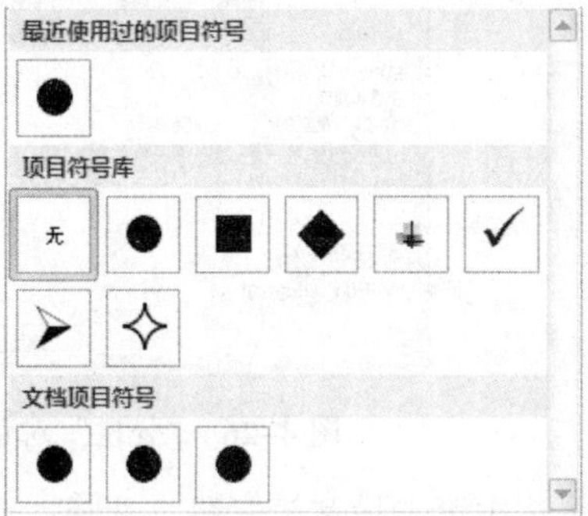

图 4-25　“项目符号”下拉列表

2）自动创建

输入文本时，Word 可以自动创建项目符号或编号列表。例如，如果要创建项目符号列表，可在段落的开头处输入一个星号“*”，后跟一个空格，然后输入文本。当按【Enter】键后，星号会自动转换成黑色的圆点，并且还将在新的一段中自动添加该项目符号。

如果要创建带编号的列表，可先输入“a.”“1.”“(1)”等格式的编号，后跟一个空格，然后输入文本。当按【Enter】后，在新的一段开头会自动接着上一段进行编号。

对于自动添加的项目符号或编号，如果用户不需要，可以删除，方法是把光标定位到欲删除的项目符号或编号的后面，按【Backspace】键即可；或通过把插入点定位到要去掉项目符号的段落中，然后单击“段落”组中的【项目符号】按钮，也可以删除项目符号。

7. 首字下沉

首字下沉是报纸、杂志常用的一种排版方式。它可以使段落第一个或前几个字符放大数倍显示，使得版面更加生动。Word 中也可轻松地实现这个功能。将插入点移至欲设定的段落，选择“插入”选项卡，在“文本”组中单击【首字下沉】按钮，在弹出的列表框中单击相应的下沉样式即可为段落设置“首字下沉”效果。

8. 分栏

分栏排版在公告、杂志或简报中经常用到，分栏就是将部分或全部文档分成具有相同或不同栏宽的几个分栏。执行分栏命令时，Word 将自动在分栏的文本内容上下各插入一个分节符，以便于与其他内容区分。用户可以将整篇文档、所选文本，或者个别章节分栏，从而使得外观更简洁，版面更生动。分栏的实际效果只能在“页面视图”模式或“打印预览”视图中看到。

设置分栏操作时，用户首先选中要设置分栏的文本，然后选择“页面布局”选项卡，在“页面设置”组中单击【分栏】按钮，在弹出的列表中可设置文档常用的一、二、三栏及偏左和偏右分栏样式。如果用户想对分栏版式进行更多设置，可选择列表框中的“更多分栏”命令，弹出图 4-26 所示的“分栏”对话框，在其中用户可以对分栏进行更多的高级设置。

视频 5

【例 4-6】为文档第一个段落设置首字下沉的效果，格式要求为下沉两行，字体设为华文彩云；为文档第二段、第三段添加项目符号“●”；将文档第四段分为带分隔线的等宽两栏，栏间距为 1.5 字符。

具体操作步骤如下：

（1）将光标插入点置于第一个段落中。选择“插入”选项卡，在“文本”组中单击“首字下沉”按钮，在列表框中选择“首字下沉”选项，弹出“首字下沉”对话框。在“位置”区域中单击【下沉】按钮，在“字体”下拉列表中单击“华文彩云”，在“下沉行数”中输入“2”，如图 4-27 所示，单击【确定】按钮。

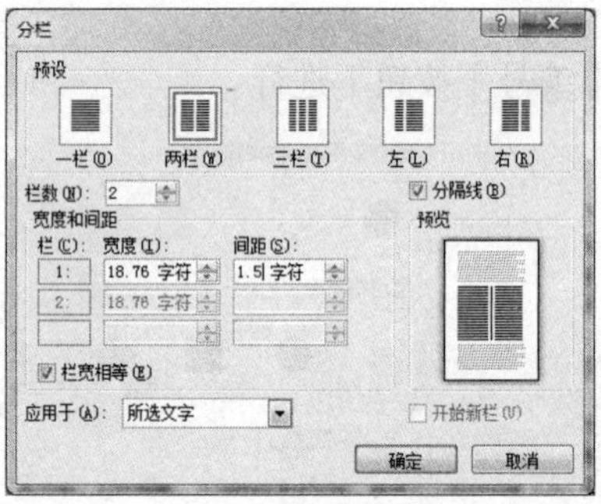

图 4-26 “分栏”对话框

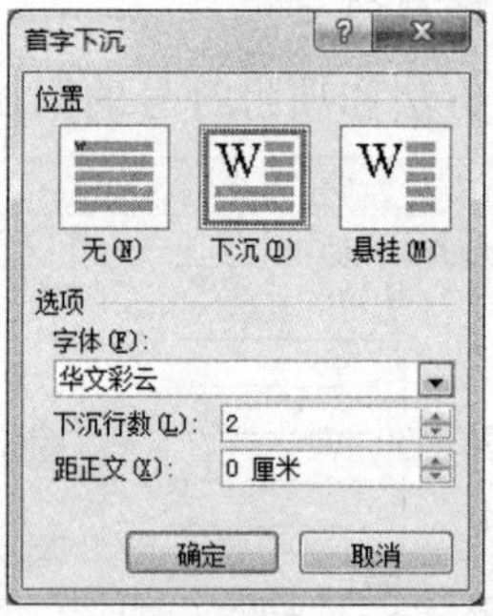

图 4-27 “首字下沉”对话框

（2）选中第二段和第三段，选择“开始”选项卡，在“段落”组中单击“项目符号”下拉按钮，在下拉列表框中单击“●”。

（3）选中第四段，选择“页面布局”选项卡，在“页面设置”组中单击“分栏”按钮中的 “更多分栏”命令，弹出“分栏”对话框，在“预设”组中选择“两栏”，间距中输入“1.5 字符”，选定“分隔线”复选框，“栏宽相等”复选框，如图 4-26 所示，单击【确定】按钮。

4.4.4 页面格式

页面实际上就是文档的版面，为文档进行页面格式设置可以使得文档更加清晰、整洁，而且能极大地增加文档的美观性，它直接关系到文档的打印效果。页面格式主要包括页面设置、插入页眉页脚和页码等操作。

1. 页面设置

用户可以使用 Word 默认的页面设置，也可以根据具体需要随时调整页面设置选项。

1）页边距

页边距是指页面边界和文本之间的空白距离。设置合适的页边距，既可统一输出格式，合理的使用纸张，便于阅读和装订，也可以美化页面。Word 文档的默认设置是左、右边距各为 3.17 cm，上、下边距各为 2.54 cm。用户可以为整篇文档或指定的章节设置新的页边距。

选择“页面布局”选项卡，在“页面设置”组中单击【页边距】按钮，在弹出的列表框中显示了 Word 预设的“普通”“适中”“镜像”等几种页边距，找到合适的页边距选项，单击即可完成文档的页边距设置。如果 Word 预设的页边距不符合要求，用户可单击“自定义页边距”命令，弹出“页面设置”对话框，在对话框中选择“页边距”选项卡，如图 4-28 所示。在“页边距”选项区域的文本框中输入数值即可改变相应的页边距、装订线位置；如果在“装订线”文本框中输入了某个数值，将在页面的边上或者顶部（由“装订线位置”选项决定）出现一条装订线，方便用户装订文档；在“纸张方向”中可选择文档打印方向是横向还是纵向，Word 默认是纵向；“应用于”下拉列表可选择设置的页边距应用范围是整篇文档还是插入点之后的内容。

2）纸张和版式

纸张和版式都可以通过“页面设置”组中的相应按钮来完成，更多的选项设置可利用图 4-29 所示的“页面设置”|“纸张”选项卡完成。

用户可以将文档打印在标准尺寸的纸张或者打印机可以接受的自定义尺寸的纸张上。在“页面设置”对话框中选择“纸张”选项卡，在“纸张大小”下拉列表中用户可选择适合的纸张，如果选中“自定义大小”选项，可在“宽度”和“高度”文本框中输入数值，定义用户自己的纸张大小。

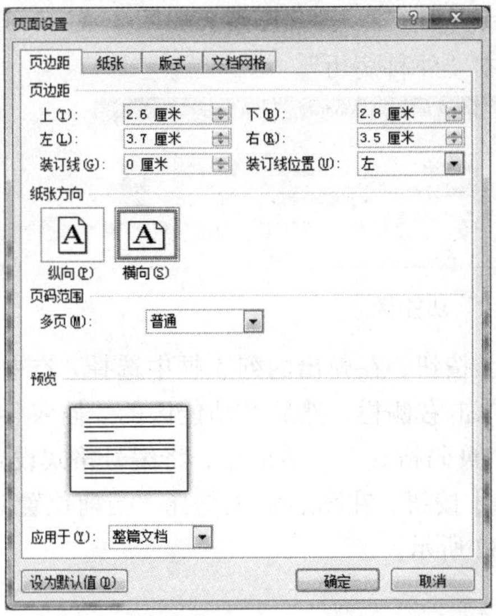

图 4-28　“页面设置”的“页边距”选项卡

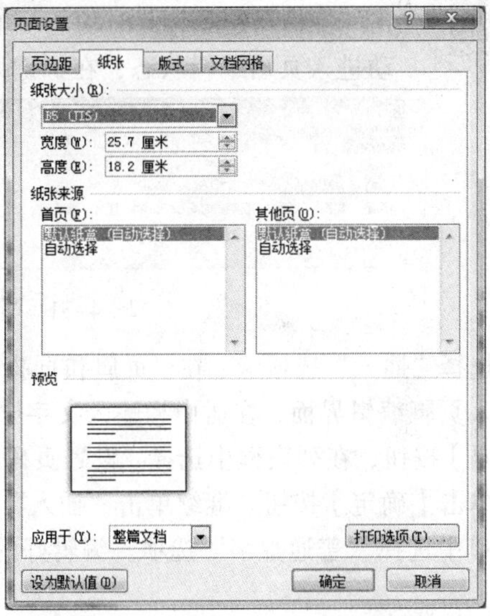

图 4-29　“页面设置”的“纸张”选项卡

“版式”选项卡主要用来指定页眉页脚的属性、文档的垂直对齐方式及节的位置等选项。“文档网格”选项卡主要用来设置文字的排列方向、行间距和字间距，以及是否需要显示网格等选项。用户可根据自己的需要自行选择使用。

【例 4-7】为文档设置页面为 B5，横向使用，页边距上、下、左、右分别为 3.7 cm，3.5 cm，2.8 cm，2.6 cm。

具体操作步骤如下：

（1）选择“页面布局”选项卡，在“页面设置”组中单击“页边距”按钮，在弹出的列表中单击“自定义页边距”命令，弹出“页面设置”对话框，在对话框中选择“页边距”选项卡，在“页边距”选项区域的“上”“下”“内侧”“外侧”文本框中分别输入“3.7，3.5，2.8，2.6”；在“纸张方向”中单击“横向”。

（2）单击“页面设置”对话框中“纸张”选项卡，在“纸张大小”下拉列表框中选择“B5”。单击【确定】按钮。

2．页眉和页脚

页眉与页脚是指显示在每页顶端或底部的特定内容，例如文件名、单位名称、日期和时间、作者姓名以及页码或图标等信息。页眉是出现在每页顶部空白处的文本，页脚是出现在每页底部空白处的文本，为一篇文档创建了页眉和页脚后，会使读者感到版面更加新颖，版式更具风格。在文档中可只使用一种页眉和页脚，也可根据用户的需求为文档的不同部分设置不同的页眉和页脚。需要注意的是，页眉和页脚只在页面视图和打印预览中可见。

页眉和页脚与文档的正文处于不同的层次，因此用户不能同时编辑正文和页眉页脚。创建页眉和页脚时只需在一个页眉和页脚中输入内容即可，Word 会自动将其添加到每一页中。选择“插入”选项卡，在“页眉和页脚”组中用户单击相应按钮即可为文档添加页眉和页脚。

3. 插入页码

页码能帮助用户使文档按顺序排列，也可以帮助用户从目录中快速查找主题。Word 具有自动编制页码的功能，当用户插入页码后，文档中的每一页会自动依序编码，用户也可以为每个章节单独编页码，并自主的设置页码格式。

选择“插入”选项卡，在“页眉和页脚”中单击“页码”按钮，在弹出的列表中用户可设置页码在页面的位置和页边距，如果用户想更改页码的格式，可在“页码”列表中选择“设置页码格式”命令，弹出图 4-30 所示的“页码格式”对话框，在该对话框中用户可详细设置页码编号和页码格式。

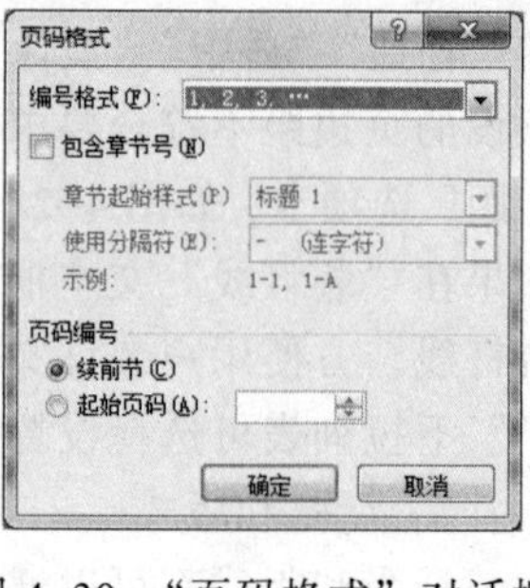

图 4-30 “页码格式”对话框

视频 6

【例 4-8】为文档添加空白型页眉，并输入内容“外科病历”。添加空白（三栏）页脚，居中栏输入“第二附属医院”，右侧栏插入页码，格式为“1，2，3”的样式。

具体操作步骤如下：

（1）选择“插入”选项卡，在“页眉和页脚”组中单击【页眉】按钮，在弹出的列表框中单击“空白”选项，此时功能区增加并显示“页眉和页脚工具-设计”组，如图 4-31 所示，文档自动进入页眉编辑状态，在“键入文字”处输入文本“外科病历”。

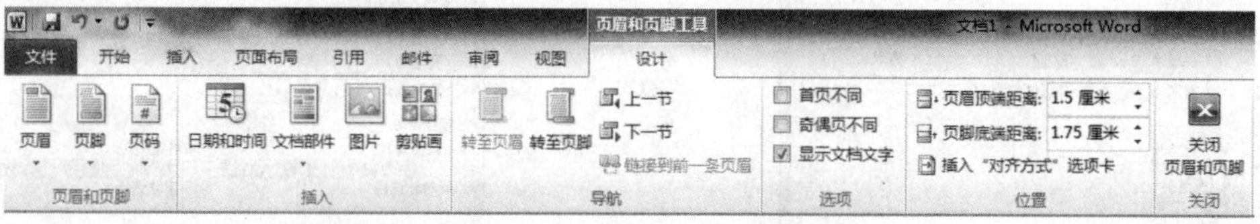

图 4-31 “页眉和页脚工具-设计”功能区

（2）选择“插入”选项卡，在“页眉和页脚”组中单击【页脚】按钮，在弹出的列表框中选择“空白（三栏）”选项，进入页脚编辑界面，在居中栏输入文字“第二附属医院”；单击右侧栏，然后在功能区的“插入”选项卡中单击【页码】按钮，在列表框中选择“设置页码格式”，在弹出的“页码格式”对话框中，将编号格式设定“1，2，3，…”，单击【确定】按钮。继续单击“插入”选项卡中的【页码】按钮，在列表框中选择“当前位置”，在弹出的级联菜单中选择“普通数字”选项。编辑好的“页脚”如图 4-32 所示。

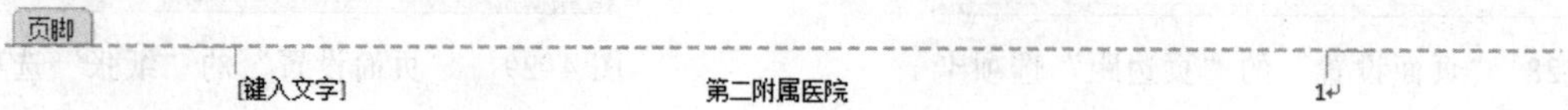

图 4-32 编辑好的页脚

（3）单击“页眉和页脚工具-设计”功能区中的“关闭页眉和页脚”，或双击正文任意区域，则退出页眉和页脚编辑状态。

插入页脚时需要注意以下几项。

（1）如果要求插入的页脚仅需插入页码，则直接单击“插入”选项卡下“页眉和页脚”组中的【页码】按钮。

（2）如果要求插入的页脚不仅仅包含有页码，还包含其他多项信息，比如右侧是页码，居中是“附属医院”，左侧是“时间”等，则需要单击“插入”选项卡“页眉和页脚”组中的【页脚】按钮，在弹出的列表框中选择“空白（三栏）”选项，然后在左侧栏、居中栏、右侧栏，再分别进行设置。在此还需注意的是，在“空白（三栏）”相应栏内插入页码，需先设定好“页码格式”后，再选择“当前位置”，这样就可以在相应栏内插入页码。

4. 分节

节是 Word 用来划分文档的一种方式。分节的目的是在一篇文档中设置不同类型的版式。例如，在某些文档中，有的页面需要进行横向排版，而其他页面可能采用纵向排版，这时就需要利用“分节”的功能。节实际上可以看作是文档中可以独立设置某些页面格式的部分。一般情况下，Word 将一个文档看成一个节，如果整个文档都采用统一的格式，则没有必要分节，而如果想使文档的不同部分采用不同的格式，则需要将文档分成几节，然后根据需要设置每节的具体格式。总之，分节可使文档的编辑排版更加灵活，版面更美观。

将插入点定位到要分节的位置，选择“页面布局”选项卡，在“页面设置”组中单击【分隔符】按钮，在弹出的“分页符”列表中用户可选择不同类型的分隔符，如图 4-33 所示。在“分节符”选项区域中有四种分节符类型，其中“下一页”表示新节从下一页开始，“连续”表示新节从下一行开始，“偶数页”表示新节从偶数页开始，“奇数页”表示新节从奇数页开始。

要删除分节符，首先将 Word 的视图方式切换到“草稿视图”模式下，将插入点放置到分节符上，按【Del】键或【Backspace】键，就会将其删除。

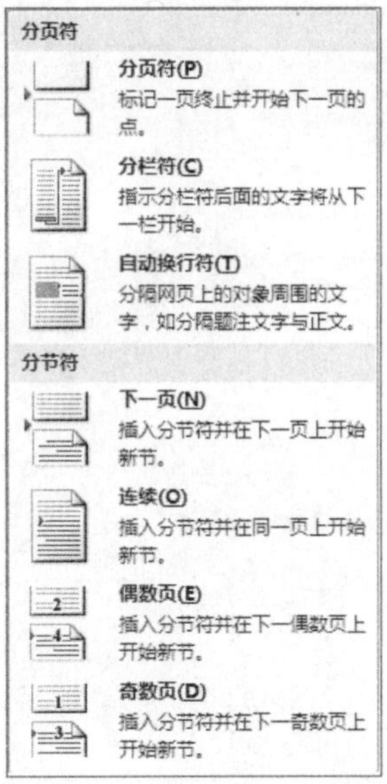

图 4-33　“分页符”列表

5．分页

一般情况下，Word 会根据设置的页边距参数以及打印纸张的大小自动排列文本内容，当前页面写满时会自动插入一个软分页符。而在在某些情况下，如新的章节的开始，可能需要强行将文本从新的一页开始，此时需要手工插入分页符。

将插入点定位到要分页的位置，选择“页面布局”选项卡，在“页面设置”组中单击【分隔符】按钮，在弹出的“分页符”列表中用户可选择不同类型的分隔符，如图 4-33 所示。在“分页符”选项组中有三种分页符类型，其中“分页符”标记一页终止并在下一页开始，“分栏符”表示此后的文字将从下一栏开始，“自动换行符”表示后面的文字将从下一段开始。

6．脚注和尾注

脚注和尾注不属于文档正文，但仍算是文档的组成部分。脚注和尾注用于为文档中的文本提供相关参考资料的出处，属于文本的补充说明。脚注和尾注都包含两部分，即注释标记和注释内容。一般情况下，脚注位于每一页的底部，尾注位于文档的结尾。脚注和尾注是和文档一起打印输出的，如想屏幕上查看脚注或尾注的内容，只需将鼠标指针停留在注释标记上即可查看注释内容。

【例 4-9】为文档中文字“冯·诺依曼”添加脚注“计算机科学家”。

具体操作步骤如下：

（1）选中文字“冯·诺依曼”。

（2）选择“引用”选项卡，在“脚注”组中单击【插入脚注】按钮，此时光标自动跳转至页面底部，输入脚注文字“计算机科学家”，同时在文档中文字“冯·诺依曼”后 Word 自动添加了脚注序号“1”。

尾注的添加与脚注类似，此处不再赘述。如果用户想删除脚注和尾注，只需将文档中的脚注标记或尾注标记选中，按【Delete】键即可删除。

4.4.5　样式

在排版文档时，经常要设置一些具有多种文本格式且格式统一的标题。每设置一个标题格式都需要多次执行命令，这将增加很多重复的工作。针对这种情况，Word 提供了样式功能，不但提高了工作效率，节省了时间，而且能保证文档风格的统一。

所谓样式就是多个排版命令组合而成的集合，或者说样式规定了文档中标题、题注和正文等各个文本元素的格式，是一系列预置的排版命令，是在文档或模板中用名称保存的一组格式设置，用户可以在任何时候将其应用到文本中。

1．应用样式

Word 中为段落设置应用样式的操作主要有两种方法。

（1）选择需要应用样式的段落或标题，选择“开始”选项卡，在“样式”组中单击“快速样式”下拉按钮，弹出图 4-34（a）所示的样式面板，将鼠标指针指向相应的样式，用户即可预览该样式，单击样式即可为选中的段落应用此样式。

（2）选定要应用样式的文本或段落，选择“开始”选项卡，在“样式”组中单击右下角的扩展按钮，弹出“样式”任务窗格，如图 4-34（b）所示，在“样式”任务窗格中 Word 列出了全部的样式集合，用户只需单击所需的样式命令即可为选中的段落应用样式。

（a）“样式”面板　　（b）“样式”任务窗格

图 4-34 “样式”面板及任务窗格

2. 创建样式

Word 提供了上百种内置的样式。但是有时用户可能需要创建新的样式，在创建新样式时，用户可以指定是否将它应用到段落或字符中，同时可为样式指定一个描述其结果的简短名称，以方便用户使用。创建方法如下：

（1）使用现有文本。用户可以将文档中的某个段落或文本的格式直接设定成新样式。首先选定要将其格式保存为样式的文本，然后在“样式”组中单击“快速样式”下拉按钮，在弹出的“快速样式”面板中单击“将所选内容保存为新快速样式”命令，在弹出的“根据格式设置创建新样式”对话框中输入用户想给样式起的名称后单击【确定】按钮即可创建一个新样式。

（2）使用“样式”任务窗格。在图 4-34（b）所示的“样式”任务窗格中单击【新建样式】按钮，弹出“根据格式设置创建新样式”对话框，如图 4-35 所示。在“名称”文本框中输入简短的、描述性名称，需要注意的是新建样式的名称不能和内置样式相同；单击“样式类型”下拉按钮，选择该样式的类型是“段落”还是“字符”，如果选择“段落”则在样式中包括所选文本的行距和页边距，如果选择“字符”，在样式中只包括格式，例如字体、字号和粗体；单击“样式基准”下拉按钮，用户可以根据自己的样式类型选择一种最相似的已有样式，这样可以大大减少用户在格式化新样式时的工作量；单击“后续段落样式”下拉按钮，然后单击要在使用了该新样式的段落的后续段落中将应用的样式名称，一般情况下，后续段落总是继承前一段落的样式。单击“格式”下拉按钮可为新样式设置各种格式，设置完毕后单击【确定】按钮即可。

3. 更改样式

如果对已有的样式不满意，无论是内置还是自定义样式，都可以对其进行修改，直到满意为止。

在图 4-34 所示的“样式”任务窗格中右击要更改的样式，在弹出的快捷菜单中选择“修改”命令，会弹出与“根据格式设置创建新样式”相似的“修改样式”对话框。单击其中的“格式”下拉按钮，然后选择要更改的格式类型：如果要更改字符格式，例如字体类型和颜色，用户可以单击“字体”命令；如果要更改行距和缩进，用户可以单击“段落”命令，更改设置完成后，可通过预览区域观察效果，满意后单击【确定】按钮即可。

4. 样式的复制和删除

用户有时在编辑文档时建立了一个样式，然后希望在其他类似的文档中也可以使用这个样式。一是可以把编辑的文档保存为一个模板，以后用这个模板来建立新文档；另外就是把建立的样式复制到模板中，再建立的新文档也就可以使用这些样式了，这样减少了重复样式设置的工作量。用户可以利用 Word 的管理器来实现样式的复制。

在图 4-34（b）所示的“样式”任务窗格中选中要管理的样式，单击任务窗格下方的【管理样式】按钮，在弹出的“管理样式”对话框中单击【导入/导出】按钮，弹出图 4-36 所示“管理器”对话框。用户首先在左边样式列表框中单击要复制的样式，再单击【复制】按钮即可将样式复制的 Normal 模板中。样式的删除、重命名等操作与此类似。

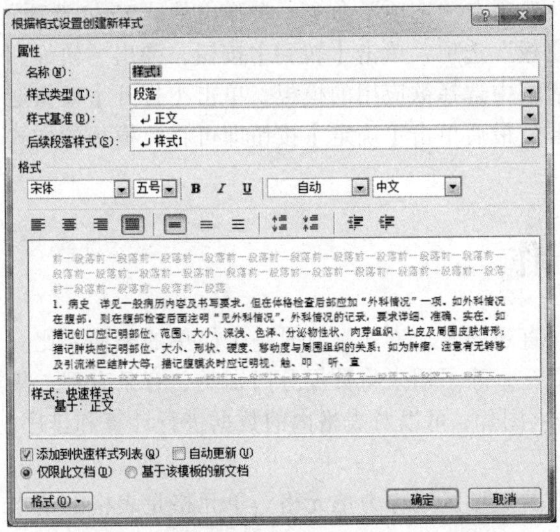

图 4-35 “根据格式设置创建新样式”对话框

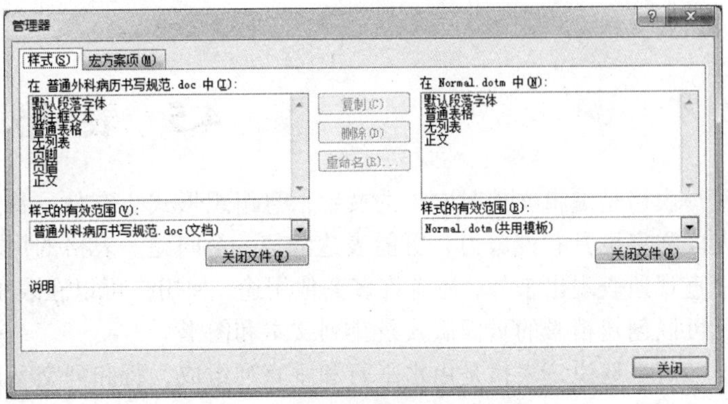

图 4-36 “管理器”对话框

5. 查看样式

用户如果需要查看样式时，首先将插入点移动到要查看段落或文本中间，选择“开始”选项卡中“样式”组的“快速样式”右下角的下拉按钮，即可看到所选中段落的样式会在“快速样式”面板中以方框的高亮形式显示出来。

4.4.6 模板

样式可以对文档中的部分内容进行快速格式化设置，而模板则可以对整篇文档进行格式化设置。模板是可以用于其他文档的文本、样式、格式、宏命令和页面信息的专用文档。模板决定了文档的基本结构和文档版式。利用这些预先设置好的模板，用户只需填入个人信息即可，这样不但可以节省格式编排时间，还可以使文档风格保持一致，从而大大提高了工作效率。默认情况下，Word 文档使用 Normal 模板。

1. 安装模板

一般情况下，用户在安装 Word 时采用的是“典型”的安装方法，此时系统不会加载所有模板。如果用户想使用的模板没有加载，则需要进行安装，单击“文件”选项卡，选择“新建”命令，在 Office.com 区域中选择一种模板按钮，此时将显示该模板的相关组件，选中用户想使用的组件后，单击【下载】按钮即可将该模板加载的 Word 中。

2. 使用模板建立文档

Word 提供了多种多样的预定义可用模板，用户可直接使用它们来创建新文档。单击“文件”选项卡，选择“新建”命令，在“可用模板”区域中选择想使用的模板后，单击【创建】按钮即可。

3. 创建模板

（1）根据文件创建模板。打开新的或现有的文档，在其中加入要在所有文档中显示的以模板为基础的文本、图片和格式，调整页边距设置和页面大小，也可以创建新样式。完成后单击“文件”选项卡的“另存为”命令，在“另存为”对话框中单击“保存类型”下拉按钮，选择“Word 模板”命令，在“文件名”文本框中输入新模板的名称，单击【保存】按钮即可在指定位置创建一个新模板。

（2）直接创建新模板。除了将文档保存为模板外，还可以直接建立一个新的模板，用户可以像生成文档文件一样创建一个新模板，并将其保存为模板文件。操作步骤如下：单击“文件”选项卡“新建”命令，在“可用模板”区域单击【样本模板】按钮，在“样本模板”列表中单击一种想创建的模板类型，在效果预览区域选择“模板”单选按钮，再单击“创建”即可打开模板文档，在模板文档中输入模板需要包含的内容，并设定格式，完成后单击快速访问工具栏上的【保存】按钮，打开“另存为”对话框，保存位置自动切换到系统默认的模板文件存放位置，并且“文件类型”已经自动设置为“Word 模板”类型，在“文件名”文本框中输入模板名称，单击【保存】按钮即可。

（3）应用模板。首先打开要应用新模板的文档，单击“文件”选项卡“选项”命令，在弹出的“Word 选项”对话框中单击【加载项】按钮，在“管理”下拉列表框中选择“模板”选项，单击【转到】按钮，弹出“模板和加载项”对话框，单击【选用】按钮，在弹出的“选用模板”对话框中选择欲应用的模板，单击【打开】按钮返回到“模板和加载项”对话框，选中“自动更新文档样式”复选框，最后单击【确定】按钮即可将此模板的样式应用到文档。

4.5 表格制作

表格是编辑文档时常见的文字信息组织形式。它是一种简明、直观的表达方式，有时一个简单的表格要比一大段文字更具有说服力，更能表达清楚一个问题。表格的用途很广泛，除了用来将数据分门别类、有条有理、集中直观地表现出来外，还有许多其他用途，如用户可以在表格中插入图片，可以对表格内的数据进行计算和排序，还可以创建精彩的页面版式及排列文本和图形。

简单地说，表格是由水平行和垂直列组成，行和列交叉所包围的矩形区域称为单元格。单元格是表格的基本组成部分，用户可以在其中输入文本或数字，也可以插入图形。

4.5.1 创建表格

Word 提供了多种创建表格的方法，用户可以使用快速表格面板、“插入表格”对话框、手工绘制等方法来建立表格。在表格建立之前首先要把插入点定位在文档中插入表格的位置上。

1．通过快速表格面板创建表格

选择“插入”选项卡，在“表格”组中单击【表格】按钮，弹出图 4-37 所示的表格面板。将鼠标指针指向左上角的网格并向右下角拖动，鼠标指针所经过的单元格会被选中并呈高亮显示，同时在顶部提示栏中会显示表格的行列数，达到需要的行数和列数后单击即可在文档插入点处创建一个表格。

使用快速表格面板创建表格尽管方便快捷，但是在表格行列数上有一定的限制，这种方法适合创建规模较小的表格。

图 4-37 “表格”面板

2．绘制表格

选择“插入”选项卡，在“表格”组中单击【表格】按钮，在下拉列表中选择“绘制表格”命令，此时鼠标指针变成铅笔的形状。将指针移动到空白文本区中，从要创建的表格的一角拖动至其对角，从而确定表格的外围边框，此时功能区变为图 4-38 所示的“表格工具-设计”功能区。再利用笔形指针横向拖动形成水平线来创建行，利用笔形指针纵向拖动形成垂直线来创建列，用户可以随心所欲地绘制出不同行高、列宽的各种不同规则的复杂表格。绘制过程中如需对表格进行修改，可以单击“表格工具-设计”功能区中“绘图边框”组的【擦除】按钮来进行擦除，也可用其中的“笔样式”“笔画粗细”“笔颜色”来调整表格的格式。

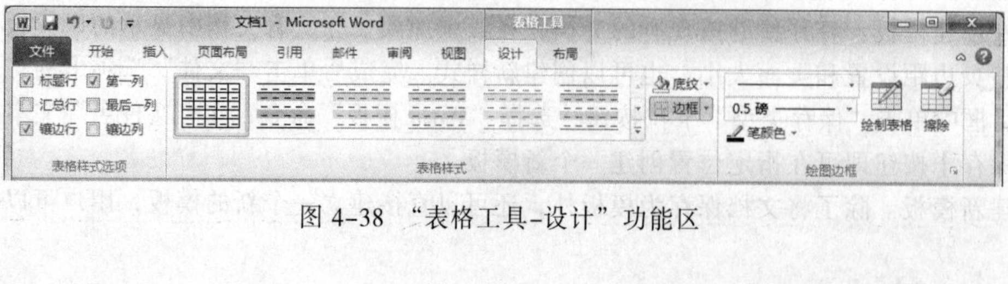

图 4-38 “表格工具-设计”功能区

3. 通过“插入表格”对话框创建表格

当用户需要创建的表格比较庞大，而且行列宽度基本固定时，可通过“插入表格”对话框来进行创建。

在图 4-37 所示的“表格”面板中单击“插入表格”命令，弹出“插入表格”对话框，如图 4-39 所示。根据需要在“行数”“列数”组合框中输入具体数值，表格最多可达 32 767 行和 63 列。列宽的默认设置为“自动”，即以正文区的宽度除以列数作为列宽。最后单击【确定】按钮即可在插入点处建立一个空表格。

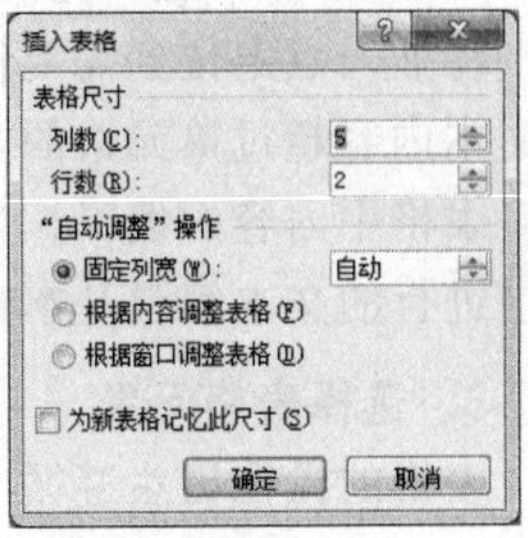

图 4-39　“插入表格”对话框

此时插入的表格中的单元格大小都一样，线条也是以 Word 预先设置的格式出现，如果用户想创建不同格式的表格，可以在“表格工具-设计”功能区中“表格样式”组中单击“样式”下拉按钮，弹出“表格样式”面板，如图 4-40 所示，在“内置”区域中指向合适的表格样式，在表格中能看到所选样式的具体效果，此时单击即可将所选表格样式应用到新建的表格中。

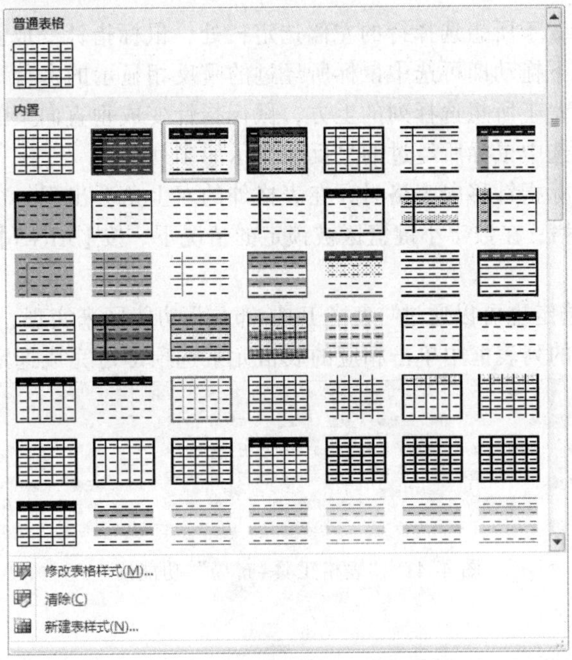

图 4-40　“表格样式”面板

4.5.2　编辑表格

1. 表格中移动插入点

表格创建好后就可以在其中输入数据了。由于表格是由单元格组成的，在表格中录入数据实际上就是在单元格中进行。单元格是表格的一个独立单位，在录入过程中 Word 会根据内容的多少自动调整单元格的大小。和文档的录入类似，在表格中输入数据时首先要定位插入点。直接在要输入数据的单元格中单击即可完成插入点的定位，也可以使用键盘快捷键来完成插入点在单元格的移动定位，详细操作见表 4-4。

表 4-4　表格中移动插入点的快捷键

快 捷 键	操 作 效 果	快 捷 键	操 作 效 果
→	右移一个单元格	←	左移一个单元格
↑	上移一个单元格	↓	下移一个单元格
Tab	移至下一个单元格	Shift+Tab	移至前一个单元格
Home	移至本单元格数据之首	End	移至本单元格数据之尾
Alt+Home	移至当前行的第一个单元格	Alt+End	至当前行的最后一个单元格
Alt+PgUp	移至当前列的第一个单元格	Alt+PgDn	移至当前列的最后一个单元格

2．在表格中输入内容

将插入点定位到需要输入内容的单元格后，即可输入内容，包括汉字、英文、数字、图片、图表等。当输入的文本内容超过单元格的宽度时，会自动换行，同时单元格所在的行也会自动变高。

表格中内容的编辑，如文本的删除、移动、复制、更改、字体、字号设置等，它们的操作方法和在 Word 文档中进行的文本编辑基本相同，此处不再赘述。

3．选择表格元素

表格的操作仍然遵循“先选择，后操作”这一原则，只有选择了表格元素后，才能对其进行编辑操作。表格元素包括：整个表格、一行或多行、一列或多列、一个单元格或多个单元格。

（1）单元格的选定。将鼠标指针置于单元格内部左下角的位置，鼠标指针变成一个斜向右上方的黑色实心箭头，单击即可选定该单元格；当需要选定多个单元格时，按住鼠标左键拖动即可选中鼠标所经过的呈反相显示的多个单元格。

（2）行的选定。将鼠标指针置于所想选择行的左侧选定栏处，鼠标指针变成斜向右上方的白色空心箭头，单击则选中此行，按住鼠标左键上下拖动即可选中鼠标所经过的呈反相显示的多行。

（3）列的选定。将鼠标指针置于所想选择列的上方，鼠标指针变成垂直向下的黑色实心箭头，单击则选中此列，按住鼠标左键左右拖动即可选中鼠标所经过的呈反相显示的多列。

（4）整个表格的选定。当鼠标指针移向表格时，在表格外的左上角会出现一个按钮，这个按钮就是“全选”按钮，单击它就可以选定整个表格；在数字小键盘区被锁定的情况下，按【Alt+5】（为数字小键盘上的 5）组合键也可以选定整个表格。

单元格、行、列以及表格的选定也可以通过“表格工具-布局”功能区来实现，如图 4-41 所示，在功能区“表”组中单击【选择】按钮，在弹出的列表框中单击相应的表格元素选项即可完成选定工作。

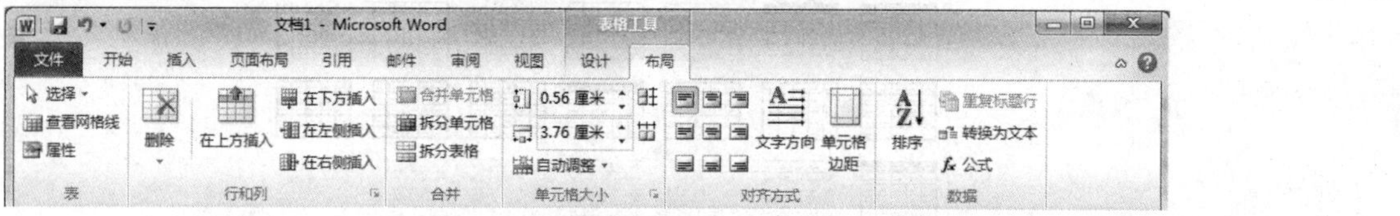

图 4-41 “表格工具-布局”功能区

4．修改表格结构

在表格最终设计完成之前，用户可能会随时调整或修改表格的结构。例如往表格中添加行、列或单元格，删除行、列或单元格，或者对一些单元格进行合并、拆分、绘制斜线表头等操作。

（1）插入行、列或单元格。在需要插入新行或新列的位置单击，或选定一行/多行或一列/多列（将要插入的行数/列数与选定的行数/列数相同），在“表格工具-布局”功能区中的“行和列”组中单击相应插入按钮即可完成。如果是插入行则可以单击【在上方插入】或【在下方插入】按钮；如果是插入列则可以单击【在左侧插入】或【在右侧插入】按钮；如果要插入的是单元格，则单击“行和列”组右下角的扩展按钮，在弹出的“插入单元格”对话框中进行具体设定，如图 4-42 所示。

（2）删除行、列、单元格或表格。先选中欲删除的行、列或单元格，然后单击“表格工具-布局”功能区中“行和列”组中【删除】按钮，在弹出的下拉列表中选择“删除单元格”“删除列”“删除行”“删除表格”命令即可。

需要注意的是，当选择了行、列或表格后按【Del】键时，删除的是行或列中的内容，而不是表格的行或列。

（3）单元格的合并和拆分。合并单元格就是把两个或多个单元格合并为一个单元格，实际上就是将它们相邻的边线擦除掉。拆分单元格是把一个单元格拆分为两个以上的单元格，实际上就是在单元格中添加一条或几条边线。利用单元格的合并及拆分功能，用户可以设计出形状各异的不规则表格结构，它是表格编辑中一个非常重要的操作。

① 合并单元格。选定要合并的单元格，在图 4-41 所示的“表格工具-布局”功能区的“合并”组中单击【合并单元格】按钮；或右击，在弹出的快捷菜单中单击“合并单元格”命令。

② 拆分单元格：选定要拆分的单元格，在“表格工具-布局”功能区的“合并”组中单击【拆分单元格】按钮；或右击，在弹出的快捷菜单中单击“拆分单元格”命令，都会弹出的“拆分单元格”对话框，如图 4-43 所示，

在其中“行数”或“列数”文本框中输入拆分后的行列数，单击【确定】按钮即可。

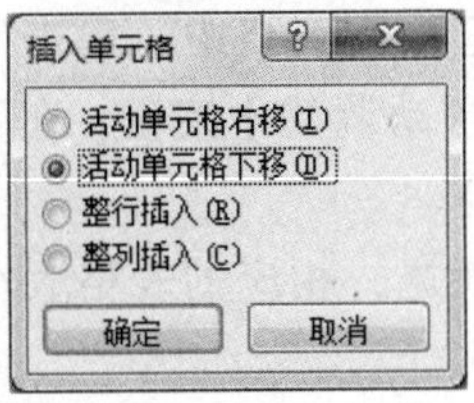

图 4-42　“插入单元格”对话框

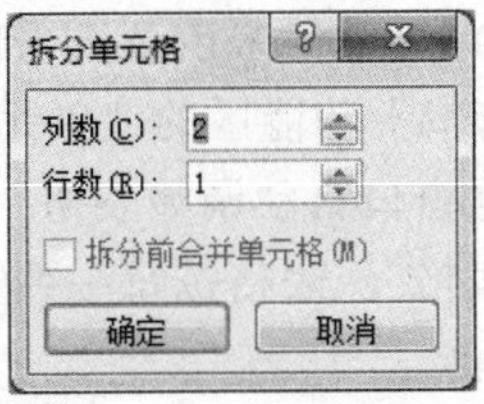

图 4-43　“拆分单元格”对话框

③ 拆分表格：将光标定位在要拆分表格的某一行处，在“表格工具-布局”功能区的“合并”组中单击【拆分表格】按钮，或按【Ctrl+Shift+Enter】组合键，Word 将在当前行的上方将表格拆分成上下两个表格。

（4）绘制斜线表头。在实际工作中，为了更清晰地指示表格中的内容，需要在表格的第一个单元格中用斜线将表中内容按类别分为多个标题，此即为斜线表头。在处理表格时，斜线表头是经常用到的一种表格格式，用户可使用 Word 提供的绘制斜线功能来轻松完成。

先将光标定位到插入斜线的单元格，然后在图 4-38“表格工具—设计”功能区中单击“边框”按钮，在弹出的下拉列表中选择“斜下框线”或“斜上框线”命令，此时就可以看到斜线已经插入单元格中，斜线画好之后，就可输入表头文字了，用户可以通过【Space】与【Enter】键将文字移动到合适的位置。

4.5.3　设置表格格式

完成表格的创建和编辑后，一般还应进行表格的格式化设置工作，从而达到美化表格，使表格结构合理，使人赏心悦目的目的。格式化表格主要包括调整行、列以及表格的大小，边框和底纹的设定，内容的格式化处理等。

1. 调整列宽和行高

表格中不同的行或列可以具有不同的高度或宽度，但一行或一列中的所有单元格必须具有相同的高度或宽度。表格的列宽和行高的调整方法基本一致，这里以调整列宽为例来介绍。

（1）利用鼠标拖动调整。将鼠标指针移动到表格的竖框线上，鼠标指针会变成水平分隔双向箭头，按住鼠标左键左右拖动鼠标，这时会出现一条垂直的竖线，用来指示列改变的位置，到达预定位置后释放鼠标就改变了列宽。这种方法改变的是相邻两列的大小，这两列的总宽度不变，整个表格的大小也不会变化；如果拖动鼠标的同时按住【Shift】键，则只改变竖线左侧列的宽度，整个表格的大小也会相应改变；如果拖动鼠标的同时按住【Ctrl】键，则除了该竖线左侧列发生变化外，竖线右侧的各列宽度也会发生均匀的变化，而整个表格大小不变；如果拖动鼠标的同时按住【Alt】键，则在标尺上会显示具体的列宽值。

（2）利用“表格工具-布局”功能区调整。利用鼠标拖动改变列宽虽然快捷，但不够精确，当需要精确调整表格的列宽时，首先应选定该列或该列中的单元格，然后单击“表格工具”的“布局”选项卡，此时功能区变为图 4-41 所示的“表格工具-布局”。在“单元格大小”组的“表格列宽”数字框中输入列宽的具体数字即可。

【例 4-10】将文档中表格的首行高度调整为 2 cm，其余各行调整为 1.5 cm。

具体操作步骤如下：

① 将光标置于第一行，单击“表格工具”的“布局”选项卡，在功能区的“单元格大小”组中“表格行高”数字框中输入数字“2”并按【Enter】键。

② 选中表格除首行外的其余各行，在“表格工具-布局”功能区的“表”组中单击【属性】按钮，弹出 “表格属性”对话框，单击“行”选项卡，选中“指定高度”复选框，并在数字框中输入“1.5”，如图 4-44 所示，单击【确定】按钮。

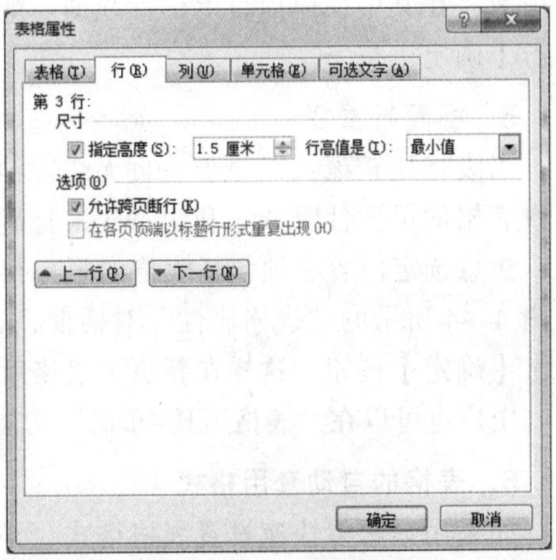

图 4-44　“表格属性”对话框的“行”选项卡

2. 调整表格的大小

将鼠标指针放置在表格右下角的一个小正方形上，鼠标指针会变成一个斜向的双箭头，拖动鼠标就可以改变整个表格的大小，表格中的单元格同时也按比例自动调整。

用户也可以使用自动调整功能来改变表格的大小。首先将光标定位到表格中，单击“表格工具”的“布局”选项卡，在“表格工具-布局”功能区的“单元格大小”组中单击【自动调整】按钮，在弹出的列表框中有“根据内容自动调整表格”“根据窗口自动调整表格”“固定列宽”三个选项。

“根据内容自动调整表格”：表格按每一列文本内容来重新调整列宽，相应的表格大小也会随之发生变化，调整后表格显得更加紧凑整洁。

“根据窗口自动调整表格”：表格中每一列的宽度按相同比例放大，调整后表格整体宽度与文档正文区的宽度相同。此后如果再次插入或删除列，整个表格的大小也不会改变。

“固定列宽”：Word 会固定已选定的单元格或列的宽度。此后当单元格的内容发生变化时，单元格的列宽不变，若内容太多 Word 会自动加大单元格行高。

3. 单元格内容的格式化

Word 允许对整个表格、单元格、行或列进行字符格式和段落格式的设置。设置方法与文档中文本的设置方法基本相同。

（1）单元格对齐方式的设置。单元格默认的对齐方式是“靠上两端对齐”，用户可以设置单元格的水平或垂直方向上的对齐方式。水平对齐方式可选择“开始”选项卡，在“段落”组中单击相应的对齐方式按钮来设置；垂直对齐方式可通过单击“表格工具-布局”功能区中“表”组的【属性】按钮，在弹出的“表格属性”对话框中单击“单元格”选项卡，在“垂直对齐方式”区域中单击相应的对齐方式。如果想同时进行两个方向上的对齐可选中要改变对齐方式的单元格，在“表格工具-布局”功能区的【对齐方式】组中选择相应的对齐方式按钮或右击，在快捷菜单中选择“单元格对齐方式”命令，如图 4-45 所示，在级联菜单中 Word 提供了九种对齐方式，选择合适的一种单击即可。

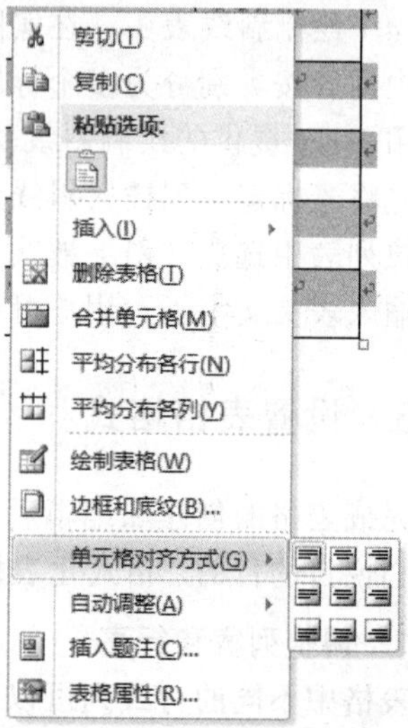

图 4-45 “单元格对齐方式”命令

（2）文本排列方向的设置。默认状态下，文本都是横向排列的。如果想改变文本方向，首先选择要更改文本方向的单元格，右击，在快捷菜单中选择“文字方向”命令，在弹出的“文字方向-表格单元格”对话框中单击想使用的文本方向按钮，最后单击【确定】按钮。

4. 边框和底纹的设定

创建表格时，Word 会以默认的 0.5 磅单实线来绘制边框线，为了更好地美化和突出表格，可以适当地给表格设置一些特殊的边框和底纹。为表格或单元格添加边框和底纹的方法主要有两种。

（1）利用按钮。选择欲设置边框和底纹的表格或表格单元格，在“表格工具-设计”功能区的“表格样式”组中单击【底纹】或【边框】按钮，在弹出的列表框中单击想应用的样式即可。

（2）利用对话框。选择欲添加边框和底纹的表格或表格单元格，在“表格工具-设计”功能区的“表格样式”组中单击“边框”按钮，在弹出的列表框中选择“边框和底纹”命令，弹出“边框和底纹”对话框，选择“边框”选项卡，在其中相应项目上设置线型、颜色、宽度；选择“底纹”选项卡，选择合适的填充颜色、图案等，最后单击【确定】按钮。

5. 标题行重复

当表格比较庞大以至于一页无法容纳整个表格时，第二页以后的表格就不会显示表格的标题行名称了，从而导致表格的可读性降低。利用 Word 标题行重复功能可很好地解决这一问题，先选定要作为表格标题的一行或多行，注意选定内容必须包括表格的第一行，然后在“表格工具-布局”功能区的“表”组中单击【属性】按钮，弹出图 4-44 所示的“表格属性”对话框，选择“行”选项卡，选中在“各页顶端以标题行形式重复出现”复选框，单击【确定】按钮。这样在新页上表格就会自动显示选定的标题行。

用户也可以在“表格工具-布局”功能区的“数据”组中单击【重复标题行】按钮来快速完成标题行重复功能。

6. 表格的自动套用格式

如果用户希望快速设置表格格式，可以利用 Word 为用户提供的表格自动套用格式的功能。选中表格，在“表格工具-设计”功能区的“表格样式”组中选择一种适合的表格样式。

7. 表格的对齐及文字环绕设置

Word 为表格提供了强大而灵活的排版功能。用户可随心所欲地设置表格与文字之间的环绕关系。

在表格中右击，选择快捷菜单中的“表格属性”命令，或在“表格工具-布局”功能区的“表”组中单击【属性】按钮，都将会打开“表格属性”对话框，选择其中的“表格”选项卡，如图 4-46 所示。在“表格”选项卡中有“文字环绕”和“对齐方式”选择区域，在“文字环绕”区域用户可根据需要设置表格与文字之间有无环绕；在“对齐方式”区域用户可设置表格在文档中的水平对齐方式。

如果选择了“环绕”选项，用户就可以利用【定位】按钮对表格在页面放置的位置进行精确定位，单击【定位】按钮，弹出图 4-47 所示的对话框，用户可设定表格在水平和垂直方向上的对齐方式以及表格和正文之间的距离。

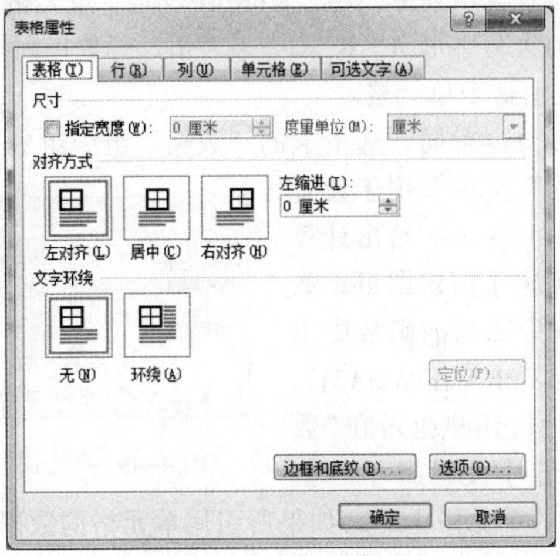

图 4-46 “表格属性”对话框的“表格”选项卡

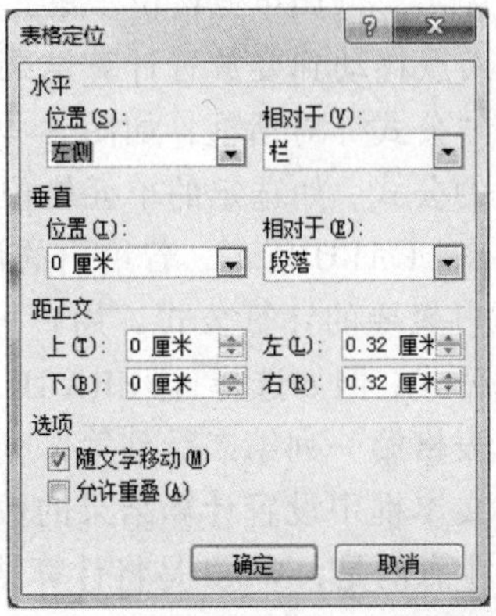

图 4-47 “表格定位”对话框

【例 4-11】将文档中表格的所有单元格文字设置为宋体、五号字，且单元格对齐方式为水平居中、垂直居中；将整个表格的对齐方式设置为相对页面水平居中。

视频 7

具体操作步骤如下：

（1）选中表格左上角的“全选”按钮，这样就选中了所有单元格，然后在“表格工具-布局”功能区的“对齐方式”组中，选择 Word 提供的九种对齐方式中的“水平居中”。也可选中所有单元格后右击，在快捷菜单中选择“单元格对齐方式”命令，在级联菜单中选择“水平居中”。

（2）将光标置于表格中任意位置，右击，选择快捷菜单中的“表格属性”命令，弹出“表格属性”对话框，选择其中的“表格”选项卡，在“对齐方式”区域选择“居中”，单击【确定】按钮。也可通过“表格工具-布局”功能区的“表”组中单击“属性”选项，打开“表格属性”对话框。

4.5.4 表格与文本的互换

表格和文本的适用范围有所不同，同一个内容有时需要用表格来表示，有时又需要通过文本来展示。在 Word 中用户可根据需要灵活地在文字和表格之间进行互相转换，利用此功能用户可使用相同的信息来实现不同的目的。

1. 文字转换成表格

文本在转换成表格之前要先进行一些格式化操作，文本的每一行之间要用段落标记符隔开，文本中每一列之间要添加相同的分隔符，如逗号、空格、制表位等，格式化好后选中文本，选择“插入”选项卡，单击“表格”组中的【表格】按钮，在弹出的下拉列表中选择“文本转换成表格”命令，弹出“将文字转换成表格”对话框，如图 4-48 所示，在“表格尺寸”区域的“列数”文本框中输入指定的列数，在“文字分隔位置”区域选择相应的文字分隔符，最后单击【确定】按钮就可将文字转换成表格。

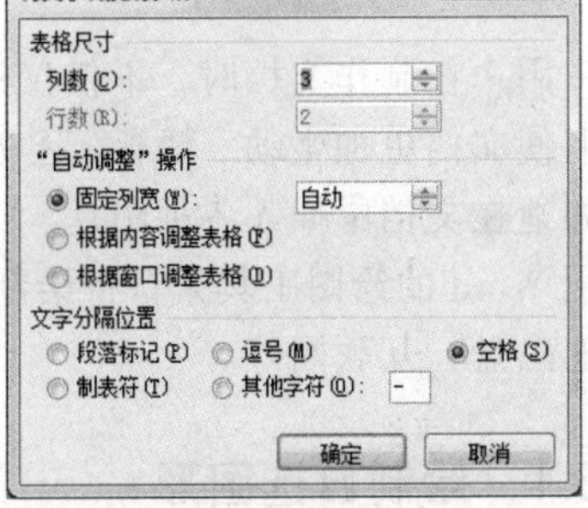

图 4-48 “将文字转换成表格”对话框

2. 表格转换为文字

Word 也可以将文档中的表格转换为由逗号、空格、制表符等符号分隔的普通文本，把光标定位在想转换成文字的表格中，在“表格工具-布局”选项卡的“数据”组中单击【转换为文本】按钮，弹出“表格转换成文本”对话框，在对话框中的“文字分隔符”区域选择合适的分隔符单选按钮，单击【确定】按钮后就把表格转换成了文字。

4.5.5 数据处理

1. 表格计算

Word 具有对表格数据项计算的功能。除了可以快速对表格的某一行或某一列进行求和运算外，还能进行一些其他复杂的运算，如求平均值、百分比等。利用公式计算时经常会用到单元格，Word 中规定，单元格用它所在的列数和行数来表示，并且列在前，行在后。其中列数用英文的大写字母 A，B，C…来表示，行数用阿拉伯数字 1，2，3…来表示。例如单元格位于第二行第三列，则用 C2 来表示这个单元格。

将插入点移动到要放置计算结果的单元格中，在“表格工具-布局”选项卡的“数据”组中单击【公式】按钮，弹出“公式”对话框，如图 4-49 所示。对话框中“公式”文本框用于设置计算所用的公式，如选定的单元格位于一列数值的底端，Word 将自动给出计算公式“=SUM（ABOVE）”，若给出的计算公式正确，单击【确定】按钮即可；如果不是用户想要的计算公式，用户可从“粘贴函数”列表框中所列的函数中单击所需的公式，例如选择 AVERAGE，输入参数后如果是“=AVERAGE(A2:A5)”，则表示对表格第一列第二行到第一列第五行的单元格求平均值，用户也可在“数字格式”文本框中设置计算结果的数字格式，最后单击【确定】按钮即可。

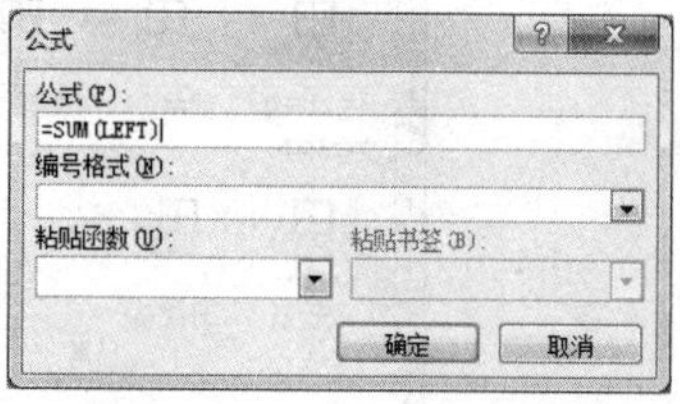

图 4-49 “公式”对话框

需要注意的是，Word 是将计算结果作为一个域插入选定的单元格中的，如果所引用单元格的数据发生变化，运算结果不会自动更新，如果想更新数据，用户可先选定该数据域，再按【F9】键，即可更正计算结果。

2. 表格排序

Word 不仅具有对表格数据计算的功能，而且还可以按照递增或递减的顺序将表格中的内容按笔画、日期、数字等方式进行排序。排序后表格的布局会发生较大的变化，因此在排序之前最好对文档先进行保存，以防止误操作产生的错误。

选定要排序的单元格或将插入点定位在表格的任意单元格中，在“表格工具-布局”选项卡的“数据”组中单击【排序】按钮，弹出“排序”对话框，如图 4-50 所示，这时系统会自动将表格全部选中。在此对话框中用户可分别对排序依据列（主要关键字、次要关键字、第三关键字）、排序类型（笔画、数字、拼音或日期）及升序或降序进行设置，最后单击【确定】按钮即可完成对表格的排序操作。

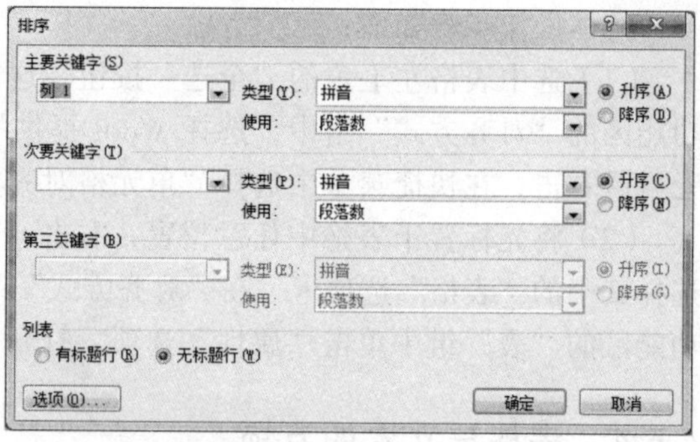

图 4-50 “排序”对话框

4.6 图形功能

用户在制作文档时，不仅仅只是对文本、表格等内容进行编辑，还经常需要在文档中添加图片，图片的插入不但使文档更加生动、精彩，还极大地增加了读者对文档的兴趣和了解。Word 提供了强大的图文混排能力，可以自如地在文档中插入各种图片。Word 中的图画分成图形和图片两大类，其中图形主要指自选图形、直线、圆等，可用 Word 的绘图工具来自行绘制；图片是由其他程序创建的图形，它的来源很多，如位图、扫描仪、剪贴画库、本地磁盘、互联网等。

4.6.1 绘制自选图形

Word 除了有强大的文字处理功能以外，还提供了一套强大的绘制图形工具，用户可以用它绘制出各种外观专业、效果生动的图形。由于图形一般是在页面视图可见，因此画图时 Word 会自动切换到页面视图模式。

1. 绘制工具

Word 提供了 100 多种能够任意变形的形状工具，选择“插入”选项卡，在“插图”组中单击【形状】按钮，弹出图 4-51 所示的“形状”下拉菜单，用户使用这些工具可以在文档中绘制出直线、箭头、矩形等基本图形。

2. 插入形状

使用绘图工具绘制图形，应在“页面视图”方式下进行。在绘图工具列表框中单击一种绘图按钮，鼠标指针变成“十”字形，按住鼠标左键拖动至另一点，释放鼠标后，在两点之间就会出现该按钮所指示的图形，如果用户想要连续绘制某个图形，可在绘图按钮上右击该图形按钮，在快捷菜单中选择“锁定绘图模式”选项。

从 Word 2000 起，在文档中插入自选图形时 Word 提供了创建绘图画布功能，绘图画布实际上是文档中的一个特殊区域，利用绘图画布用户可将其中所有的绘图对象作为一个整体来处理，能有效避免文本中断或分页时出现的图形异常的情况。默认情况下，在 Word 2010 文档中插入图形时将在文本编辑区直接编辑，用户可以在“文件”选项卡的“选项”中设置在插入自选图形时是否自动创建绘图画布。

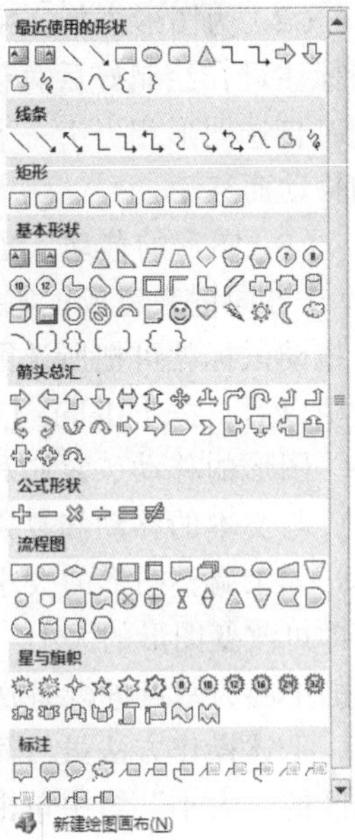

图 4-51　“形状”下拉菜单

Word 中插入绘制的图形后，功能区会变成“绘图工具-格式”功能区，如图 4-52 所示，从而方便用户继续绘制其他图形。这里介绍几种常用图形的绘制。

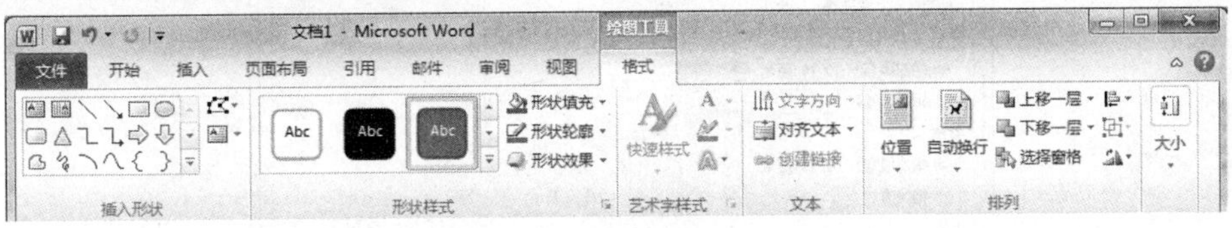

图 4-52　“绘图工具-格式”功能区

（1）绘制直线或箭头。在“绘图工具-格式”功能区的“插入形状”组中单击【直线】或【箭头】按钮，在文档区拖动鼠标即可。

（2）绘制矩形或椭圆。在“绘图工具-格式”功能区的“插入形状”组中单击【矩形】或【椭圆】按钮，在文档区拖动鼠标即可。在拖动过程中，用户如果按住【Shift】键可绘制出正方形或圆形；按住【Ctrl】键可绘制出以起始点为中心向外扩展的矩形或椭圆；若同时按住【Shift】和【Ctrl】键，可绘制出它们的共同效果。

（3）绘制自选图形。Word 给用户提供了多种已设计好的自选图形样式，在“绘图工具-格式”功能区的“插入形状”组中单击“形状”下拉按钮，在弹出列表中包括了“基本形状”“箭头总汇”“公式形状”“流程图”“星与旗帜”“标注”区域。每一个区域又有许多常用的图形，用户可以使用它来快速绘制各种图形。

3. 编辑图形

一般情况下，绘制好的图形可能达不到用户所想的效果。Word 允许用户对绘制的图形对象进行编辑，如组合、移动、旋转等编辑处理，可以使图形与文字有不同的环绕方式，也可以进行填色、三维效果等修饰操作，使之有更好的外观效果。

（1）选择图形对象。图形的编辑操作仍然遵循“先选择，后操作”的原则。

单个图形对象的选择：将鼠标指针指向图形，指针将呈现空心箭头状并带一个十字箭头，单击，该图形对象周边出现一些空心块，表明该图形已被选中。

多个图形对象的选择：首先在第一个图形对象上单击以选中它，然后按住【Shift】或【Ctrl】键依次在其他待选图形上单击即可。Word 2010 还提供了另外一种方法，即选择窗格，在“页面布局”选项卡的“排列”组中单击【选择窗格】按钮，即打开“选择和可见性”窗口，里面列出了该页里的所有图形，按住【Ctrl】键，然后单击需要选中的多个图形即可。

图形被选定后，在图形上会出现多个白色、黄色和绿色的小块，称之为控点或对象句柄。不同图形对象的控制点数多少不等。

（2）为图形添加文字。除了直线、箭头等线条图形外，Word 允许用户在自选图形中添加文字。有些自选图形如标注可在绘制好后直接添加文字，而有些图形如矩形需要右击，在弹出的快捷菜单中选择“添加文字”命令，此时自选图形相当于一个文本框，用户可直接输入文字。用户可对图形中文字进行格式设置，而且文字会随着图形的移动而移动。

（3）图形的移动、复制和删除。先选中图形，如果要进行短距离的移动，可使用键盘上的【→】、【←】、【↑】、【↓】方向键来完成；如果是长距离移动，可将鼠标指针放到图形对象上，当鼠标指针形状变为十字箭头时，选中并拖动鼠标就可把所选图形对象移到新位置；拖动鼠标的过程中如果按住【Ctrl】键则可完成图形的复制；图形被选中以后，按【Delete】或【Backspace】键，该图形即可被删除。

图形的移动、复制和删除操作也可以通过“剪贴板”来完成，具体方法也是使用“复制”“剪切”“粘贴”命令，与文本的移动和复制操作相同，此处不再详细介绍。

（4）调整图形的大小。首先选中图形，然后把鼠标指针指向图形上的白色控点，当指针变成双向箭头时拖动鼠标即可改变图形的大小。拖动过程中按住【Shift】键可保持图形对象按比例进行缩放，按住【Ctrl】键可以以图形对象的中心为基点进行缩放。

上述操作方法虽然简便，但不易于精确调整图形的大小。如果想进行精确控制，可以在“绘图工具-格式”功能区的“大小”组中单击右下角的【扩展】按钮，或在图形对象上右击，在快捷菜单中选择“其他布局选项”命令，都会弹出“布局”对话框，选择“大小”选项卡，如图 4-53 所示。在“高度”“宽度”“缩放”数字框中输入相应的数值即可精确调整图形大小。

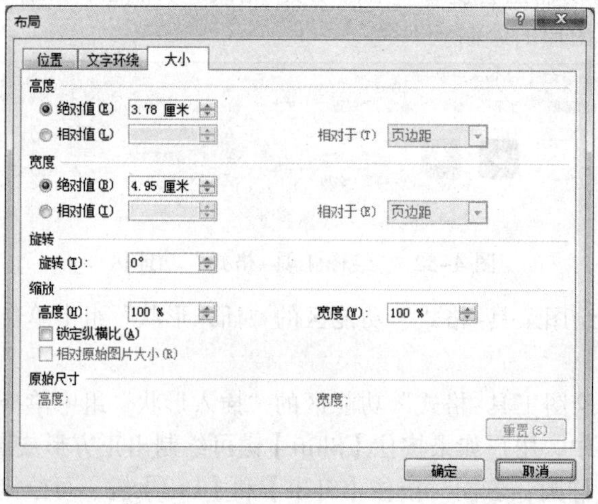

图 4-53 “布局”对话框的“大小”选项卡

（5）图形的旋转和翻转。选中图形对象后，将鼠标指针指向图形上的绿色圆形控点，鼠标指针将变成圆形箭头并包围这个绿色控点，向要旋转的方向拖动即可完成图形的旋转。在拖动的过程中如果按住【Shift】键可使图形以 15°角为单位旋转。

有些图形的控点中没有绿色的旋转控点，此时可通过功能区或对话框来完成。在“绘图工具-格式”功能区的“排列”组中单击【旋转】按钮，在弹出的列表框中单击“向左旋转 90 度”“向右旋转 90 度”、“水平翻转”和“垂直翻转”四个命令时，图形对象将按照相应的方向进行旋转或翻转；如果选择“其他旋转选项”命令，将弹出图 4-53 所示的“布局”对话框，在“大小”选项卡的“旋转”数字框中输入相应的数值即可完成精确角度的旋转。

（6）图形的组合和取消。当用户需要对多个图形进行整体操作时如移动、旋转、调整大小等，或避免在调整好位置后误移动某个图形时，将这些图形组合成一个对象会非常有利于编辑操作。首先选中要组合的多个图形对象，然后在图形对象上右击，从快捷菜单中选择“组合”，再从其级联菜单中选择“组合”命令，就可以将所有选中的图形组合成一个图形对象。

如果已组合的图形对象又需要单独进行编辑操作，可选定该组合后的图形对象，然后单击绘图工具栏上的“绘图”按钮，从下拉菜单中选择“取消组合”命令即可。

4. 图形的修饰

直接用“形状”工具绘制的图形对象的边框线条单一，并且一般没有特殊效果和颜色。在 Word 中用户可以使用彩色或不同粗细的线条绘制图形，或者更改填充颜色，以增加图形的效果。

（1）添加标注。标注是一种通过某种指示标志和图形对象相连接的文本框。在“绘图工具-格式”功能区的“插入形状”组中单击“形状”下拉按钮，在列表框“标注”区域中单击所需的标注样式，在需要插入标注的位置拖动鼠标，然后输入内容。用户可通过拖动标注的尺寸控点来调整标注的大小，也可以将标注拖动到所需的位置。

（2）设置阴影或三维效果。为了增加图形的立体效果，用户可以为图形设置阴影或三维样式。具体操作步骤为先选中图形，再在“绘图工具-格式”功能区的“形状样式”组中单击“形状效果”下拉按钮，在弹出的下拉列表中有“阴影”或“三维旋转选项”，将鼠标指针指向这两个选项后会弹出相应的阴影和旋转面板，用户在其中选择相应的样式后即可为图形添加阴影或三维效果。

（3）修改图形的填充颜色和线条。图形填充颜色和线条颜色及线形和粗细的修改都可在“绘图工具-格式”功能区中完成。

【例 4-12】在文档中画一个月亮图形，要求填充颜色为黄色，线条颜色为 1.5 磅蓝色圆点虚线，高度和宽度分别为 4 cm 和 2 cm，角度旋转 180°。

具体操作步骤如下：

① 选择“插入”选项卡，在“插图”组中单击【形状】按钮，在弹出列表的“基本形状”区域选择“新月形”，在文档中按住鼠标拖动，画出月亮的基本形状。

② 选中月亮图形，在“绘图工具-格式”功能区的“形状样式”组中单击【形状填充】按钮，在下拉列表中选择黄色，在“形状样式”组中再单击【形状轮廓】按钮，在弹出的列表框中选择蓝色，同理在列表框的“粗细”选项中选择 1.5 磅，“虚线”选项中选择“圆点虚线”。

③ 选中月亮图形，在“绘图工具-格式”功能区的“大小”组中的“形状高度”和“形状宽度”数字框中分别输入 4 cm 和 2 cm，并按【Enter】键。

④ 选中月亮图形，在“绘图工具-格式”功能区的“排列”组中单击【旋转】按钮，在列表中选择“其他旋转选项”，在弹出的“布局”对话框“大小”选项卡的“旋转”数字框中输入 180，设置好的图形如 4-54 所示。

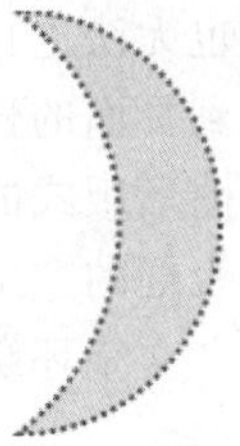
图 4-54 月亮图形

5. 图形的定位

（1）绘图网格。用户可通过拖动图形来对其进行移动，但移动的时候用户有时会感觉到移动是不平滑的，它是按照一定的长度单位移动的，用户可调整这个长度单位。在“绘图工具-格式”功能区的“排列”组中单击【对齐】按钮，在打开的列表中选择“网格设置”命令，打开“绘图网格”对话框，如图 4-55 所示。其中的“水平间距”和“垂直间距”文本框中数值就是拖动的最小距离，用户可通过微调按钮进行调整。

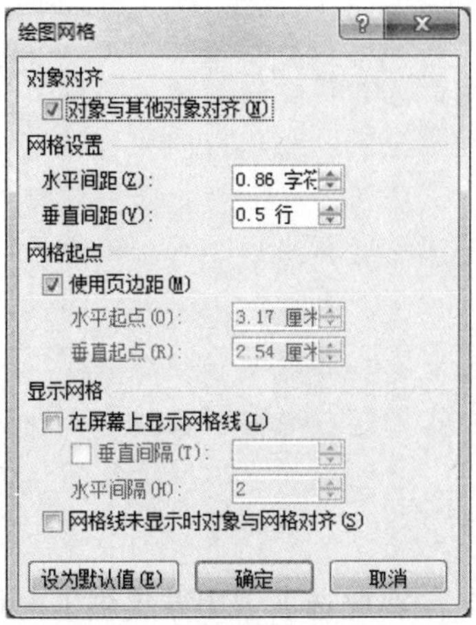

图 4-55 “绘图网格”对话框

（2）图形的对齐和分布。图形的对齐可以是图形之间的相互对齐，还可以是相对于页面的对齐。用户可通过两种办法来完成。一种是在“绘图工具-格式”功能区的“排列”组中单击【对齐】按钮，在弹出的列表中选择合适的对齐方式，如图 4-56（a）所示；另一种方式是在图形上右击，在弹出的快捷菜单中选择“其他布局选项”命令，弹出“布局”对话框，选择“位置”选项卡，如图 4-56（b）所示，用户可在其中设置图形的对齐方式并对图形进行精确定位。

（3）图形的层次关系。当在文档中绘制了多个重叠的图形时，每个图形有叠放的次序。按绘制的顺序，最先绘制的处于最下面的层次，而处于上层的图形对象将遮挡住下层的图形对象。Word 允许用户改变图形的叠放次序，以改变图形之间的遮挡效果。首先选中要改变层次关系的图片，然后在“绘图工具-格式”功能区的“排列”组中单击【上移一层】或【下移一层】按钮即可改变图形的层次关系。单击【上移一层】或【下移一层】按钮旁边的下拉按钮可进行更多层次关系的设置。

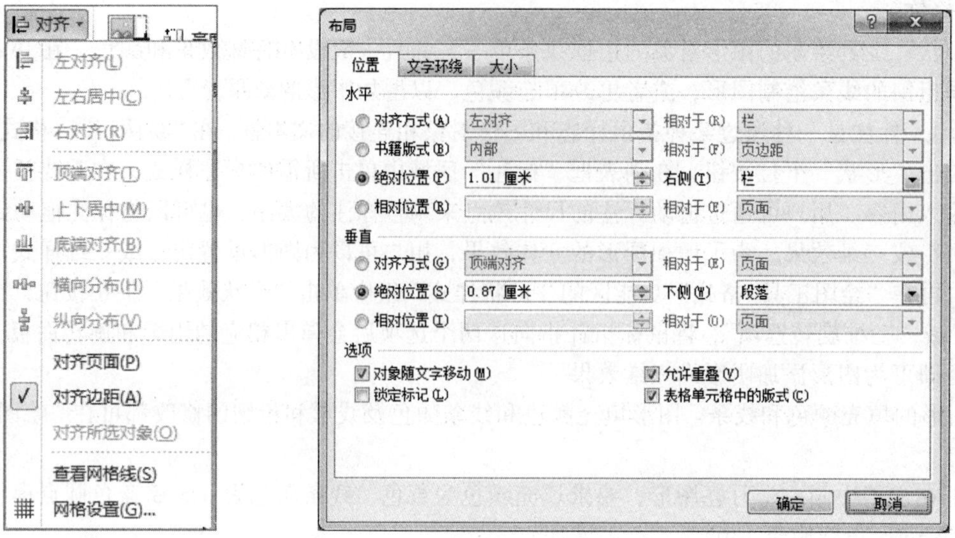

（a）“对齐”列表　　（b）“布局”对话框的“位置”选项卡

图 4-56　图形的对齐和分布

（4）图形的版式。图形的版式主要是指图形的文字环绕格式和图形在文档中的位置。插入文档中的图片一般有两种形式：一种是嵌入式对象，这是 Word 图片的默认插入版式，它直接镶嵌在插入点处，不能与其他对象组合，也无法进行环绕设置；另一种是浮动式对象，它在插入文本插入点后，会自动浮在所在段落的上方，也可以放置到页面的任意位置，并允许与其他对象组合，也能与正文实现多种形式的环绕。

图形版式的设置方法是选中图形后，在“绘图工具-格式”功能区的“排列”组中单击【位置】按钮，在弹出的列表框的“文字环绕”区域进行具体的设定，也可以在列表框中选择“其他布局选项”命令，在“布局”对话框的“文字环绕”选项卡下进行更多的设置，如图 4-57 所示。

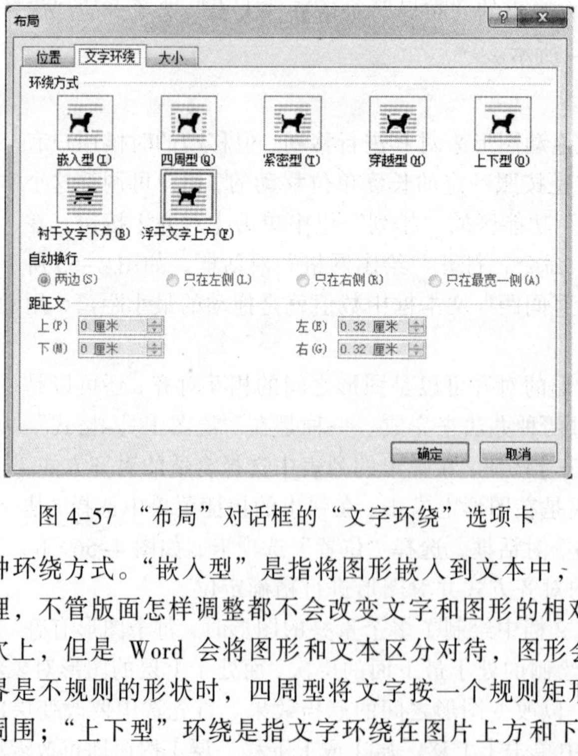

图 4-57　“布局”对话框的“文字环绕”选项卡

在此选项卡中共提供了七种环绕方式。“嵌入型”是指将图形嵌入到文本中，图形和文字将处在同一层次上，此时可将图形当作普通文字处理，不管版面怎样调整都不会改变文字和图形的相对位置；“四周型”和“紧密型”也是将图形和文本放在同一层次上，但是 Word 会将图形和文本区分对待，图形会占据文本的空间，使文本在页面上的重新排列，当图形的边界是不规则的形状时，四周型将文字按一个规则矩形边界排列在图片四周，而紧密型则将文字紧密排列在图片的周围；“上下型”环绕是指文字环绕在图片上方和下方；“穿越型”环绕是指文字可以穿越不规则图片的空白区域环绕图片；“浮于文字上方”和“衬于文字下方”是将图形和文本放置在不同的层次，浮于文字上方版式是指将图片放置在文字上方，被遮挡的文字不可见，衬于文字下方版式是指将图片放置在文字底部，被遮挡的图片不可见。除了设置文字环绕方式以外，该选项卡还可对环绕文字的位置以及图形距正文的距离进行设定。

4.6.2　图片和剪贴画

图 4-58　“剪贴画”任务窗格

1. 图片和剪贴画的插入

在 Word 的文档中，用户可以根据需要插入各种格式的图片。插入的图片可以是 Office 所带剪辑库中的图片，可以是计算机中的图形文件，也可以是通过剪贴板复制的图片。插入图片时，先将光标移至插入位置，然后使用以下方法。

（1）插入剪贴画。选择“插入”选项卡，在“插图”组中单击【剪贴画】按钮，弹出“剪贴画”任务窗格，如图 4-58 所示。在“搜索文字”文本框中输入欲插入的剪贴画的类型，如“保健”，单击【搜索】按钮，在图片浏览区域会出现和查找类型相关的剪贴画缩略图，单击所需的剪贴画缩略图，所选剪贴画就将插入到文档中。

（2）插入图片文件。选择“插入”选项卡，在“插图”组中单击【图片】按钮，打开“插入图片”对话框，在“查找范围”列表框中选择要插入的图片所在目录；在“文件类型”列表框中选择图片文件的类型，在文件列表区中单击所需的图片文件名，单击【插入】按钮，所选定的图片文件即被插入文档中。

2. 图片的格式

插入文档中的图片有时不一定适合文档的格式要求，用户可以对它进行一些简单的编辑和格式设置，如亮度、对比度、剪裁、文字环绕等。

设置图片主要通过“图片工具-格式”功能区来进行，用户可设置图片背景、图片样式、图片效果等选项，具体设置方法可参考 Word“形状”格式设置，此处不再赘述。

4.6.3　插入艺术字

艺术字其实是一种图片化的文字，它可以产生特殊的视觉效果，在美化版面方面可以起到非常重要的作用。注意艺术字是一种图形对象，用户不能将其作为文本来处理。

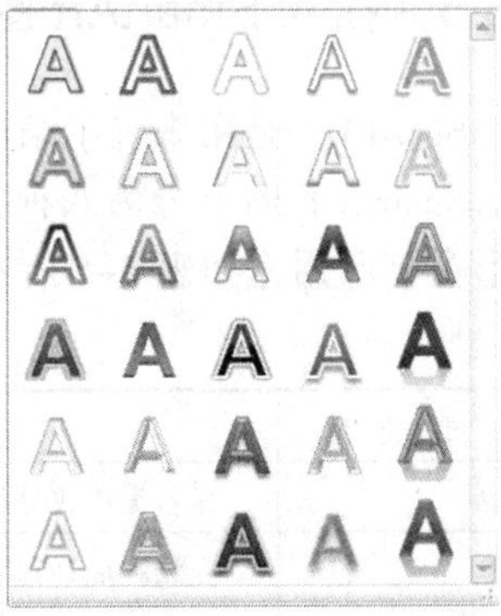
图 4-59　“艺术字”样式列表框

1. 艺术字的插入

先将光标移动到要插入艺术字的位置，选择“插入”选项卡，单击“文本”组中【艺术字】按钮，在弹出的“艺术字库”列表框中单击一种艺术字的样式，如图 4-59 所示，此时在文档中出现“请在此放置您的文字”文本框，在此文本框中输入需要的内容即可。

2. 艺术字的编辑及格式

插入艺术字以后，用户可根据需要对它进行编辑和修饰，包括重新设置字体形状和颜色、字符内容修改、自由旋转、字符对齐方式、移动位置等。选中插入的艺术字，此时会激活“绘图工具-格式”功能区，用户可在此功能区设置艺术字的“形状样式”“艺术字样式”等格式。

4.6.4　插入文本框

文本框是指一种可移动、可调整大小的文字或图形容器。利用文本框，用户可以将字符或其他图形和表格等对象在文档中独立于正文存放，并可随意调整大小。文本框可以单独设置格式，和文档正文无关。适当使用文本框能有效地增强文档的排版效果。

1. 文本框的插入

Word 提供了两种类型的文本框，分别是横排文本框和竖排文本框，两者之间没有本质上的区别，只是文本方向不一样。用户既可以为已有的内容添加文本框，也可以先创建空文本框，然后再输入内容。

选择“插入”选项卡，在“文本”组中单击【文本框】按钮，在展开的列表框中选择一种文本框样式，此时就会在文档中插入该样式的文本框了，用户可在其中输入内容并编辑格式。用户也可以手工绘制文本框，这时要在文本框的列表框中选择“绘制文本框”或“绘制竖排文本框”命令，在文档区拖动鼠标即可分别绘制出横排文本框或竖排文本框。

如果要为已有的内容添加文本框，可先选中要添加到文本框的内容，然后单击“插入”选项卡“文本”组中的【文本框】按钮，在弹出的列表框中选择“绘制文本框”选项即可。

2. 文本框的格式

默认情况下创建的文本框格式是黑色边框线和白色的填充色。用户可方便地调整文本框的大小、位置、内部边距、文字环绕，以及框线的粗细、颜色等样式。文本框的格式设置可在“绘图工具-格式”功能区的不同组中完成，也可在文本框的边线上右击，单击快捷菜单中的“设置形状格式”命令，在弹出的“设置形状格式”对话框中选择相应的选项并进行具体的设置。

3. 文本框的链接

文本框有个独特的链接功能。链接就是在两个文本框之间建立链接关系，不管它们的实际位置相隔多远，内容却是连接为一体的，如果连续的文字在第一个文本框容纳不下时，会自动在下一个文本框中接着排下去。同理，当删除前一个文本框的内容时，后一个文本框的内容也会自动上移。利用文本框的这种流动性，用户可方便地编排版式。

（1）创建链接。首先创建两个文本框，然后选中要建立链接的第一个文本框，单击“绘图工具-格式”功能区“文本”组中的【创建链接】按钮，此时鼠标指针变成直立的杯子形状，将鼠标指针移到下一个文本框上面后，鼠标指针变成倾斜的杯子形状，单击即可创建这两个文本框之间的链接。

需要注意的是，要链接的第二个文本框必须是空的，否则无法链接。

（2）断开链接。要断开两个文本框中的链接，可以首先选择第一个文本框，然后单击“绘图工具-格式”功能区“文本”组中的【断开链接】按钮，两个文本框之间的链接就会取消，第二个文本框的内容会自动移到第一个文本框中。

4.6.5 插入 SmartArt 图形

SmartArt 是用来表示结构、关系或过程的图表，能清晰地表明对象之间的层次或从属关系，具有很强的实用性。SmartArt 图形分为八种类型，分别是列表、流程、循环、层次结构、关系、矩阵、棱锥图和图片，SmartArt 图形类型及用途如表 4-5 所示。

表 4-5 SmartArt 图形类型及用途

图形类型	用途	图形类型	用途
列表	显示无序或分组信息，强调信息重要性	关系	表示多个项目或信息集合之间的关系
流程	在流程或日程表中显示步骤或顺序	矩阵	以象限的形式显示部分与整体的关联
循环	显示连续的流程，强调重复过程	棱锥图	显示比例、层次、互联关系，最大的部分置于底部，向上变窄
层次结构	显示分层信息或上下级关系，主要用于组织结构图	图片	显示包含图片的信息列表

【例 4-13】创建图 4-60 所示学校组织结构图。

具体操作步骤如下：

（1）选择“插入”选项卡，在“插图”组中单击【SmartArt】按钮，在弹出的对话框左侧选择“层次结构”，在右边列表框中选择“层次结构”，单击【确定】按钮。

（2）单击 SmartArt 图形左侧展开按钮，弹出“在此处键入文字”的任务窗格，按图形要求依次输入文字。

（3）单击“总务处”形状，在“SmartArt 工具—设计”功能区的“创建图形”组中单击“添加形状”下拉按钮，在弹出的列表中选择“在下方添加形状”命令，在添加的形状中输入“基建”，同理依次完成“财务”“教学”“档案”形状的添加和录入。

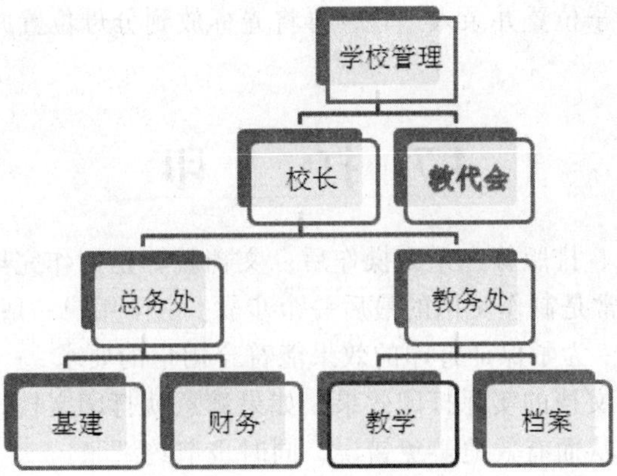

图 4-60　学校组织结构图

（4）选中“教代会”下方的形状，单击【Delete】键将其删除。

（5）选中“教代会”形状，单击“SmartArt 工具”的“格式”按钮，弹出“SmartArt 工具-格式”功能区，在“艺术字样式”组中单击“艺术字”下拉按钮，在弹出的列表中选择匹配图片的艺术字样式（强调文字颜色 2）。

（6）选中“学校管理”形状，在“形状”组中单击“更改形状”下拉按钮，在弹出的列表中的“矩形”区域单击【矩形】按钮。

（7）选中“教学”形状，在“形状样式”组中单击“形状轮廓”下拉按钮，在弹出的列表中选择红色。

4.6.6　使用公式编辑器

由于键盘上的符号有限，当用户需要在文档中输入一些特殊数学符号，如分数、指数、微分、积分时，无法通过键盘完成。Word 提供了公式编辑器的功能，利用它用户几乎可建立任何复杂的数学公式。公式编辑器能根据数字和排版的约定，自动调整公式中各元素的大小、间距等格式。

Word 2010 以前的版本使用 Microsoft 公式 3.0 加载项来在文档中插入公式，而 Word 2010 版内置了编辑公式的功能，此功能可满足用户常用的公式和熟悉符号的录入。

1. 插入内置公式

将插入点定位到要插入公式的位置，选择“插入”选项卡，在“符号”组中单击“公式”下拉按钮，在弹出列表的“内置”区域选择所需的公式样式，即可快速在文档中录入相应的公式。

2. 插入自定义公式

如果内置的公式没有符合用户要求的，用户可以在“公式”列表框中单击最下方的“插入新公式”命令，此时 Word 功能区会变成图 4-61 所示的“公式工具-设计”，用户利用其中的按钮可完成自定义公式的录入。

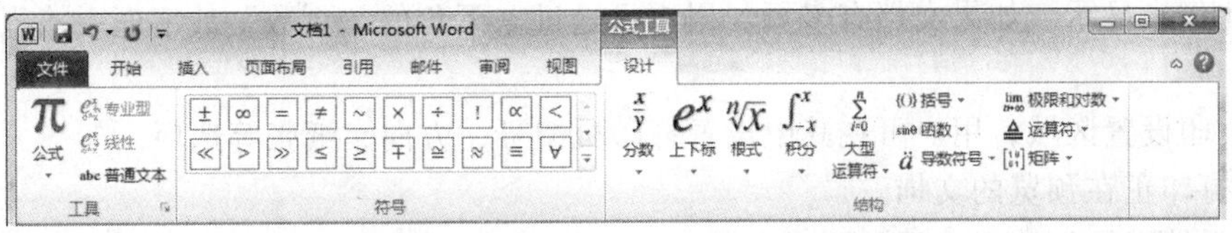

图 4-61　“公式工具—设计”功能区

【例 4-14】在文档录入图 4-62 所示的公式。

具体操作步骤如下：

（1）定位公式输入位置，选择“插入”选项卡，在“符号”组中单击“公式”下拉按钮，在弹出的列表框中单击　“插入新公式”命令。

（2）输入文本“x=”，在“公式工具-设计”功能区的“结构”组中单击【上下标】按钮，在弹出的列表中选择第一行第一列的样式，将光标放在底数输入框中并输入“sin”，再将光标放到上标位置并输入“2”，在平排位置里输入“2+”。

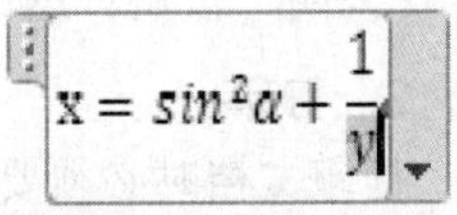

图 4-62　数学公式

（3）移动光标到右侧，单击“结构”组中【分数】按钮，在弹出的列表框中选择第一行第一列的样式，将光标放到分子位置并录入“1”，再将光标放到分母位置并录入“y”。完成后效果如图 4-62 所示。

4.7 打 印

经过文字或图片的输入、编辑、排版等一系列操作后，文档就算是制作完毕了。为了方便文档的传阅，通常情况下需将文档打印出来。打印通常是制作文档的最后一个步骤。由于用户一般是在常规视图下进行文档的录入，它们有可能与实际打印效果有差异，为了保证打印的效果能符合用户的要求，一般应在打印之前先进行打印预览。打印预览就是在打印之前预先查看文档的实际打印效果，如果满意就打印文档，否则还可以重新对文档进行设置和调整，如设置分栏、页边距等，从而有效地避免错误，同时也节约纸张。

1. 打印预览

打印预览视图中，能以实际的效果显示文档中所有的编辑信息，也包括图表和图形等，用户还可以对文档进行编辑修改，使其在打印之前达到完善的效果。

单击“文件”选项卡，选择“打印”命令，此时便进入了“打印设置”窗口，如图 4-63 所示。

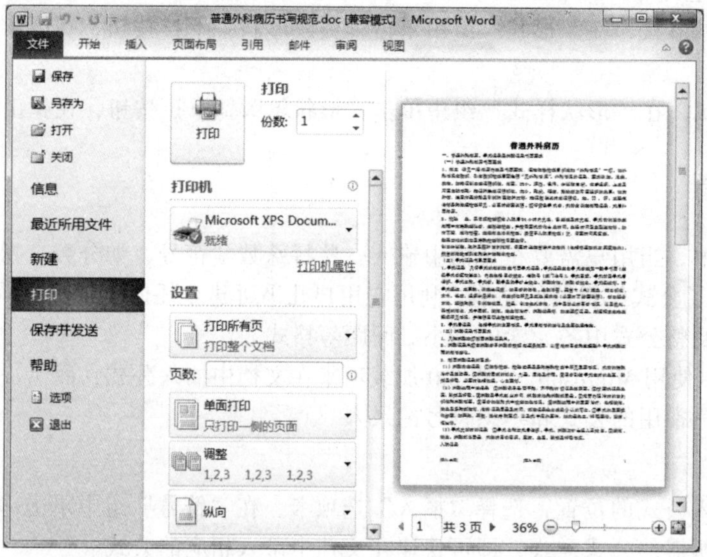

图 4-63 “打印设置”窗口

窗口的右侧区域便是文档的打印预览区，拖动预览区下方的滚动条或单击“缩小”和“放大”按钮可以调整当前文档的显示比例，显示比例越小，预览区显示的预览页面越多。单击右下角的【缩放到页面】按钮，文档将以当前页面的显示比例来显示。如果文档有多页，用户可通过左下角的“页数”数字框中输入页码来切换不同页的预览效果。

窗口的左侧是打印设置区域，用户可在其中设置打印机型号、方向、纸张等选项。

“打印”按钮：打印正在预览的文档。

“设置”按钮：系统默认打印所有页，用户在此可设置打印一页或多页。

“单、双面打印”按钮：系统默认单面打印方式，用户可根据需要调整为手动双面打印。

“调整”按钮：若文档有多页构成，且需要打印多份时，用户可按页码顺序打印，也可按份打印。

“打印方向”按钮：用户可在此设置纸张是横向打印还是纵向打印。用户还可在此设置纸张的大小、页边距及每版打印页数等选项。

“关闭”按钮：退出“打印预览”窗口，返回文档编辑状态。

2. 打印

打印文档时必须要在硬件和软件上满足一定的条件。硬件上，要确保打印机与计算机已经正确连接，且打印机电源已接通，打印纸已装好；软件上，要确保已经正确地安装了该打印机的驱动程序。

用户对“打印预览”效果感到满意后，就可以打印了。Word 为用户提供了多种不同的打印方法，如仅打印指定内容、打印奇数或偶数页、指定页数范围等。打印选项的设置方法可在图 4-62 所示的“设置”区域中完成，完成设置后单击“打印”按钮，即可开始打印文档。

技 能 训 练

技能训练一　文档的基本操作与编辑

【训练目的】

1. 掌握 Word 的启动与退出方法。
2. 掌握 Word 文档的新建、录入、保存、打开、关闭的操作方法。
3. 掌握 Word 文档的编辑操作。
4. 了解使用多个文档的方法。
5. 进一步熟悉菜单、窗口、对话框等的操作。

【训练内容】

1. 启动 Word 应用程序。
2. 在 Word 中建立一个新文档。
3. 按下文录入。

医圣——张仲景

张仲景，名机，被人尊称为医圣。南阳郡涅阳人。生于东汉桓帝元嘉、永兴年间，死于建安末年（约公元 320—322 年）。著有《伤寒论》一书，以下为此书序的节选。

余每览越人入虢（guó）之诊，望齐侯之色，未尝不慨然叹其才秀也。怪当今居世之士，曾不留神医药，精究方术，上以疗君亲之疾，下以救贫贱之厄，中以保身长全，以养其生，但竞逐荣势，企踵（zhǒng）权豪，孜孜汲汲，惟名利是务，崇饰其末，忽弃其本，华其外，而悴其内，皮之不存，毛将安附焉。卒然遭邪风之气，婴非常之疾，患及祸至，而方震栗，降志屈节，钦望巫祝，告穷归天，束手受败，赍（jī）百年之寿命，持至贵之重器，委付凡医，恣其所措，咄嗟鸣呼！厥身已毙，神明消灭，变为异物，幽潜重泉，徒为啼泣，痛夫！举世昏迷，莫能觉悟，不惜其命，若是轻生，彼何荣势之足云哉！而进不能爱人知人，退不能爱身知己，遇灾值祸，身居厄地，蒙蒙昧昧，蠢若游魂。哀乎！趋世之士，驰竞浮华，不固根本，忘躯徇物，危若冰谷，至于是也。余宗族素多，向余二百，建安纪年以来，犹未十年，其死亡者，三分有二，伤寒十居其七。感往昔之沦丧，伤横夭之莫救，乃勤求古训，博采众方，撰用《素问》《九卷》《八十一难》《阴阳大论》《胎臚药录》，并平脉辨证，为《伤寒杂病论》合十六卷，虽未能尽愈诸病，庶可以见病知源，若能寻余所集，思过半矣。

4. 保存文件，文件名为“医圣”，保存类型为“.docx”，保存到桌面。
5. 关闭“医圣”文档。
6. 在 Word 中再次打开“医圣”文档。
7. 定位插入点到第一段第二行括号中的“约公元”后，切换到“改写”状态，并输入“215～219”。
8. 在文档的末尾插入当前的日期，并设为“自动更新”。
9. 将文档另存为“录入练习 2”，保存类型为“.docx”，为文档设置打开文件密码为“user”，修改文件密码为“superuser”保存到桌面。
10. 关闭文档并退出 Word 应用程序。

技能训练二　文档的编辑与排版操作

【训练目的】

1. 掌握 Word 文档的编辑操作。

2. 掌握文档的排版设置。

3. 掌握文档的基本页面设置。

【训练内容】

1. 对文档进行编辑操作。

（1）启动 Word 应用程序，在文档中录入如下内容，并将文件以“当代大学生.docx”为名保存在桌面。

关心祖国和民族的命运，高举爱国主义的旗帜，继往开来，为中国沿着社会主义方向前进而作出自己应有的贡献。我们要把自己的命运与国家民族的命运紧密联系起来。我们要多关心时事，了解当今世界的发展趋势，特别是中国所处的国际环境方面的信息。我们要能够心怀祖国，而不是仅仅纸上谈兵、在文字上、在演讲台上大发爱国之情，要付诸行动。

响应党和国家的号召，顺应人民群众的需要。扎根基层，投身到西部，积极地到偏远贫困地区支农支教等等。

要努力学习科学文化知识，提高自己的综合素质，踏踏实实地打好基础，积极迎接科技和知识经济的挑战。要顺时代潮流而动，作时代的弄潮儿。我们要敢于挑战时代、挑战自我，要以强者的姿态于世。我们更要能够实事求是的工作和学习。少说空话，多干实事。

积极培养自己的创新意识和创新能力，投身社会经济建设，为把我国建设成为富强、民主、文明、和谐的社会主义国家，实现中华民族的伟大复兴而努力奋斗。

要有全球意识，为保护生态环境和历史古迹，维护世界的和平与稳定，和谐与发展，促进人类社会的全面，协调，可持续的发展贡献出自己力所能及的力量。我们要有地球公民意识，要开阔视野，拓展心胸，抛弃一些偏见。勇于和善于自我反省，同时，悦纳别人对自己实事求是的批评。

（2）查找替换，将文章中的“我们”全部改为“大学生”，同时设置“大学生”字体颜色为红色。

（3）将第 3 段中的“少说空话，多干实事。”一句删除。

（4）将文档的第二段和第三段互换位置。

（5）在文档最前面插入一行，并在该行中输入“当代大学生的历史使命”作为标题。

（6）将标题行“当代大学生的历史使命”复制到第三段和第四段之间，并作为一个单独的段落。

（7）将文档另存为“编辑练习.doc”，保存位置不变。

（8）关闭此文档。

2. 对文档进行排版操作。

（1）启动 Word 应用程序，在文档中录入如下内容，并将文件以“数据的表示方法.docx”为名保存在桌面。

计算机内部数据的表示方法

计算机所表示和使用的数据可分为两大类：数值型数据和非数值型数据。数值型数据用以表示量的大小、正负，如整数、小数等。非数值型数据，用以表示一些符号、标记，如英文字母 A ~ Z、a ~ z、数字 0 ~ 9、各种专用字符+、-、*、/、[、]、(、)及标点符号等。汉字、图形和声音数据也属非数值型数据。

由于在计算机内部只能处理二进制数，所以数字编码的实质就是用 0 和 1 两个数字进行各种组合，将要处理的信息表示出来。任何一个非二进制整数输入到计算机中都必须以二进制格式存放在计算机的存储器中。每个数据占用一个或多个字节。通常把一个数的最高位规定为数值的符号位，用“0”表示正，用“1”表示负，称为数符，其余的数表示数值。这种连同数字与符号组合在一起的二进制数称为机器数。由机器数所表示的实际值称为真值。

要全面、完整地表示一个机器数，应该考虑三个因素：机器数的范围、机器数的符号、机器数中小数点的位置。

机器数的范围。当使用 8 位寄存器时，字长为 8 位，所以一个无符号整数的最大值是 255，即(11111111)2 = (255)10，此时机器数的范围为 0 ~ 255，如果超过这个值，就会产生“溢出”；当使用 16 位寄存器时，字长为 16 位，所以一个无符号整数的最大值是(FFFF)16 = (65535)10。此时机器数的范围为 0 ~ 65535。

机器数的符号。不考虑正负的机器数称为无符号数；考虑正负的机器数称为有符号数。如果用一个字节表示一个有符号整数，其取值范围 - 127 ~ + 127。

机器数中小数点的位置。带小数点的数在计算机中用隐含规定小数点的位置来表示。根据小数点的位置是否固定，分为定点数和浮点数。

对于即有整数部分、又有小数部分的数，由于其小数点的位置不固定，一般用浮点数表示。在计算机中，通常所说的浮点数就是指小数点位置不固定的数。

我们知道，一个即有整数部分又有小数部分的十进制数 R 可以表示成 R = Q × 10N。其中 Q 为一个纯小数，N 为一个整数。例如，十进制数-23.478 可以表示成-0.23478 × 10^2，十进制数 0.0003957 可以表示成 0.3957 × 10^{-3}。纯小数 Q 的小数点后第一位一般为非零数字。

同样，对于既有整数部分又有小数部分的二进制数 P 也可以表示成 P = S × 2N。其中 S 为一个二进制定点小数，称为 P 的尾数；N 为一个二进制定点整数，称为 P 的阶码，它反映了二进制数 P 的小数点的实际位置。为了使有限的二进制位数能表示出最多的数字位数，定点小数 S 的小数点后的第一位（符号位的后面一位）一般为非零数字。

（2）将文档的第一行即标题行“计算机内部数据的表示方法”的格式设为黑体小二号字，加粗，红色，下画线为双波浪线，字符间距“加宽”2 磅，水平居中。

（3）将除标题外所有文字设置汉字为仿宋字体，英文为 Times New Roman，字号四号字，首行缩进 2 字符。

（4）将文档中“(11111111)2 = (255)10”中的“2、10”设为下标，“(FFFF)16 = (65535)10”中的“16、10”设为下标；将文档中“R = Q × 10N”中的“N”变为“10”的上标；将“P = S × 2N”中的“N”变为“2”的上标。

（5）为第四、五、六段正文内容添加项目编号“1.、2.、3.……”，并设置这三段悬挂缩进 2 字符。

（6）将第一、二段设置为左、右各缩进 3 个字符，段后距为 2 行，对齐方式为左对齐；将最后三段设置为两端对齐，行距设为固定值 22 磅。

（7）为文档第一段设置首字下沉，字体为隶书，下沉 2 行。

（8）为标题文字添加 3 磅黄色双框线、浅蓝色底纹，为正文第三段加上下 1.5 磅边框线、浅绿色底纹。

（9）设置页面为 A4 纸，横向使用。页边距上、下各为 2 cm，左、右各为 2.2 cm。

（10）在文档中插入页眉，选用“空白”模式，页眉内容为“数据的表示方法”。

（11）在文档中插入页脚，选用“空白（三栏）”模式，在居中的位置插入当前日期，形式为 20× ×年×月×日，在右对齐的位置插入页码，格式为“Ⅰ，Ⅱ，Ⅲ”的样式。

（12）将文档分为两栏，栏之间添加分隔线，栏宽及间距采用默认设置。

（13）设置艺术型页面边框，要求颜色为浅蓝色，宽度为 15 磅，如图 4-64 所示。

（14）最后效果如图 4-65 所示，将文档另存为“排版练习.docx”，保存位置不变，退出 Word 应用程序。

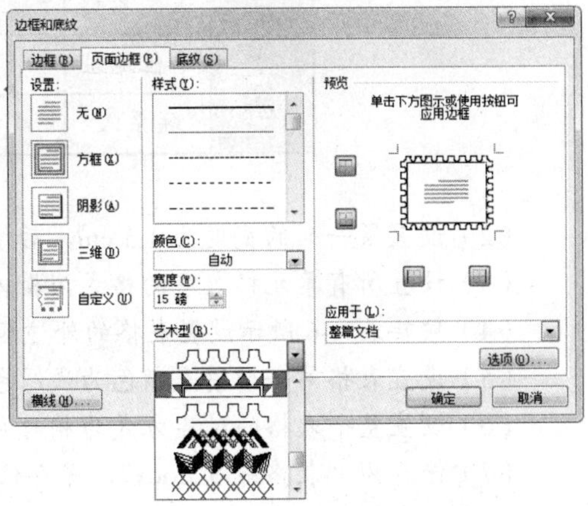

图 4-64　艺术型页面边框

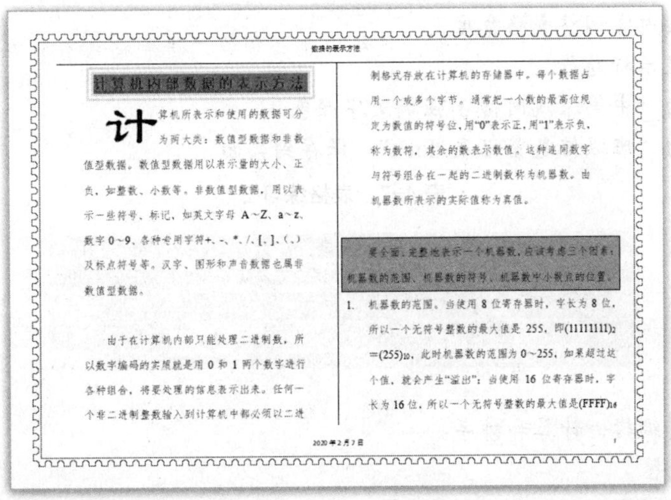

数据的表示方法

计算机内部数据的表示方法

计算机所表示和使用的数据可分为两大类：数值型数据和非数值型数据。数值型数据用以表示量的大小、正负，如整数、小数等。非数值型数据，用以表示一些符号、标记，如英文字母 A~Z、a~z、数字 0~9、各种专用字符+、-、*、/、[、]、(、)及标点符号等。汉字、图形和声音数据也属非数值型数据。

由于在计算机内部只能处理二进制数，所以数字编码的实质就是用 0 和 1 两个数字进行各种组合，将要处理的信息表示出来。任何一个非二进制整数输入到计算机中都必须以二进制格式存放在计算机的存储器中。每个数据占用一个或多个字节。通常把一个数的最高位规定为数值的符号位，用“0”表示正，用“1”表示负，称为数符，其余的数表示数值。这种连同数字与符号组合在一起的二进制数称为机器数。由机器数所表示的实际值称为真值。

要全面、完整地表示一个机器数，应该考虑三个因素：机器数的范围、机器数的符号、机器数中小数点的位置。

1. 机器数的范围。当使用 8 位寄存器时，字长为 8 位，所以一个无符号整数的最大值是 255，即$(11111111)_2$=$(255)_{10}$，此时机器数的范围为 0~255，如果超过这个值，就会产生“溢出”；当使用 16 位寄存器时，字长为 16 位，所以一个无符号整数的最大值是$(FFFF)_{16}$

2020 年 2 月 7 日　1

图 4-65　排版操作效果

技能训练三　表格制作

【训练目的】

1. 掌握 Word 中表格的创建方法。
2. 掌握 Word 表格的编辑操作。
3. 掌握表格的格式设置。

【训练内容】

1. 创建一个表格并进行格式设置。

（1）按表 4-6 所示的样式创建表格。

表 4-6　表格练习 1

<table>
<tr><td rowspan="5">学生情况</td><td>姓名</td><td></td><td>性别</td><td></td><td>学号</td><td></td></tr>
<tr><td>所在系部</td><td></td><td>专业</td><td></td><td>班级</td><td></td></tr>
<tr><td>学历层次</td><td colspan="5">普专（ ）高职（ ）</td></tr>
<tr><td>家庭住址</td><td colspan="5"></td></tr>
<tr><td>学生意见</td><td colspan="5"></td></tr>
<tr><td rowspan="3">医院情况</td><td>医院名称</td><td colspan="2"></td><td>医院等级</td><td colspan="2"></td></tr>
<tr><td>单位地址</td><td colspan="2"></td><td>邮政编码</td><td colspan="2"></td></tr>
<tr><td>联系人</td><td colspan="2"></td><td>联系电话</td><td colspan="2"></td></tr>
</table>

（2）设置第一列的宽度为 1.5 cm，后续各列的宽度为 2.1 cm，各行高度为 0.8 cm。

（3）设置所有单元格文字的格式为楷体，小四号字、水平居中、垂直居中。

（4）按样表 4-6 所示设置表格的外边框为 1.5 磅红色粗线；内部行列线粗细为 1 磅，颜色为蓝色。

（5）设置表格第一列填充颜色为浅绿色，图案样式为 5%。

（6）设置整个表格的对齐方式为相对页面水平居中。

（7）保存为“表格练习.docx”，保存位置为桌面。

2. 大型表格的创建及操作。

（1）启动 Word 应用程序。

（2）制作 120 人的班级信息登记表，表头如表 4-7 所示。

（3）将表格设置为“按内容调整表格宽度”。

（4）设置在每一页都显示标题行。

（5）将表格样式设置为“中等深浅网格 3-强调文字颜色 1”。

（6）将表格文档命名为“班级信息登记表.docx”，保存到桌面。

表 4-7　表格练习 2

学号	姓 名	性 别	家 庭 住 址	电　话
001	张三	男	河北省邢台市医专家属院 6-3-2	13999999999

3. 创建一个表格并进行编辑、计算和排序。

（1）启动 Word 应用程序。

（2）创建表 4-8 所示的表格，自动套用格式，格式为古典型 2。[先创建四列，“总成绩”列按第（3）题的要求创建。]

表 4-8　表格练习 3

姓名	解剖	病理	计算机	总成绩
谢伟	95	78	87	
李佳成	85	82	93	
王涛	83	91	85	
张阳	85	76	78	
平均分				

（3）在末列右侧插入一列，标题是“总成绩”，在相应单元格利用公式填入每人的总成绩。

（4）删除最后一行。

（5）将所有行高改为 1 cm，列宽改为 2 cm。

（6）对表格进行排序，主要关键字为“解剖”，降序排列，次要关键字为“计算机”，升序排列。

（7）保存为“学生成绩.docx”，保存位置为桌面。

技能训练四　图文混排操作和文档的打印

【训练目的】

1. 掌握绘图工具栏的使用。
2. 掌握图形的绘制及编辑操作。
3. 熟悉图形的格式设定、对齐、环绕等操作。
4. 了解艺术字、文本框的使用。

【训练内容】

1. 绘制自选图形并进行格式设置。

（1）启动 Word 应用程序，在文档中录入如下内容，并将文件以“中华文化.docx”为名保存在桌面上。

《习近平用典》序言：从中华文化中汲取力量

“不忘历史才能开辟未来，善于继承才能善于创新。只有坚持从历史走向未来，从延续民族文化血脉中开拓前进，我们才能做好今天的事业”。2014 年 9 月，习近平总书记在纪念孔子诞辰 2565 周年国际学术研讨会上的讲话，向世界发出了传承和创新优秀传统文化的“中国声音”，引起了广泛共鸣。

“与人民心心相印、与人民同甘共苦、与人民团结奋斗，夙夜在公”，2012 年 11 月 15 日，在那场举世瞩目的记者见面会上，刚刚就任中共中央总书记的习近平，以清新质朴的话语，打动了无数人。后来成为媒体高频词的“夙夜在公”，正是出自《诗经 · 召南 · 采蘩》。

历史是最好的教科书。习近平曾指出，一个民族、一个国家，必须知道自己是谁，是从哪里来的，要到哪里去，想明白了、想对了，就要坚定不移朝着目标前进。中华文化源远流长，积淀着中华民族最深层的精神追求，代表着中华民族独特的精神标识。“先天下之忧而忧，后天下之乐而乐”的政治抱负，“苟利国家生死以，岂因祸福避趋之”的报国情怀，“富贵不能淫，贫贱不能移，威武不能屈”的浩然正气，“鞠躬尽瘁，死而后已”的献身精神等，都传承着中华民族的精神基因，这是我们最深厚的文化软实力。

（2）在文章中插入一个自选图形棱台，大小要求为宽 13 cm，高 1.6 cm。

（3）设置形状填充颜色为橙色，透明度 30%；形状轮廓粗细为 1.5 磅，线条颜色为蓝色。

（4）设置自选图形衬于文字下方，图片位置为对于页面，水平 4.2 cm，垂直 2.3 cm。

2. 在文档中插入特殊图片并进行设置。

（1）在“中华文化.docx”文档中插入“习近平用典图”“孔子像”两张图片。

（2）设置“习近平用典图”的文字环绕方式为“四周型”，环绕位置为“两边”，距正文，左 0.2 cm，右 0.2 cm；水平对齐方式对于页边距为左对齐，垂直对齐方式为对于页面 5 cm。

（3）设置“孔子像”图片大小相对于原始图片大小锁定纵横比缩放为 60%，裁剪形状为椭圆，图片边框颜色为深蓝色；图片的文字环绕方式为“四周型”，图片位置对于页边距，水平 9 cm，垂直 3.5 cm。

（4）在“孔子像”图片下添加横排文本框，内容为“孔子”，字体为楷体、四号、深蓝色、加粗，文本框要求无线条色和无填充色，文本框内部边距上下左右均为 0 cm；调整文本框到孔子像图片下方合适位置，将二者进行组合，设置组合后的图片文字环绕方式为“紧密型”，环绕位置为“只在左侧”，距正文左侧 0.2 cm。

（5）在文档中插入艺术字，内容为“国风 · 召南 · 采蘩”，艺术字的类型为“艺术字库”对话框的第三行第二列的类型，字体为宋体，字号为二号。艺术字的文本效果为“转换-停止”；艺术字环绕方式为“四周型”，位置为水平对齐方式相对于页边距右对齐，垂直对于页边距下侧 14 cm。

（6）最终效果如图 4-66 所示，将文档另存为“图文混排.docx”，保存位置为桌面。

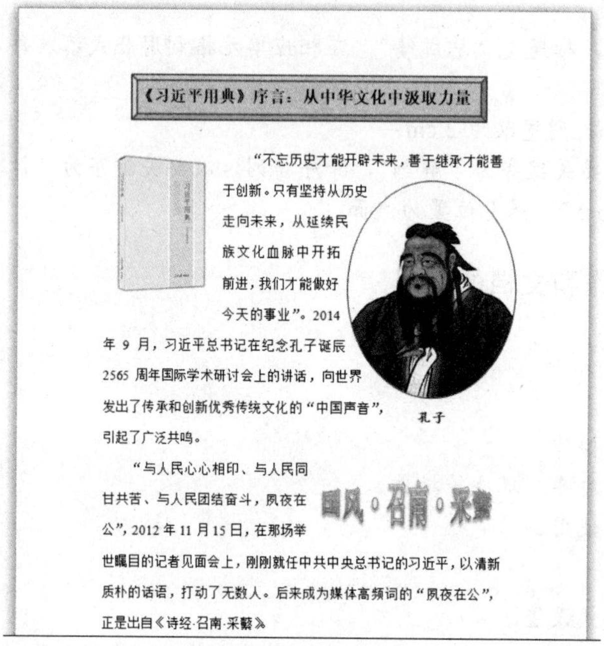

《习近平用典》序言：从中华文化中汲取力量

“不忘历史才能开辟未来，善于继承才能善于创新。只有坚持从历史走向未来，从延续民族文化血脉中开拓前进，我们才能做好今天的事业”。2014 年 9 月，习近平总书记在纪念孔子诞辰 2565 周年国际学术研讨会上的讲话，向世界发出了传承和创新优秀传统文化的“中国声音”，引起了广泛共鸣。

孔子

“与人民心心相印、与人民同甘共苦、与人民团结奋斗，夙夜在公”，2012 年 11 月 15 日，在那场举世瞩目的记者见面会上，刚刚就任中共中央总书记的习近平，以清新质朴的话语，打动了无数人。后来成为媒体高频词的“夙夜在公”，正是出自《诗经·召南·采蘩》

国风 · 召南 · 采蘩

图 4-66　图文混排效果

3. SmartArt 的创建及设置。

（1）启动 word 程序，在新文档中插入图 4-67 所示的 SmartArt 图形。

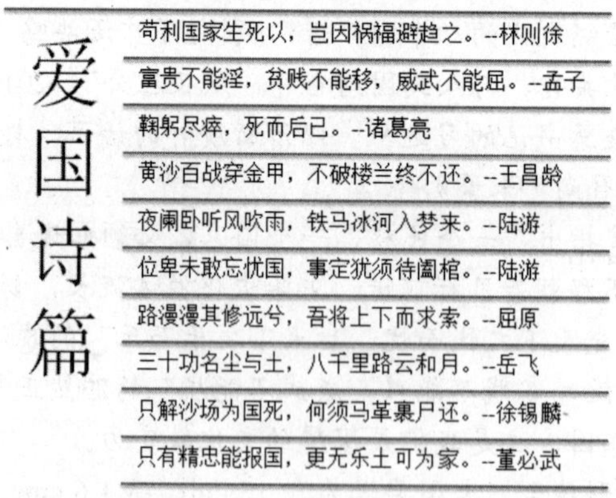

图 4-67　SamartArt 效果图

（2）要求采用 SmartArt 中“列表”中的“线型列表”来创建。

（3）按效果图样式输入内容，并进行形状的添加。

（4）设置 SmartArt 图的颜色为“渐变范围-强调文字颜色 2”。

（5）将 SmartArt 图的样式设置为“白色轮廓”。

（6）将图片的对齐方式设置为相对于页面水平居中对齐。

（7）保存文档，文件名为“爱国诗篇.docx”，保存位置为桌面。

第5章

Excel 2010 电子表格处理软件

Excel 2010 是 Microsoft Office 2010 的主要组成部分，是一个功能强大的电子表格处理软件，可以广泛地应用于财务、统计、数据分析领域。Excel 可以制作精美的表格，美化表格，在表格中利用公式和函数进行复杂的运算，打印常用的各种统计报表和统计图。本章主要介绍 Excel 的基本概念、基本操作、图表操作、数据管理等功能。

5.1 Excel 2010 概述

本节主要介绍 Excel 2010 的启动和退出的方法，以及 Excel 2010 的工作界面和基本概念。

5.1.1 Excel 2010 的基本功能

1. 制作电子表格

制作电子表格是 Excel 的主要功能，它以行和列的形式组织数据信息并提供丰富的电子表格模板，易于做各种美观实用的表格。

2. 制作图表

可以将电子表格中的数据以柱形图、饼图、面积图、折线图、条形图及雷达图等方式表示，让用户更容易理解大量数据和不同数据系列之间的关系，便于直观地分析和观察数据。图表还可以显示数据的全貌，以便分析数据并找出重要趋势。

3. 数据管理和分析

Excel 提供了丰富的函数和数据分析工具，具有强大的数据管理和分析能力，可以对电子表格中的数据进行排序、筛选、分类汇总，以及建立数据透视表等操作。

5.1.2 Excel 2010 的启动与退出

1. 启动

启动 Excel 常用以下方法：

- 单击任务栏的“开始”|“所有程序”|“Microsoft Office”|“Microsoft Excel 2010”选项，如图 5-1 所示。
- 双击已存在的电子表格文件（扩展名为.xls 或.xlsx 的文件），即可启动 Excel，并同时打开该电子表格文件。

2. 退出

完成工作后需要退出 Excel 软件，与关闭应用程序窗口的方法相同。常用以下方法：

- 单击 Excel 窗口标题栏右端的【关闭】按钮。
- 单击“文件”|“退出”命令。

图 5-1 启动 Excel 程序

• 按【Alt+F4】组合键。

退出 Excel 时，所有打开的文件均被关闭。若文件未被保存，系统给出存盘提示，如图 5-2 所示，单击【保存】按钮，对修改的内容进行保存并退出 Excel；单击【不保存】按钮，不保存并退出 Excel；单击【取消】按钮，重新返回编辑窗口，不会退出 Excel 工作环境。

图 5-2　保存提示对话框

5.1.3　Excel 2010 的工作界面

Excel 启动后，出现图 5-3 所示的工作界面。Excel 2010 的窗口包含标题栏、选项卡、数据编辑区、工作表标签、状态栏等。

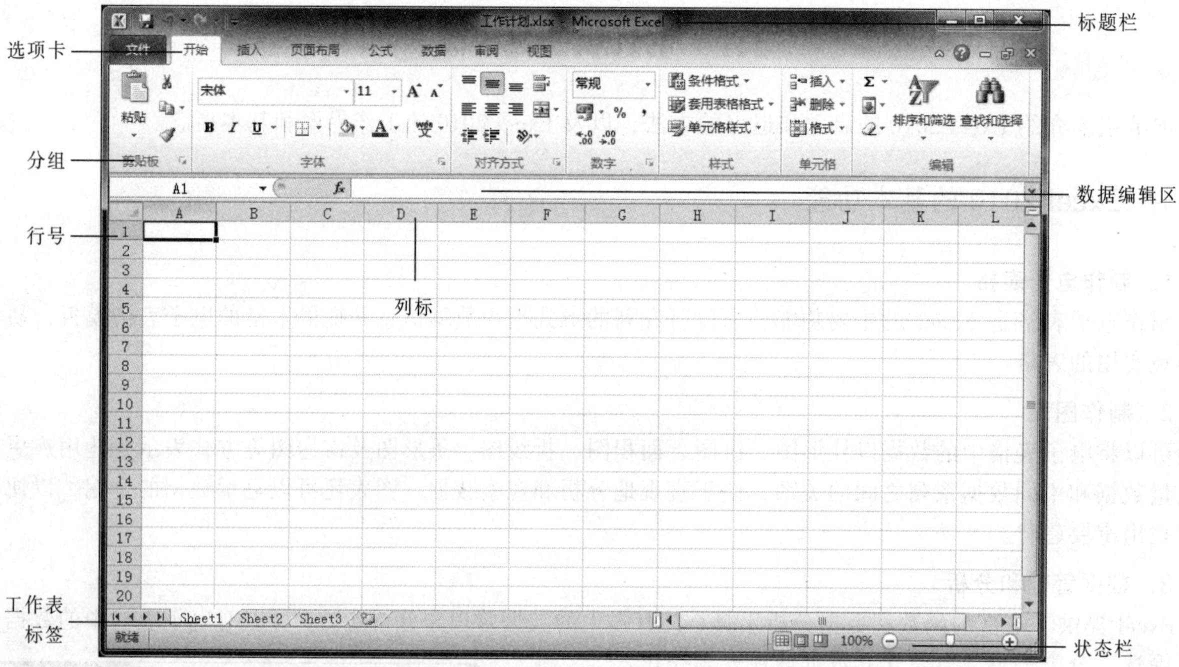

图 5-3　Excel 2010 工作界面

1. 标题栏

标题栏位于窗口顶部，显示软件名称，以及当前工作簿文件的名称。标题栏右侧有最小化、最大化/还原、关闭按钮。

2. 选项卡

选项卡包括文件、开始、插入、页面布局、公式、数据、审阅、视图等，每个选项卡下面又包含若干分组，利用它们可以快速实现 Excel 的各种操作。

3. 数据编辑区

数据编辑区用来输入或编辑当前单元格的值或公式。该区域左侧为名称框，显示已选定的单元格的名称，例如图 5-3 中显示为 A1 单元格。

4. 工作表标签

工作表标签位于文档窗口的底部左侧，初始为 Sheet1、Sheet2 和 Sheet3，每个标签代表一个工作表，虽然当前的工作表只有一个，但是可以通过单击工作表标签在各个工作表之间进行切换。当有多个工作表，标签栏不能显示所有工作表名称时，可以单击标签栏左侧滚动按钮使工作表标签滚动，显示出所需要的工作表名称。

5. 状态栏

状态栏位于窗口的底部，用于显示当前命令或操作的有关信息。

5.1.4　基本概念

1. 工作簿

工作簿是在 Excel 中存储和处理数据的文件，其扩展名为“.xlsx”。每个工作簿可以包含多张工作表，在默认情况下，每个工作簿中有 3 个工作表，分别以 Sheet1、Sheet2、Sheet3 来命名。

2. 工作表

工作簿中每一张表称为一个工作表，可以显示和分析数据。工作表的名字在窗口底端的工作表标签栏显示，每个工作表最多由 1 048 576 行和 16 384 列构成，行号由上至下用数字 1～1 048 576 表示，列标由左至右用字母 A～Z、AA～AZ……XFD 表示。

3. 单元格

单元格是工作表中行和列相交形成的格子，是组成工作表的最小单位。每一个单元格都有唯一的标识，称为单元格地址。单元格地址用单元格所在的列标和行号来表示，且列标在前，行号在后。例如，B3 表示第 B 列和第 3 行相交对应的单元格。

由于一个工作簿中可以有多个工作表，为了方便用户在不同工作表之间进行数据处理，要在单元格地址前加上工作表的名称，工作表名和单元格地址之间用“!”分隔。例如 Sheet1! A2，表示该单元格是 Sheet1 工作表中的 A2 单元格。

单击任何一个单元格，它就成为活动单元格，其地址在名称框中显示。活动单元格的四周用粗线条包围起来，表示用户当前正在使用该单元格。用户可以通过单元格的地址来引用单元格中的数据。

由若干单元格构成的矩形区域称为单元格区域，简称“区域”；区域的表示为“区域左上角的单元格地址：区域右下角的单元格地址”。例如“B2:D6”表示从 B2 到 D6 为对角线的矩形区域，如图 5-4 所示。

表示不连续的单元格，单元格之间用逗号分隔。例如“B2,C4,D6”表示图 5-5 所示的 B2、C4、D6 共 3 个单元格。

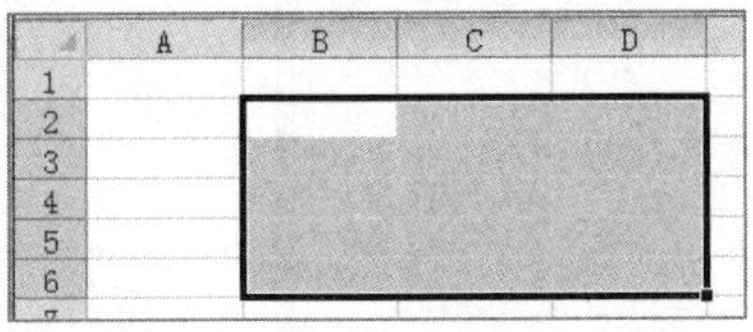

图 5-4　单元格区域

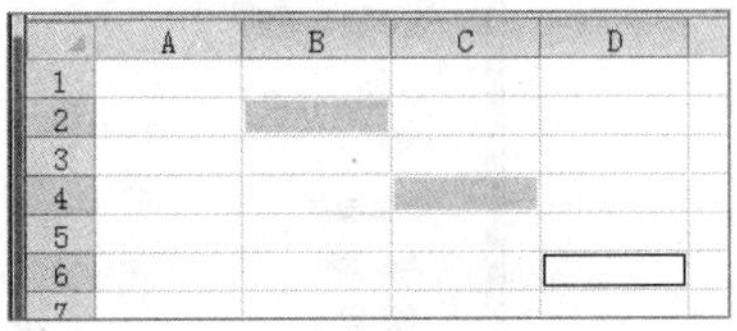

图 5-5　不连续的单元格

5.2　Excel 2010 的基本操作

5.2.1　工作簿管理

1. 新建工作簿

启动 Excel 后，系统会自动创建一个名为“工作簿 1.xlsx”的空白工作簿，用户可以直接使用它。

单击“文件”选项卡下的“新建”命令，在“可用模板”下双击“空白工作簿”，可以新建一个空白工作簿。如图 5-6 所示。也可以在“Office.com 模板”中选择符合需要的模板，快速创建新的工作簿。

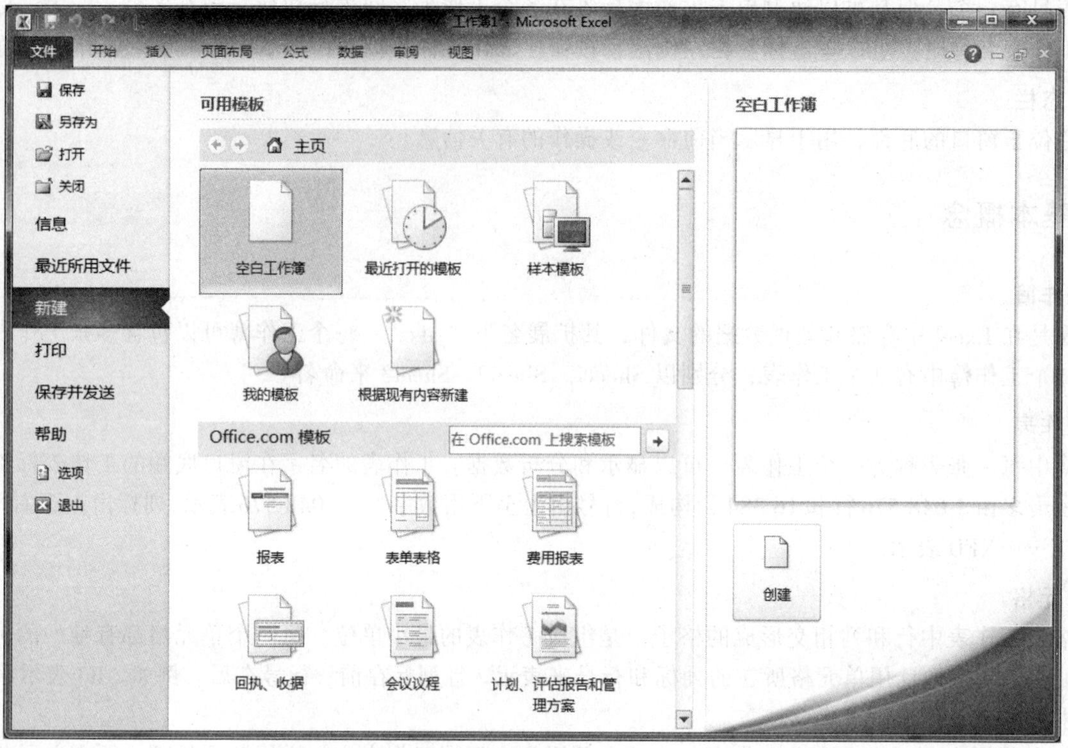

图 5-6 新建空白工作簿

2. 打开工作簿

如果用户需要使用已经保存在计算机内的工作簿，单击“文件”选项卡下的“打开”命令，弹出图 5-7 所示的“打开”对话框，选择文件所在的磁盘和文件夹，再选择所需的文件，单击【打开】按钮即可打开 Excel 工作簿。

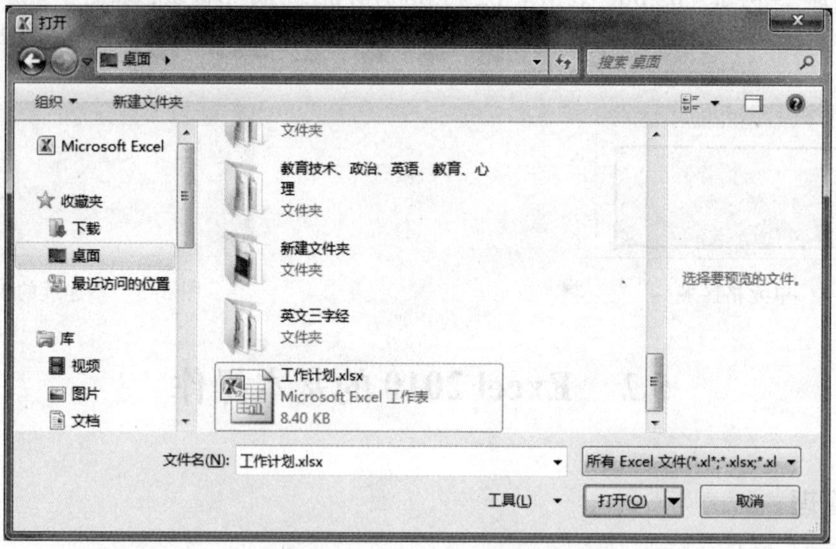

图 5-7 “打开”对话框

3. 保存工作簿

工作簿编辑完成后要保存到磁盘上，便于以后再次使用。如果一个新建立的工作簿还没有保存过，单击窗口左上角的【保存】按钮，或单击“文件”选项卡下的“保存”命令，将弹出的“另存为”对话框，如图 5-8 所示。用户按要求选择保存位置，输入文件名，选择保存类型，单击【保存】按钮，将当前工作簿保存在指定位置。

如果正在编辑的工作簿不是新文件，单击【保存】按钮或单击“文件”选项卡下的“保存”命令，Excel 将不弹出"另存为"对话框而自动按工作簿的原文件名和原位置进行保存。如果单击"文件"选项卡下的"另存为"命令，将弹出"另存为"对话框，用户可以重新选择保存位置和文件名进行存盘，并将另存后的工作簿作为当前工作簿，原工作簿的内容为在此编辑修改之前保存的内容，原文件仍在。

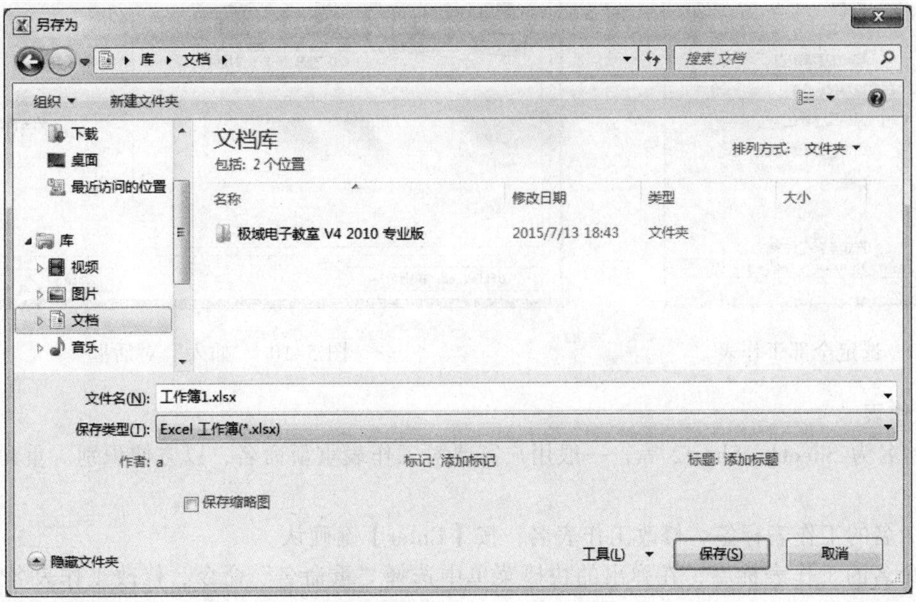

图 5-8　"另存为"对话框

4．关闭工作簿

对工作簿的操作完成后要关闭工作簿。单击"文件"选项卡下的"关闭"命令，即可关闭当前工作簿。如果工作簿文件已经修改但未存盘，系统会弹出对话框，提示用户进行存盘处理。关闭工作簿后并不退出 Excel 程序，还可以继续处理其他工作簿。

5.2.2　工作表基本操作

对工作表的操作主要有选定、插入、重命名、移动和复制、删除工作表，以及工作表窗口的拆分与冻结。

1．选定工作表

要对工作表进行操作，首先须选取工作表。可在工作表标签栏进行工作表选取。

选定单个工作表：单击要选定的工作表标签，该工作表的内容显示在数据编辑区，成为活动工作表，相应标签成为白色。

选定多个工作表：选取连续的多个工作表，可先单击第一个工作表标签，然后按住【Shift】键单击最后一个工作表标签；选取多个不连续的工作表，按住【Ctrl】键后分别单击所需工作表标签。选中的多个工作表组成一个工作组，在窗口的标题栏中出现"[工作组]"字样。选定工作组后，当对其中一个工作表的数据进行编辑或设置格式时，工作组中其他工作表的相同单元格同时出现相应的修改和设置。取消工作组的选定可单击工作组以外的任意工作表标签。

选定所有工作表：右击任意一个工作表标签，在弹出的快捷菜单中单击"选定全部工作表"命令，如图 5-9 所示。

2．插入工作表

工作簿创建之后，系统默认给出 3 个工作表，用户可以根据需要添加新的工作表。

右击工作表标签，在快捷菜单中单击"插入"命令，弹出"插入"对话框，选择对话框"常用"选项卡中的"工作表"，然后单击【确定】按钮，如图 5-10 所示。

插入的新工作表在选定的工作表之前，并且成为活动工作表。

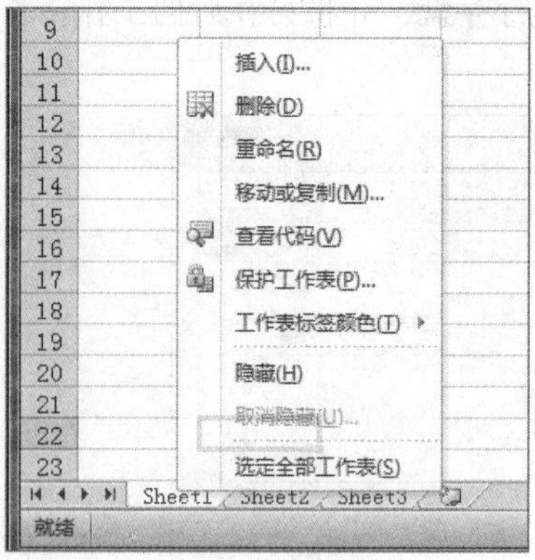

图 5-9 选定全部工作表

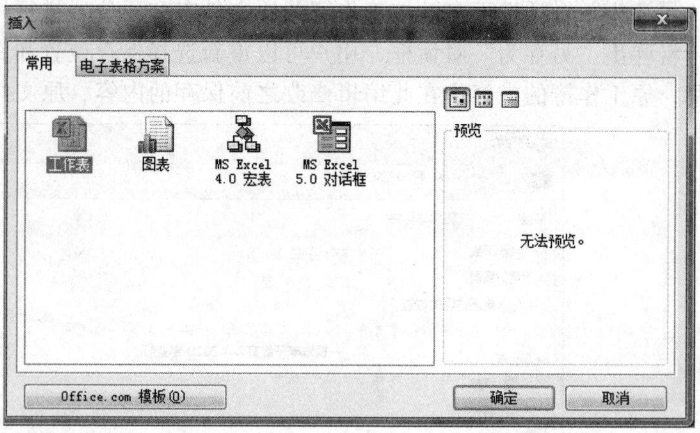

图 5-10 “插入”对话框

3. 重命名工作表

工作表的初始名为 Sheet1、Sheet2 等，一般用户需要对工作表重新命名，以方便识别。重命名的操作方法有如下两种：

- 双击要重命名的工作表标签，修改工作表名，按【Enter】键确认。
- 右击要重命名的工作表标签，在弹出的快捷菜单中选择“重命名”命令，修改工作表名，按【Enter】键确认。

4. 移动或复制工作表

移动、复制工作表可以在同一个工作簿内进行，也可以在不同的工作簿之间进行。操作方式有鼠标操作方式和菜单操作方式。

（1）利用鼠标拖动。在同一个工作簿内移动工作表，首先选定被移动的工作表，用鼠标左键拖动工作表标签至合适的位置，实现工作表的移动。若要复制工作表，则在拖动标签时按下【Ctrl】键，此时鼠标指针上出现“+”号，进行复制，新的工作表名称为原工作表名称后面加“(2)”。

（2）利用菜单命令。在不同工作簿之间移动或复制工作表，使用菜单命令更加方便。先将两个工作簿同时打开，选中源工作簿中要移动或复制的工作表，右击工作表标签，在弹出的快捷菜单中选择“移动或复制”命令，弹出“移动或复制工作表”对话框，如图 5-11 所示。在“工作簿”下拉列表框中选择目标工作簿，在“下列选定工作表之前”列表中选择目标位置，选中“建立副本”复选框即可进行复制，否则即进行移动，单击【确定】按钮。

利用“移动或复制工作表”对话框在“工作簿”下拉列表框中如果选择当前工作簿，即可在同一工作簿内移动或复制工作表。

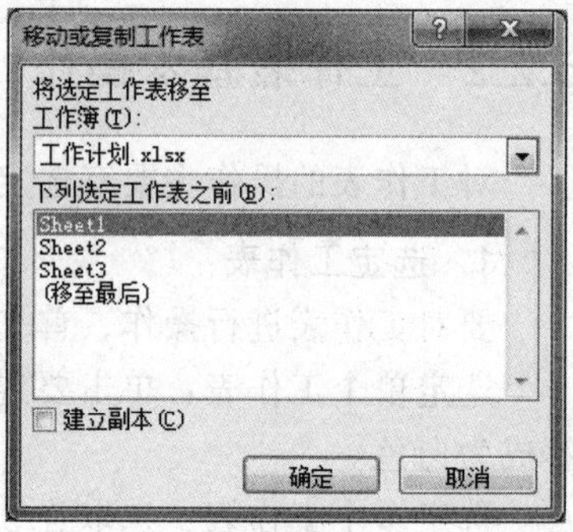

图 5-11 移动或复制工作表

5. 删除工作表

不需要的工作表可以删除，右击要删除工作表的标签，在弹出的快捷菜单中选择“删除”命令。

如果被删除的工作表中存在数据，系统会弹出对话框提示用户是否要永久删除这些数据，如图 5-12 所示。若要删除，单击【删除】按钮，否则单击【取消】按钮。

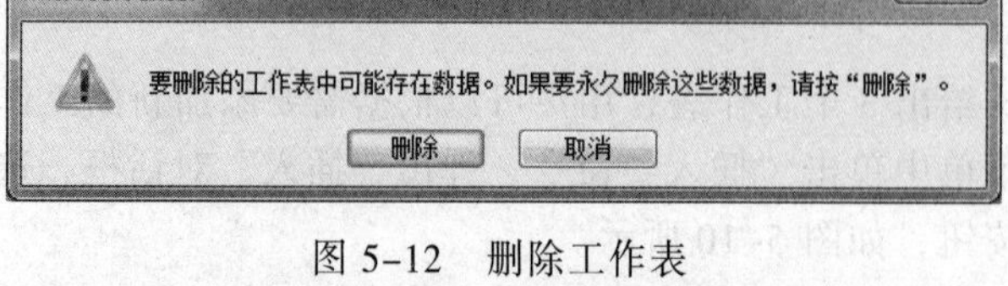

图 5-12 删除工作表

注意：工作表一旦被删除后，将永久性消失，使用一般方法不能恢复。

6．拆分窗口

拆分窗口功能可以将窗口拆分成几个小窗格，在不同的小窗格中分别查看同一工作表的不同内容。用户可以对工作表窗口进行拆分与取消拆分操作。

（1）拆分窗口：在 Excel 窗口的垂直滚动条顶端和水平滚动条右端各有一个拆分条。当鼠标指针移动到垂直拆分条时，指针变成上下箭头的形状，拖动拆分条可以将窗口拆分成上下两个窗格。在两个窗格内分别拖动滚动条，可将同一工作表中不同的数据区域同时显示在屏幕上。同理，拖动水平拆分条可将窗口左右分成两个窗格。

单击“视图”选项卡下的“窗口”组中【拆分】按钮也可对工作表进行拆分。

（2）取消拆分：再次单击【拆分】按钮，窗口合并成一个窗格的形式显示工作表内容。

7．冻结窗格

当工作表中数据很多时，需要移动滚动条来显示工作表中的不同数据区，如果不希望列标题和行标题等数据滚动出屏幕范围，可通过工作表窗格的冻结功能将需要保持始终可见的数据项固定在窗口的上部或左部。

冻结窗格时首先选定一个单元格，单击“视图”选项卡下的“窗口”组中【冻结窗格】按钮，在下拉列表中选择“冻结拆分窗格”命令，如图 5-13 所示，则所选单元格上方的行和左边的列将被冻结，冻结线为黑色细线。

例如，选中 D2 单元格，则第一行和 A、B、C 三列被冻结，当屏幕进行滚动时被冻结的数据保留在原位置，效果如图 5-14 所示。

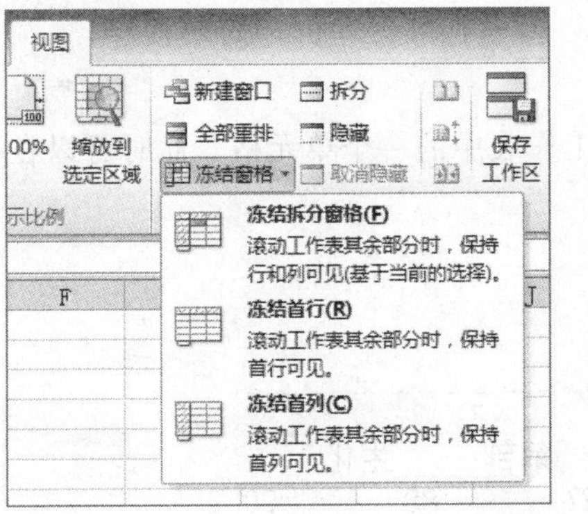

图 5-13 “冻结窗格”下拉列表

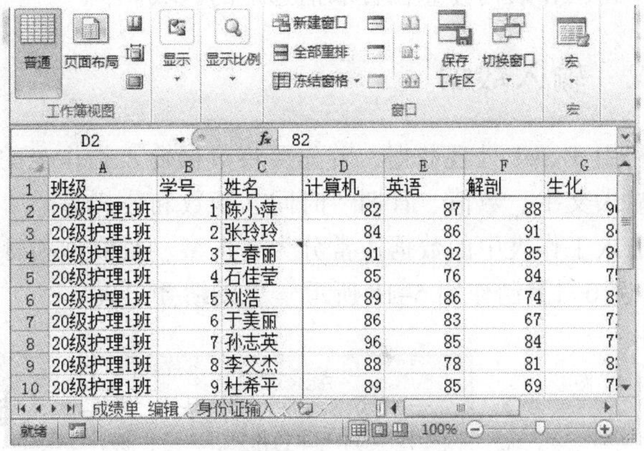

图 5-14 冻结窗格的效果

如果取消冻结窗格，可再次单击“冻结窗格”按钮，从中选择“取消冻结窗格”命令。

5.3 录入数据

5.3.1 选择单元格

对单元格进行操作首先要选取单元格或单元格区域，使其成为活动单元格才可进行数据输入或进行复制、格式设置等操作。

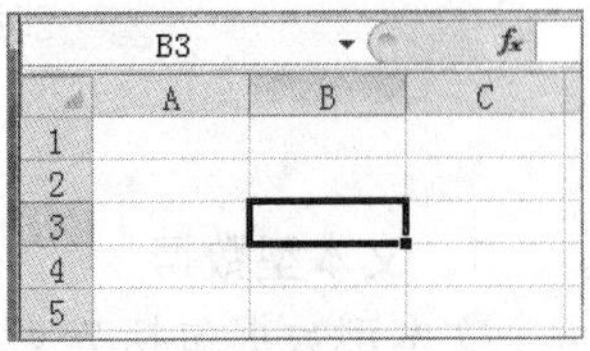

图 5-15 活动单元格

1．选取一个单元格

单击所需单元格，该单元格就成为活动单元格。活动单元格的边框比其他单元格的边框更粗更黑，同时名称框中显示被选择单元格的地址。例如，单击第 B 列第 3 行的单元格，结果如图 5-15 所示。

2．选取单元格区域

多个单元格构成单元格区域，各种情况的选定方法如表 5-1 所示。

表 5-1 单元格区域的选取方法

区 域	选 取 方 法
相邻单元格区域	单击区域左上角单元格，拖动鼠标至区域的右下角（或按住【Shift】键同时单击右下角单元格）
不相邻单元格区域	选定第一个区域后，按住【Ctrl】键，再选择其他区域，如图 5-16 所示
整行（或列）	单击工作表相应的行号（或列标）
相邻行（或列）	从起始行号（或列标）拖动鼠标至终止行号（或列标）
不相邻行（或列）	单击某一行号（或列标）后，按住【Ctrl】键，再单击其他所需行号（或列标）
全部单元格	单击工作表左上角行列相交处的全选按钮，如图 5-17 所示

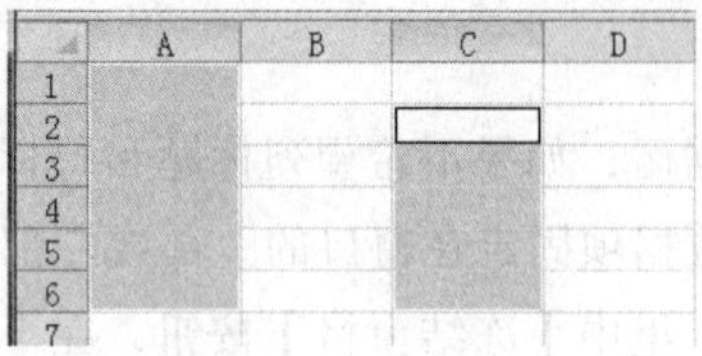

图 5-16 选定不连续单元格区域

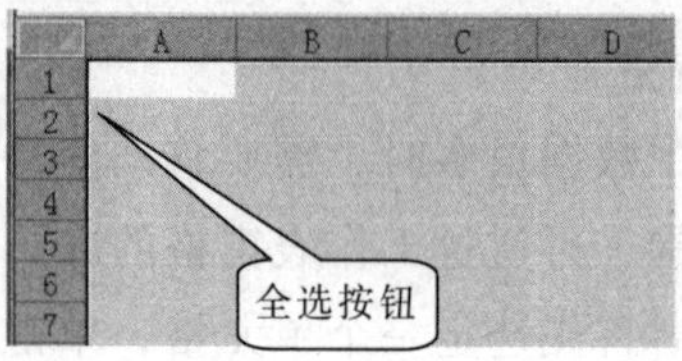

图 5-17 选定工作表中全部单元格

3. 取消选择

单击工作表内任意位置取消选定的区域。

5.3.2 输入数据

利用 Excel 处理数据，首先要将数据输入工作表的单元格中。选中工作表中的一个单元格，此时可以在单元格中输入文字、数值、日期、时间、函数和公式等。

输入工作表中的数据通常分为文本型、数值型和日期时间型。

【例 5-1】制作图 5-18 所示学生成绩登记表。

	A	B	C	D	E	F	G
1	班级	学号	姓名	计算机	英语	解剖	生化
2	20级护理1班	1	陈小萍	82	87	88	90
3	20级护理1班	2	张玲玲	84	86	91	84
4	20级护理1班	3	王春丽	91	92	85	89
5	20级护理1班	4	石佳莹	85	76	84	75
6	20级护理1班	5	刘浩	89	86	74	83
7	20级护理1班	6	于美丽	86	83	67	71
8	20级护理1班	7	孙志英	96	85	84	77
9	20级护理1班	8	李文杰	88	78	81	83
10	20级护理1班	9	杜希平	89	85	69	75
11	20级护理1班	10	崔建业	83	84	82	78

图 5-18 学生成绩登记表

1. 文本型数据

文本型数据包括英文字母、汉字、数字、空格等键盘能输入的符号。默认情况下文本型数据在单元格中左对齐。

视频 8

单击 A1 单元格，输入“班级”，输入结束后按【Tab】键向右移动单元格，或按【Enter】键移到下一行。若拖动鼠标选择 A2 至 A11 单元格，输入“20 级护理 1 班”后按【Ctrl+Enter】组合键，则可在所选单元格中快速输入相同内容。

如果输入的文本由纯数字组成，这些数字信息并不需要参与数学运算，如身份证号码、邮政编码等，需先输入一个西文状态下的单引号，再输入数字。

在 D2 单元格中输入身份证号时应单击 D2，然后输入“'13050220040407056”，按【Enter】键后它作为文本型数据处理，该单元格左上角显示绿色三角形，如图 5-19 所示。

	A	B	C	D
1	班级	学号	姓名	身份证号
2	20级护理1	1	陈小萍	'13050220040407056
3	20级护理1	2	张玲玲	130533200311026012
4	20级护理1	3	王春丽	130172003503080123
5	20级护理1	4	石佳莹	130426200401013123
6	20级护理1	5	刘浩	130826200205287123

图 5-19　纯数字的文本型数据输入

如果文本数据长度超出单元格宽度，当右边单元格无内容时，将扩展到右边列的单元格中显示；当右边单元格有内容时，则根据单元格宽度截断显示，截断显示并没有把文本删除，只要改变列的宽度就可以看到全部内容。

如果在一个单元格内输入多行文本，可在每行末按【Alt+Enter】组合键实现分段。

2．数值型数据

数值型数据包括 0～9、+、-、( )、/、¥、$、%、E、e 及小数点“.”和千位分隔符“,”，默认情况下输入的数值右对齐。

输入负数时，可在数字前加一个负号，或者将数字放在括号内。例如输入“(20)”，显示为“-20”。

输入分数时，例如 3/4，应先输入“0”和一个空格，然后才输入分数“3/4”，否则，系统把该数据作为日期型数据，显示为“3 月 4 日”。

如果输入的数据长度超出单元格宽度或超过 11 位，系统将自动转换为科学计数法表示，例如输入“348279000000”，显示为“3.48279E+11”；若列宽过窄，则以“###”字符显示，此时只要用鼠标拖动列标，将列宽调整到合适的宽度，即可正常显示。

Excel 数值型数据的输入与显示有时未必相同。例如，在单元格数值格式设置为两位小数的情况下，如果输入三位小数，那么末位就会进行四舍五入。Excel 在计算时将以输入的数值而不是以显示的数值为准。例如输入“16.275”，显示为“16.28”，但计算时仍以“16.275”为准。

3．日期时间型数据

Excel 提供了多种日期和时间显示格式。默认日期格式为按年、月、日的顺序输入，允许使用“/”“-”或文字与数字的组合方式来输入日期。例如，表示 2 月 8 日，可以输入“2/8”“2-8”或“2 月 8 日”；表示 2020 年 7 月 18 日，可以输入“2020/7/18”“2020-7-18”“2020 年 7 月 18 日”。

时间按小时、分、秒的顺序输入，用“:”分隔。输入的时间默认为 24 小时制，如果表示 12 小时制，在时间后加一个空格，并键入 AM（上午）或 PM（下午）。例如晚上 8 点 10 分，可以输入“8:10 PM”。

如果在同一单元格中输入日期和时间，则日期和时间之间用空格分隔。输入当前日期按【Ctrl+;】组合键，输入当前时间按【Ctrl+Shift+;】组合键。

如果日期和时间数据的长度不超过单元格的宽度，默认在单元格内右对齐。如果日期和时间数据的长度超过单元格的宽度，将显示为“####”，可以通过调整列宽将其显示出来。

4．数据的显示格式

Excel 提供了多种形式的数据显示格式，在“开始”选项卡下的“数字”组中，单击“常规”的下拉按钮，可供用户根据需要进行数字格式设置，如图 5-20 所示。

5．设置数据有效性

用户在输入数据时，有些单元格只允许输入某种数据类型或范围，用户可通过“数据有效性”功能设置输入数据的类型、范围和输入错误的提示信息。

【例 5-2】在学生成绩登记表中设置各科成绩的数据有效性为 0～100 的整数。

具体操作步骤如下：

（1）拖动鼠标选择 E2:H11，单击“数据”选项卡下的“数据工具”组中“数据有效性”，如图 5-21 所示。

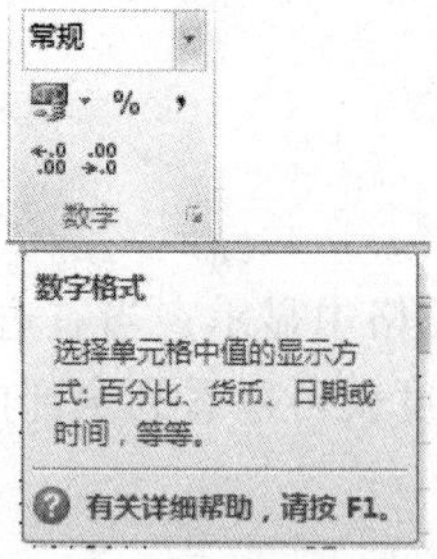

图 5-20 “数字”组

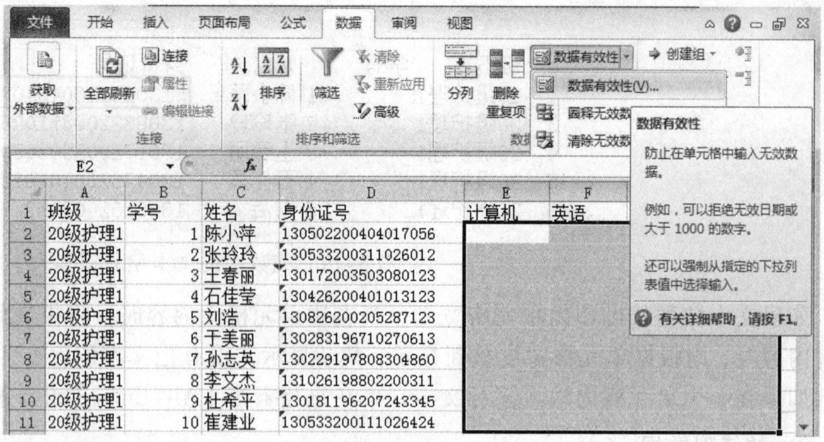

图 5-21 数据有效性

（2）在弹出的“数据有效性”对话框中，选择“设置”选项卡，在“允许”下拉列表框中选择允许输入的数据类型“整数”，在“数据”下拉列表框中选择“介于”，在“最小值”框中填入“0”，“最大值”框中填入“100”，如果在有效数据单元格中允许出现空值，应选中“忽略空值”复选框，设置完毕如图 5-22 所示。

（3）用户可在“输入信息”选项卡中填写相关输入时的提示信息，在“出错警告”选项卡中填写输入错误数据时显示的提示信息。

（4）单击【确定】按钮，关闭对话框。

设置完毕后，如果在设置了数据有效性的单元格中输入成绩“92.5”，则出现图 5-23 所示的错误操作提示对话框。单击【重试】按钮，可重新录入正确数据。

如果不再需要已设置的数据有效性及提示信息时，单击“数据有效性”对话框中的【全部清除】按钮即可。

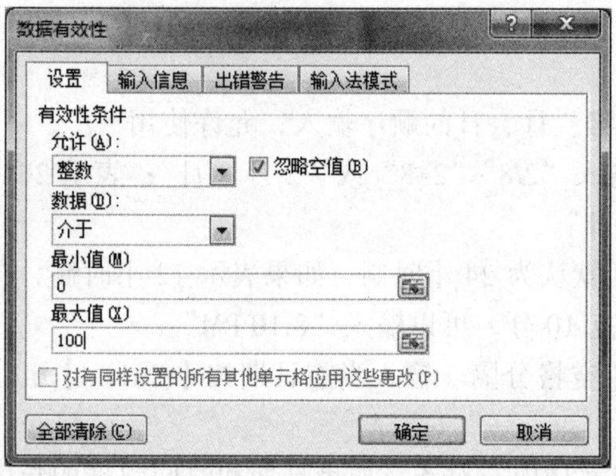

图 5-22 需要设置的数据有效性选项

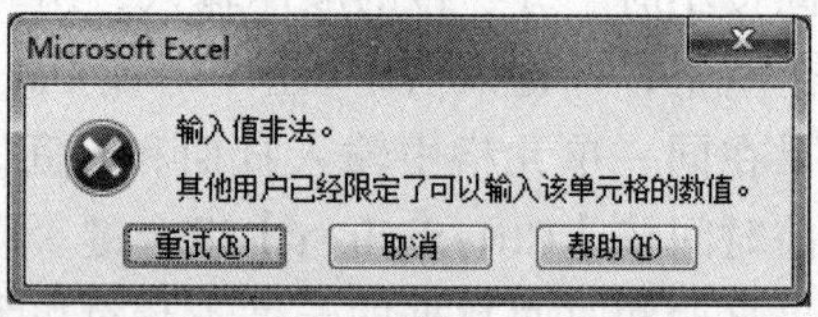

图 5-23 超出数据有效性范围的提示

5.3.3 自动填充数据

对于有规律的数据，使用 Excel 中的自动填充功能可提高输入效率。自动填充是根据当前单元格的初始值在行或列的方向上按一定规律快速填充其他单元格的数据，可以实现相同、等差、等比、自定义序列数据的快速录入。

1. 使用填充柄操作

相同或等差数据的填充可以使用“填充柄”。填充柄是指选定单元格区域后右下角的小黑方块。在例 5-1 中“班级”列中的相同内容也可以用填充功能进行操作。

单击 A2 单元格，输入初始数据“20 级护理 1 班”，选中 A2 单元格，鼠标指针放在填充柄上，指针变成实心十字形，此时按下【Ctrl】键和鼠标左键拖动可快速进行填充，图 5-24 所示为填充相同文本的效果。

不同的数据类型，拖动填充柄得到的数据序列不同。

数值型数据的填充：纯数字的数据，直接拖动填充柄，数值不变；按下【Ctrl】键同时拖动填充柄，生成步长为 1 的等差序列，并且向右、向下拖动，数值增大；向左、向上拖动，数值减小。

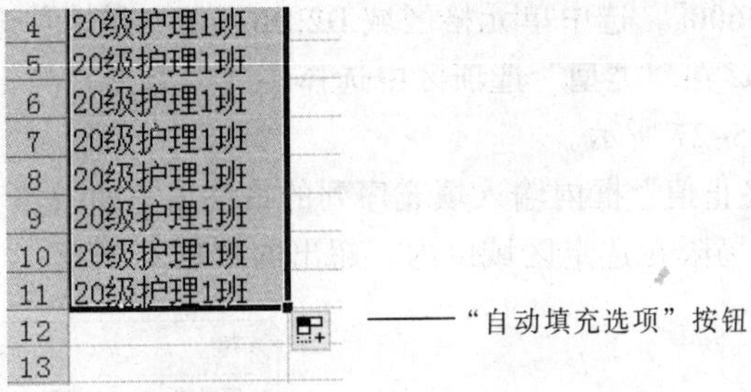

图 5-24　自动填充相同数据

字符型数据的填充：纯文本的数据，直接拖动填充柄，生成相同的序列；含有数字和文本的数据，直接拖动填充柄，生成最后一个数字串以步长为 1 进行变化的等差序列，而按下【Ctrl】键同时拖动填充柄，生成相同的序列。

日期和时间型数据的填充：日期型数据，直接拖动填充柄，生成按“日”以步长为 1 变化的等差序列，按下【Ctrl】键同时拖动填充柄，数据不变；时间型数据，直接拖动，生成按“小时”以步长为 1 变化的等差序列，按下【Ctrl】键拖动，数据不变。

表 5-2 为不同数据类型填充时数据序列变化的例子。

表 5-2　不同数据类型填充举例

初　始　值	直接拖动填充柄	按【Ctrl】键同时拖动填充柄
1	1，1，1…	1，2，3…
计算机	计算机，计算机，计算机…	计算机，计算机，计算机…
20 护理 1 班	20 护理 1 班，20 护理 2 班，20 护理 3 班…	20 护理 1 班，20 护理 1 班，20 护理 1 班…
2020/2/1	2020/2/1，2020/2/2，2020/2/3…	2020/2/1，2020/2/1，2020/2/1…
8:00	8:00，9:00，10:00…	8:00，8:00，8:00…

2. 使用菜单进行复杂填充

利用【Ctrl】键进行填充，只能生成步长为 1 的等差序列，当数据间的关系比较复杂，例如等差数列（步长任意）、等比数列、时间序列（按年、月、工作日等填充）时，可通过“序列”对话框完成。

【例 5-3】自动填充综合示例。在工作表中录入 2020 年 1 月至 9 月计算机商品的价格，其价格从 1 月的 3600.00 元开始每两月递减 10%，数据如图 5-25 所示。

视频 9

	A	B	C	D
1	序号	商品名	时间	价格
2	1	计算机	2020/1/1	3600.00
3	2	计算机	2020/3/1	3240.00
4	3	计算机	2020/5/1	2916.00
5	4	计算机	2020/7/1	2624.40
6	5	计算机	2020/9/1	2361.96

图 5-25　自动填充案例图

具体操作步骤如下：

（1）在第一行中依次输入标题内“序号”“商品名”“时间”“价格”。

（2）在 A2 单元格中输入“1”，按住【Ctrl】键，拖动 A2 单元格填充柄到 A6 单元格。

（3）在 B2 单元格中输入“计算机”，拖动 B2 单元格填充柄到 B6 单元格充。

（4）在 C2 单元格中输入“2020-1-1”，选中单元格区域 C2:C6，在“开始”选项卡的“编辑”组中，单击右侧的下拉按钮，选择“系列”命令，如图 5-26 所示。

（5）在弹出的“序列”对话框中，在“序列产生在”选项区中选择数据序列填充的方向是“列”，在“类型”

选项区中选择序列类型为“日期”，在“日期单位”选项区选择“月”，在“步长值”框内输入序列中相邻日期的差值“2”。

（6）在 D2 单元格中输入“3600”，选中单元格区域 D2:D6，在“开始”选项卡的“编辑”组中，单击右侧的下拉按钮，选择“系列”命令，在“类型”选项区中选择序列类型为“等比序列”，在“步长值”框内输入序列中相邻数据的比值“0.9”，如图 5-27 所示。

如果终止值有要求，在“终止值”框内输入填充序列的最终值。如果填充方向上选定了单元格区域，而终止值在选定区域之外，自动填充将局限在选定区域以内，超出的数据不填充。

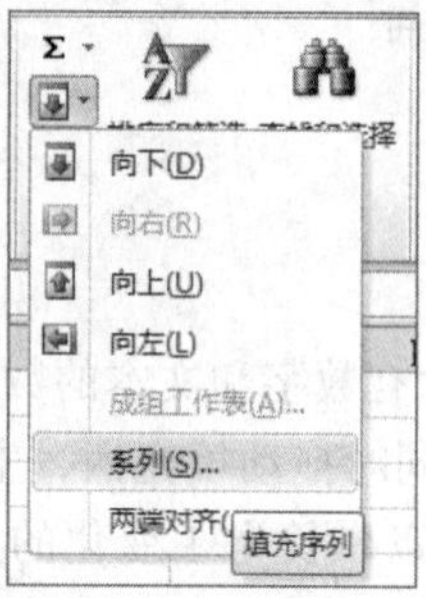

图 5-26 选择“系列”命令

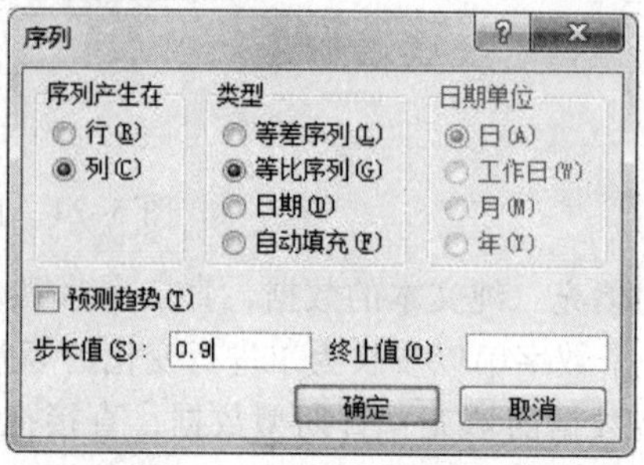

图 5-27 “序列”对话框

如果无法确定已有数据之间的关系，可选中“预测趋势”复选框，让 Excel 自动判断应该填充什么数据。最后单击【确定】按钮，完成填充。

可以选定多个具有初始值的单元格，执行上述操作，自动填充将同时完成多行或多列的序列数据填充。

3. 自定义序列填充

在 Excel 中已经定义好了一些序列，如“星期日、星期一、星期二……”“甲、乙、丙……”等。如果选定单元格中的内容是一个序列数据，例如“星期一”，则在拖动填充柄填充数据时，系统会在后续的单元格中自动填充“星期二、星期三……”。

用户可以根据实际需要，定义自己的序列并存储起来，供以后使用。自定义序列的操作方法如下。

（1）单击“文件”选项卡的“选项”，弹出“Excel 选项”对话框，在“高级”类别“常规”中单击【编辑自定义列表】按钮，如图 5-28 所示。

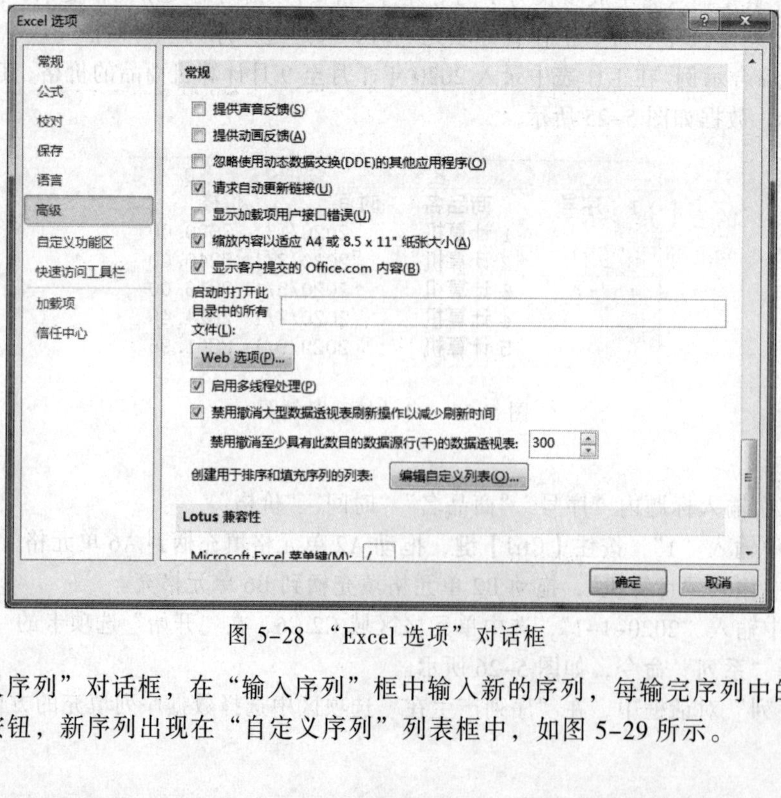

图 5-28 “Excel 选项”对话框

（2）弹出“自定义序列”对话框，在“输入序列”框中输入新的序列，每输完序列中的一项，按【Enter】键换行，单击【添加】按钮，新序列出现在“自定义序列”列表框中，如图 5-29 所示。

如果要定义的数据序列在工作表中已经存在，可在“从单元格中导入序列”框中引用数据序列所在的单元格区域，单击【导入】按钮，再单击【添加】按钮。

（3）单击【确定】按钮关闭对话框。

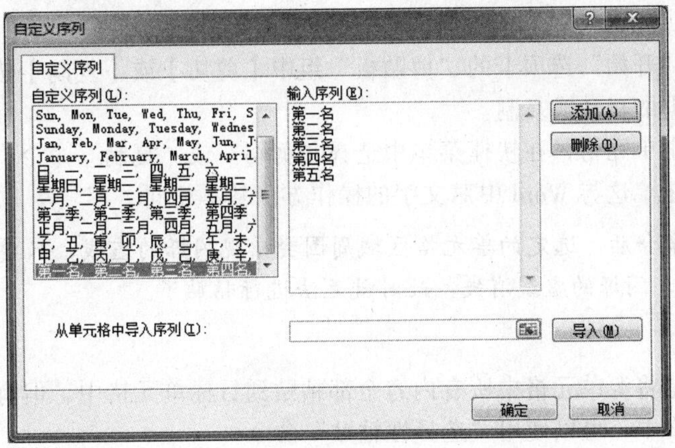

图 5-29　“自定义序列”对话框

5.3.4　添加批注

批注是对单元格中的内容进行解释和说明的辅助信息。

【例 5-4】对学生成绩登记表中王春丽添加“获一等奖学金”的批注信息。

具体操作步骤如下：

单击 C4 单元格，单击“审阅”选项卡的“批注”组中“新建批注”按钮，在单元格的旁边出现批注框，在其中输入批注信息“获一等奖学金”，如图 5-30 所示。单击批注框以外区域完成批注的输入。

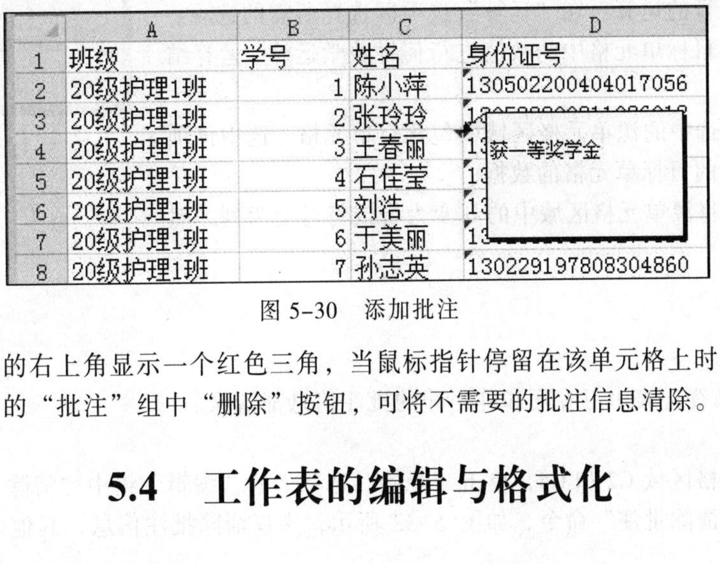
A
B
C
D
班级
学号
姓名
身份证号
20级护理1班
1
陈小苹
130502200404017056
2
张玲玲
3
王春丽
获一等奖学金
4
石佳莹
5
刘浩
6
于美丽
7
孙志英
130229197808304860

图 5-30　添加批注

添加了批注的单元格的右上角显示一个红色三角，当鼠标指针停留在该单元格上时，就会显示批注信息。

单击“审阅”选项卡的“批注”组中“删除”按钮，可将不需要的批注信息清除。

5.4　工作表的编辑与格式化

5.4.1　编辑数据

工作表中输入数据后，经常需要对单元格中的数据进行修改，确保工作表中的数据准确无误。当选择一个单元格时，单元格中的内容同时显示在编辑栏中，可以选择在编辑栏中或直接在单元格中修改数据。

单击要进行编辑的单元格，直接输入新的数据，则新输入的数据替代原有数据。双击需编辑数据的单元格，光标插入点出现在单元格中，在单元格内修改数据，按【Enter】键确认修改结果。

5.4.2 复制与移动数据

工作表中的数据可以复制、移动到同一个工作表的其他位置或不同工作表中。

1. 利用按钮或快捷菜单

选择数据区域后，单击“开始”选项卡的“剪贴板”组中【剪切】或【复制】按钮，然后单击目标位置，单击【粘贴】按钮，可实现数据的移动或复制。

或者选中源数据后，右击单元格，在快捷菜单中选择“剪切”或“复制”命令，右击目标位置，从快捷菜单中选择粘贴选项中的相应按钮。这与 Word 中对文字的操作方法基本相同。

注意：执行完“复制”命令后，选定的单元格区域周围会出现闪烁的虚线，只要闪烁的虚线不消失，就可以进行多次粘贴。按【Esc】键，闪烁的虚线消失，此时就无法进行粘贴了。

2. 选择性粘贴

默认情况下的粘贴操作是将源单元格中所有内容全部粘贴到目标单元格中，但有时仅需要将源单元格中的内容有选择地复制到目标单元格中，可以使用“选择性粘贴”命令。

【例 5-5】学生成绩登记表中王春丽和陈小萍都获得了一等奖学金。

具体操作步骤如下：

可以将图 5-30 中 C4 单元格的批注复制到 C2，其他内容不变。

右击 C4，在快捷菜单中选择“复制”命令，右击 C2，从快捷菜单中选择“选择性粘贴”命令，弹出“选择性粘贴”对话框，选择“粘贴”选项区的“批注”后，如图 5-31 所示，单击【确定】按钮。

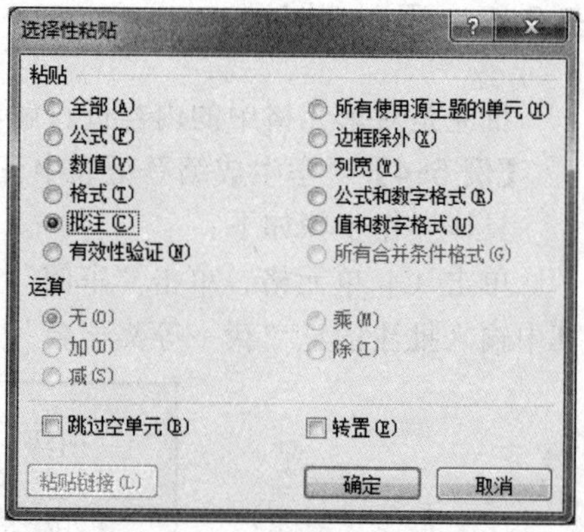

图 5-31 “选择性粘贴”对话框

在“选择性粘贴”对话框中，可以实现的功能如下：

指定粘贴内容：在“粘贴”选项区中选中所需的选项，可以指定粘贴到目标单元格中的内容。

指定对粘贴的数值进行的运算：在“运算”选项区选择所需的选项，可以指定要对源单元格和目标单元格中的数值进行何种数学运算，运算结果保存在目标单元格中。

跳过空单元格：如果选中的源单元格区域中包含空单元格，选中该项可避免空单元格覆盖相应的目标单元格的数据。

转置：选中该项，可将源单元格区域中的列变为行或将行变为列，然后粘贴到目标单元格。

5.4.3 清除数据

【例 5-6】将学生成绩登记表中王春丽和陈小萍的批注信息都清除。

具体操作步骤如下：

选定需要清除的单元格区域 C2 和 C4，单击“开始”选项卡的“编辑”组中“清除”下拉按钮，在其中选择“清除批注”命令，如图 5-32 所示，则仅清除批注信息，其他内容不变。

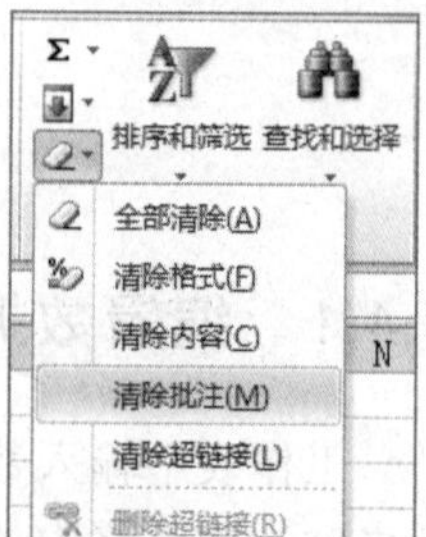

图 5-32 “清除”批注命令

其他命令的含义如下：

全部清除：清除单元格内所有内容，包括批注、格式、内容等。

清除格式：仅清除单元格设置的格式，以系统默认格式显示。

清除内容：只清除单元格的内容，单元格所设定的格式、批注等信息不变。相当于按键盘上的【Delete】键。

清除超链接：只清除添加的超链接。

5.4.4　插入或删除行、列与单元格

【例 5-7】在学生成绩登记表中添加标题行“成绩登记表”，将“身份证号”列删除。

Excel 工作表中新插入的行、列出现在所选的行、列的上方或左侧，原有内容顺序下移或右移。标题行一般在表格的最上方，因此可在第一行上方插入行。

单击行号“1”选定要插入位置的行，单击“开始”选项卡的“单元格”组中“插入”下拉按钮，选择“插入工作表行”命令，如图 5-33 所示。在表格的最上方将出现一个空白行，在 A1 单元格输入“成绩登记表”。

单击列标“D”选定要删除的列，单击“单元格”组中“删除”下拉按钮，选择“删除工作表列”命令，如图 5-34 所示。“身份证号”列被删除。

利用同样的方法可以进行行、列、单元格的插入与删除操作。

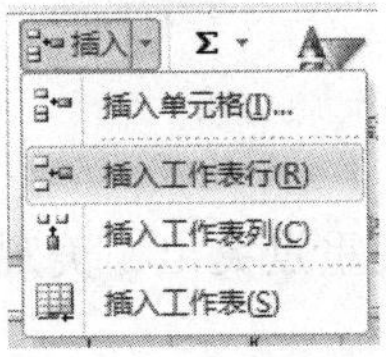

图 5-33　插入行

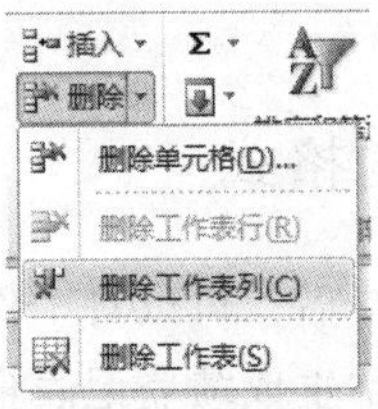

图 5-34　删除列

注意：删除行、列与单元格操作与清除操作不同，删除操作是将数据和单元格一起删除，后面的单元格相应向左或向上移动；而清除操作仅将单元格中数据清除掉，原有单元格区域变为空白。

5.4.5　查找和替换

在存放了大量数据的工作表中，利用查找操作可以快速地对指定范围内的所有数据进行查找，并定位在查找的内容上，可以设定各种查找条件来提高查找的准确度。替换操作是查找到所需数据并将其替换为新的数据。

查找和替换都是从当前活动单元格开始搜索，如果选定某个单元格区域，则只在选定的区域内进行搜索。由于替换操作是在查找操作的基础上进行的，下面以替换为例介绍具体的操作。

【例 5-8】在学生成绩登记表中将所有“91”分替换成红色字体。

具体操作步骤如下：

（1）单击 A1 单元格。

（2）单击“开始”选项卡的“编辑”组中“查找和选择”按钮，选择“替换”命令，弹出“查找和替换”对话框。

（3）打开“替换”选项卡，在“查找内容”下拉列表框中输入要查找的内容“91”，在“替换为”下拉列表框中仍然输入“91”。单击【选项】按钮，单击“替换为”后面的“格式”按钮设置字体为红色，选中“单元格匹配”复选框，如图 5-35 所示。选择“单元格匹配”复选框，单元格中的所有数据必须与“查找内容”下拉列表框中的数据完全相同，否则，包含“查找内容”即可。

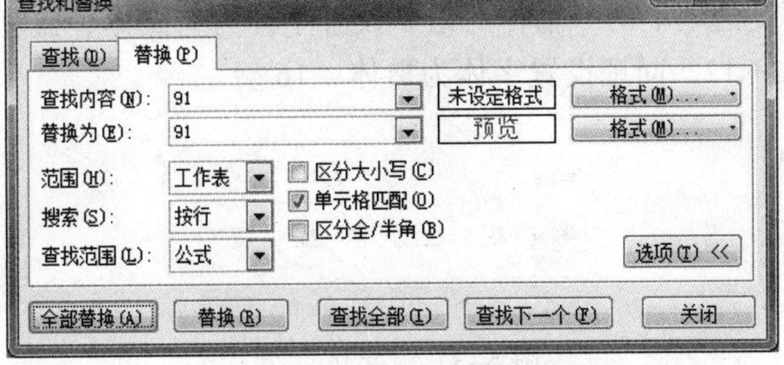

图 5-35　“查找和替换”对话框的“替换”选项卡

其他可以设置的选项如下：

在“范围”下拉列表中可以选择搜索范围是当前工作表还是整个工作簿。

在“搜索”下拉列表中，选择“按行”，则逐行水平搜索；选择“按列”，则逐列垂直搜索。

在“查找范围”下拉列表中，可以指定是搜索单元格的值，还是搜索其中所隐含的公式。

选择“区分大小写”复选框，查找时区别大小写字母，否则不区别。

选择“区分全/半角”复选框，查找时全半角字符有区别，否则没有区别。

（4）设置完毕后，单击【全部替换】按钮将自动替换所有符合条件的数据。

如果不是所有的符合条件的数据都进行替换，可以先单击【查找下一个】按钮，光标定位在符合条件的单元格上，单击【替换】按钮替换一个数据，如果某个数据不需要替换，直接单击【查找下一个】按钮，跳过该数据。单击【查找全部】按钮，则在对话框的下方列出所有满足条件的数据。单击【关闭】按钮，关闭“查找和替换”对话框。

5.4.6 设置工作表的格式

工作表的数据编辑完毕后，可以对工作表进行格式化处理，使工作表重点突出，美观、清晰。下面对学生成绩登记表进行格式设置。学生成绩登记表格式化前如图 5-36 所示。

	A	B	C	D	E	F	G
1	班级	学号	姓名	计算机	英语	解剖	生化
2	20级护理1班	1	陈小萍	82	87	88	90
3	20级护理1班	2	张玲玲	84	86	91	84
4	20级护理1班	3	王春丽	91	92	85	89
5	20级护理1班	4	石佳莹	85	76	84	75
6	20级护理1班	5	刘浩	89	86	74	83
7	20级护理1班	6	于美丽	86	83	67	71
8	20级护理1班	7	孙志英	96	85	84	77
9	20级护理1班	8	李文杰	88	78	81	83
10	20级护理1班	9	杜希平	89	85	69	75
11	20级护理1班	10	崔建业	83	84	82	78

图 5-36　格式化前的学生成绩登记表

1. 设置单元格格式

【例 5-9】设置标题行字体为黑体、蓝色、加粗、20 磅，数据字体为楷体、16 磅。标题在 A1:G1 合并后居中，数据内容在单元格中水平居中、垂直居中。数据区域外边框为蓝色粗线，内部为红色细线；数据区域第一行填充背景色为黄色，图案样式为 6.25%灰色。

具体操作步骤如下：

设置工作表的格式时，应先选定单元格或单元格区域，可以单击“开始”选项卡的“字体”和“对齐方式”组中相应的按钮快速进行设置，或者右击单元格，从快捷菜单中选择“设置单元格格式”命令，在弹出的“设置单元格格式”对话框中进行详细设置。

1）设置字体格式

单击 A1 单元格，在“开始”选项卡的“字体”组中设置字体为“黑体、蓝色、20 磅”，单击【B】按钮，如图 5-37 所示；拖动鼠标选中 A2:G12，同理设置字体为楷体、16 磅。

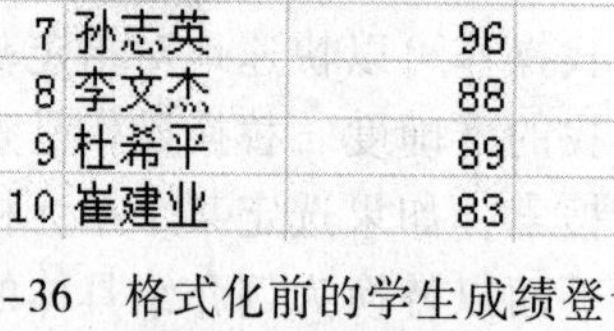

图 5-37　“字体”组

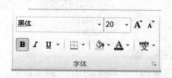

或者单击“设置单元格格式”对话框中的“字体”选项卡，如图 5-38 所示，进行字体格式设置。

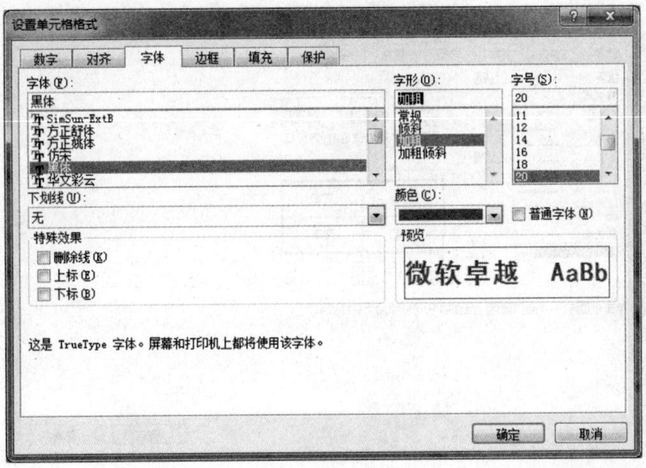

图 5-38　“字体”选项卡

2）设置对齐方式

选中 A1:G1 单元格区域，单击“对齐方式”组中“合并后居中”下拉按钮，从下拉列表中选择相应的命令，如图 5-39 所示；选中 A2:G12 单元格区域，单击“对齐方式”组中“居中”“垂直居中”按钮。

或者单击“设置单元格格式”对话框中的“对齐”选项卡，如图 5-40 所示，进行对齐方式的设置。

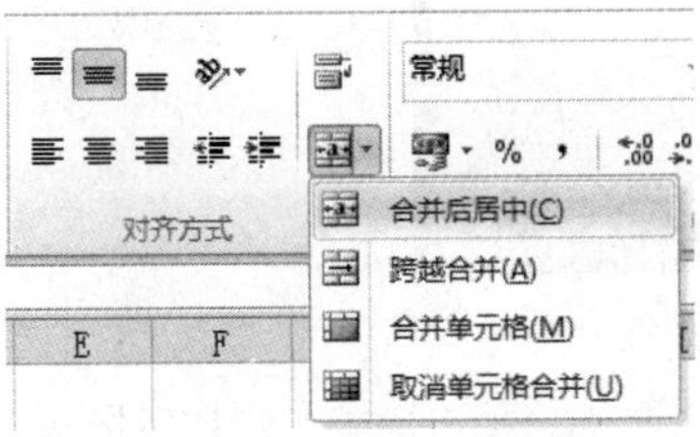

图 5-39　下拉列表

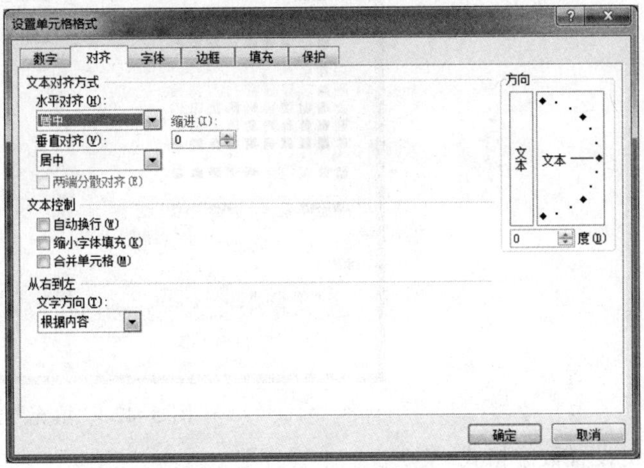

图 5-40　“对齐”选项卡

在“文本对齐方式”选项区中可以设置数据在单元格内的“水平对齐”（常规、靠左、居中、靠右、填充、两端对齐、分散对齐和跨列居中等）和“垂直对齐”方式（靠上、居中、靠下、两端对齐和分散对齐等）。

在“方向”选项区中可以设置单元格数据垂直排列或在单元格中的旋转角度。

在“文本控制”选项区中选中“自动换行”复选框使单元格中的数据超出单元格宽度时自动换行；选中“缩小字体填充”复选框可以自动调整字符的大小以适合单元格的宽度；选中“合并单元格”复选框可将选中的多个单元格合并为一个单元格。

在“缩进”数字框中，设置单元格内的数据的缩进值。

3）设置表格边框和图案

工作表中的网格线默认为灰色显示，打印表格时不打印网格线。可以设置表格的边框线使表格看起来更美观。

选中 A2:G12 单元格区域，单击“字体”组中“边框”按钮，在“设置单元格格式”对话框中的“边框”选项卡中设置线条样式为粗线、蓝色，单击“预置”区域中“外边框”按钮，同理设置红色细线，单击“内部”按钮，如图 5-41 所示，单击【确定】按钮。

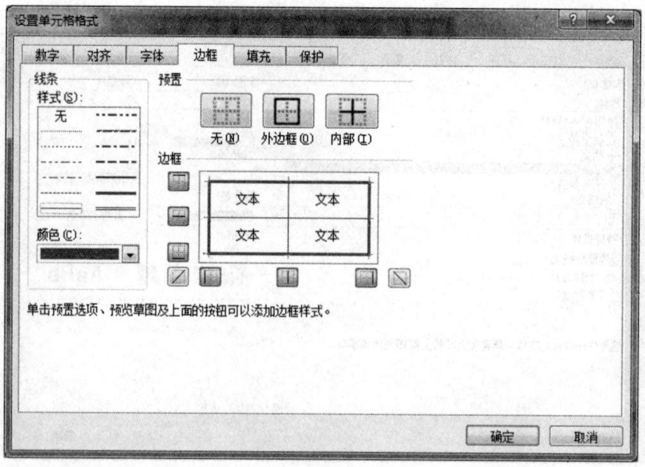

图 5-41 “边框”选项卡

选中 A2:G2 单元格区域，单击“字体”组中【填充颜色】按钮进行背景色填充，或者在“设置单元格格式”对话框中的“填充”选项卡中设置背景色为黄色，图案样式为 6.25%灰色，如图 5-42 所示，单击【确定】按钮。

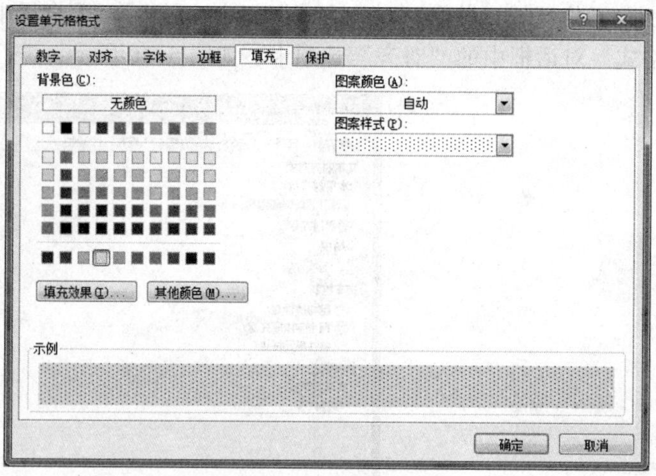

图 5-42 “填充”选项卡

4）设置数字格式

Excel 可用多种方式显示数字，包括“数值”“货币”“分数”等格式，单击“设置单元格格式”对话框中的“数字”选项卡，可以对各种数字进行显示格式的设置。

2. 调整行高与列宽

【例 5-10】设置标题行高 40 磅，数据区域行高 25 磅，A:G 列宽为自动调整列宽。

系统默认所有的单元格具有相同的行高和列宽，可以利用鼠标或分组中的按钮来改变行高或列宽。

（1）利用鼠标操作。将指针指向两行行号之间或两列列标之间，当指针变为带双箭头的十字形状时，按住鼠标左键拖动，在指针右上角显示修改后的行高或列宽值，调整到合适的位置放开鼠标。利用鼠标进行行高、列宽的设置不精确。

（2）利用按钮操作。调整行高时，选中第 1 行，右击行号，从快捷菜单中选择“行高”命令，或单击“开始”选项卡的“单元格”组中“格式”下拉按钮，在下拉列表中选择“行高”命令，如图 5-43 所示，弹出“行高”对话框，在其中输入“40”，单击【确定】按钮。选中第 2～12 行，同理设置行高为 25 磅。

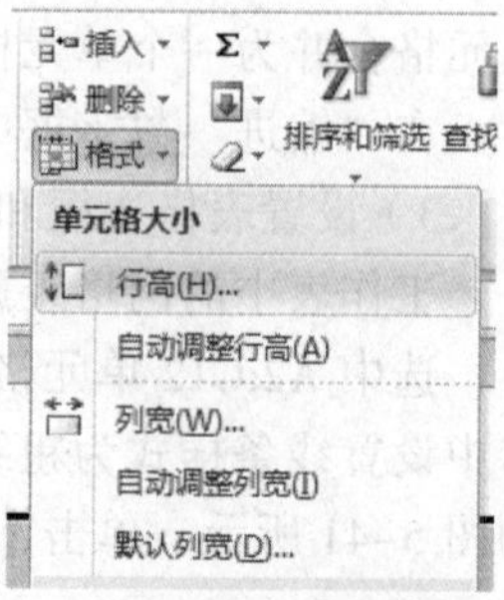

图 5-43 设置行高的菜单

选中 A:G 列，同理选择“自动调整列宽”命令，则根据每列中内容多少自动调整列宽为最适合显示的列宽。

3．条件格式

条件格式就是根据某种条件进行格式设置的方法。在选中的单元格区域中，符合条件的单元格将应用所设置的条件，不符合条件的单元格仍显示原有格式。

【例 5-11】学生的英语成绩中，对大于 90 分的成绩设置为红色、加粗字体，小于 80 分的成绩设置为蓝色、倾斜、浅绿色背景色。

具体操作步骤如下：

（1）选中单元格区域 E3:E12。

（2）单击“开始”选项卡的“样式”组中“条件格式”下拉按钮，在下拉列表中选择“突出显示单元格规则”下的“大于”项，如图 5-44 所示。

（3）弹出“大于”对话框，如图 5-45 所示。在左侧文本框中输入“90”，在“设置为”下拉列表中选择“自定义格式”，在弹出的“设置单元格格式”对话框中选择字体为红色、加粗，单击【确定】按钮，在“大于”对话框中单击【确定】按钮；同理设置小于 80 分的成绩为蓝色、倾斜、浅绿色背景色。

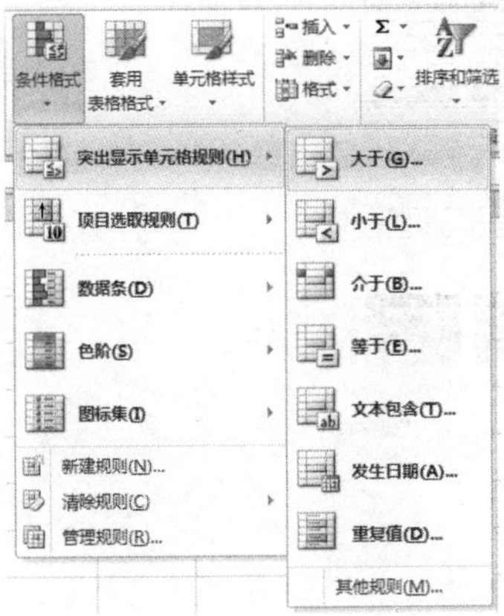

图 5-44　条件格式

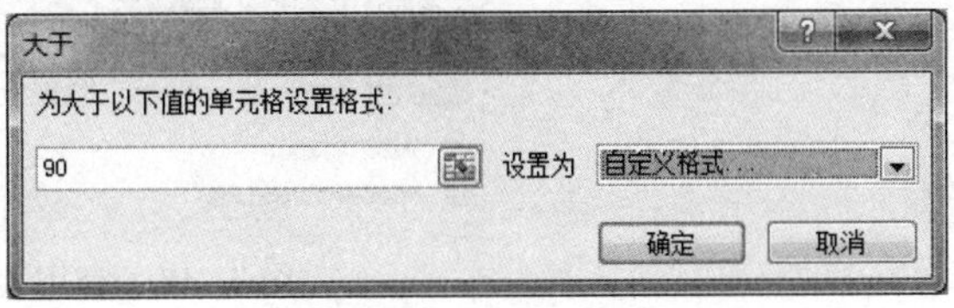

图 5-45　“大于”对话框

在 Excel 中，使用条件格式易于达到以下效果：突出显示所关注的单元格或单元格区域；强调异常值；使用数据条、颜色刻度和图标来直观地显示数据。

条件格式规则可以进行管理，若要增加条件格式的规则或者删除条件格式规则，可使用“条件规则管理器”。先选定要增加或者删除条件格式的单元格区域，在“开始”选项卡的“样式”组中，单击“条件格式”下拉按钮，在下拉列表中选择“管理规则”命令，弹出“条件格式规则管理器”对话框。在该对话框中可以“新建规则”“编辑规则”“删除规则”，如图 5-46 所示。

格式设置完毕后学生成绩登记表如图 5-47 所示。

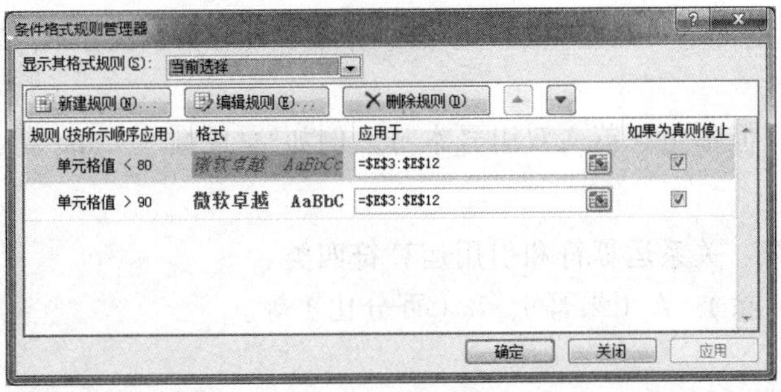

图 5-46　“条件格式规则管理器”对话框

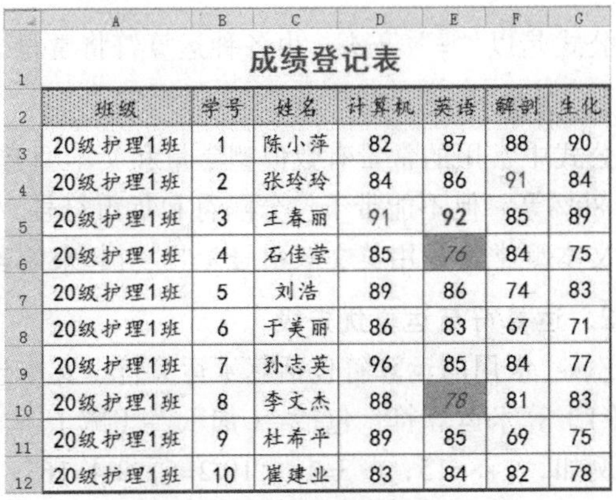

成绩登记表

班级	学号	姓名	计算机	英语	解剖	生化
20级护理1班	1	陈小萍	82	87	88	90
20级护理1班	2	张玲玲	84	86	91	84
20级护理1班	3	王春丽	91	92	85	89
20级护理1班	4	石佳莹	85	76	84	75
20级护理1班	5	刘浩	89	86	74	83
20级护理1班	6	于美丽	86	83	67	71
20级护理1班	7	孙志英	96	85	84	77
20级护理1班	8	李文杰	88	78	81	83
20级护理1班	9	杜希平	89	85	69	75
20级护理1班	10	崔建业	83	84	82	78

图 5-47　设置格式后的效果

4．套用表格格式

为了提高工作效率，Excel 中已经预先定义好了许多常用的格式，可以快速把这些预先定义好的格式应用在选定的单元格区域中。

选定要设置格式的单元格区域，单击“开始”选项卡的“样式”组中“套用表格格式”下拉按钮，在下拉列表中选择需要的格式样式，如图5-48所示，则被选中的格式套用到选定的单元格区域中。

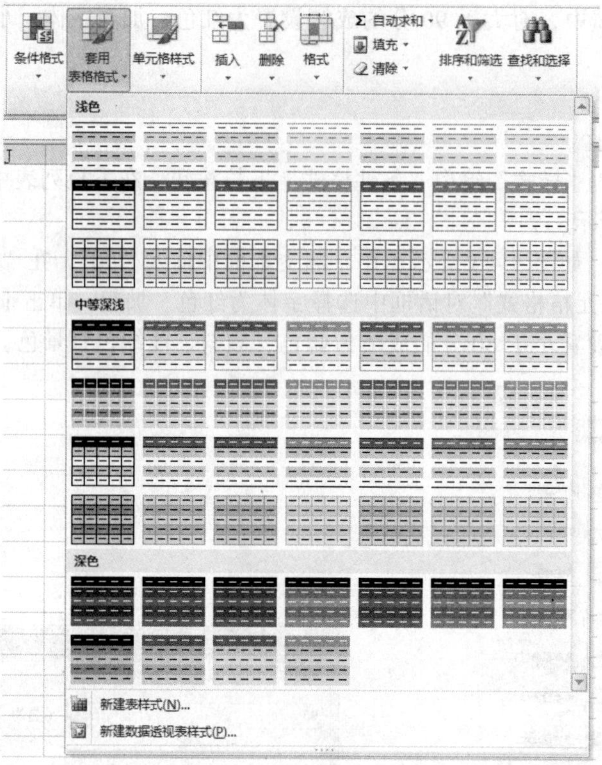

图5-48 套用表格格式

5.5 公式和函数

公式和函数是Excel提供的两项重要功能。公式是通过已知的数据来计算新数据的等式，是工作表中对数据进行计算、分析的重要工具。函数是预定义的内置公式，Excel提供了大量的功能强大的函数，帮助用户快速地完成各种复杂运算。

5.5.1 使用公式

公式是以“=”开头，由各种运算符将常量、单元格或单元格区域引用、函数等连接起来构成的表达式。

1. 常量

公式中常用的常量有数值型常量和文本型常量。数值型常量可以是整数、小数、分数、百分数，例如8、7.5、3/4、80%等。但不能带千位分隔符和货币符号。

文本型常量是用英文双引号（"）引起来的若干字符，但不包含英文双引号本身。例如"总成绩"、"abc"等。

2. 运算符与运算优先级

Excel常用的运算符包括算术运算符、文本连接运算符、关系运算符和引用运算符四类。

（1）算术运算符：包括+（加）、-（减）、*（乘）、/（除）、∧（乘幂）、%（百分比）等。

例如，7+8=15，6*3=18，10/2=5、2^4=16。

（2）文本连接运算符：&（连接）。表示将两个文本值连接起来产生一个新的文本值。

例如，A1单元格中的内容是“柳青”，在B1单元格中输入公式：=A1&"是学生"，则B1中运算结果为“柳青是学生”。

（3）关系运算符：包括=（等于）、>（大于）、<（小于）、>=（大于等于）、<=（小于等于）、<>（不等于），关系运算的结果为“真（TRUE）”或“假（FALSE）”。

例如，A1 单元格中是“30”，在 B1 单元格中输入公式“=A1>5”，则运算结果为“TRUE”；在 B2 单元格中输入公式“=A1<（7+8）”，则运算结果为“FALSE”。

（4）引用运算符：包括“:”和“,”等。“:”为区域运算符，表示引用工作表中连续的单元格区域；“,”为联合运算符，表示引用工作表中分散的单元格区域。

例如，“=SUM（A2:B4）”表示对 A2、A3、A4、B2、B3、B4 连续单元格区域中的数据求和；“=SUM（A2,B4,C1）”表示对 A2、B4、C1 这 3 个单元格中的数据求和。

Excel 中每一种运算符都有一个固定的运算优先级，运算符由高到低的优先级为引用运算符（:、,）、括号（）、百分比（%）、乘幂（^）、乘除（*、/）、加减（+、-）、连接（&）、比较运算符（=、>、<、>=、<=、<>）。如果一个公式中使用了多个运算符，系统按照运算符的优先级由高到低进行运算，对于相同级别的运算符，系统按从左到右的顺序进行运算。

3. 输入公式

【例 5-12】在奖学金获得情况表中计算每班人均奖学金数量。

具体操作步骤如下：

单击 D3，输入“=B3/C3”，如果一个公式以“+”或“-”开始，则公式开头的“=”可以省略。当输入公式时，单元格和编辑栏中都显示公式的内容，如图 5-49 所示，输入完毕后按【Enter】键，单元格中显示其计算结果。在选中一个含有公式的单元格后，该单元格的公式就显示在编辑栏中，可对公式进行修改。

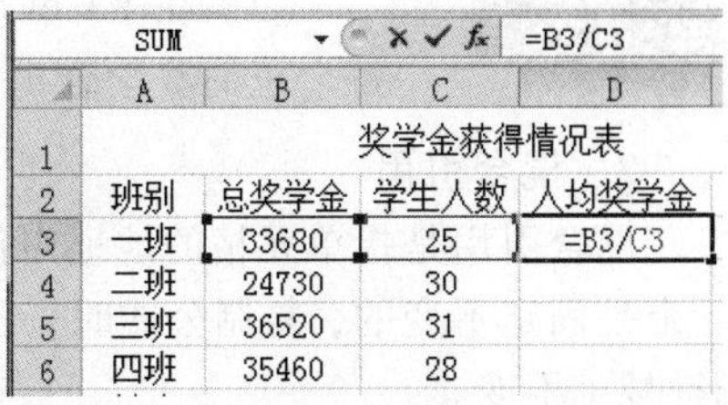

图 5-49　在 D3 中输入公式

注意：当在公式中输入单元格地址时，可以使用键盘直接输入单元格地址，也可以单击所需的单元格。

如果公式中使用了某单元格地址，当该单元格内的数据改变时，计算结果也随之发生变化。在例 5-12 中，D3 单元格的计算结果为“1347.20”，当把 C3 单元格的值改变为“30”时，D3 单元格的计算结果随之改变为“1122.67”。

5.5.2　引用单元格

单元格引用表示单元格在工作表中所处的位置。通过引用，用户可以在公式中使用同一个工作表中不同部分的数据，或者在多个公式中使用同一个单元格的数值，还可以引用同一个工作簿中不同工作表的单元格、不同工作簿的单元格。根据需要引用的单元格与被引用的单元格之间的位置关系，可以将其分为相对引用、绝对引用和混合引用等 3 种引用。

1. 相对引用

系统默认的单元格引用是相对引用。相对引用是基于公式所在单元格与被引用的单元格之间相对位置不变的单元格引用，即当把公式从一个单元格复制到其他单元格时，公式中引用的单元格地址也作相应的变化。相对引用的形式为直接输入单元格的地址。

例如，在例 5-12 中，在单元格 D3 中输入公式“=B3/C3”，其计算结果为“1347.20”，当把 D3 中的公式复制到单元格 D4 时，D4 中的公式为“=B4/C4”，引用的单元格地址作了相应的变化，D4 的计算结果也相应地变化为“824.33”；当把公式复制到单元格 E4 时，E4 中的公式为“=C4/D4”，效果如图 5-50 所示。

注意：在单元格 D3 中输入公式后，拖动“填充柄”就可以把公式复制到 D 列的其他单元格，使用相似的计算公式算出了每个班的人均奖学金，提高了数据计算的效率。

2. 绝对引用

绝对引用是公式所在的单元格与被引用的单元格的位置无关。无论把公式复制到其他任何单元格，公式中所引用的单元格地址都不变。绝对引用的表示方法是在行号和列标前都加上“$”，例如“$C$2”。

例如，在例 5-12 中，若单元格 D3 中输入公式“=$B$3/$C$3”，公式中引用的是绝对地址，其计算结果为“1347.20”，当把 D3 中的公式复制到单元格 D4、E4 时，其中的公式仍为“=$B$3/$C$3”，计算结果均为“1347.20”，效果如图 5-51 所示。

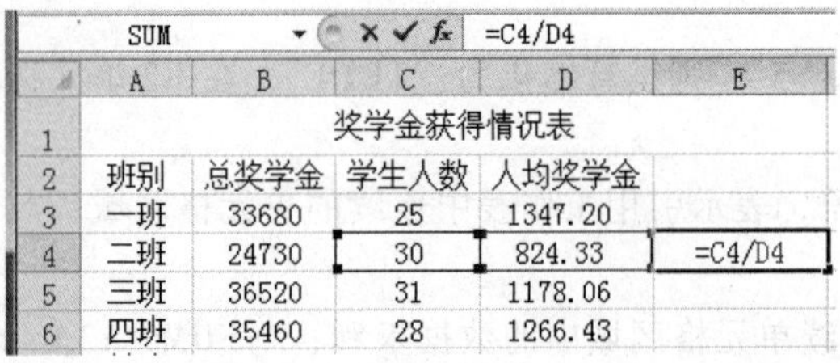
SUM
=C4/D4
奖学金获得情况表
班别 总奖学金 学生人数 人均奖学金
一班 33680 25 1347.20
二班 24730 30 824.33 =C4/D4
三班 36520 31 1178.06
四班 35460 28 1266.43

图 5-50 相对引用的例子

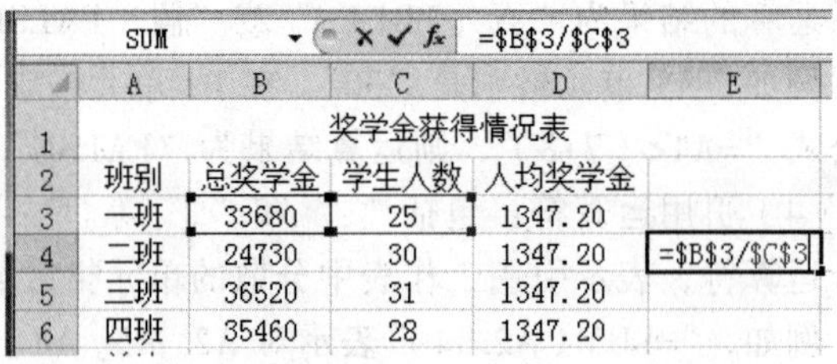
SUM
=$B$3/$C$3
奖学金获得情况表
班别 总奖学金 学生人数 人均奖学金
一班 33680 25 1347.20
二班 24730 30 1347.20 =$B$3/$C$3
三班 36520 31 1347.20
四班 35460 28 1347.20

图 5-51 绝对引用的例子

视频 10

【例 5-13】在奖学金获得情况表中计算奖学金总数和各班比例。

（1）在 A7 和 E2 单元格中分别录入“总计”“奖学金比例”。

（2）在 B7 单元格中录入公式“=B3+B4+B5+B6”，得到结果后选中 B7 并拖动填充柄到 C7，得到获得奖学金总数。

（3）在 E3 单元格中录入公式“=B3/$B$7“，得到结果后选中 E3 并拖动填充柄到 E6，获得每个班的奖学金比例结果。

3. 混合引用

混合引用是指单元格的地址中包含了一个相对引用和一个绝对引用，例如“$A2”“C$3”。单元格的行或列有一个是固定不变的，复制公式时，公式中相对地址部分（前面无$符号）作相应的变化，而绝对地址部分（前面有$符号）不变。

例如，在单元格 E2 中输入公式“=$C2+D$2”，当把 E2 中的公式复制到 E3、E4、F5 时，各单元格中公式所引用的单元格地址相应发生变化，效果如图 5-52 所示。

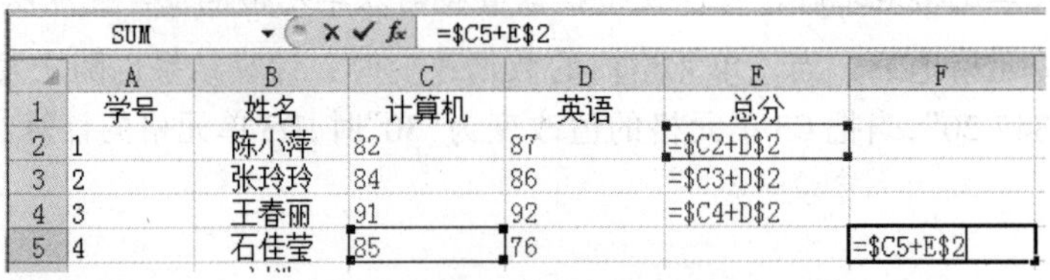
SUM
=$C5+E$2
学号 姓名 计算机 英语 总分
1 陈小萍 82 87 =$C2+D$2
2 张玲玲 84 86 =$C3+D$2
3 王春丽 91 92 =$C4+D$2
4 石佳莹 85 76 =$C5+E$2

图 5-52 混合引用的例子

4. 引用不同工作表中的单元格

公式中可以引用同一工作表中的单元格，也可以引用同一工作簿不同工作表中的单元格。引用同一工作簿的其他工作表中单元格时，应在工作表名与单元格地址之间用感叹号分隔，表示形式为“工作表名！单元格地址”。

例如“=A3+成绩单!D3”，其中 A3 是当前工作表中的单元格，D3 是工作表名为“成绩单”中的单元格。

5.5.3 使用函数

函数是预定义的内置公式，Excel 提供了财务、日期和时间、数学和三角函数、统计等多种类别的函数。

1. 函数的语法形式

函数的一般形式：函数名（参数 1，参数 2，……）。

函数名指明函数要执行的运算；参数为函数的运算对象，参数可以是数字、文本、单元格或单元格区域等。

2. 输入函数

（1）直接输入函数。如果对函数名称和参数意义都非常清楚，可选中待输入函数的单元格，直接在单元格中输入“=”和函数，例如输入“=SUM(A1:A5)”，按【Enter】键显示 A1 至 A5 这 5 个单元格中数据的和。

（2）利用函数向导输入函数。如果不能记住函数名称或参数，可以通过函数向导来输入函数。具体步骤如下：

① 选中待输入函数的单元格。

② 单击“公式”选项卡的“函数库”组中的【插入函数】按钮，或单击编辑栏上 fx 按钮，弹出“插入函数”对话框，如图 5-53 所示。

③ 从“或选择类别”下拉列表中选择输入的函数类型，再从“选择函数”列表框中选择所需要的函数，然后单击【确定】按钮，弹出图 5-54 所示的“函数参数”对话框。

④ 在“函数参数”对话框中填写参数，可以单击图 5-54 所示的按钮将对话框折叠，然后用鼠标选定参数所在区域，再单击该按钮返回对话框。

⑤ 单击【确定】按钮，完成函数输入。

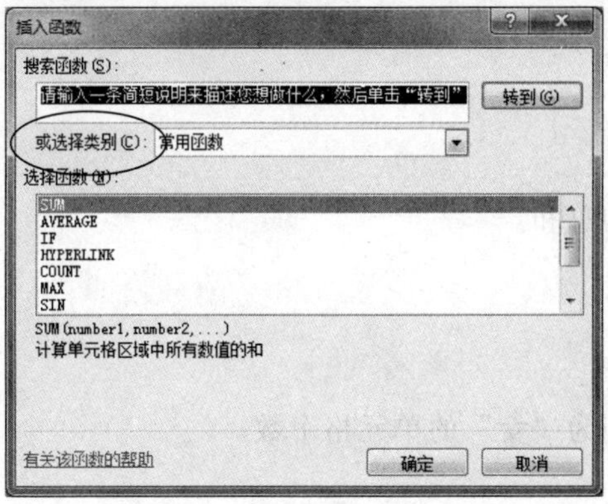

图 5-53 “插入函数”对话框

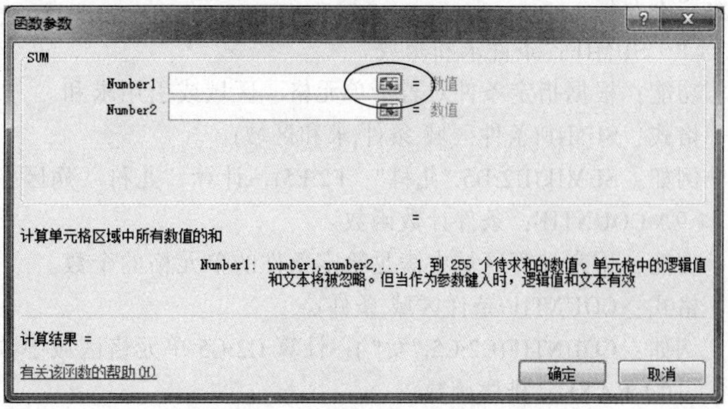

图 5-54 “函数参数”对话框

3. 常见函数简介

（1）SUM：求和函数。

功能：将函数的各个参数进行求和。参数可以是数字、逻辑值、数字的文本表达式及单元格地址。当参数是错误值或不能转换成数字的文本时，出现错误信息。

格式：SUM(参数 1，参数 2，……)。

例如：SUM(A1,C1)　　求 A1、C1 两个单元格中数据之和。

　　SUM(A1:B5)　　求 A1:B5 单元格区域中 10 个数据之和。

（2）AVERAGE：平均值函数。

功能：计算参数的算术平均值。参数可以是数字或是包含数字的名称、数组或引用。如果数组或单元格引用参数中有文字、逻辑值或空单元格，则忽略它们的值。

格式：AVERAGE(参数 1，参数 2，……)。

例如：AVERAGE(A1,C1)　　求 A1、C1 两个单元格中数据的平均值。

　　AVERAGE(A1:B5)　　求 A1:B5 单元格区域中数据的平均值。

（3）COUNT：计数函数。

功能：统计包含数字的单元格的个数，只有数字类型的数据才被统计。

格式：COUNT(参数 1，参数 2，……)。

例如：COUNT(A1:B6)　　统计 A1:B6 单元格区域中数字类型数据的个数。

（4）MAX：求最大值函数。

功能：返回参数中的最大值，忽略逻辑值及文本。

格式：MAX(参数 1，参数 2，……)。

例如：MAX(A1:A8)　　求 A1:A8 单元格区域中数据的最大值。

（5）MIN：求最小值函数。

功能：返回参数中的最小值，忽略逻辑值及文本。

格式：MIN(参数 1，参数 2，……)。

例如：MIN(A1:A8)　　求 A1:A8 区域单元格中数据的最小值。

（6）STDEV：求标准差。

功能：估算样本的标准偏差。参数可以是数字、数组或引用，忽略逻辑值和文本。

格式：STDEV(参数 1，参数 2，……)。

例如：STDEV(A1:A8)　　求 A1:A8 单元格区域中数据的标准差。

（7）IF：判断函数。

功能：执行真假判断，根据逻辑测试的真假值返回不同的结果。

格式：IF(条件,结果 1,结果 2)。

例如：IF(E2>=60,"及格","不及格")，若单元格 E2 中的数值大于等于 60，则函数结果显示为“及格”，否则将显示“不及格”。

（8）SUMIF：条件求和函数。

功能：根据指定条件对若干单元格、区域或引用求和。

格式：SUMIF(条件区域,条件,求和区域)。

例如：SUMIF(D2:D5,"儿科"，F2:F5)，计算“儿科”病区住院费的总和。

（9）COUNTIF：条件计数函数。

功能：用来计算区域中满足给定条件的单元格的个数。

格式：COUNTIF(条件区域,条件)。

例如：COUNTIF(C2:C5,"女")，计算 C2:C5 单元格区域中数据性别为“女”的单元格个数。

（10）RANK：排序函数。

功能：求一个数在一组数据中的排位次序。Order 为一数字，指明排位的方式。若 Order 为 0（零）或省略，则按降序排列；若 Order 不为零，则按升序排列的列表。

格式：RANK（条件区域，排名的参照数值区域，排序方式）。

例如：RANK (E2, $E$2:$E$5,0)，求 E2 在 E2:E5 单元格区域中的排位次序，且按降序顺序排列。

4．快速计算

当选中需要计算的单元格时，在状态栏右侧会自动显示数据的平均值、计数、求和等的计算结果。

5.6　数据管理与分析

Excel 不仅具有强大的数据计算处理能力，还提供了强大的数据管理分析功能，具有数据排序、数据筛选、分类汇总和数据透视表等功能。

5.6.1　数据清单

数据清单相当于工作表中的一张二维表格，是工作表中包含行列相关数据的带标题的单元格区域。图 5-55 所示为住院数据清单。

	A	B	C	D	E	F
1	病案号	姓名	性别	病区	入院日期	住院费
2	1081261	董月	男	外科	2020/3/6	6547.91
3	1081262	李明亮	男	儿科	2020/3/6	467.32
4	1081263	王小华	女	儿科	2020/3/6	1056.20
5	1081264	张娟	女	妇科	2020/3/6	1378.56
6	1081265	胡一平	男	内科	2020/3/6	988.46
7	1081266	王倩	女	妇科	2020/3/7	4678.60
8	1081267	刘甜	女	妇科	2020/3/7	865.43
9	1081268	黄丽丽	女	内科	2020/3/7	1161.39
10	1081269	孙向东	男	内科	2020/3/7	832.14
11	1081270	朱建平	男	内科	2020/3/7	1416.80
12	1081271	张方燕	女	内科	2020/3/7	761.53
13	1081272	李文杰	男	外科	2020/3/8	5439.87
14	1081273	杨晶	女	儿科	2020/3/8	923.14
15	1081274	杜希平	男	外科	2020/3/8	2695.76
16	1081275	范博	男	儿科	2020/3/8	312.78

图 5-55　住院数据清单

在执行排序、数据筛选、分类汇总等操作时，Excel 会自动把数据清单看作数据库，则工作表的一列就是一个字段，列标题相当于数据库的字段名，字段名必须由文字表示，不能是数值。工作表的每一行相当于数据库的一条记录。

5.6.2　数据排序

数据排序是按字段进行的，将所有记录按大小关系重新排列。数据有升序和降序两种排序方式，可以按一个字段进行排序，也可以按多个字段进行排序。

1．按一个字段排序

首先单击需要排序的字段列中任意一个单元格，单击“数据”选项卡的“排序和筛选”组中的“升序”按钮或“降序”按钮，则工作表中的数据记录按选定的字段中数据的大小重新排序。

注意：如果选中某一列后执行排序操作，仅仅对被选中列的数据进行排序，其他未选中的数据不作任何顺序变化。

2．按多个字段排序

在按某一个字段进行排序时，如果这一列中有相同的数据，可按其他字段再进行排序。

【例 5-14】对住院清单中按“病区”进行升序排列，同一病区的记录按“住院费”降序排列。

具体操作步骤如下：

（1）单击数据清单中任意一个单元格。

（2）单击“数据”选项卡的“排序和筛选”组中的【排序】按钮，弹出“排序”对话框，在“主要关键字”下拉列表中选择“病区”，在“次序”区域选中“升序”；单击【添加条件】按钮，新增一条“次要关键字”，在“次要关键字”下拉列表中选择“住院费”，并选中“降序”；选中“数据包含标题”复选框，如图 5-56 所示。

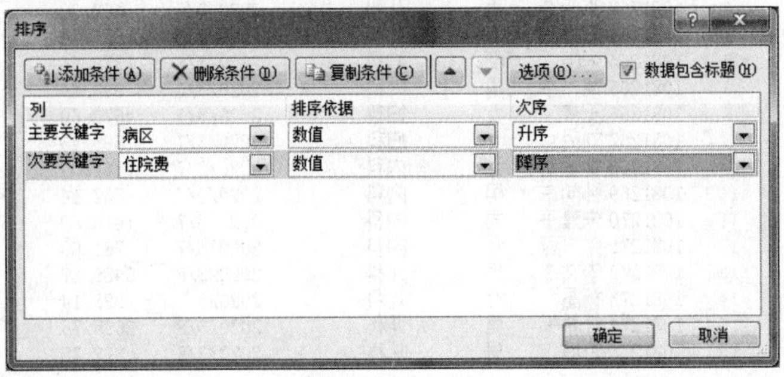

图 5-56　“排序”对话框

“排序”对话框其中各选项的功能如下：

主要关键字：工作表中的记录先按“主要关键字”的值进行排序。

次要关键字：记录在满足“主要关键字”的条件下，再按“次要关键字”排序。当“主要关键字”的值各不相同时，此项不起作用。

添加条件：可根据需要添加多项次要关键字。

删除条件：将多余的关键字删除。

复制条件：可对已有的关键字条件进行复制，用户只需略作调整即可。

数据包含标题：选中该项，则字段名不参与排序，总在数据清单的顶端；否则，字段名和数据一起进行排序。

选项：打开图 5-57 所示“排序选项”对话框，可以对排序条件进一步进行设置。可以设置是否“区分大小写”、排序方向按列还是按行（一般使用按列排序），设置汉字排序方法按“字母排序”或“笔画排序”。

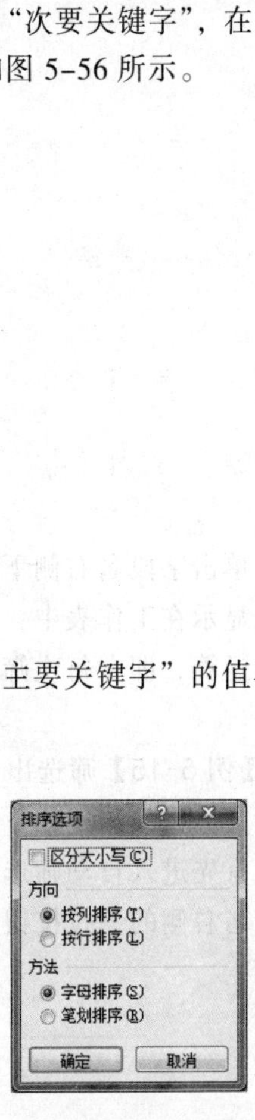

图 5-57　“排序选项”对话框

（3）设置完毕后，单击【确定】按钮，排序结果如图 5-58 所示。

	A	B	C	D	E	F
1	病案号	姓名	性别	病区	入院日期	住院费
2	1081263	王小华	女	儿科	2020/3/6	1056.20
3	1081273	杨晶	女	儿科	2020/3/8	923.14
4	1081262	李明亮	男	儿科	2020/3/6	467.32
5	1081275	范博	男	儿科	2020/3/8	312.78
6	1081266	王倩	女	妇科	2020/3/7	4678.60
7	1081264	张娟	女	妇科	2020/3/6	1378.56
8	1081267	刘甜	女	妇科	2020/3/7	865.43
9	1081270	朱建平	男	内科	2020/3/7	1416.80
10	1081268	黄丽丽	女	内科	2020/3/7	1161.39
11	1081265	胡一平	男	内科	2020/3/6	988.46
12	1081269	孙向东	男	内科	2020/3/7	832.14
13	1081271	张方燕	女	内科	2020/3/7	761.53
14	1081261	董月	男	外科	2020/3/6	6547.91
15	1081272	李文杰	男	外科	2020/3/8	5439.87
16	1081274	杜希平	男	外科	2020/3/8	2695.76

图 5-58　多字段排序结果

5.6.3　数据筛选

数据筛选是把符合条件的数据显示在工作表内，而把不符合条件的数据隐藏起来。筛选数据常用两种方法：自动筛选和高级筛选。

1．自动筛选

单击数据区域中任意一个单元格，单击“数据”选项卡的“排序和筛选”组中的【筛选】按钮，则工作表中每个字段名的右边出现一个下拉按钮，如图 5-59 所示，表示数据清单已经进入自动筛选状态。

	A	B	C	D	E	F
1	病案号	姓名	性别	病区	入院日期	住院费
2	1081261	董月	男	外科	2020/3/6	6547.91
3	1081262	李明亮	男	儿科	2020/3/6	467.32
4	1081263	王小华	女	儿科	2020/3/6	1056.20
5	1081264	张娟	女	妇科	2020/3/6	1378.56
6	1081265	胡一平	男	内科	2020/3/6	988.46
7	1081266	王倩	女	妇科	2020/3/7	4678.60
8	1081267	刘甜	女	妇科	2020/3/7	865.43
9	1081268	黄丽丽	女	内科	2020/3/7	1161.39
10	1081269	孙向东	男	内科	2020/3/7	832.14
11	1081270	朱建平	男	内科	2020/3/7	1416.80
12	1081271	张方燕	女	内科	2020/3/7	761.53
13	1081272	李文杰	男	外科	2020/3/8	5439.87
14	1081273	杨晶	女	儿科	2020/3/8	923.14
15	1081274	杜希平	男	外科	2020/3/8	2695.76
16	1081275	范博	男	儿科	2020/3/8	312.78

图 5-59　自动筛选

单击字段名右侧下拉按钮，可以设置筛选条件。在筛选的列表框中选择需要显示的数值后，只有符合条件的记录显示在工作表中，其他不符合条件的记录被隐藏起来。若同时对多列进行筛选，其多个筛选条件作“与”的逻辑运算，即在每次筛选出来的列表中，再按新条件进行筛选。执行过自动筛选的字段名右侧的下拉按钮有漏斗标志。

【例 5-15】筛选出“儿科”病区中性别为“男”的记录。

具体操作步骤如下：

首先进入自动筛选状态，单击“病区”字段名右侧的下拉按钮，在下拉列表中选择“儿科”；再单击“性别”字段名右侧的下拉按钮，在下拉列表中选择“男”，则筛选结果如图 5-60 所示。

	A	B	C	D	E	F
1	病案号	姓名	性别	病区	入院日期	住院费
3	1081262	李明亮	男	儿科	2020/3/6	467.32
16	1081275	范博	男	儿科	2020/3/8	312.78

图 5-60　自动筛选结果

若选中被筛选字段下拉列表中的“从某列中清除筛选”，可撤销前面的筛选结果。

【例 5-16】筛选出住院费最高的 5 条记录。

具体操作步骤如下：

首先进入自动筛选状态，单击“住院费”字段名的下拉按钮，在下拉列表中选择“数字筛选”中的“10 个最大的值”，如图 5-61 所示。弹出“自动筛选前 10 个”对话框，在“显示”选项区中依次选择“最大”“5”“项”，如图 5-62 所示，单击【确定】按钮，显示住院费最高的 5 条记录。

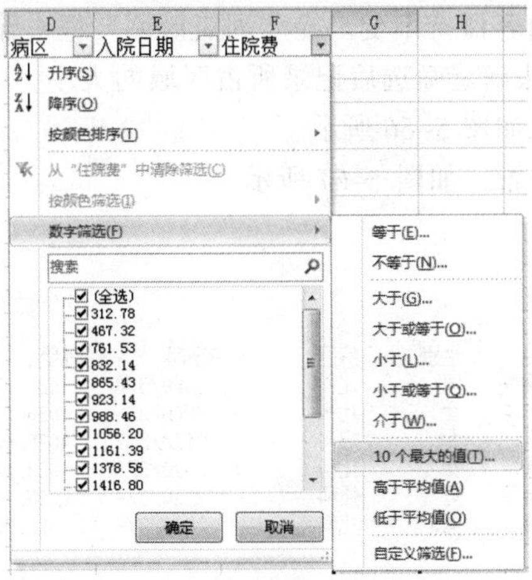

图 5-61　数字筛选

图 5-62　“自动筛选前 10 个”对话框

【例 5-17】筛选出“住院费”在 1 000～5 000 元的所有记录。

具体操作步骤如下：

首先进入自动筛选状态，单击“住院费”字段名的下拉按钮，在下拉列表中选择“数字筛选”中的“自定义筛选”，弹出“自定义自动筛选方式”对话框，如图 5-63 所示进行设置，单击【确定】按钮，则将显示住院费在 1 000～5 000 元的所有记录。

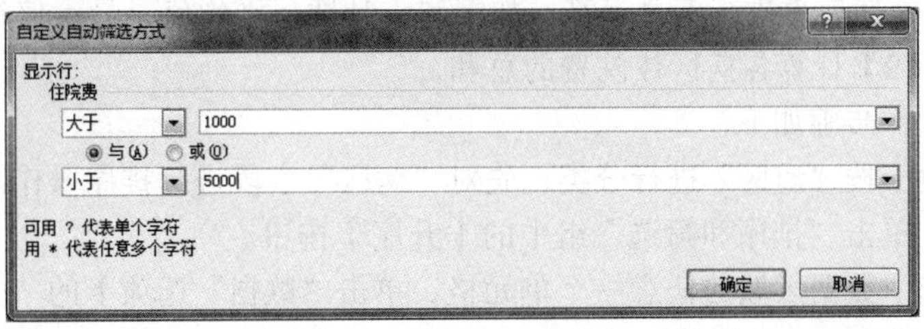

图 5-63　自定义筛选条件

在自动筛选状态下，单击“数据”选项卡的“排序和筛选”组中的【筛选】按钮，可撤销数据筛选状态，显示全部记录。

2. 高级筛选

自动筛选只能设置比较简单的条件，如果使用复杂的筛选条件可以使用高级筛选。

在进行高级筛选前，首先要在工作表的空白区域中建立一个条件区域，在条件区域的第一行输入各条件的字段名，在下一行输入对应字段的筛选条件。在条件区域中填写在同一行的各条件，表示条件之间是“与”的关系，填写在不同行的各条件，表示条件之间是“或”的关系。如图 5-64 所示，表示住在儿科病区中并且住院费大于 2 000 的病人记录；如图 5-65 所示，表示住在儿科病区中或者住院费在 2 000～5 000 元的病人记录。

视频 11

【例 5-18】筛选出儿科病区中或者住院费在 2 000～5 000 元的病人记录。

具体操作步骤如下：

（1）在工作表中空白区域填写图 5-65 所示的筛选条件，建立条件区域。

（2）单击数据区域中的任意一个单元格，单击“数据”选项卡的“排序和筛选”组中的【高级】按钮，弹出“高级筛选”对话框。

	A	B
18	病区	住院费
19	儿科	>2000
20		

图 5-64 “与”的关系

	A	B	C
18	病区	住院费	住院费
19	儿科		
20		>2000	<5000

图 5-65 “或”的关系

（3）在“方式”选项区中，选中“将筛选结果复制到其他位置”单选按钮，则激活“复制到”文本框，可以把满足条件的记录复制到工作表的另一个区域中，原数据区域的内容保持不变。在“列表区域”框中输入被筛选的数据区域；在“条件区域”框中输入条件区域所在位置；由于无法确定筛选后记录所占区域的大小，只需在“复制到”框中指定筛选之后数据的存放位置的左上角的单元格即可，如图 5-66 所示。

（4）单击【确定】按钮，符合条件的记录就被复制到指定的位置，如图 5-67 所示。

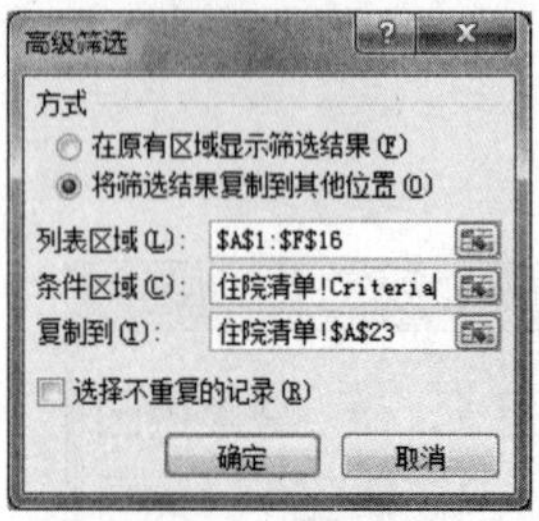

图 5-66 “高级筛选”对话框

23	病案号	姓名	性别	病区	入院日期	住院费
24	1081262	李明亮	男	儿科	2020/3/6	467.32
25	1081263	王小华	女	儿科	2020/3/6	1056.20
26	1081266	王倩	女	妇科	2020/3/7	4678.60
27	1081273	杨晶	女	儿科	2020/3/8	923.14
28	1081274	杜希平	男	外科	2020/3/8	2695.76
29	1081275	范博	男	儿科	2020/3/8	312.78

图 5-67 高级筛选结果

如果在“高级筛选”对话框中选中“在原有区域显示筛选结果”单选按钮，则符合条件的记录显示在原位置，其他不符合条件的数据被隐藏起来。只需单击“排序和筛选”组中的“清除”按钮，就可将隐藏的记录全部显示出来。

5.6.4 分类汇总

分类汇总是按某一字段对数据进行分类，然后对同类别的数据分别进行统计汇总。分类汇总前先按需要分类的字段对数据清单进行排序，然后再进行汇总运算，如求和、计数、平均值、最大值等。

视频 12

【例 5-19】计算各病区住院费的总和。

具体操作步骤如下：

（1）由于按“病区”进行分类，先对“病区”字段进行排序操作。单击“病区”列中任意一个单元格，单击“排序和筛选”组中的【升序】按钮。

（2）选中数据区域的任意一个单元格，单击“数据”选项卡的“分级显示”组中的【分类汇总】按钮，弹出“分类汇总”对话框，如图 5-68 所示。在“分类字段”下拉列表中选择“病区”，在“汇总方式”下拉列表中选择“求和”，在“选定汇总项”列表中选择需要汇总的项目“住院费”。

（3）单击【确定】按钮，工作表中显示分类汇总后的结果，如图 5-69 所示。

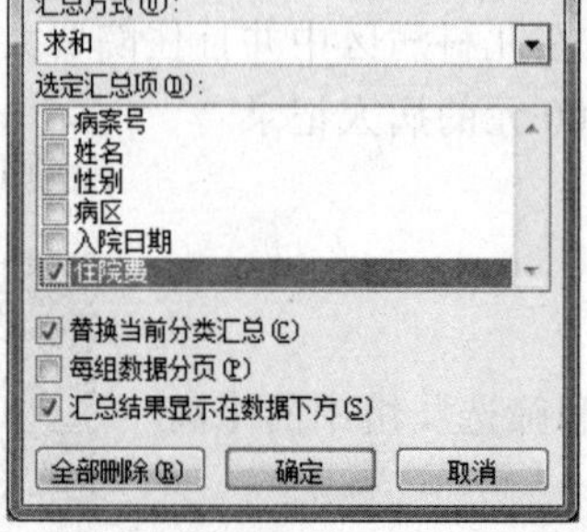

图 5-68 “分类汇总”对话框

	A	B	C	D	E	F
1	病案号	姓名	性别	病区	入院日期	住院费
2	1081262	李明亮	男	儿科	2020/3/6	467.32
3	1081263	王小华	女	儿科	2020/3/6	1056.20
4	1081273	杨晶	女	儿科	2020/3/8	923.14
5	1081275	范博	男	儿科	2020/3/8	312.78
6				**儿科 汇总**		2759.44
7	1081264	张娟	女	妇科	2020/3/6	1378.56
8	1081266	王倩	女	妇科	2020/3/7	4678.60
9	1081267	刘甜	女	妇科	2020/3/7	865.43
10				**妇科 汇总**		6922.59
11	1081265	胡一平	男	内科	2020/3/6	988.46
12	1081268	黄丽丽	女	内科	2020/3/7	1161.39
13	1081269	孙向东	男	内科	2020/3/7	832.14
14	1081270	朱建平	男	内科	2020/3/7	1416.80
15	1081271	张方燕	女	内科	2020/3/7	761.53
16				**内科 汇总**		5160.32
17	1081261	董月	男	外科	2020/3/6	6547.91
18	1081272	李文杰	男	外科	2020/3/8	5439.87
19	1081274	杜希平	男	外科	2020/3/8	2695.76
20				**外科 汇总**		14683.54
21				**总计**		29525.89

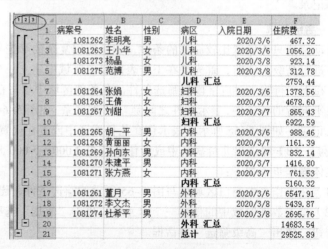

图 5-69 分类汇总实例效果

在分类汇总表的左侧出现分级显示区，列出分级显示符号，默认情况下数据分三级显示，分级显示区上方有“1、2、3”三个级别按钮，控制分级显示。

若要撤销分类汇总，选中分类汇总数据区域的任意一个单元格，再次单击“分级显示”组中的【分类汇总】按钮，在“分类汇总”对话框中单击【全部删除】按钮，则删去分类汇总结果，恢复原数据状态。

5.6.5　数据透视表

利用数据透视表功能可以在原有数据清单的基础上，建立一个经过数据分析的报表，从不同角度对数据进行有选择的汇总，得到直观、清晰的数据报表。数据透视表是交互式表格，可对大量数据快速汇总和比较，用户可以旋转其行和列以观察源数据的不同汇总情况。

1. 创建数据透视表

【例 5-20】分别统计各病区不同入院日期病人的住院费。

具体操作步骤如下：

（1）选中住院清单中的含有数据的任意一个单元格。

（2）单击“插入”选项卡的“表格”组中的【数据透视表】按钮，弹出“创建数据透视表”对话框，如图 5-70 所示。在其中分别选中“选择一个表或区域”和“新工作表”两个单选按钮，单击【确定】按钮。

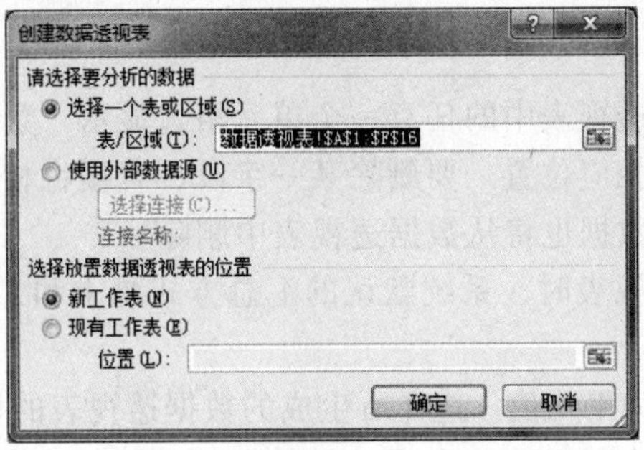

图 5-70　“创建数据透视表”对话框

（3）生成新工作表，进入数据透视表编辑状态，如图 5-71 所示。

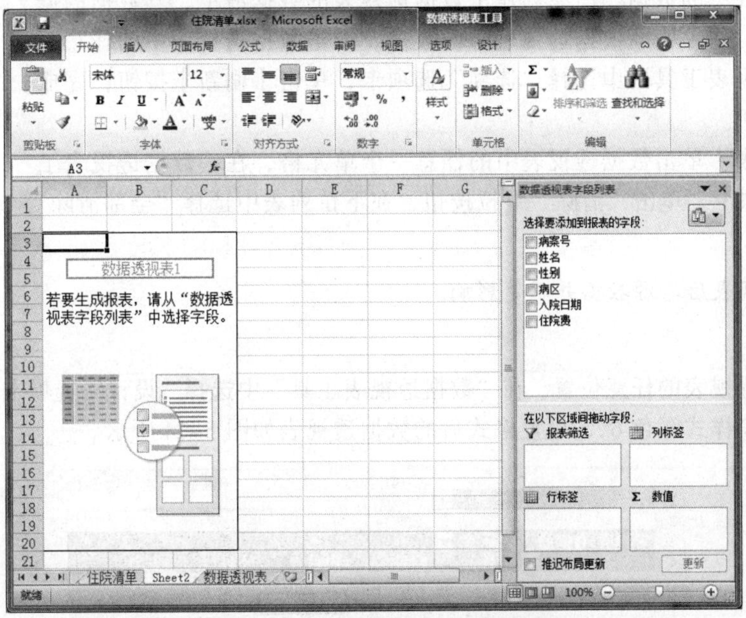

图 5-71　数据透视表的编辑状态

（4）在数据透视表编辑状态，将“姓名”拖动到“报表筛选”区域，将“病区”拖动到“列标签”区域，将“入院日期”拖动到“行标签”区域，将“住院费”拖动到“Σ数值”区域，生成图 5-72 所示的数据透视表。

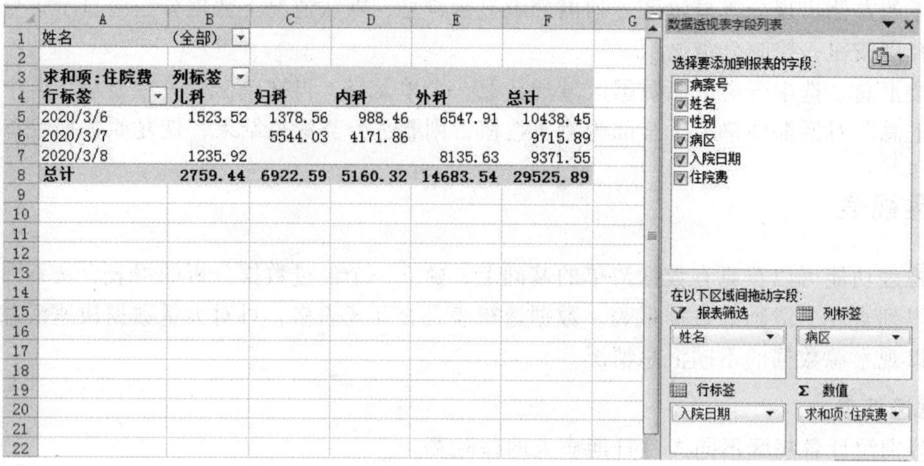

	A	B	C	D	E	F
1	姓名	(全部)				
2						
3	求和项:住院费	列标签				
4	行标签	儿科	妇科	内科	外科	总计
5	2020/3/6	1523.52	1378.56	988.46	6547.91	10438.45
6	2020/3/7		5544.03	4171.86		9715.89
7	2020/3/8	1235.92			8135.63	9371.55
8	总计	2759.44	6922.59	5160.32	14683.54	29525.89

图 5-72　生成的数据透视表的效果

在生成的数据透视表中，通过“姓名”下拉列表选择某个病人，可以筛选出个人住院情况，同样，从“行标签”下拉列表中选择入院日期，可以筛选出指定日期病人的情况，从“列标签”下拉列表中选择病区，可以筛选出指定病区的情况。

2. 编辑数据透视表

（1）添加和删除字段。选中数据透视表中的任意一个单元格，显示“数据透视表字段列表”框，将其中需要添加的字段按钮拖动到数据透视表中相应位置。要删除某一字段，直接将相应字段按钮拖动到数据透视表之外即可。删除某字段后，与该字段相关的数据也将从数据透视表中删除。

（2）修改汇总方式。创建数据透视表时，系统默认的汇总方式是求和，可以根据需要设置为其他的汇总方式。

例如，将住院费的汇总方式更改为平均值。选择所生成的数据透视表的任意位置，在“数据透视表工具”中选择“选项”选项卡，单击“计算”下拉按钮，在下拉列表中选择“按值汇总”中的“平均值”命令即可，如图 5-73 所示。

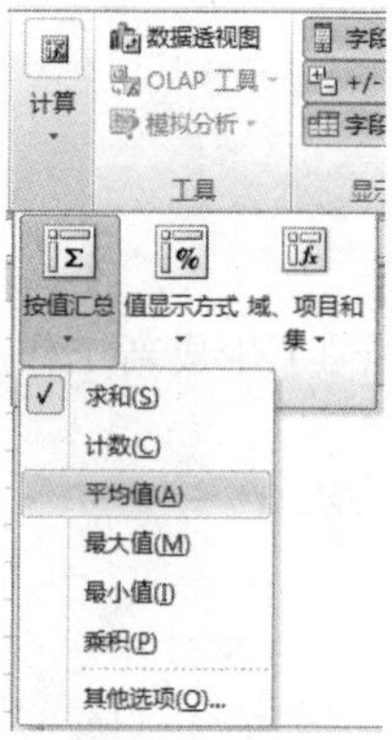

图 5-73　更改汇总方式

（3）刷新数据透视表中的数据。已经创建了数据透视表的数据清单，其数据的修改并不影响数据透视表，必须刷新数据透视表中的数据。单击数据透视表中的任意一个单元格，在“数据透视表工具”中选择“选项”选项卡，单击【刷新】按钮，完成对数据透视表数据的更新。

（4）清除数据透视表。单击数据透视表中的任意一个单元格，在“数据透视表工具”中选择“选项”选项卡，单击“清除”下拉按钮，在下拉列表中选择“全部清除”命令。

注意：清除数据透视表后，源数据并不受影响。

3. 美化数据透视表

选择所生成的数据透视表的任意位置，在“数据透视表工具”中选择“设计”选项卡，在“数据透视表样式”组中，选择“数据透视表样式深色 6”，设置格式后的数据透视表如图 5-74 所示。

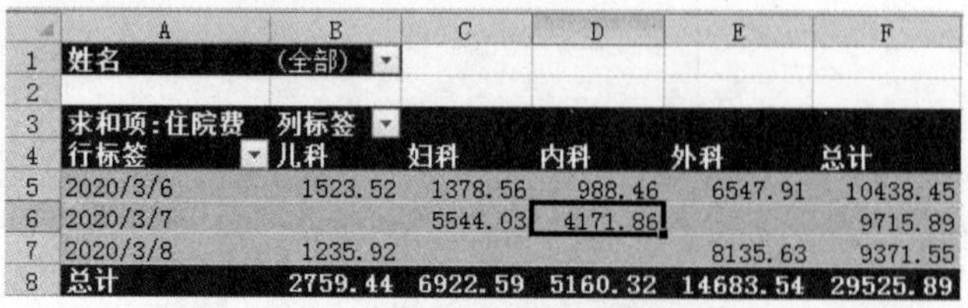

	A	B	C	D	E	F
1	姓名	(全部)				
2						
3	求和项:住院费	列标签				
4	行标签	儿科	妇科	内科	外科	总计
5	2020/3/6	1523.52	1378.56	988.46	6547.91	10438.45
6	2020/3/7		5544.03	4171.86		9715.89
7	2020/3/8	1235.92			8135.63	9371.55
8	总计	2759.44	6922.59	5160.32	14683.54	29525.89

图 5-74　设置样式后的数据透视表

5.7　图表制作

在 Excel 中可以将工作表中的数据以各种统计图的形式显示出来，使得数据更加直观，易于表达数据之间的关系以及数据变化的趋势。工作表中的数据是绘制图表的数据源，当工作表中的数据发生变化时，图表中对应数据会自动更新。

5.7.1　创建图表

Excel 中创建的图表有两种：一种是将图表置于数据所在的工作表内，称为嵌入式图表；另一种是在数据工作表之外，单独创建一张存放图表的工作表，称为工作表图表。

在创建图表之前，应先选定用于创建图表的数据区域。所选的数据源区域可以是连续的，也可以是不连续的。如果选定的区域是不相邻的，则在选择第一个区域后，按住【Ctrl】键来选择其他区域，并且每个数据区域所占的行或列数必须相同。如果选定的区域中含有作为说明图表中数据含义的文字，则应使文字所在的行或列位于选定区域的最上行或最左列。

【例 5-21】根据如图 5-75 所示的工资表中数据，创建不同人员的基本工资和实发工资的嵌入式柱形图表。图表标题为“各科室人员工资图表”，横轴标题为“姓名”，纵轴标题为“金额”。

	A	B	C	D	E	F	G
1	编号	科室	姓名	基本工资	补助工资	扣款	实发工资
2	1	人事科	滕燕	1000.00	120.00	15.00	1105.00
3	2	人事科	张波	1130.00	180.00	15.00	1295.00
4	3	人事科	周平	600.00	210.00	0.00	810.00
5	4	教务科	杨兰	2102.00	150.00	70.10	2181.90
6	5	教务科	石卫国	1759.00	120.00	70.00	1809.00
7	6	财务科	扬繁	2050.00	220.00	65.00	2205.00
8	7	财务科	石卫平	3000.00	320.00	165.00	3155.00

图 5-75　工资表数据清单

具体操作步骤如下：

（1）先选择创建图表的数据区域。选中 C1:D8 单元格区域，按住【Ctrl】键的同时用鼠标拖动 G1:G8 单元格区域。

（2）单击“插入”选项卡的“图表”组中的【柱形图】按钮，在下拉列表中选择“三维柱形图”中的第一个图形“三维簇状柱形图”，或者在“图表”组中单击右下角的“对话框启动器”按钮，弹出“插入图表”对话框，从中选择“柱形图”中的“三维簇状柱形图”，如图 5-76 所示，单击【确定】按钮。初步生成图表，如图 5-77 所示。

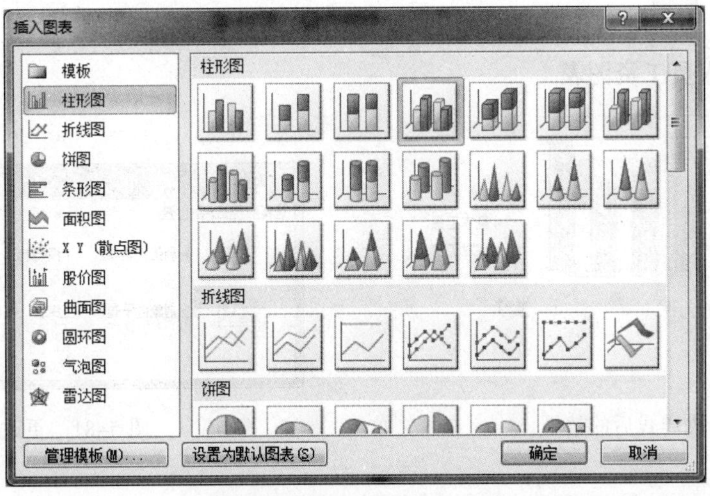

图 5-76　“插入图表”对话框

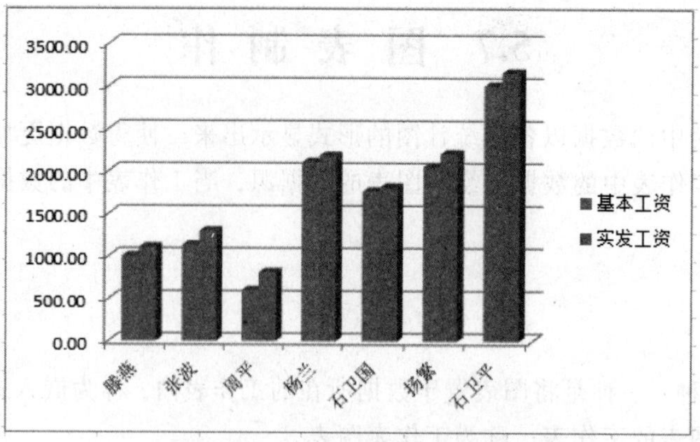

图 5-77 初步创建的图表

（3）设置图表布局，添加标题。单击图表中的任意位置，此时在标题栏将显示“图表工具”，其上增加了“设计”“布局”“格式”选项卡。在“设计”选项卡的“图表布局”组中选择“布局 9”，设置后的效果如图 5-78 所示。单击图表标题的位置，更改为“各科室人员工资图表”，分别单击横轴和纵轴的坐标轴标题的位置，更改为横轴标题为“姓名”，纵轴标题为“金额”。拖动标题到适当的位置。更改后的效果如图 5-79 所示。

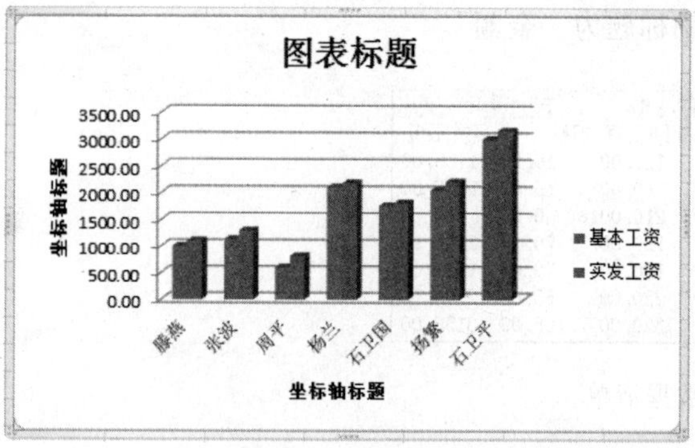

图 5-78 应用了“布局 9”的效果

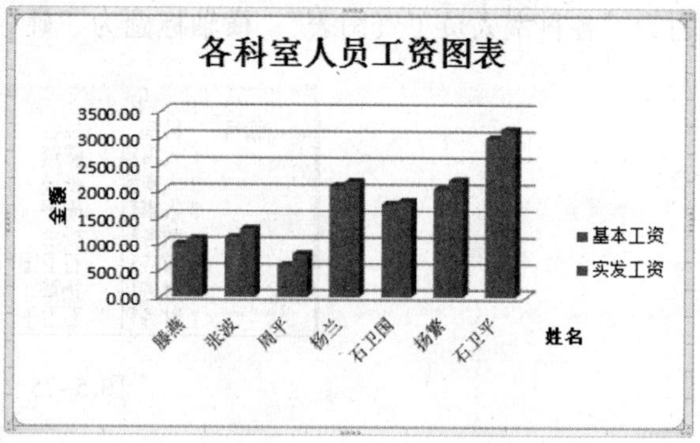

图 5-79 更改布局后的效果

（4）设置图表样式。单击图表中的任意位置，在“设计”选项卡的“图表样式”组中选择“样式 10”，设置后的效果如图 5-80 所示。

（5）改变图表的位置为独立的图表，图表工作表的名称为“工资图表”。单击图表中的任意位置，在“设计”选项卡的“位置”组中选择“移动图表”，弹出“移动图表”对话框，在“选择放置图表的位置”中选中“新工作表”单选按钮，在文本框中输入图表工作表的名称“工资图表”，如图 5-81 所示，单击【确定】按钮。生成的图表工作表的效果如图 5-82 所示。

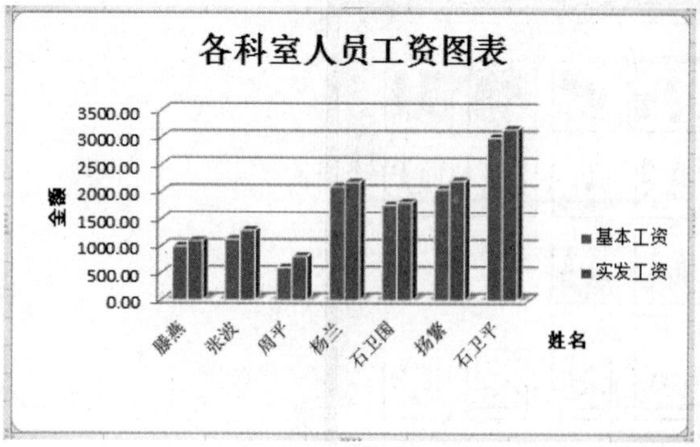

图 5-80 更改样式后的效果

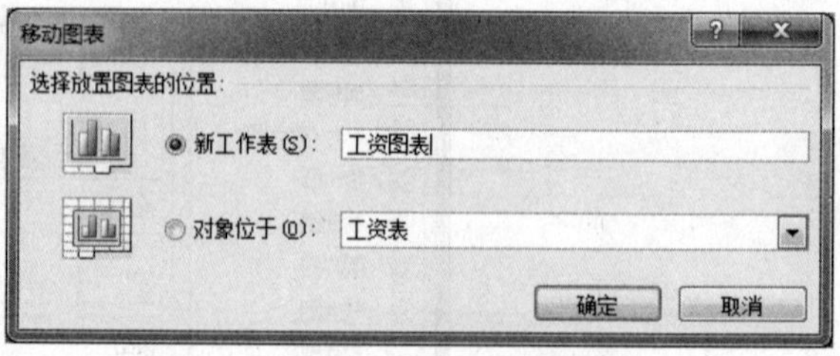

图 5-81 更改图表位置

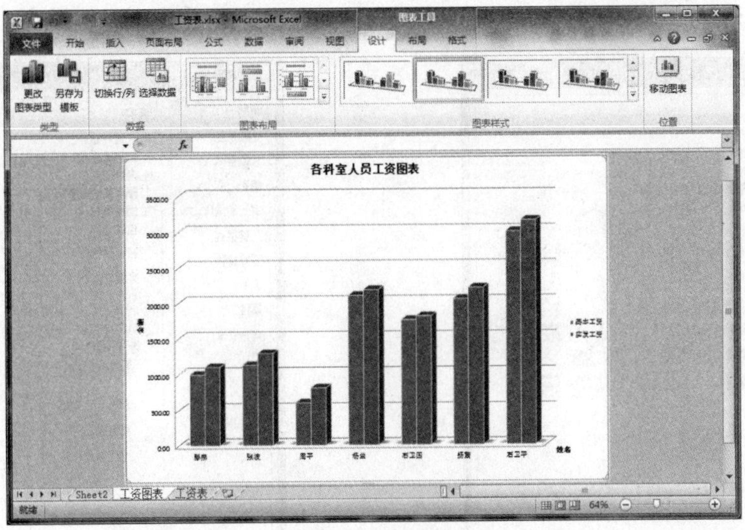

图 5-82　工资图表的图表工作表的效果

5.7.2　设置图表格式

在例 5-21 中生成的图表还有许多不尽如人意的地方，通过设置图表的格式，可以进一步美化图表。

【例 5-22】对工资图表进行如下设置：

（1）设置图表标题的格式为黑体，28 磅，深红色，填充为“图案填充”“5%”。

（2）设置图表区的格式为预设颜色“雨后初晴”，类型为“路径”。

（3）设置绘图区的格式“纹理”为“纸莎草纸”，透明度为“30%”。

（4）设置“基本工资”数据系列格式的柱体形状为“圆柱图”，显示标签为货币数字形式。

（5）设置图例格式为楷体，20 磅；图例位置为底部，填充预设颜色为“羊皮纸”，无线条。

（6）设置纵轴即坐标轴（Y）标题格式为 18 磅，竖排。

（7）设置横轴即坐标轴（X）格式为 18 磅，阴影预设为透视“靠下”，距离“8 磅”。

具体操作步骤如下：

（1）选定图表的标题部分，在“开始”选项卡的“字体”组中，在字体列表框选择“黑体”，字号列表框中选择“28”，颜色选择标准色“深红”。

选定图表的标题部分，在“格式”选项卡的“当前所选内容”组中，单击“设置所选内容格式”，打开“设置图表标题格式”对话框，设置“填充”为“图案填充”“5%”，如图 5-83 所示。要快速打开图表元素格式设置对话框，还可以直接双击图表元素。

（2）双击图表区，弹出“设置图表区格式”对话框，设置“填充”为“渐变填充”中的预设颜色为“雨后初晴”，类型为“路径”，如图 5-84 所示。

（3）双击绘图区，弹出“设置绘图区格式”对话框，设置“图片或纹理填充”中的“纹理”为“纸莎草纸”，透明度为“30%”，如图 5-85 所示。

（4）双击“基本工资”数据系列，弹出“设置数据系列格式”对话框，设置“形状”中的柱体形状为“圆柱图”，如图 5-86 所示。

单击“实发工资”数据系列，在“布局”选项卡的“标签”组中，单击“数据标签”下拉按钮，选择“其他数据标签选项”命令，弹出“设置数据标签格式”对话框，在“标签选项”中标签包含选中“值”，在“数字”中选择数字类型为“货币”，如图 5-87 所示。

（5）单击图例，在“开始”选项卡的“字体”组中，设置字体为“楷体”，字号为“20”；将光标定位在其外边框线上双击，弹出“设置图例格式”对话框，在“图例选项”中设置图例位置为“底部”，如图 5-88 所示，在

“填充”中设置“渐变填充”的预设颜色为“羊皮纸”，在“边框颜色”中设置“无线条”。

图 5-83 设置图表标题格式

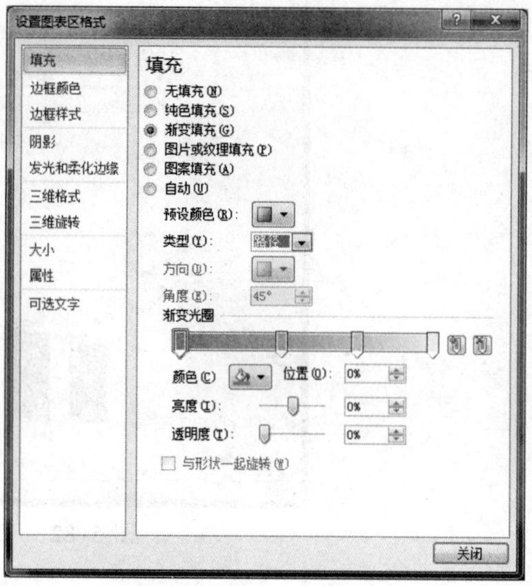

图 5-84 设置图表区格式

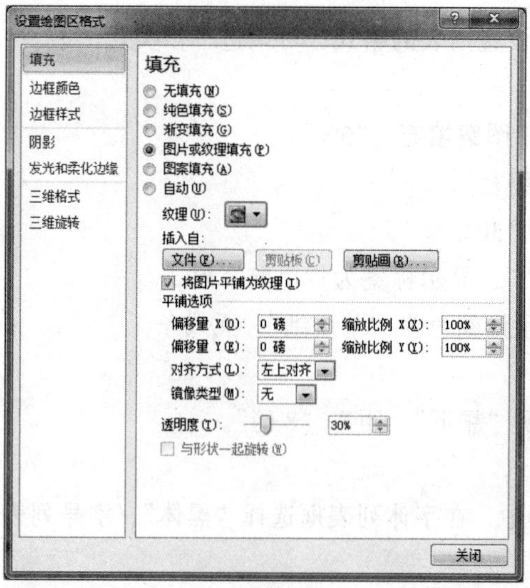

图 5-85 设置绘图区格式

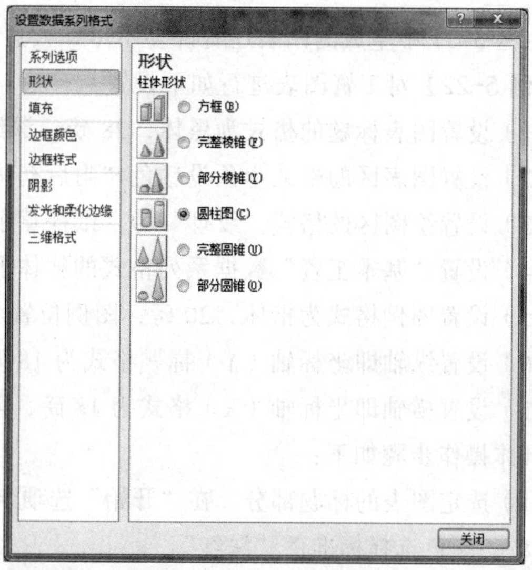

图 5-86 设置数据系列格式

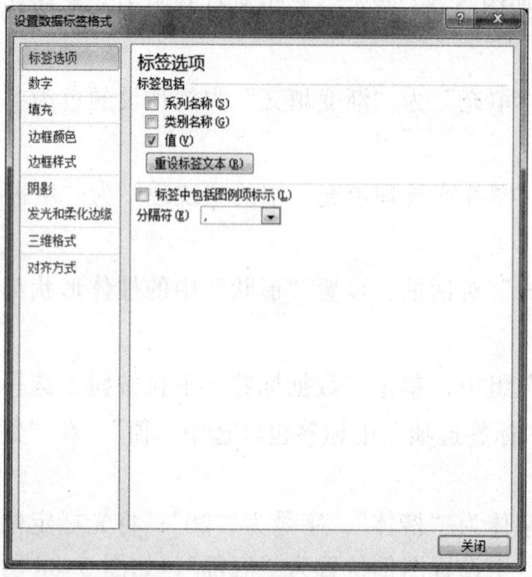

图 5-87 设置数据标签格式

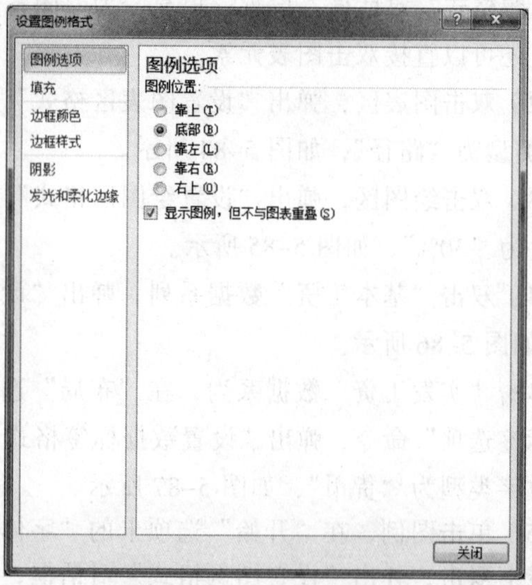

图 5-88 设置图例格式

（6）单击坐标轴（Y）标题，设置字号为“18”，双击坐标轴（Y）标题，弹出“设置坐标轴标题格式”对话框，设置“对齐方式”中“文字方向”为“竖排”，如图 5-89 所示。

（7）单击坐标轴（X），设置字号为“18”，双击坐标轴（X），弹出“设置坐标轴格式”对话框，设置“阴影”中“预设”为透视“靠下”，距离“8 磅”，如图 5-90 所示。

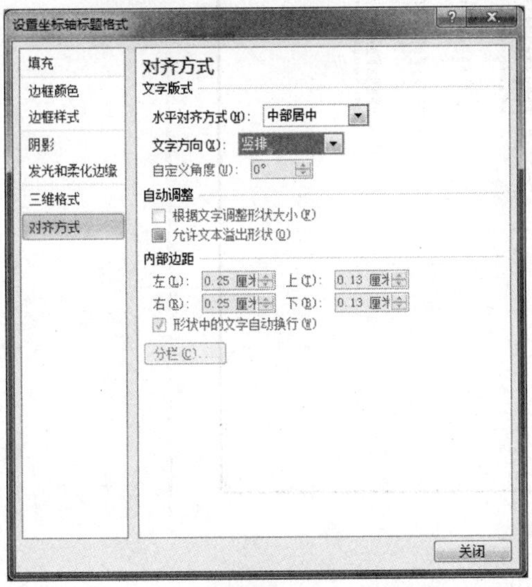

图 5-89　设置坐标轴标题格式

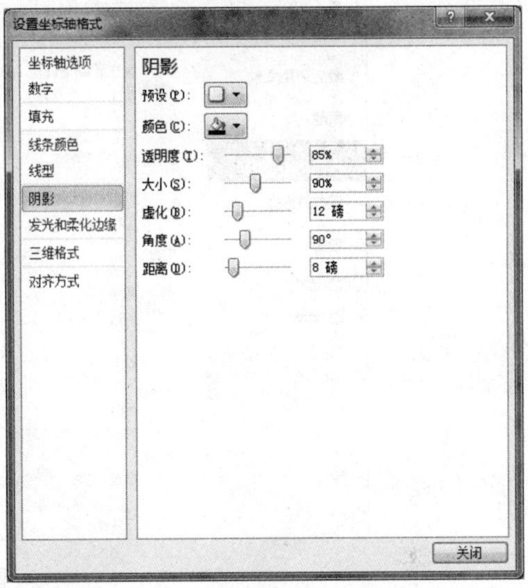

图 5-90　设置坐标轴格式

图表格式化后的最终设置效果如图 5-91 所示。

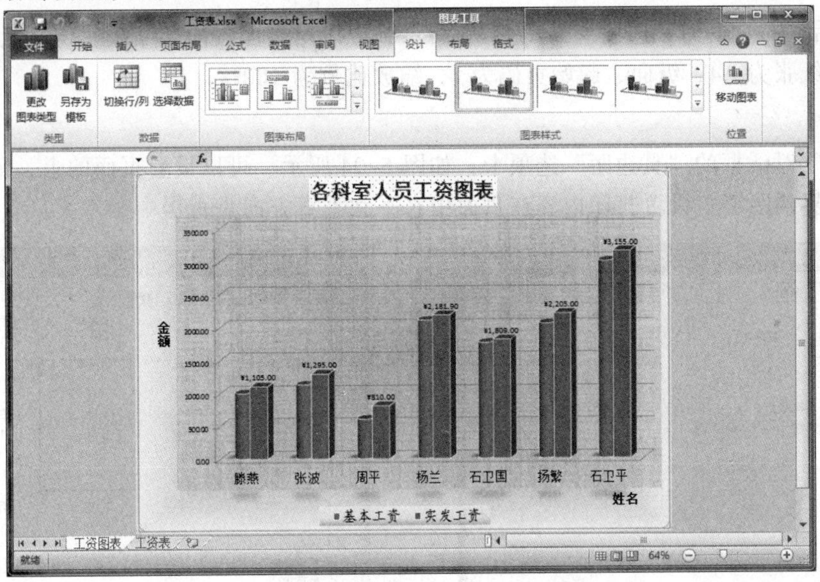

图 5-91　图表格式化后的效果

5.8　打　　印

在 Excel 中创建和设置好格式的工作表，可以打印出全部内容或部分内容，一般先对工作表进行打印设置，然后观察打印预览效果，经调整满意后打印输出。

5.8.1　页面设置

页面设置主要包括页面、页边距、页眉/页脚、工作表设置。单击“文件”选项卡下的“打印”命令，在其中可以进行打印页数、方向、纸张大小、自定义边距、缩放等设置，窗口右侧显示打印预览效果，如图 5-92 所示。

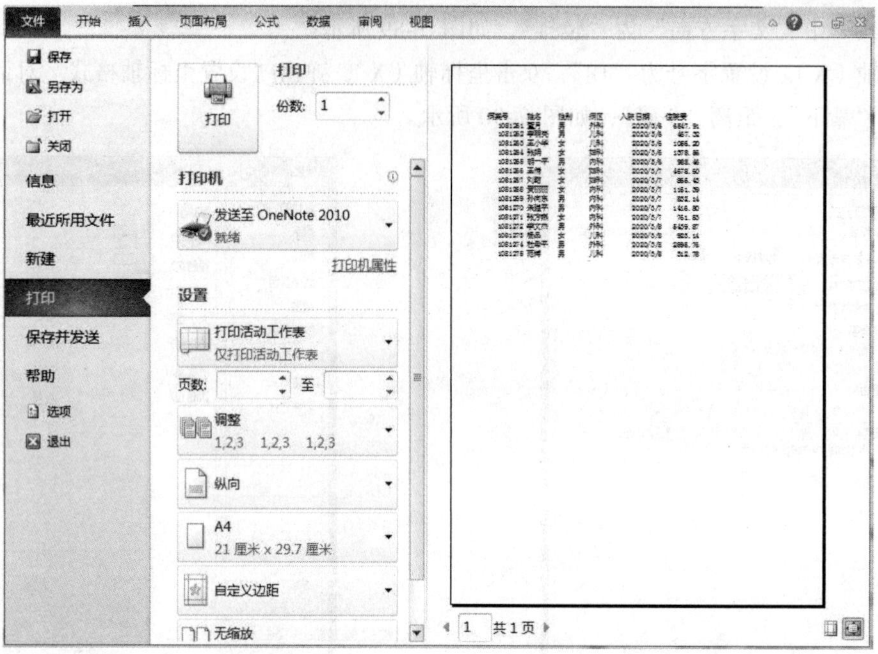

图 5-92 打印设置

如果需要进行详细设置，可单击“页面设置”按钮，弹出“页面设置”对话框，在其中逐项进行设置。

1. 设置页面

“页面设置”对话框的“页面”选项卡如图 5-93 所示，可以对页面方向、缩放比例、纸张大小和起始页码等进行设置。系统默认纸张为 A4，纵向，起始页码为 1，缩放比例为 100%。

2. 设置页边距

单击“页面设置”对话框的“页边距”选项卡，如图 5-94 所示，可以设置页面的上、下、左、右边距大小，页眉及页脚距页面边界的距离；设置打印内容在页面中水平和垂直方向是否居中。

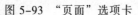

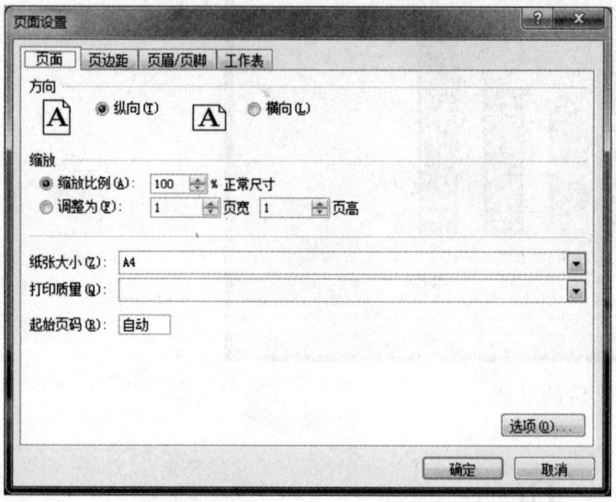

图 5-93 “页面”选项卡

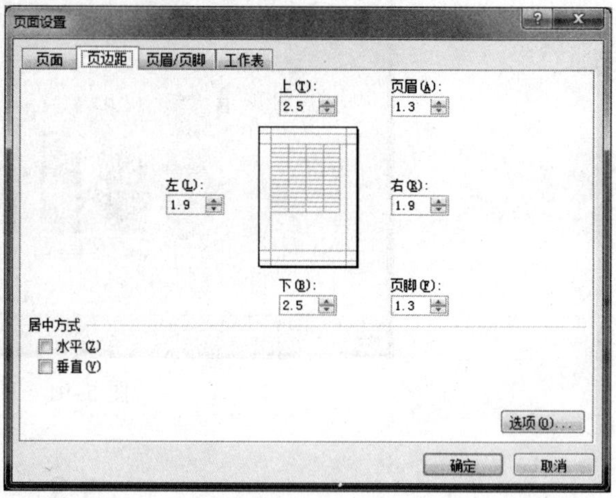

图 5-94 “页边距”选项卡

3. 设置页眉/页脚

设置页眉/页脚就是在工作表每一页的顶端或底部添加说明信息。“页面设置”对话框的“页眉/页脚”选项卡，如图 5-95 所示，单击“页眉”或“页脚”的下拉按钮，用户可以使用系统提供的页眉/页脚的内容。

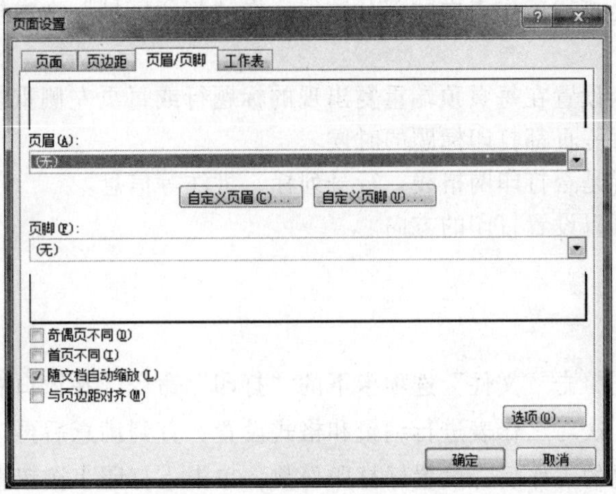

图 5-95　“页眉/页脚”选项卡

如果自行设置页眉的内容，则单击【自定义页眉】按钮，打开“页眉”对话框，如图 5-96 所示，在“左”“中”“右”3 个文本框内可分别输入左对齐、居中、右对齐的内容，对话框中按钮的含义从左到右分别为：“定义字体”“插入页码”“插入页数”“插入日期”“插入时间”“插入文件路径”“插入文件名”“插入数据表名”“插入图片”“设置图片格式”，用户可以利用这些按钮插入相应内容。同样可以通过单击【自定义页脚】按钮来设置页脚内容。

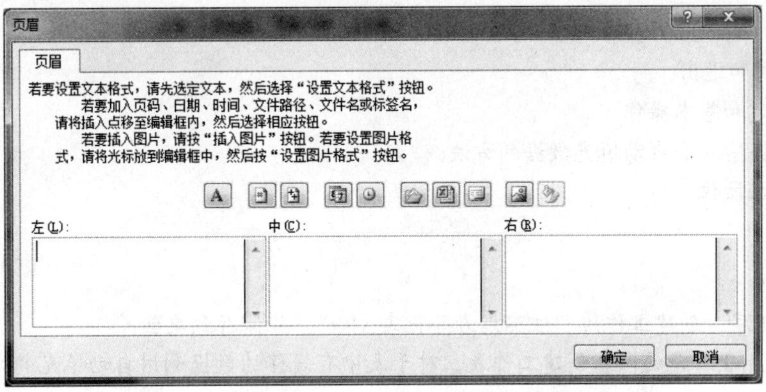

图 5-96　“页眉”对话框

4．设置工作表

单击“页面设置”对话框的“工作表”选项卡，如图 5-97 所示，在该选项卡中设置打印区域、打印标题、打印方式及打印顺序。

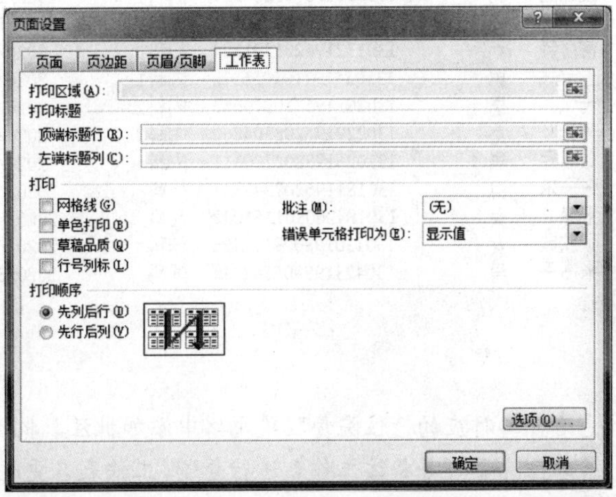

图 5-97　“工作表”选项卡

实际应用中，用户往往需要打印工作表中的部分数据，在“打印区域”文本框中可以设置工作表中被打印的单元格区域。

在“打印标题”选项区可以设置在每页顶端重复出现的标题行或每页左侧重复出现的标题列，主要用于一个工作表分多页打印，而要求在每一页都打印标题的时候。

在“打印”选项区可以设置是否打印网格线、行号列标、批注等信息。

在“打印顺序”选项区中可以设置打印的方向。

5.8.2 打印预览与打印

在打印工作表之前，一般先单击“文件”选项卡下的“打印”命令，在窗口右侧观察打印的预览效果。如果对打印预览效果不满意，可以再次对工作表进行编辑和格式设置，直到满意后再进行打印。

当对工作表完成了页面设置的工作后，设置好打印份数，单击【打印】按钮直接打印当前工作表。

技 能 训 练

技能训练一 创建工作表及基本操作

【训练目的】

1. 掌握Excel的启动和退出。
2. 掌握工作簿的创建和基本操作。
3. 掌握工作表的数据输入和自动填充数据的方法。
4. 掌握工作表的基本操作。
5. 熟悉批注的使用。

【训练内容】

1. 启动Excel应用程序，创建工作簿“住院患者登记表.xlsx”，并保存到桌面。
2. 在Sheet1中按表5-3所示的内容创建工作表。对于表中有规律的数据利用自动填充的方法进行快速输入。

表5-3 创建工作表

病案号	姓名	性别	身份证号	病区	入院日期	住院费
1205801	田小珊	女	130426197804070042	外科	2020/1/10	6704.23
1205802	王雅静	女	130533200111026424	儿科	2020/1/11	623.64
1205803	刘诗诗	女	130124200403080042	儿科	2020/1/12	1212.52
1205804	梁明聪	男	130426196801013911	内科1	2020/1/13	1534.88
1205805	赵建国	男	130826198705287931	内科1	2020/1/14	910.14
1205806	孙红	女	120221197010260524	妇科	2020/1/15	4600.28
1205807	何丽静	女	130132196201291824	妇科	2020/2/1	787.11
1205808	王宏飞	男	13102419710103631x	内科1	2020/3/1	1083.07
1205809	杨飞	男	130283196710270613	内科2	2020/4/1	873.65
1205810	吴燕	女	130229197808304860	内科3	2020/5/1	2695.76
1205811	黄明辉	男	131026198802200311	内科4	2020/6/1	422.78
1205812	张一乐	男	130181196207243345	外科	2020/6/18	7010.46
1205813	王静	女	130184200301151042	儿科	2020/6/18	939.85
1205814	张欣欣	女	13013019800911122x	妇科	2020/6/18	5618.19
1205815	张书平	男	13042319890514241x	外科	2020/6/18	1595.12
最高费用						
平均费用						
总计费用						

3. 对病案号为“1205806”的患者，其对应的“住院费”单元格中添加批注，批注内容为“享受医疗保险”。

4. 将Sheet1工作表重命名为“患者住院费”，并将该工作表进行复制，工作表名更改为“患者住院费复件”。将Sheet2、Sheet3删除。

5. 对该工作簿进行保存并关闭。退出Excel程序。

技能训练二　工作表的编辑、格式化及公式和函数的使用

【训练目的】

1. 掌握单元格中数据的编辑和修改操作。
2. 掌握单元格格式的设置。
3. 熟悉条件格式的操作。
4. 掌握 Excel 的公式和函数的使用。

【训练内容】

1. 打开技能训练一中保存在桌面上的“住院患者登记表.xlsx”。

2. 在“患者住院费”工作表中，对工作表进行编辑和格式设置。

（1）将病案号为“1205806”的患者“住院费”单元格中的批注清除。将“身份证号”一列删除。在表格最后增加一列，列标题为“费用比例”。

（2）利用查找与替换功能，将“内科 1”全部替换为“神经内科”。

（3）在第 1 行前插入一行，输入“各病区患者住院费”为标题，并设置标题格式为楷体、20 磅、加粗、蓝色，水平对齐方式为 A1:G1 单元格区域合并及居中、垂直靠上。

（4）按图 5-98 所示，将“最高费用”“平均费用”“总计费用”所在行的前 5 个单元格进行合并。

（5）将“入院日期”一列的日期类型设置为形如“2020 年 3 月 14 日”的数字格式。将“最高费用”“平均费用”“总计费用”三行后的单元格中数字格式设置为两位小数，使用千位分隔符。

（6）设置第 2 行表头部分的文字格式为黑体，14 磅，底纹为浅绿色。设置 A2:G20 数据区域，外边框为蓝色粗线，内部线为红色细线，单元格对齐方式为水平方向居中，垂直方向居中。

（7）设置第 1 行标题行行高为 35 磅，数据区域中第 2 行行高为 30 磅，第 3～20 行行高为 15 磅，A2:G20 列宽为自动调整列宽。

（8）利用条件格式功能，设置“病区”列中数据为“儿科”的单元格字体格式为红色，加粗；“住院费”列中数据大于等于 5 000 的单元格字体为蓝色，倾斜，填充背景色为黄色；小于 1 000 的单元格字体加粗，填充背景色为紫色。

3. 在“患者住院费”工作表中，利用函数和公式进行计算。

（1）利用函数对“住院费”一列分别求其最大值、平均值、总和，并填写到该列相应位置。

（2）利用公式对“费用比例”列进行计算，填充到相应的单元格。计算公式为“费用比例=住院费/总计数量”。设置该列数字格式为百分比，小数位数为 1 位。

4. 在“患者住院费”工作表中，对“费用比例”列中的数据进行复制和选择性粘贴，仅粘贴数值，将其仍粘贴在“费用比例”列中。

“患者住院费”工作表中设置完毕效果如图 5-98 所示。

5. 选中“患者住院费（2）”工作表，对数据区域套用表格格式，选择“中等深浅 16”格式。

6. 将编辑和格式化好的工作簿另存到桌面，名称为“2020 年住院患者登记表.xls”。

	A	B	C	D	E	F	G
1	各病区患者住院费						
2	病案号	姓名	性别	病区	入院日期	住院费	费用比例
3	1205801	田小珊	女	外科	2020年1月10日	6704.23	18.3%
4	1205802	王雅静	女	儿科	2020年1月11日	623.64	1.7%
5	1205803	刘诗诗	女	儿科	2020年1月12日	1212.52	3.3%
6	1205804	梁明聪	男	神经内科	2020年1月13日	1534.88	4.2%
7	1205805	赵建国	男	神经内科	2020年1月14日	910.14	2.5%
8	1205806	孙红	女	妇科	2020年1月15日	4600.28	12.6%
9	1205807	何丽静	女	妇科	2020年2月1日	787.11	2.1%
10	1205808	王宏飞	男	神经内科	2020年3月1日	1083.07	3.0%
11	1205809	杨飞	男	内科2	2020年4月1日	873.65	2.4%
12	1205810	吴燕	女	内科3	2020年5月1日	2695.76	7.4%
13	1205811	黄明辉	男	内科4	2020年6月1日	422.78	1.2%
14	1205812	张一乐	男	外科	2020年6月18日	7010.46	19.1%
15	1205813	王静	女	儿科	2020年6月18日	939.85	2.6%
16	1205814	张欣欣	女	妇科	2020年6月18日	5618.19	15.3%
17	1205815	张书平	男	外科	2020年6月18日	1595.12	4.4%
18	最高费用					7,010.46	
19	平均费用					2,440.78	
20	总计费用					36,611.68	

图 5-98　编辑和格式化后的表格

技能训练三　工作表的数据管理与分析

【训练目的】

1. 掌握记录单的使用。
2. 掌握工作表中数据的排序操作。

3. 掌握工作表中数据的自动筛选，熟悉高级筛选。

4. 掌握工作表中数据的分类汇总操作。

5. 熟悉建立数据透视表的操作。

【训练内容】

1. 在桌面上创建工作簿，名称为“药店销售表.xlsx”。

2. 在 Sheet1 工作表中，按表 5-4 创建工作表。其中“现存数量”列用公式计算求出，公式为“现存数量=原始库存+购入新药-售出药量”。将 Sheet1 工作表名改为“2020 年销售表”。

表 5-4 创建数据分析工作表

序号	时间	药店	原始库存	购入新药	售出药量	现存数量
1	2020/1/1	伊仁堂药店	10000	8000	4631	13369
2	2020/1/1	国药大药店	10000	7000	5274	11726
3	2020/1/1	顺康药店	10000	6000	3218	12782
4	2020/1/1	顺鑫药店	10000	5000	8795	6205
5	2020/1/1	中药店	10000	4000	9865	4135
6	2020/2/1	伊仁堂药店	13369	3000	5464	10905
7	2020/2/1	国药大药店	10726	2000	1655	11071
8	2020/2/1	顺康药店	11782	1000	4587	8195
9	2020/2/1	顺鑫药店	6205	6500	1005	11700
10	2020/2/1	中药店	4135	6500	5268	5367
11	2020/3/1	伊仁堂药店	10905	6500	16547	858
12	2020/3/1	国药大药店	11071	6500	10500	7071
13	2020/3/1	顺康药店	8195	6500	8000	6695
14	2020/3/1	顺鑫药店	11700	6500	1000	17200
15	2020/3/1	中药店	5367	6500	7800	4067

3. 将“2020 年销售表”工作表复制，重命名为“销售排序”。对记录进行排序，“主要关键字”为“时间”，升序；“次要关键字”为“现存数量”，降序。排序后的数据清单如图 5-99 所示。

	A	B	C	D	E	F	G
1	序号	时间	药店	原始库存	购入新药	售出药量	现存数量
2	1	2020/1/1	伊仁堂药店	10000	8000	4631	13369
3	3	2020/1/1	顺康药店	10000	6000	3218	12782
4	2	2020/1/1	国药大药店	10000	7000	5274	11726
5	4	2020/1/1	顺鑫药店	10000	5000	8795	6205
6	5	2020/1/1	中药店	10000	4000	9865	4135
7	9	2020/2/1	顺鑫药店	6205	6500	1005	11700
8	7	2020/2/1	国药大药店	10726	2000	1655	11071
9	6	2020/2/1	伊仁堂药店	13369	3000	5464	10905
10	8	2020/2/1	顺康药店	11782	1000	4587	8195
11	10	2020/2/1	中药店	4135	6500	5268	5367
12	14	2020/3/1	顺鑫药店	11700	6500	1000	17200
13	12	2020/3/1	国药大药店	11071	6500	10500	7071
14	13	2020/3/1	顺康药店	8195	6500	8000	6695
15	15	2020/3/1	中药店	5367	6500	7800	4067
16	11	2020/3/1	伊仁堂药店	10905	6500	16547	858

图 5-99 排序后的数据清单

4. 将“2020 年销售表”工作表复制两份，分别重命名为“自动筛选”和“高级筛选”。

（1）在“自动筛选”工作表中利用自动筛选功能，筛选出“售出药量”最大的前 10 项，并且“现存数量”大于 10 000 的记录。执行自动筛选后的数据清单如图 5-100 所示。

	A	B	C	D	E	F	G
1	序号	时间	药店	原始库	购入新	售出药	现存数
2	1	2020/1/1	伊仁堂药店	10000	8000	4631	13369
3	2	2020/1/1	国药大药店	10000	7000	5274	11726
7	6	2020/2/1	伊仁堂药店	13369	3000	5464	10905

图 5-100 自动筛选后的结果

（2）在“高级筛选”工作表中对数据进行高级筛选，筛选条件：筛选出“时间”为“2020-3-1”的记录中，“原始库存”小于 10 000 或者“售出药量”大于 10 000 的记录。将筛选结果复制到其他位置。进行高级筛选后的数据清单如图 5-101 所示。

5. 将“2020 年销售表”工作表复制，重命名为“销售汇总”。对数据进行分类汇总，计算各药店原始库存、售出药量、现存数量的平均值。分类汇总后的结果如图 5-102 所示。

6. 利用“2020 年销售表”工作表中数据创建数据透视表，数据透视表保存在一个新的工作表中。其中报表筛选字段是“序号”，行字段是“时间”，列字段是“药店”，数值是“现存数量”。创建好的数据透视表如图 5-103 所示。

D9　f_x　11782

原数据清单　条件区域　高级筛选结果

	A	B	C	D	E	F	G
1	序号	时间	药店	原始库存	购入新药	售出药量	现存数量
2	1	2020/1/1	伊仁堂药店	10000	8000	4631	13369
3	2	2020/1/1	国药大药店	10000	7000	5274	11726
4	3	2020/1/1	顺康药店	10000	6000	3218	12782
5	4	2020/1/1	顺鑫药店	10000	5000	8795	6205
6	5	2020/1/1	中药店	10000	4000	9865	4135
7	6	2020/2/1	伊仁堂药店	13369	3000	5464	10905
8	7	2020/2/1	国药大药店	10726	2000	1655	11071
9	8	2020/2/1	顺康药店	11782	1000	4587	8195
10	9	2020/2/1	顺鑫药店	6205	6500	1005	11700
11	10	2020/2/1	中药店	4135	6500	5268	5367
12	11	2020/3/1	伊仁堂药店	10905	6500	16547	858
13	12	2020/3/1	国药大药店	11071	6500	10500	7071
14	13	2020/3/1	顺康药店	8195	6500	8000	6695
15	14	2020/3/1	顺鑫药店	11700	6500	1000	17200
16	15	2020/3/1	中药店	5367	6500	7800	4067
17							
18		时间	原始库存	售出药量			
19		2020/3/1	<10000				
20		2020/3/1		>10000			
21							
22	序号	时间	药店	原始库存	购入新药	售出药量	现存数量
23	11	2020/3/1	伊仁堂药店	10905	6500	16547	858
24	12	2020/3/1	国药大药店	11071	6500	10500	7071
25	13	2020/3/1	顺康药店	8195	6500	8000	6695
26	15	2020/3/1	中药店	5367	6500	7800	4067

图 5-101　高级筛选后的数据清单

	A	B	C	D	E	F	G
1	序号	时间	药店	原始库存	购入新药	售出药量	现存数量
5			**国药大药店 平均**	10599		5809.667	9956
9			**顺康药店 平均**	9992.333		5268.333	9224
13			**顺鑫药店 平均**	9301.667		3600	11701.67
17			**伊仁堂药店 平均**	11424.67		8880.667	8377.333
21			**中药店 平均值**	6500.667		7644.333	4523
22			**总计平均值**	9563.667		6240.6	8756.4

图 5-102　分类汇总后的结果

	A	B	C	D	E	F	G
1	序号	(全部)					
2							
3	**求和项:现存数量**	**列标签**					
4	**行标签**	**国药大药店**	**顺康药店**	**顺鑫药店**	**伊仁堂药店**	**中药店**	**总计**
5	2020/1/1	11726	12782	6205	13369	4135	48217
6	2020/2/1	11071	8195	11700	10905	5367	47238
7	2020/3/1	7071	6695	17200	858	4067	35891
8	**总计**	**29868**	**27672**	**35105**	**25132**	**13569**	**131346**

图 5-103　创建好的数据透视表

7. 将工作簿另存到桌面，名称为“药店销售管理分析.xlsx”。

技能训练四　工作表的图表操作

【训练目的】

1. 掌握工作表图表的创建。

2. 掌握图表的编辑和格式化。

【训练内容】

1. 打开桌面上名称为“药店销售管理分析.xlsx”的工作簿。

2. 利用“销售汇总”工作表中汇总结果，将各药店原始库存、售出药量、现存数量的平均值，制作成嵌入式

“三维簇状柱形图”图表。要求：图表布局为“布局 9”，图表标题更改为“2020 年一季度药店销售图”；横轴标题为“药店”，纵轴标题为“金额”。

创建好的嵌入式图表如图 5-104 所示。

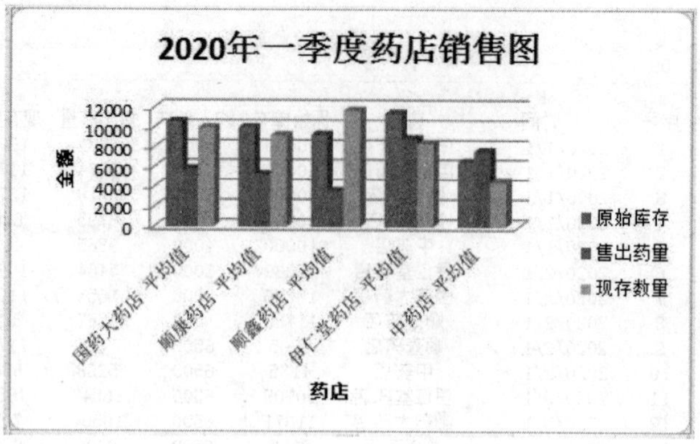

图 5-104 创建好的嵌入式图表

3. 设置图表的样式。

（1）设置图表样式为“样式 18”。

（2）设置标题、横轴标题和纵轴标题、分类轴和数值轴的格式。要求：图表标题为楷体、加粗、16 磅、红色；横轴标题、纵轴标题均为黑体、加粗、12 磅、紫色，纵轴标题为竖排文字；横轴字体为蓝色、9 磅，纵轴字体为蓝色、12 磅、主要刻度单位为 3000。

（3）设置图例的格式。要求：图例位置位于底部，填充效果是预设“雨后初晴”，字体为楷体、12 磅。

（4）设置数据系列的格式。要求：“现存数量”添加数据标签，数字格式保留 2 位小数。

（5）设置背景墙和网格线格式。要求：背景墙为黄色；网格线为实线，橙色。

设置完毕后，调整图表嵌入位置为 A25:H42 单元格区域。效果如图 5-105 所示。

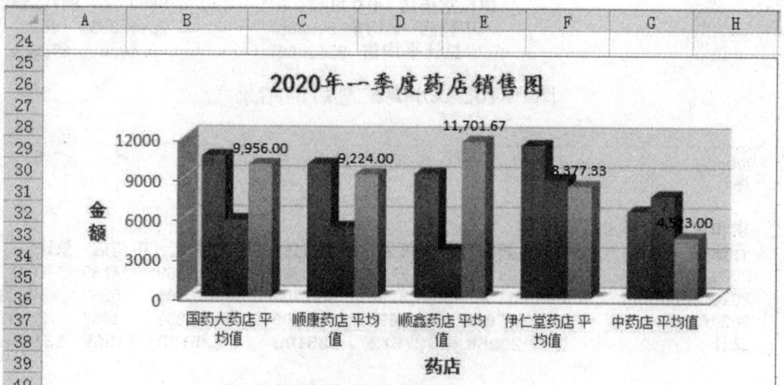

图 5-105 设置好格式的嵌入式图表

4. 利用“销售汇总”工作表中汇总结果，根据各药店“原始库存”“售出数量”“现存数量”的平均值制作“折线图”图表。要求：图表标题为“2020 年药店销售汇总图”，横轴标题为“药店”，纵轴标题为“金额”；移动图表位置为新工作表，工作表名称为“药店销售汇总图”。

5. 在图表工作表中，对图表进行编辑和格式化。

（1）删除“原始库存”数据系列。

（2）根据个人喜好设置工作表图表的格式。

6. 将工作簿另存到桌面，名称为“药店销售图表.xlsx”。

第6章

PowerPoint 2010 演示文稿制作软件

PowerPoint 2010 是 Microsoft 公司推出的 Office 系列软件之一，随着办公自动化的普及，PowerPoint 的应用也越来越广泛。本章将介绍 PowerPoint 2010 的基本操作，创建、美化、放映演示文稿，以及设置幻灯片的动画效果和超链接等主要功能。

6.1 PowerPoint 2010 概述

在实际工作和生活中，人们需要把学术交流、辅助教学、广告宣传、产品演示等信息以更直观、更轻松的方式表达出来，用户可以利用计算机制作出图文并茂的演示文稿并展示给观众。PowerPoint 具有强大的制作功能，包括文字编辑功能强、段落格式丰富、文件格式多样、绘图手段齐全、色彩表现力强等；具有强大的多媒体展示功能，PowerPoint 演示的内容可以是文本、图形、图表、图片或有声图像，并具有较好的交互功能和演示效果；通用性强，易学易用，PowerPoint 与 Word 和 Excel 的使用方法大部分相同，提供有多种幻灯片版面布局，多种模板及详细的帮助系统。使用 PowerPoint 制作的演示文稿可以通过计算机屏幕、投影仪、Web 浏览器等多种途径进行播放。

6.1.1 PowerPoint 2010 基本概念

1. 演示文稿

演示文稿是 PowerPoint 中存储的一个文件，称为演示文件，其扩展名为“.pptx”，是用于介绍和说明某个问题和事件的一组多媒体材料。演示文稿中包括幻灯片、演讲者备注、讲义、大纲等信息。演示文稿通常由一张或若干张幻灯片组成。

2. 幻灯片

幻灯片是演示文稿的基本构成单位，它是用计算机软件制作的一个“视觉形象页”，每张幻灯片一般至少包括两部分内容：幻灯片标题和若干文本条目；另外还可以包括图形、表格等其他对于论述主题有帮助的内容。它可以包括声音、图像、视频等多媒体信息。

3. 幻灯片版式

幻灯片版式包含要在幻灯片上显示的全部内容的格式设置、位置和占位符，既包含幻灯片上文本、图片、表格、图表、音频和视频等元素的排列方式，也包括幻灯片的主题颜色、字体、效果和背景。PowerPoint 中内置了多种幻灯片版式，每种版式预定义了新建幻灯片的各种占位符的布局情况。演示文稿中的每张幻灯片都是基于某种自动版式创建的，用户也可以创建满足特定需求的自定义版式。

4. 占位符

占位符是版式中的容器，是一种带有虚线或阴影线边缘的框，可容纳如文本（包括正文文本、项目符号列表和标题）、表格、图表、SmartArt 图形、影片、声音、图片及剪贴画等内容。

5. 模板

模板是专门设计好的演示模型，扩展名为“.potx”，它是预先定义好格式、版式和配色方案的演示文稿。模板包含版式、主题颜色、主题字体、主题效果和背景样式，还可以包含内容等。PowerPoint 提供了多种多样的模板，用户也可以创建自己的自定义模板。应用模板可以快速生成统一风格的演示文稿。

6.1.2 PowerPoint 2010 的启动与退出

1. 启动 PowerPoint 程序

进入 Windows 7 操作系统之后，单击“开始”|“所有程序”|“Microsoft Office”|“Microsoft PowerPoint 2010”命令，启动 PowerPoint 程序，如图 6-1 所示。

2. 退出 PowerPoint 程序

常用的退出 PowerPoint 的方法有以下几种：

（1）单击“文件”|“退出”命令。

（2）双击标题栏左上角的程序标志按钮。

（3）单击标题栏右上角的【关闭】按钮。

（4）按【Alt+F4】组合键。

退出 PowerPoint 时，系统将关闭所有演示文稿，若有未保存的演示文稿，系统会提示是否进行保存。

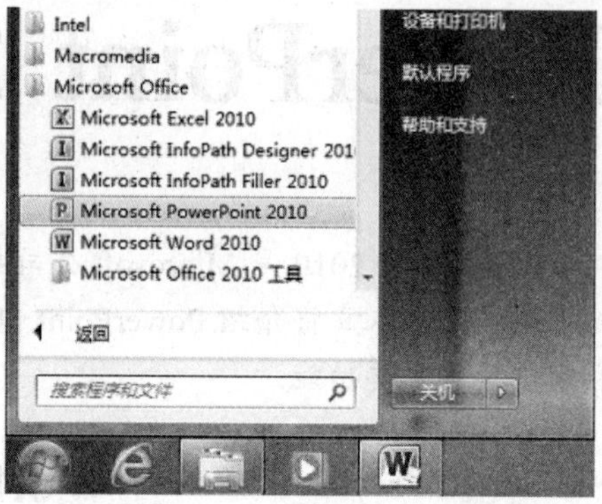

图 6-1 启动 PowerPoint 程序

6.1.3 工作界面

启动 PowerPoint 后，工作界面如图 6-2 所示。其中快速访问工具栏、标题栏、选项卡、功能区、状态栏等使用方法与 Word、Excel 窗口中相似。

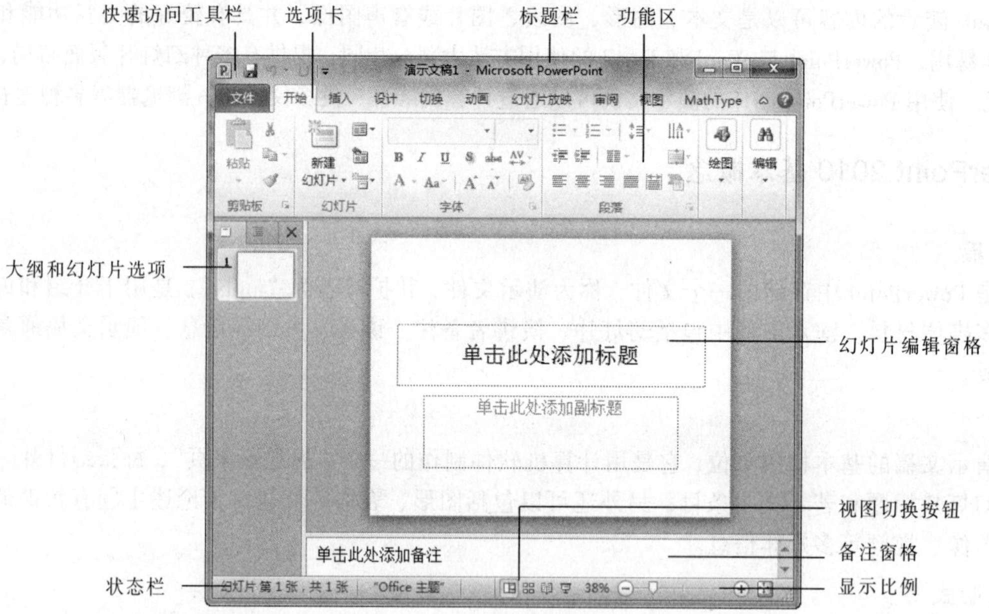

图 6-2 PowerPoint 工作界面

1. 选项卡和功能区

PowerPoint 功能区包含 PowerPoint 2003 及更早版本中的菜单和工具栏上的命令和其他菜单项。功能区旨在帮助用户快速找到完成某任务所需的命令。其中的每个选项卡均对应一个相应的功能区面板，每个功能区根据功能的不同又分为若干个功能组。

选项卡和功能区中常用命令的位置：

（1）“文件”选项卡。通过“文件”选项卡可创建新文件，以及打开或保存现有文件和打印演示文稿等。

（2）“开始”选项卡（见图 6-3）。通过“开始”选项卡可插入新幻灯片、将对象组合在一起，以及设置幻灯片中文本的格式。如果单击“新建幻灯片”下拉按钮，则可从多个幻灯片布局中选择插入一张幻灯片，也可通过该组更改幻灯片的布局；“字体”组包括“字体”“加粗”“斜体”“字号”等字符设置按钮；“段落”组包括“文本右对齐”“文本左对齐”“两端对齐”“居中”等段落设置按钮；若要查找“组合”命令，可单击“排列”，然后在“组合对象”中选择“组合”。

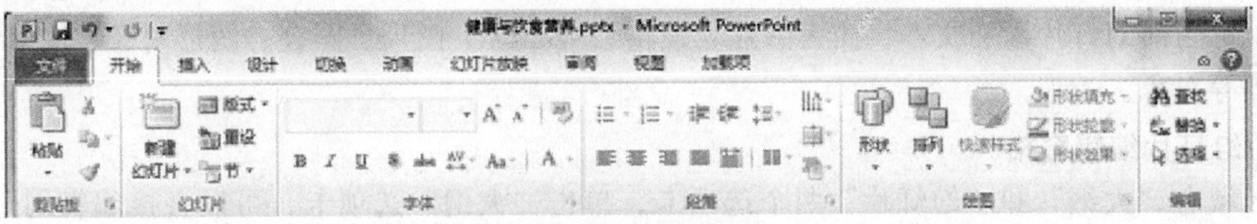

图 6-3　“开始”选项卡

（3）“插入”选项卡（见图 6-4）。通过“插入”选项卡可将表格、形状、图表、SmartArt 图形、页眉或页脚、文本框符号、幻灯片编号、媒体信息等插入演示文稿中。

图 6-4　“插入”选项卡

（4）“设计”选项卡。通过“设计”选项卡可自定义演示文稿的背景、主题设计和颜色或页面设置。

（5）“切换”选项卡（见图 6-5）。可对当前幻灯片应用、更改或删除切换，幻灯片切换时的声音配置及换片方式等设置。

图 6-5　“切换”选项卡

（6）“动画”选项卡（见图 6-6）。可对幻灯片上的对象应用、更改或删除动画。

图 6-6　“动画”选项卡

（7）“幻灯片放映”选项卡（见图 6-7）。可开始幻灯片放映、自定义幻灯片放映的设置和隐藏单个幻灯片。

图 6-7　“幻灯片放映”选项卡

（8）“审阅”选项卡。可以检查拼写、更改演示文稿中的语言或比较当前演示文稿与其他演示文稿的差异。

（9）“视图”选项卡（见图 6-8）。可查看幻灯片母版、备注母版、幻灯片浏览，还可以打开或关闭标尺、网格线和绘图指导。

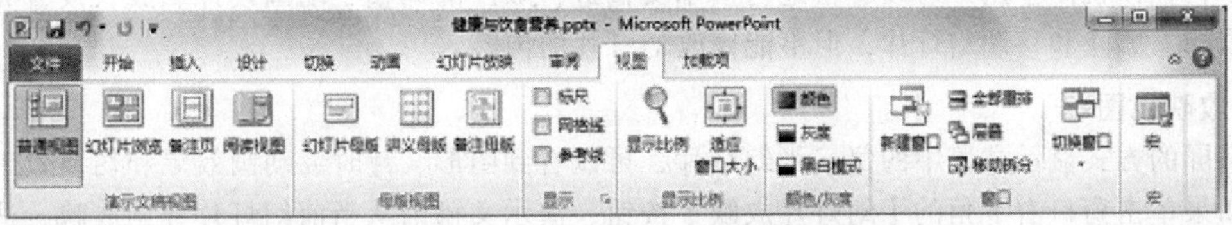

图 6-8　“视图”选项卡

2. 幻灯片编辑窗口

幻灯片编辑窗口位于 PowerPoint 窗口的中间。用户在该窗口能浏览幻灯片的效果，对幻灯片的内容进行编辑操作，也可以对当前幻灯片添加文本，插入图片、表格、SmartArt 图形、图表、图形对象、文本框、电影、声音、超链接和动画等对象。

3. 大纲/幻灯片编辑窗格

该窗格区域有“大纲”和“幻灯片”两个选项卡，单击“大纲”选项卡，可以直接编辑幻灯片的标题、文本内容等；单击“幻灯片”选项卡可以显示幻灯片的缩略图和编号。

4. 视图切换按钮

为了使用户能更方便地编辑和放映演示文稿，系统设置了四种视图按钮，分别是【普通】按钮、【幻灯片浏览】按钮、【阅览视图】按钮【幻灯片放映】按钮，单击某一按钮即可切换到相应的视图方式。

5. 备注窗格

备注窗格是用于编辑幻灯片的备注信息的地方。可以输入关于当前幻灯片的备注，可以将备注分发给观众，也可以在播放演示文稿时查看“演示者”视图中的备注。

6. 显示比例

显示幻灯片编辑窗格的大小比例，以适合预览和编辑幻灯片。

6.1.4 视图模式

PowerPoint 的视图模式是指幻灯片的显示方式。系统有普通视图、幻灯片浏览视图、幻灯片放映视图、备注页视图、阅读视图和母版视图 6 种视图模式，每种视图能从不同的侧面展示演示文稿的内容。可以单击“视图”选项卡，从中选择需要的视图模式；或者单击窗口右下角的 4 个视图按钮选择需要的视图模式。

1. 普通视图

普通视图是系统默认的视图模式，可使用户同时观察到演示文稿中某个幻灯片的显示效果、大纲文本和备注内容，并使输入和编辑工作都集中在统一的视图中。该视图中有选项卡和窗格，如图 6-9 所示。通过拖动边框可以调整选项卡和窗格的大小，选项卡也可以关闭。

图 6-9 普通视图

2. 幻灯片浏览视图

幻灯片浏览视图如图 6-10 所示，各个幻灯片按编号横向排列，显示演示文稿中的所有幻灯片，并且幻灯片以缩略图方式显示，在该视图中用户可以轻松地对演示文稿进行顺序的调整、动画设计、放映设置和切换幻灯片等操作，还可以添加、删除和移动幻灯片，但不能修改幻灯片的内容。

3. 幻灯片放映视图

该视图以满屏的方式显示文稿中的每一张幻灯片，可以看到图形、计时、动画效果和切换效果在实际演示中的具体效果。如果单击窗口右下角的【幻灯片放映】按钮，演示文稿则从当前幻灯片开始放映，适用于放映演示文稿或对演示文稿的放映过程进行预览。

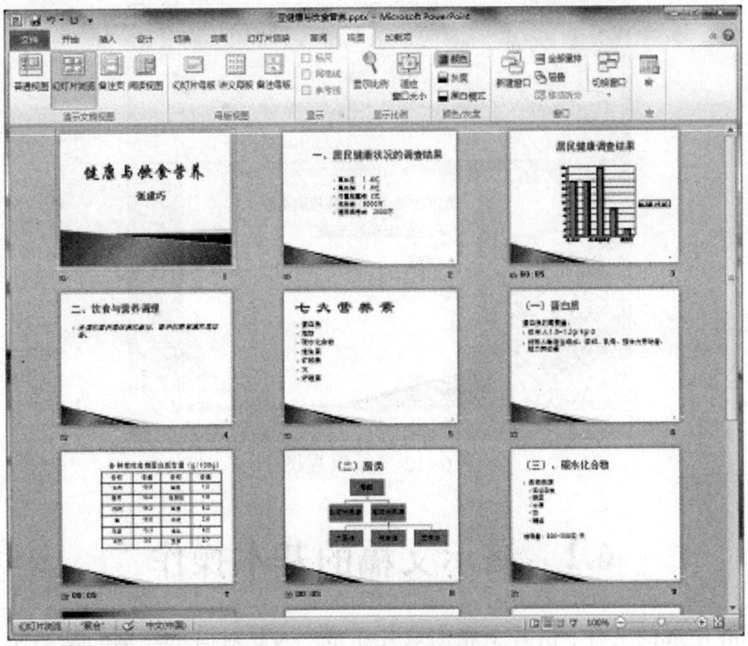

图 6-10　幻灯片浏览视图

4. 备注页视图

“备注页”视图如图 6-11 所示。在备注页视图中，用户可以添加与幻灯片相关的说明内容，主要是文稿的演讲者查看、编辑注释信息的地方。备注框中的内容在放映时观众看不到。该视图没有设置按钮，只能单击“视图”选项卡中的【备注页】按钮进入备注页视图状态。

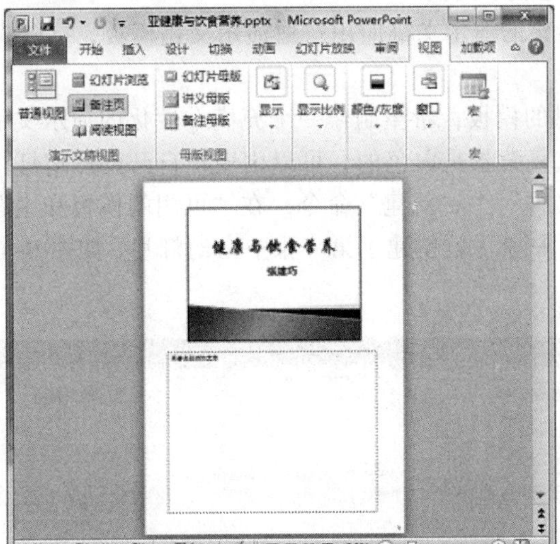

图 6-11　备注页视图

5. 阅读视图

阅读视图用于向用自己的计算机查看演示文稿的人员而非受众（例如，通过大屏幕）放映演示文稿。如果要更改演示文稿，可随时从阅读视图切换至某个其他视图。

6. 母版视图

母版视图包括幻灯片母版视图、讲义母版视图和备注母版视图三种视图方式。它们是存储有关演示文稿的信息的主要幻灯片的格式，其中包括背景、颜色、字体、效果、占位符大小和位置，幻灯片母版视图如图 6-12 所示。用户可以对与演示文稿关联的每个幻灯片、备注页或讲义的样式进行全局更改。

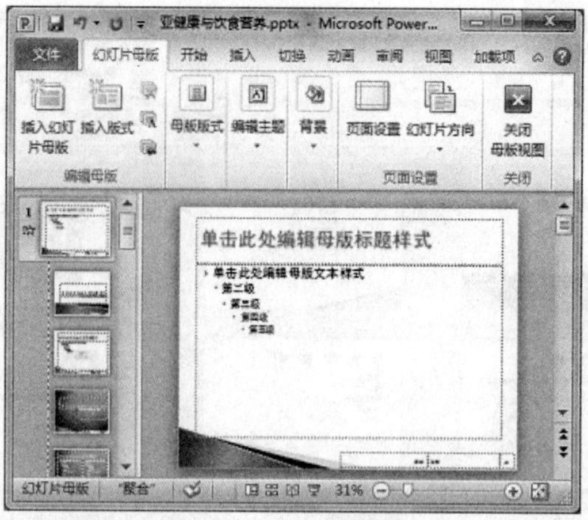

图 6-12　母版视图

6.2　演示文稿的基本操作

演示文稿是 PowerPoint 生成的文件，由若干张幻灯片组成。因此对演示文稿的基本操作主要是创建演示文稿，借助文字、图形、声音和视频等多媒体的手段，将需要表达的内容制作成一张张幻灯片，最后对观众进行演示。

6.2.1　创建演示文稿

创建演示文稿常用的方法有 3 种，即利用“空白演示文稿”“样本模板”“主题”建立演示文稿。

1. 利用“空白演示文稿”创建演示文稿

默认情况下，PowerPoint 对新建的演示文稿应用空白演示文稿模板，空白演示文稿是 PowerPoint 中最简单且最普通的模板。

如果不需要 PowerPoint 中提供的模板，希望制作一个充满个性化的演示文稿时，可以从创建一个空白演示文稿开始。用这种方式创建的演示文稿背景是白色的，可以由用户自己设计幻灯片的背景图案。

启动 PowerPoint 后，选择“文件”｜“新建”命令，在“可用的模板和主题”上单击“空白演示文稿”项，如图 6-13 所示，然后单击“创建”图标，就创建了第一张空白幻灯片，如图 6-14 所示，这时文档的默认名为“演示文稿 1”“演示文稿 2”……。

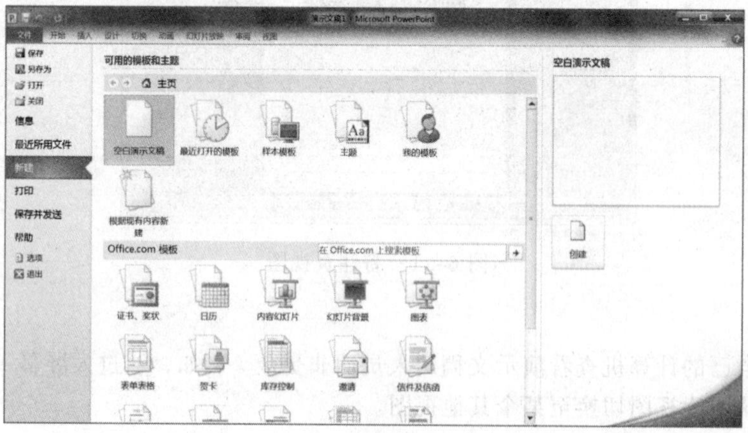

图 6-13　“新建”界面

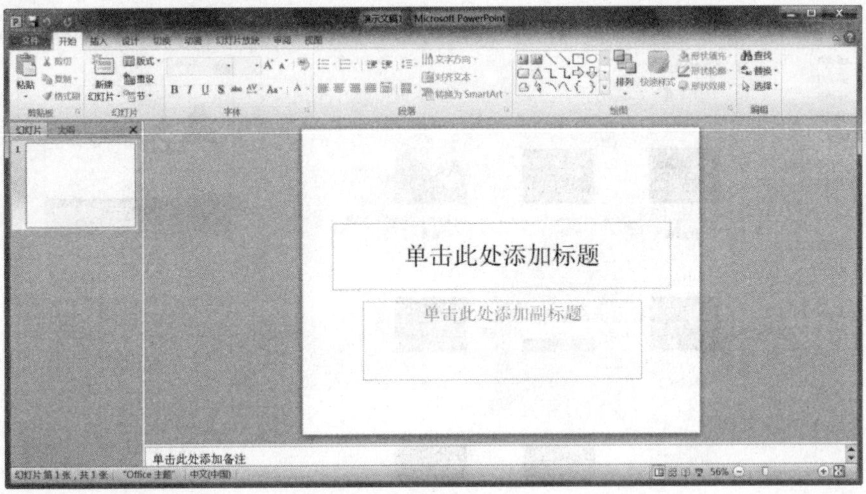

图 6-14　新建空白演示文稿

2. 利用“样本模板”创建演示文稿

利用“样板模板”创建演示文稿是最快捷的方法。PowerPoint 设计了多种不同结构的演示文稿模板，用于不同的用途，样本模板提供了预定的颜色搭配、背景图案、文本格式等幻灯片，但不包含演示文稿的具体设计内容。用户可以选用某种演示文稿类型进行修改编辑，快速创建所需的演示文稿。

【例 6-1】快速创建一个有关“相册”的演示文稿。

具体操作步骤如下：

（1）启动 PowerPoint，选择“文件”｜“新建”命令，在“可用的模板和主题”上单击“样本模板”项，打开“样本模板”库。

（2）单击选择需要的模板“现代型相册”图标。

（3）单击“创建”图标，则创建了一个相册演示文稿，如图 6-15 所示，然后进一步制作具体相册内容即可。

图 6-15　利用“样本模板”创建演示文稿

3. 利用“主题”创建演示文稿

使用“主题”可以简化创建演示文稿的过程，主题是主题颜色、主题字体和主题效果三者的组合。PowerPoint 提供了多种主题供用户使用，允许用户在一个演示文稿中使用多种主题样式。

【例 6-2】制作一个关于“健康与饮食营养”的演示文稿。要求利用“主题”中的“聚合”模板创建。

具体操作步骤如下：

（1）启动 PowerPoint 后，选择“文件”｜“新建”命令，在“可用的模板和主题”上单击“主题”选项。

（2）单击选定“聚合”模板图标，如图 6-16 所示。

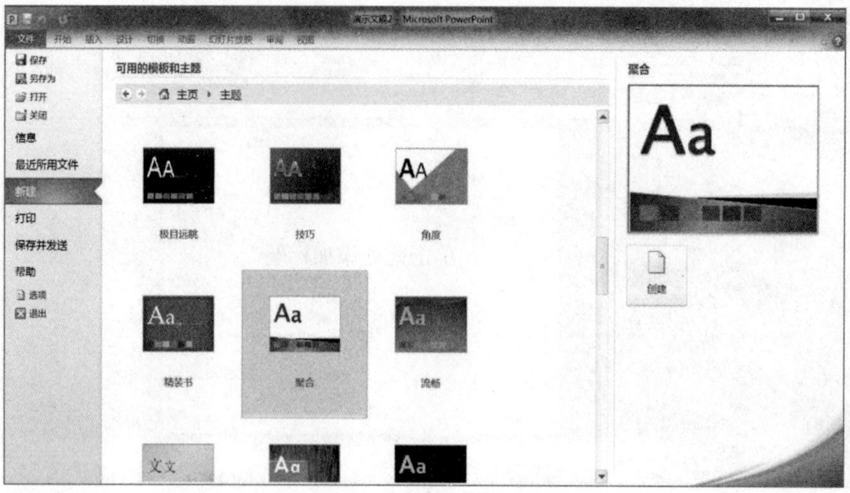

图 6-16　新建命令的主题界面

（3）单击“创建”图标，则创建了只有一张标题幻灯片的演示文稿，如图 6-17 所示。

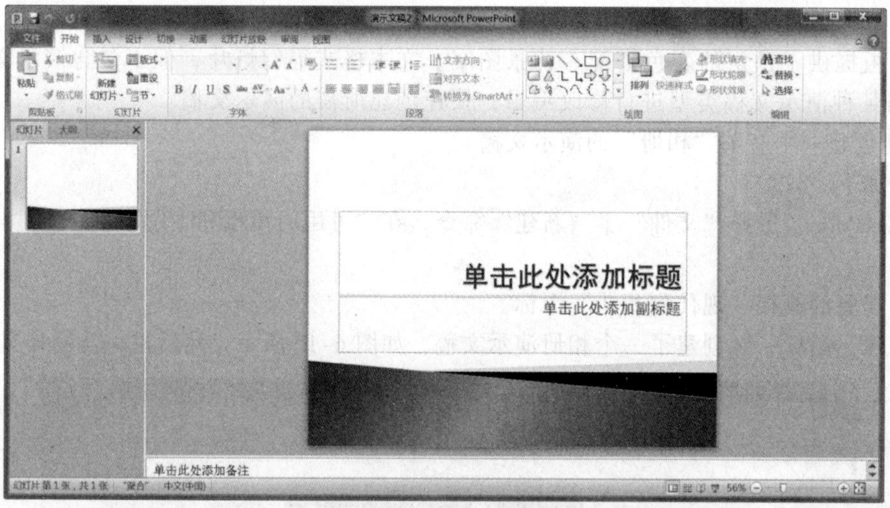

图 6-17　利用“主题”创建的演示文稿

（4）单击并在标题文本框中输入“健康与饮食营养”，在副标题文本框中输入演讲者“张建巧”，如图 6-18 所示。

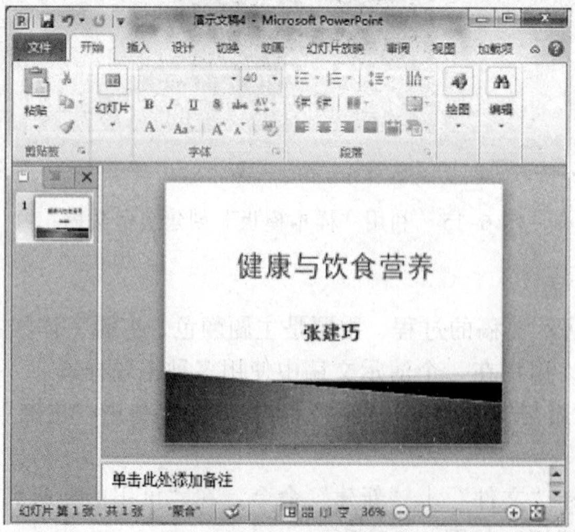

图 6-18　标题幻灯片

（5）利用这种方法创建的演示文稿只有一张，用户可以根据需要插入新的幻灯片，逐页将演示文稿制作完毕。

6.2.2 保存演示文稿

演示文稿建成后需要进行保存，选择“文件”｜“保存”命令，将当前创建的演示文稿以指定的文件名、类型保存到需要的位置。如果是编辑原来已有的演示文稿，则以原文件名存盘。选择“文件”｜“另存为”命令，可将当前正在编辑的演示文稿保存成其他类型，或在新的位置保存文件。

演示文稿在保存时可以根据用户需要保存成多种类型，主要有以下几种。

1. 演示文稿（.pptx）

系统默认的存储类型为演示文稿，此类文件可以用 PowerPoint 软件打开进行编辑修改，也可以用来放映演示。

2. 演示文稿设计模板（.potx）

用户可将自己设计的演示文稿作为模板存放起来，以便以后根据该模板创建其他相似的演示文稿。用户自定义的模板默认情况下存放在 PowerPoint 的模板库中，创建新演示文稿时可在“可用的模板和主题”上选择“我的模板”项，从个人模板窗口中选择即可。

3. PowerPoint 放映文件（.ppsx）

当从桌面上双击 PowerPoint 放映文件时，它们会自动启动 PowerPoint 并进行放映，放映结束后，自动关闭 PowerPoint。该类文件也可以在 PowerPoint 中打开，进行放映或编辑。

4. 大纲/RTF 文件（.rtf）

可以将演示文稿的文本部分保存为.RTF 文件，但是 PowerPoint 演示文稿中的图形、声音等内容将丢失。

6.2.3 文本的输入和格式化

幻灯片一般由文本和图形等对象组成，其中文字编辑是设计演示文稿的基础，要制作内容层次清晰、结构紧凑的演示文稿，必须合理地编辑和组织文本对象。

1. 输入文本

幻灯片中使用了许多占位符，占位符是用来存储文字和图形的容器，其本身是构成幻灯片内容的基本对象。单击文本占位符，可以在其中输入所需要的文字内容。

用户可以对输入的文本进行级别的升降，级别是演示文稿和 Word 大纲共有的概念，它用来定义文字的重要性和关联性。级别的调整方法是在大纲/幻灯片编辑窗格中单击“大纲”选项卡，先在“大纲”窗格中选中需要升降级的文本，再单击“开始”选项卡“段落”组中【降低级别列表】或【提高级别列表】按钮即可。

如果需要在占位符以外插入文字，应先插入文本框。具体方法是，选择“插入”选项卡，在“文本”组中单击【文本框】按钮，在展开的列表框中选择一种文本框样式，这时鼠标指针发生变化，在幻灯片中拖动鼠标则插入该样式的文本框，用户可在其中输入内容并编辑格式。文字的格式化与其他 Office 软件操作相同。

2. 插入项目符号和编号

添加项目符号和编号后可以使幻灯片的文本内容层次更加清晰。通常在没有顺序要求的文本之前用项目符号，编号则适用于加在一组有顺序限制的文本之前。具体操作步骤如下：

（1）选择多个目标段落。

（2）单击“开始”选项卡“段落”组的“项目符号”或“编号”下拉按钮。

（3）在打开的“项目符号”或“编号”下拉列表中，选择所需的项目符号或编号样式，如果列表框中没有所需要的符号，可以单击列表下方的“项目符号和编号”命令打开“项目符号和编号”对话框进一步选择设置，也可以单击“图片”或“自定义”按钮，使用计算机中的图片文件或自定义符号作为项目符号。设置完毕，单击【确定】按钮。

6.2.4 插入图片和艺术字

1. 插入剪贴画

利用剪辑库将剪贴画插入幻灯片中，操作步骤如下：

（1）选定要插入剪贴画的幻灯片。

（2）单击“插入”选项卡“图像”组的【剪贴画】按钮，在右侧的“剪贴画”任务窗格中输入所要插入图片的关键字，单击“搜索”按钮。

（3）在搜索结果中选定所要插入的图片右击，选择“插入”命令，结果如图 6-19 所示。插入剪贴画后可对剪贴画进行编辑，操作与 Word 类似。

PowerPoint 2010 提供了多种自动版式，不同的版式包含了不同类型的幻灯片对象。利用含有剪贴画版式的幻灯片添加剪贴画的操作步骤如下：

（1）选定需要插入剪贴画的幻灯片之前的幻灯片。

（2）单击“开始”选项卡“幻灯片”组的“新建幻灯片”下拉按钮。

（3）打开“新建幻灯片”下拉列表，新建的版式如图 6-20 所示，选择含有剪贴画的幻灯片版式，出现一张新幻灯片。

图 6-19 插入剪贴画

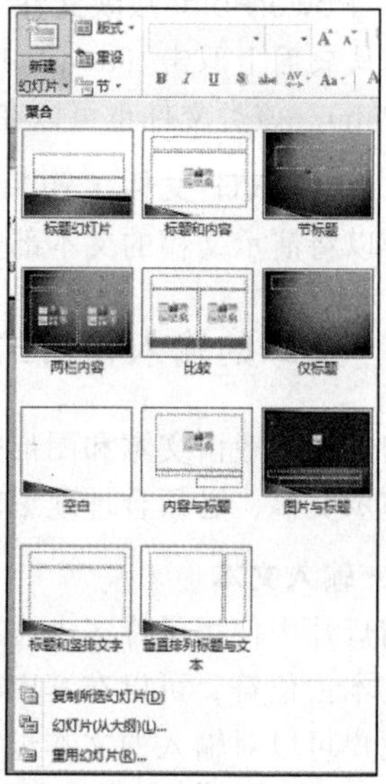

图 6-20 新建的版式

（4）在幻灯片中，单击剪贴画占位符，打开“剪贴画”任务窗格，接着操作同上。

说明：对于插入来自文件的图片、SmartArt 图形都有类似的操作方法。

2. 插入来自文件的图片

将自己收集或绘制的图片插入到幻灯片中，操作步骤如下：

（1）选定要插入图片的幻灯片。

（2）单击“插入”选项卡“图像”组的【图片】按钮，弹出“插入图片”对话框，如图 6-21 所示。

（3）在“查找范围”下拉列表框中选择要插入的图片所在的文件夹，然后在文件列表中选中该图片文件，单击“插入”按钮。

（4）在幻灯片中对插入图片的大小、位置等进行必要的调整。

3. 插入艺术字

在幻灯片中插入艺术字的操作步骤如下：

（1）选定需要插入艺术字的幻灯片。

（2）单击“插入”选项卡“文本”组的【艺术字】按钮，展开“艺术字”选项区，在其中单击选择某种样式，在幻灯片编辑区中出现“请在此放置您的文字”艺术字编辑框，输入艺术字文本内容，可以在幻灯片中看到文本的艺术效果，如图 6-22 所示。在幻灯片中可以调整其大小和位置，选中艺术字可在“绘图工具/格式”选项卡中进一步编辑艺术字。

图 6-21　插入来自文件的图片

图 6-22　插入艺术字

4．插入图形

在幻灯片中插入图形的操作步骤如下：

（1）选定需要插入图形的幻灯片。

（2）单击“插入”选项卡“插图”组的【形状】按钮，展开“形状”选项区，如图 6-23 所示。在其中选择某种形状样式后单击，鼠标指针将变成十字形状。

（3）拖动鼠标确定形状的大小即可。

5．插入 SmartArt 图形

SmartArt 图形是信息和观点的视觉表示形式。用户可以通过从多种不同布局中进行选择来创建 SmartArt 图形，在幻灯片中加入 SmartArt 图形（包括以前版本的组织结构图）可使版面整洁，便于表现系统的组织结构形式，从而快速、轻松、有效地传达信息。

创建 SmartArt 图形时，系统为用户提供了多种类型，如“流程”“层次结构”“关系”。类型类似于 SmartArt 图形的类别，并且每种类型包含几种不同布局，如图 6-24 所示。

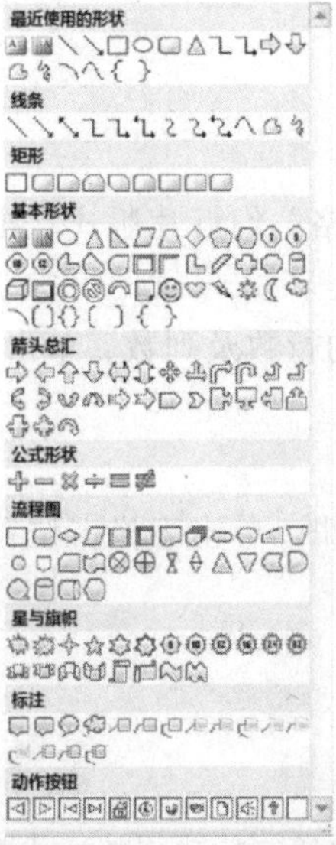

图 6-23　形状选项区

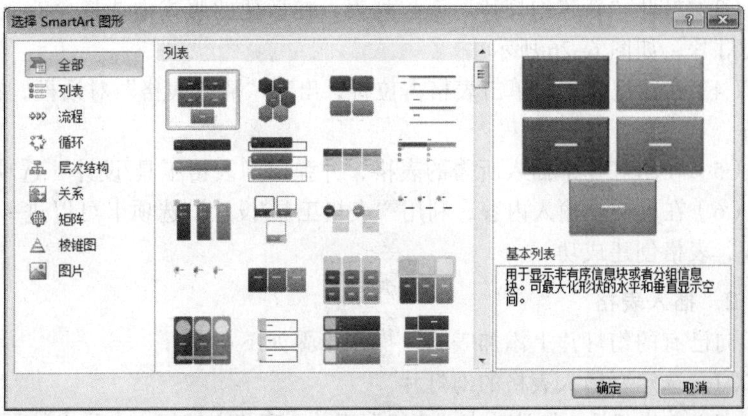

图 6-24　SmartArt 图形选项

如果希望通过插图说明公司或组织中的上下级关系，用户可以创建一个使用组织结构图布局（如“组织结构图”）的 SmartArt 图形。其操作步骤如下：

（1）选定需要插入 SmartArt 图形的幻灯片。

（2）单击“插入”选项卡“插图”组的【SmartArt】按钮。

（3）在“SmartArt 图形选项”对话框中，单击所需的层次结构类型和布局。

（4）单击【确定】按钮，就在幻灯片中插入一个组织结构图。

（5）图中的每一个图框代表一个结构项，用户可单击在图框中输入文字。

（6）利用“SmartArt 工具/设计”按需要对组织结构图进行设计，如在图 6-25 中可对图框进行修改，可增加或去掉一些图框等，以对组织结构图进一步编辑操作。

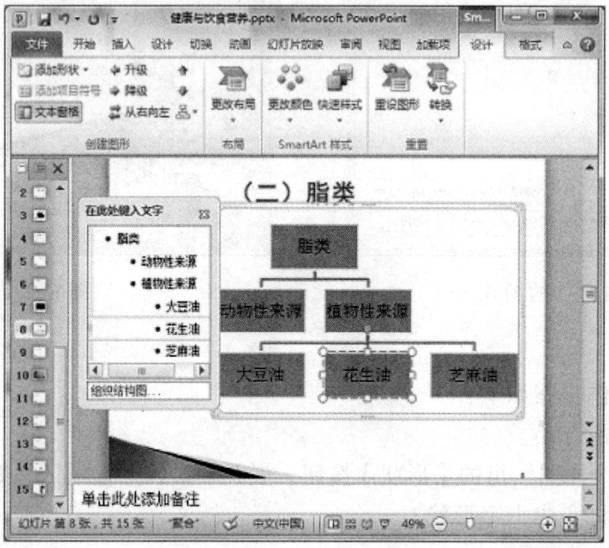

图 6-25　创建的组织结构图

6.2.5　插入表格

有些内容用表格显示比较简洁明了，如果想制作一张带有表格的幻灯片，最简便的方法是插入一张新幻灯片，并选择一种含有表格占位符的自动版式；若想让表格出现在一个已有的幻灯片上，可将表格插入幻灯片中。

1. 使用有表格占位符的版式

利用表格版式创建表格的操作步骤如下：

（1）选中需要插入表格的幻灯片之前的幻灯片。

（2）单击“开始”选项卡“幻灯片”组的“新建幻灯片”下拉按钮。

（3）打开“新建幻灯片”下拉列表，在新建的版式中选择含有表格的“标题和表格”幻灯片版式，出现一张新幻灯片，如图 6-26 所示。

（4）在幻灯片中，单击表格占位符，出现“插入表格”对话框，在其中输入所需的行数及列数，单击【确定】按钮。

（5）在幻灯片中插入所需的表格，并弹出“表格工具/设计”选项卡。

（6）在表格中输入内容，利用“表格工具/设计”选项卡可以进一步对表格进行编辑。单击表格占位符以外的区域，表格创建成功。

2. 插入表格

向已有的幻灯片上添加表格，操作步骤如下：

（1）选定要插入表格的幻灯片。

（2）单击“插入”选项卡“表格”组的【表格】按钮，在弹出的面板中直接拖动所需的行数和列数，或者在该面板中单击“插入表格”命令，出现“插入表格”对话框，设置好行和列的数值，一张空白表格就会出现在幻灯片上。

PowerPoint 中表格编辑的方法与 Word 相同，“表格工具/设计”选项卡的样式和使用方法也基本相同，如图 6-27 所示。

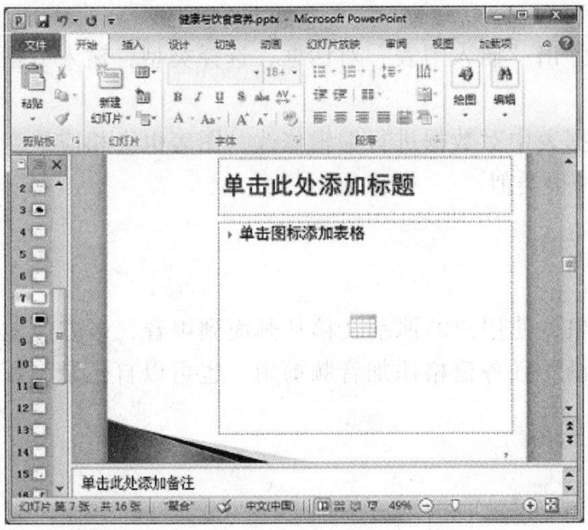

图 6-26　利用表格版式创建表格

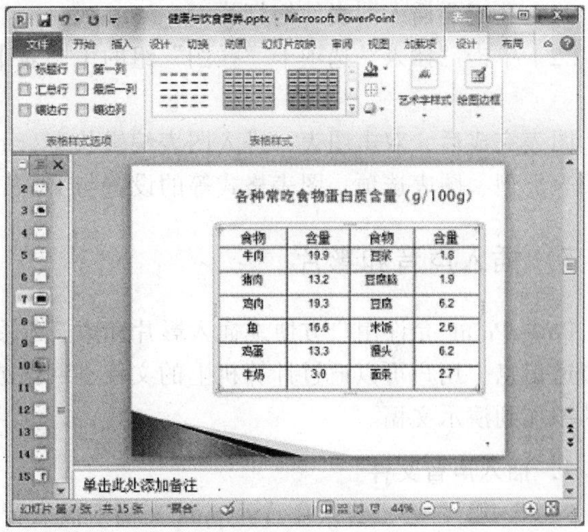

图 6-27　“表格工具/设计”选项卡

6.2.6　插入图表

与文字数据相比，形象直观的图表更容易让人理解，在幻灯片中插入图表可以以简单易懂的方式反映各种数据关系。

1. 使用有图表占位符的版式

（1）选中需要插入图表的幻灯片之前的幻灯片。

（2）单击“开始”选项卡“幻灯片”组的“新建幻灯片”下拉按钮。

（3）打开“新建幻灯片”下拉列表，在新建的版式中选择含有图表的“标题和图表”幻灯片版式，出现一张新幻灯片，如图 6-28 所示。

（4）在幻灯片中，单击图表占位符，启动插入图表选择框，选择柱形图图表，在“Excel 数据表”框中输入用户实际数据取代示例数据，幻灯片上的图表会随着输入数据的不同而发生相应的变化，如图 6-29 所示。

（5）利用“图表工具/设计”选项卡可以进一步对图表进行编辑。单击图表占位符以外的区域，图表创建成功。

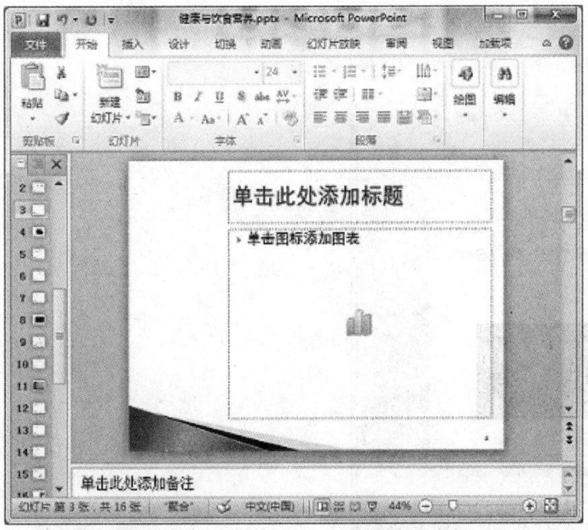

图 6-28　利用图表版式创建图表

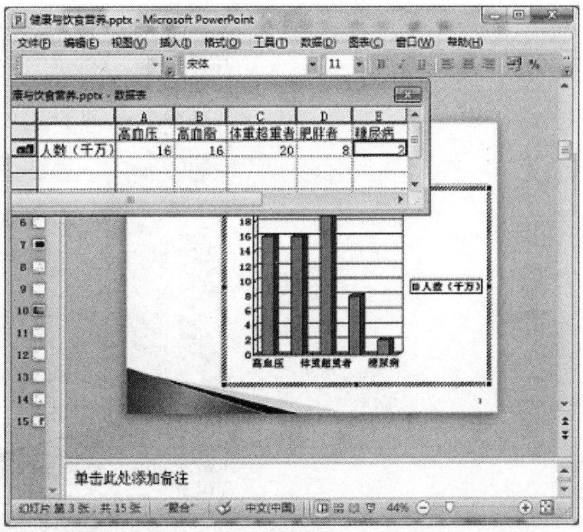

图 6-29　利用图表版式创建图表

2. 插入图表

向已有的幻灯片上添加图表，操作步骤如下：

（1）选定要插入图表的幻灯片。

（2）单击“插入”选项卡“插图”组的【图表】按钮，弹出“插入图表”对话框，选择类型，输入数据方法同上。

图表完成后，双击图表，进入图表编辑状态，此时在数据表中对数据进行编辑修改，图表也会相应地变化。对图表类型、图表选项、图表格式等的设置与 Excel 中的操作很类似。

6.2.7 插入声音和影片

PowerPoint 允许用户方便地插入影片和声音等多媒体对象，使用户的演示文稿从画面到声音，多方位地向观众传递信息。用户可以通过计算机上的文件、网络或“剪贴画”任务窗格添加音频剪辑。也可以自己录制音频，将其添加到演示文稿。

1. 插入声音文件

【例 6-3】在健康与饮食营养.pptx 文稿中插入音频。

具体操作步骤如下：

（1）选中第一张标题幻灯片，单击“插入”选项卡“媒体”组的“音频”下拉按钮，在下拉列表中选中“剪贴画音频”选项，在“剪贴画”窗格中单击“claps cheers”进行插入，插入音频后在幻灯片中会出现喇叭图标，拖动喇叭图标可调整音频按钮在幻灯片的位置，当音频时间比较短时，可在“音频工具”工具栏“播放”选项卡的“音频选项”组中选中“循环播放，直到停止”选项。

（2）从第二张幻灯片开始添加“健康歌”的背景音乐，选中第二张幻灯片，单击“插入”选项卡“媒体”组的“音频”下拉按钮，在下拉列表中单击“文件中的音频”命令。

（3）弹出“插入音频”对话框，找到“音乐”文件夹中的健康歌.mp3 文件，双击或选定后单击【插入】按钮即可。

（4）幻灯片中添加了声音文件后同样显示一个喇叭声音图标，用户可将声音图标拖动到合适的位置，完成声音文件的添加。在“音频工具”工具栏“播放”选项卡的“音频选项”组中单击“开始”下拉按钮，选中“自动”“跨幻灯片播放”选项，这样就为除第一张外的其他幻灯片添加了自动播放的背景音乐。

2. 插入影片文件

选中需要添加影片对象的幻灯片后单击“插入”选项卡“媒体”组的“视频”下拉按钮，弹出“插入视频”任务窗格，操作过程与插入声音文件类似，影片添加成功后，在幻灯片显示视频文件的第一张画面，如图 6-30 所示。

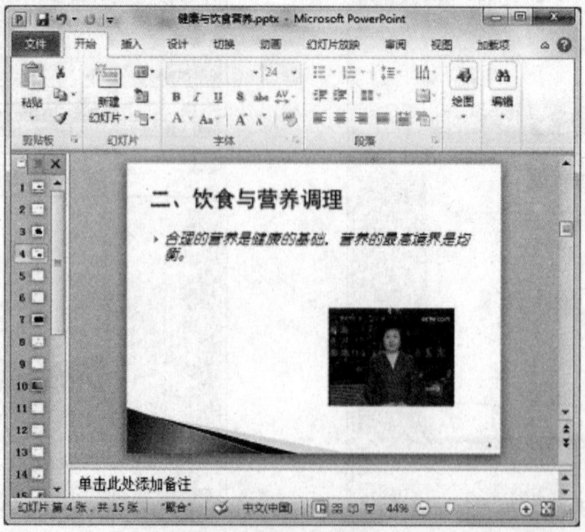

图 6-30 视频效果

6.2.8　插入页眉与页脚

用户在幻灯片上可以插入页眉与页脚，具体操作过程如下：

单击“插入”选项卡“文本”组的【页眉和页脚】按钮，弹出“页眉和页脚”对话框，如图 6-31 所示。在“幻灯片”选项卡中，通过选择适当的复选框，用户可以设置是否在幻灯片的下方添加日期和时间、幻灯片的编号、页脚等。

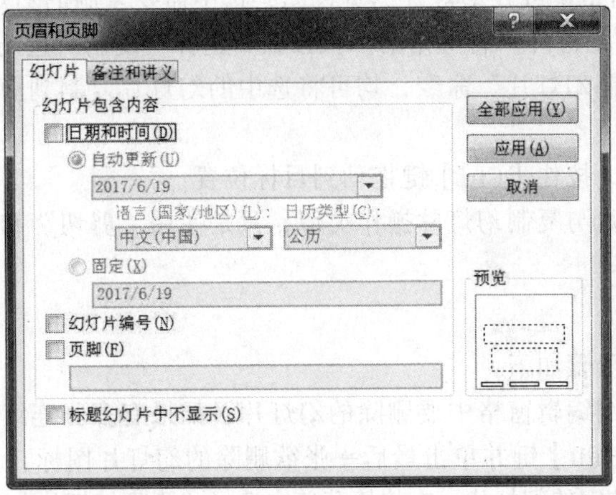

图 6-31　“页眉和页脚”对话框

设置结束后，如果单击“全部应用”按钮，则所做设置应用于所有幻灯片；如果单击“应用”按钮，则所做设置仅应用于选定的幻灯片。

6.2.9　插入公式

用户在幻灯片中可以插入公式，具体操作过程如下：

单击“插入”选项卡的【公式】按钮，打开“公式选项区”，选择某一公式项，在幻灯片中即可插入公式，再单击此公式，则出现“公式工具/设计”选项卡，在此可以编辑公式。

6.3　编辑幻灯片

一个演示文稿通常由多张幻灯片组成，这就需要对其中的幻灯片进行编辑，幻灯片的编辑主要包括幻灯片定位、插入幻灯片、复制和移动幻灯片、删除幻灯片等操作。

1. 幻灯片定位

用户在对幻灯片进行编辑时，应先选中需要操作的幻灯片，即从一张幻灯片快速切换到另一张幻灯片。

在普通视图中，在大纲编辑窗格单击所需幻灯片的图标，即可选择幻灯片。在幻灯片浏览视图中，直接单击所需的幻灯片即可实现幻灯片的重新定位。

2. 插入幻灯片

在制作演示文稿时，用户可以根据需要随时在演示文稿中插入新的幻灯片，具体操作如下：

（1）选定一张幻灯片，新插入的幻灯片将出现在该幻灯片之后。

（2）单击“开始”选项卡“幻灯片”组的【新建幻灯片】按钮；或者在大纲编辑窗格中右击当前幻灯片图标，弹出图 6-32 所示的快捷菜单，选择“新建幻灯片”命令，都可以插入一张新幻灯片。

如果新插入的幻灯片的内容和前一张内容相似，可以单击“开始”选项卡的“幻灯片”右下角的下拉按钮，在下拉列表中选择“复制所选幻灯片”命令，即出现和前一张完全相同的幻灯片，用户在该幻灯片的基础上进行修改，可提高工

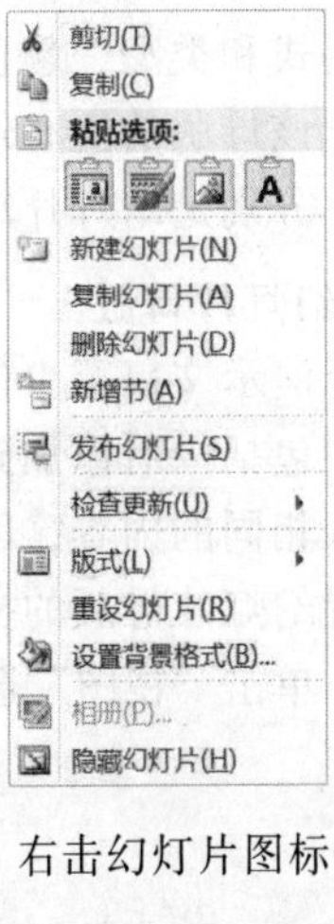

图 6-32　右击幻灯片图标快捷菜单

作效率。

注意：初学者容易混淆演示文稿和幻灯片的概念，在一个演示文稿中编辑完一张幻灯片后需要再添加一张新的幻灯片时，如果选择“文件”选项卡中的“新建”命令，这样创建的是新的演示文稿而不是新幻灯片。

3．复制和移动幻灯片

（1）复制幻灯片。复制幻灯片可以在一个演示文稿中，也可以在不同的演示文稿之间进行，具体操作步骤如下：

① 在普通视图的大纲编辑窗格中或在幻灯片浏览视图，选中需要复制的幻灯片。

② 单击“开始”选项卡的“幻灯片”右下角的下拉按钮，选择“复制所选幻灯片”命令，或者在大纲编辑窗格中右击当前幻灯片，选择“复制幻灯片”命令，均可将选中的幻灯片复制到剪贴板中，在目标位置右击然后进一步粘贴即可。

也可以选中要复制的幻灯片，按住【Ctrl】键拖动到目标位置。

（2）移动幻灯片。移动幻灯片与复制幻灯片操作类似，只是使用“剪切”和“粘贴”命令。或者选中要移动的幻灯片，直接拖动到目标位置。

4．删除幻灯片

删除幻灯片非常简单，操作步骤如下：

（1）在普通视图中，单击大纲编辑窗格中要删除的幻灯片，如果有多张连续的幻灯片要删除，先单击第一张欲删除的幻灯片图标，再按下【Shift】键并单击最后一张欲删除的幻灯片图标，可选中多张连续的幻灯片。

（2）在大纲编辑窗格中右击选定的幻灯片，在快捷菜单中选择“删除幻灯片”命令，或者直接按【Delete】键。

6.4 演示文稿的外观修饰

演示文稿的内容创建完毕后，可以对幻灯片的视觉效果进行修饰，使演示文稿看起来更加美观。

6.4.1 设置幻灯片版式

幻灯片版式是幻灯片上的内容的排列方式，PowerPoint 2010 中的幻灯片版式有多种，设置幻灯片版式的操作步骤如下：

（1）选中需要设置版式的幻灯片。

（2）单击“开始”选项卡“幻灯片”组中的【版式】按钮，显示“幻灯片版式”窗格，如图 6-33 所示。

（3）在该窗格中根据需要选择一种版式，该版式就应用在选中的幻灯片上。

图 6-33 “幻灯片版式”窗格

6.4.2 使用幻灯片母版

幻灯片母版用来设置文稿中每张幻灯片的预设格式，包括幻灯片的标题和文本的格式和类型、颜色、图形、背景、占位符等。用户在设计演示文稿时，可以通过修改幻灯片母版的格式来修改基于该母版的所有幻灯片的外观和格式，但不会修改幻灯片相应位置的文本内容。PowerPoint 2010 中包含 3 种母版，分别是幻灯片母版、讲义母版和备注母版。

1．幻灯片母版

每个演示文稿至少包含一个幻灯片母版。修改和使用幻灯片母版的主要优点是用户可以对演示文稿中的每张幻灯片（包括以后添加到演示文稿中的幻灯片）进行统一的样式更改。使用幻灯片母版时，由于无须在多张幻灯片上输入相同的内容，因此节省了时间。如果演示文稿非常长，其中包含大量幻灯片，则使用幻灯片母版特别方便。设置幻灯片母版的操作步骤如下：

（1）单击“视图”选项卡“母版视图”组的【幻灯片母版】按钮，打开图 6-34 所示的幻灯片母版编辑窗口。

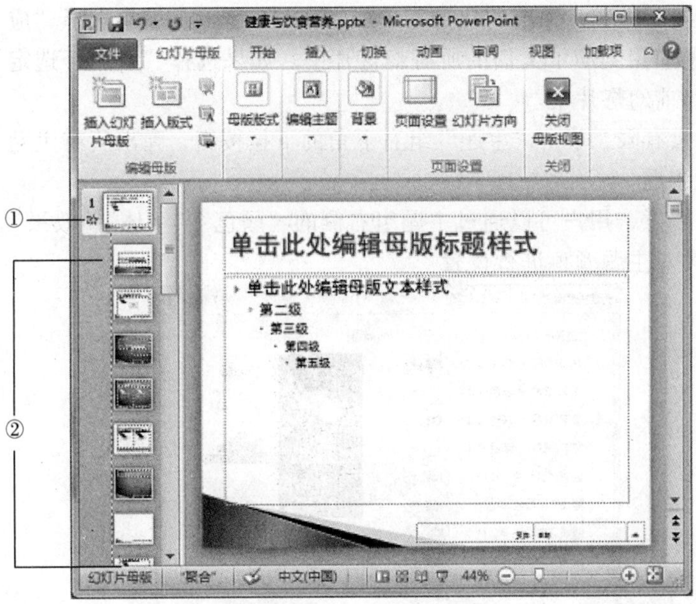

图 6-34 幻灯片母版窗口

（2）在大纲编辑窗格中，①表示“幻灯片母版”视图中的幻灯片母版，②表示与它上面的幻灯片母版默认的相关联的若干个幻灯片版式。在实际工作中，用户很有可能不使用提供的所有版式，而是从可用版式中选择最适合显示信息的版式。

在大纲编辑窗格中，单击幻灯片母版时，右侧有五个占位符，分别为标题区、项目列表区、日期区、页脚区和数字区，对其进行格式设置可以将格式应用到每张幻灯片上；单击标题幻灯片版式进行的设置，将只应用到使用了标题版式的幻灯片上；同理对其他幻灯片版式进行的设置，将只应用到使用了该版式的幻灯片上。

（3）如果在幻灯片母版中插入文本或图形等对象，则每一张幻灯片（除标题幻灯片外）都会在相同位置出现相同对象内容。

（4）设置完毕后，单击“幻灯片母版”选项卡“关闭”组中的【关闭母版视图】按钮。

对母版进行编辑时，在幻灯片母版视图中选中某个占位符，然后按【Delete】键，则该占位符被删除。当母版上的五个占位符不齐全时，如果要添加占位符，可以单击“幻灯片母版”选项卡“母版版式”组中的“母版版式”按钮，弹出图 6-35 所示的“母版版式”对话框，通过选中所需占位符的复选框来添加相应的占位符。

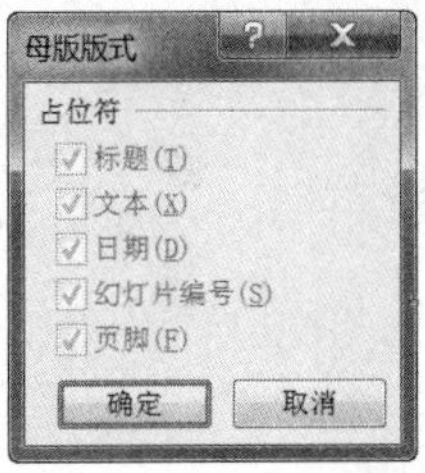

图 6-35 “母版版式”对话框

2. 讲义母版

讲义母版用于设置打印的讲义的格式。当需要将演示文稿以讲义形式打印输出时，可以在讲义母版中进行页面设置，编辑主题，也可以在此母版中添加页码、页眉和页脚等信息。每页讲义可同时包含 2 张、3 张、4 张、6 张或 9 张幻灯片。

3. 备注母版

备注母版用于设置打印的备注页的版式和格式，也可以添加页眉和页脚等信息。图形对象、图片、页眉和页脚不会在备注窗格中出现，只在备注母版、备注页视图或打印备注时它们才显示。

6.4.3 应用主题

PowerPoint 2010 预设了多种设计主题，包含协调配色方案、背景、字体样式和占位符位置。应用主题，用户可以轻松快捷地更改演示文稿的整体外观。主题可以在创建演示文稿时进行选择，也可以在演示文稿制作过程中进行重新设置。

应用主题的具体操作步骤如下：

（1）单击“设计”选项卡，在该选项卡的“主题”组有若干个主题样式供用户选择。

（2）在主题组中右击一种主题样式，弹出的快捷菜单如图 6-36 所示，如果选择“应用于所有幻灯片”，则此主题便应用到演示文稿的所有幻灯片中；如果选择“应用于选定幻灯片”，则此主题只应用到当前幻灯片中。

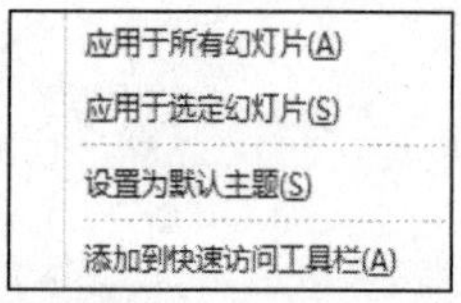

图 6-36 “应用主题”快捷菜单

（3）该窗口提供的主题数量有限，单击“主题”组右下角的下拉按钮，弹出所有主题框，用户可在其中选择合适的主题。

如果对内置的主题样式不满意，用户可以通过主题组右侧的“颜色”“字体”“效果”按钮进行调整，图 6-37 所示为对主题颜色进行设置。

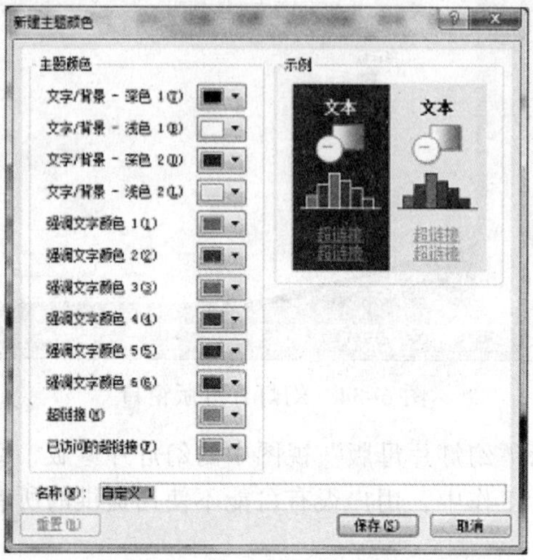

图 6-37 新建主题颜色

6.4.4 设置幻灯片的背景

用户可以根据实际需要更改演示文稿的背景颜色和图案，具体操作步骤如下：

（1）单击“设计”选项卡的【背景样式】按钮，选择“设计背景样格式”命令，弹出“设置背景格式”对话框，如图 6-38 所示。

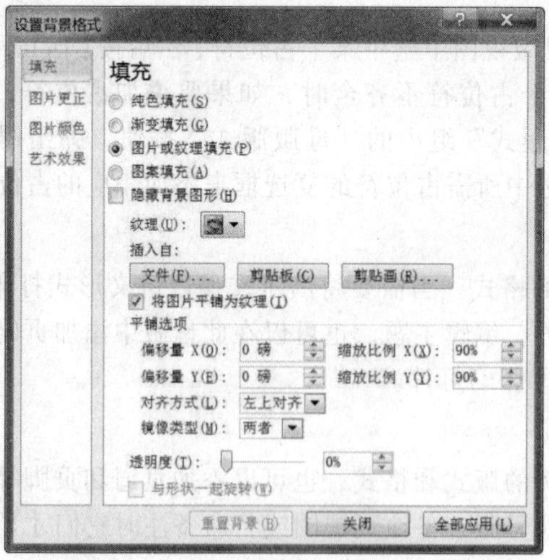

图 6-38 “设置背景格式”对话框

（2）单击“纹理”下拉按钮，在下拉列表中选择要填充的纹理作为背景填充；或者单击【文件】按钮，在弹出对话框中选择某一个图片文件作为背景填充。

（3）在“设置背景格式”对话框中，单击【关闭】按钮，则背景设置只应用在当前幻灯片上，若单击“全部应用”按钮，则背景设置应用到整个演示文稿。

6.5　演示文稿的播放效果

在幻灯片的播放过程中，PowerPoint 支持幻灯片切换时的动态效果，也支持幻灯片中文本、图片、声音和其他对象等的动态显示，可以控制不同对象的显示效果和显示顺序，可以在不同幻灯片之间建立超链接。

6.5.1　设置幻灯片内动画

1. 动画的含义

动画是指在幻灯片的放映过程中，幻灯片上的各种对象以一定的次序及方式进入到画面中产生的动态效果。用户可以将演示文稿中的文本、图片、形状、表格、SmartArt 图形和其他对象制作成动画，赋予它们进入、退出、大小或颜色变化甚至移动等特效，增加幻灯片放映时的生动性。

PowerPoint 2010 中有下列四种不同类型的动画：

（1）“进入”动画：当播放演示文稿时，幻灯片上的对象出现时的动态效果。例如，可以使对象逐渐淡入焦点、从边缘飞入幻灯片或者跳入视图中等。

（2）“退出”动画：幻灯片中的对象播放后，根据需要设置对象飞出幻灯片、从视图中消失或者从幻灯片旋出等动态效果。

（3）“强调”动画：幻灯片中的对象播放后，加以强调的动态效果。这些效果的示例包括使对象缩小或放大、更改颜色或沿着其中心旋转。

（4）“动作路径”动画：指定对象或文本的路径，它是幻灯片动画序列的一部分，使用这些动画可以使对象上下移动、左右移动或者沿着星形或圆形图案移动（与其他动画一起）。

在实际运用中用户可以单独使用任何一种动画，也可以将多种动画组合在一起。例如，可以对一个图片应用“飞入”进入动画及“放大/缩小”强调动画，使它在从右侧飞入的同时逐渐放大。

2. 设置幻灯片的动画

视频 13

设置幻灯片的动画，具体操作步骤如下：

（1）打开要添加动画的演示文稿，选择要制作动画的对象。

（2）单击“动画”选项卡，从中选择所需要的动画，则该预设的动画就应用到所选对象上。

（3）在“动画”选项卡中可以选择“更多进入效果”“更多强调效果”“更多退出效果”“其他动作路径”等命令来设置更加丰富的动画，如图 6-39 所示。

图 6-39　动画及其效果

（4）用户可以进一步对幻灯片上的其他对象设置动画，各个动画将按照其添加顺序显示在“动画”任务窗格中，并且幻灯片上已制作成动画的项目会标上不可打印的编号标记，该标记显示在对象旁边，如 1，2，3……仅当选择“动画”选项卡或“动画”任务窗格可见时，才会在“普通”视图中显示该标记，如图 6-40 所示。若要打开“动画”任务窗格，在“动画”选项卡上的“高级动画”组中，单击【动画窗格】按钮即可。

图 6-40　动画任务窗格

通过该动画窗格，用户可以查看指示动画相对于幻灯片上其他事件的开始计时的图标。指示动画开始时的类型包括下列选项：

- “单击开始”：动画在单击鼠标时开始。
- “从上一项开始”：动画开始播放的时间与列表中上一个动画的时间相同。
- “从上一项之后开始”：动画在列表中上一个动画完成播放后立即开始。

【例 6-4】在“健康与饮食营养.pptx”文稿中设置动画。

具体操作步骤如下：

（1）打开“健康与饮食营养”演示文稿，定位第一张标题幻灯片，选中标题“健康与饮食营养”，单击“动画”选项卡“动画”组“进入”效果中的“翻转式由远及近”动画。选中副标题“张建巧”，单击“动画”选项卡“动画”组“进入”效果中的“飞入”动画。

（2）再次选中标题“健康与饮食营养”，单击“动画”选项卡“高级动画”组的“添加动画”中“强调”里面的“陀螺旋”动画。选中副标题“张建巧”，单击“动画”选项卡“高级动画”组的“添加动画”中“更多退出”效果里面的“棋盘”动画。

（3）在幻灯片下方插入横排文本框，输入内容“爱运动”并设置为“华文行楷”“36”，选中文本框，单击“动画”选项卡“动画”组的其他动作路径中的“心形”动画。

（4）进行幻灯片放映并观察效果。

3．设置幻灯片上动画的效果选项

用户可以在“动画”任务窗格中查看幻灯片上所有动画的列表。“动画”任务窗格显示有关动画的重要信息，如动画的类型、多个动画之间的相对顺序、受影响对象的名称以及动画的效果选项设置。用户也可以直接在工具栏设置动画的效果选项。

- 在“动画”选项卡上的“动画”组中，单击“效果选项”下拉按钮，然后在下拉菜单中单击所需的选项，为动画设置效果选项、计时或顺序。
- 在“计时”组中单击“开始”下拉按钮，然后在下拉菜单中选择所需的计时，为动画设置开始计时。
- 在“计时”组中的“持续时间”框中输入所需的时间（单位：秒），设置动画将要运行的持续时间。
- 在“计时”组中的“延迟”框中输入所需的秒数，设置动画开始前的延时。
- 在“动画”任务窗格中选择要重新排序的动画，然后在“动画”选项卡上的“计时”组中，选择“对动画重新排序”下的“向前移动”，使动画在列表中另一动画之前发生，或者选择“向后移动”，使动画在列表中另一动画之后发生，来对列表中的动画重新排序。

• 选定对象的动画编号标记，可以重新设置动画，也可以按【Del】键删除已设置的动画。

【例 6-5】在“健康与饮食营养.pptx”文稿中进行动画效果设置。

视频 14

具体操作步骤如下：

（1）打开“健康与饮食营养”演示文稿，定位第二张幻灯片，选中标题“目前居民的健康状况”，单击“动画”选项卡“动画”组“进入”效果中的“擦除”动画。单击“动画”选项卡“动画”组中的“效果选项”下拉按钮，在“方向”中选择“自左侧”。单击“动画”选项卡“高级动画”组中的【动画窗格】按钮，在屏幕右侧弹出的动画窗格中单击“擦除”动画下拉按钮，并在弹出的菜单中选择“计时”选项，在弹出对话框的“期间”选项中选择“中速”并确定。

（2）定位第二张幻灯片，单击左侧“大纲”选项卡，在大纲窗格中选中从“癌症占 31%”到“损伤和中毒占 7%”的文本，单击“开始”选项卡“段落”组的【提高列表级别】按钮，从而将此部分文本的大纲级别升级。单击“幻灯片”选项卡回到幻灯片窗格，选中标题下的文本框，单击“动画”选项卡“动画”组“进入”效果中的“飞入”动画，单击“动画”选项卡“高级动画”组中的【动画窗格】按钮，在屏幕右侧弹出的动画窗格中单击“飞入”动画的下拉按钮，并在下拉列表中选择“效果选项”，在“动画文本”中选择“按字/词”，单击“正文文本动画”选项卡，并在“组合文本”中选择“按第三级段落”，单击“确定”按钮。

视频 15

（3）定位第二张幻灯片，单击“插入”选项卡“媒体”组中的“音频”下拉按钮，并在下拉菜单中选择“文件中的音频”选项，在计算机中找到音频文件“奔跑”作为 2、3、4、5 这几张幻灯片的背景音乐。选中喇叭图标，在“音频工具”栏中选择“播放”选项，在“音频选项”组中的“开始”中设置为“自动”，在动画窗格中打开音频的“效果选项”对话框，选中“效果”选项卡，在“停止播放”区域中选择“在幻灯片之后”中输入“4”。单击“确定”按钮。

（4）进行幻灯片放映并观察效果。

6.5.2　设置幻灯片切换效果

1. 幻灯片切换效果的含义

幻灯片切换效果是指在演示期间从一张幻灯片移到下一张幻灯片时在“幻灯片放映”视图中出现的动画。目的是为了使前后两张幻灯片之间的过渡自然。用户可以控制切换的速度，可以添加声音，甚至还可以对切换效果的属性进行自定义。在设置幻灯片切换效果前应先调整好幻灯片的顺序。可在“幻灯片浏览视图”模式下直接用鼠标拖动幻灯片到目标位置。

2. 设置幻灯片切换效果

设置幻灯片切换效果的操作步骤如下：

（1）打开演示文稿，选定需要设置切换效果的幻灯片。

（2）单击“切换”选项卡，在“切换到此幻灯片”组中，单击要应用于该幻灯片的幻灯片切换效果，如图 6-41 所示。

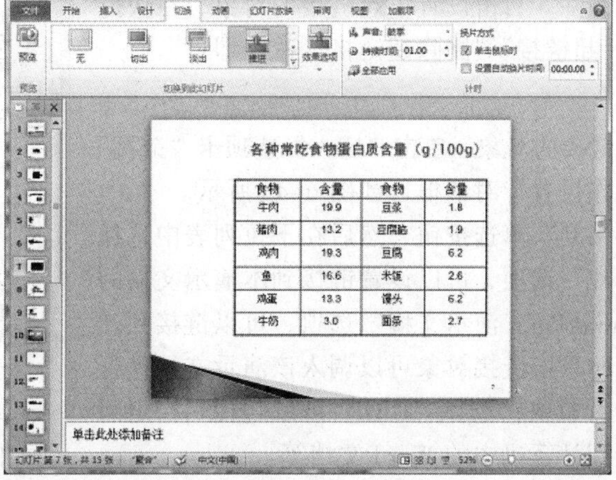

图 6-41　幻灯片切换效果

（3）在“计时”组中可单击“全部应用”按钮使演示文稿中的所有幻灯片之间的切换设置为与当前幻灯片的切换方式相同。每张幻灯片可设置不同的切换效果。

（4）在“计时”组中可为切换效果添加“声音”“持续时间”等属性。

（5）在“换片方式”选项区中，可选择“单击鼠标时”复选框，使用鼠标单击控制幻灯片播放；也可在“设置自动换片时间”复选框中输入时间，将每张幻灯片之间的间隔时间设定好，使幻灯片自动播放；若同时选择这两个复选框，可使幻灯片按指定的间隔进行切换，在此期间内单击鼠标则可直接进行切换，从而达到手动和自动相结合的目的。

6.5.3 创建超链接

默认情况下，幻灯片是按顺序播放的，用户可以对演示文稿中的文本、图片等对象设置相关链接，使之跳转到其他位置，从而达到交互展示的目的。超链接可以是从一张幻灯片到同一演示文稿中另一张幻灯片的链接，也可以是从一张幻灯片到不同演示文稿中另一张幻灯片、到其他 Office 文档、到电子邮件地址、网页等的链接。

1. 创建超链接

（1）选定目标文字或图片。

（2）单击“插入”选项卡“链接”组中的【超链接】按钮，或者右击目标文字或图片，然后在弹出的快捷菜单中选择“超链接”命令，即出现图 6-42 所示的“插入超链接”对话框。

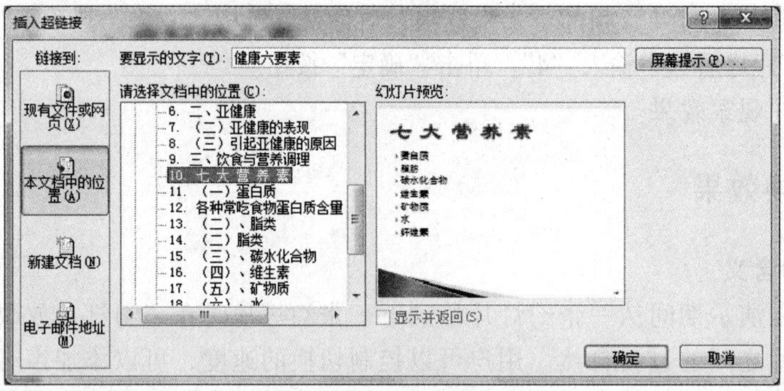

图 6-42 “插入超链接”对话框

（3）在对话框中“链接到”选项区中可以选择链接的目标位置，允许链接到 Web 页、本演示文稿中的某张幻灯片、其他文档、电子邮件地址等。

（4）单击【确定】按钮，完成超链接的建立。

建立了超链接的文本颜色会自动改变，文字加上下画线。在幻灯片放映的过程中，当用户将鼠标指针移到设置了链接的对象时，鼠标指针变成小手形状，单击该对象，便会跳转到超链接设置的相应位置。

已创建的超链接可以编辑或删除。右击设置了超链接的对象，在快捷菜单中选择“编辑超链接”“打开超链接”“删除超链接”命令即可。

2. 动作设置

（1）在幻灯片中选定要建立链接的对象，单击“插入”选项卡“链接”组中的“动作”按钮，弹出“动作设置”对话框，如图 6-43 所示。

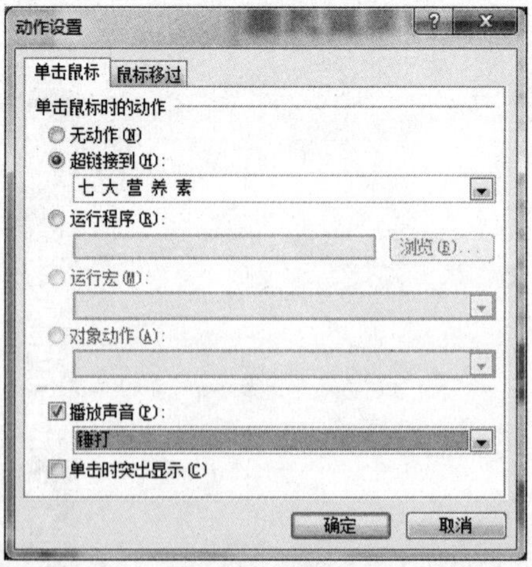

图 6-43 “动作设置”对话框

（2）在对话框中选中“超链接到”单选按钮，然后在下拉列表中选择想要链接到的对象。选择“幻灯片”选项，可以设置链接到本演示文稿的任意一张幻灯片；选择“其他 PowerPoint 演示文稿”选项，可以链接到计算机中其他的演示文稿，在放映时单击链接对象可以调入该演示文稿进行放映，放映完毕后本演示文稿继续放映；选择“URL”可以链接到指定网站；选择“其他文件”可以链接到计算机中的 Word 文档等。

（3）选中“播放声音”复选框，在其下拉列表中可为单击鼠标事件选择一种声音。

（4）单击【确定】按钮，完成设置。

对于已经设置了超链接的对象，需要删除该超链接时，只要在“动作设置”对话框中选择“无动作”单选按钮即可。

6.6　放映演示文稿

演示文稿制作完成后，通过放映向观众展示演示文稿所要表达的主题。为了适应不同的放映需要，通常需要设置一些与放映过程相关的参数。

6.6.1　放映演示文稿

1. 播放幻灯片

在 PowerPoint 中，打开要放映的演示文稿后，有两种启动幻灯片放映的方式。

- 单击“幻灯片放映”选项卡“开始放映幻灯片”组中的【从头开始】按钮。
- 单击窗口右下角的“幻灯片放映”按钮。

使用第一种方法从演示文稿的第一张幻灯片开始放映；使用【幻灯片放映】按钮则从演示文稿的当前幻灯片开始放映。

2. 控制幻灯片的播放

在放映过程中，单击或按【Enter】键，展示幻灯片的下一个画面；右击则打开放映过程中的控制菜单，单击屏幕左下角的按钮也可弹出此菜单，如图 6-44 所示，按【Esc】键退出放映。

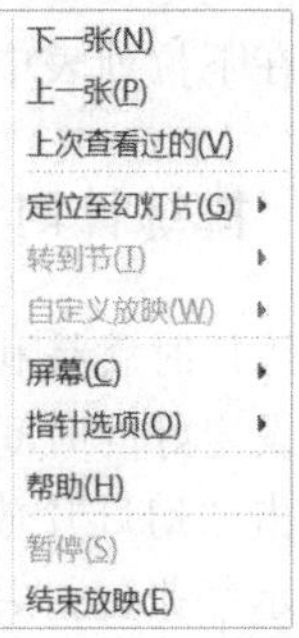

图 6-44　幻灯片放映控制菜单

控制菜单中的主要命令含义如下：

- 下一张（上一张）：用于改变幻灯片的放映顺序，表示切换到当前幻灯片的前一张或后一张。
- 定位至幻灯片：用于跳转到指定序号的幻灯片。
- 屏幕：用于控制屏幕显示的内容，可实现幻灯片白屏、黑屏、显示/隐藏墨迹标记、演讲者备注、切换程序等操作。
- 指针选项：可以改变鼠标指针的形状，设置绘图笔的类型和颜色。在放映过程中使用绘图笔，可在幻灯片上随意加标注，有助于演讲者更好地表达讲解内容。可以利用橡皮擦对幻灯片上书写的信息进行修改或擦除。
- 结束放映：用于结束幻灯片放映过程，返回编辑窗口状态。

6.6.2　设置放映方式

针对不同场合对于播放演示文稿的需要，可以对幻灯片的放映方式进行设置。单击“幻灯片放映”选项卡中“设置”组的【设置幻灯片放映】按钮，打开图 6-45 所示的“设置放映方式”对话框，从中可进行放映类型、幻灯片放映范围、幻灯片换片方式等设置。

1. 放映类型

（1）演讲者放映（全屏幕）：该项是 PowerPoint 中幻灯片放映默认选项，通常为全屏显示，且由演讲者控制演示文稿的播放，可以使用自动或人工方式放映，在放映过程中，能够利用控制菜单干预放映过程。

（2）观众自行浏览（窗口）：该项可进行小规模幻灯片运行演示，在此方式下能够进行翻页、打印和 Web 浏览操作，但此时只能自动放映或利用滚动条来放映，而不能使用鼠标控制放映流程。

（3）在展台浏览（全屏幕）：可在无人管理的状态下，进行幻灯片的自动循环放映，此时不能通过键盘或鼠标单击播放幻灯片，终止放映只能使用【Esc】键。

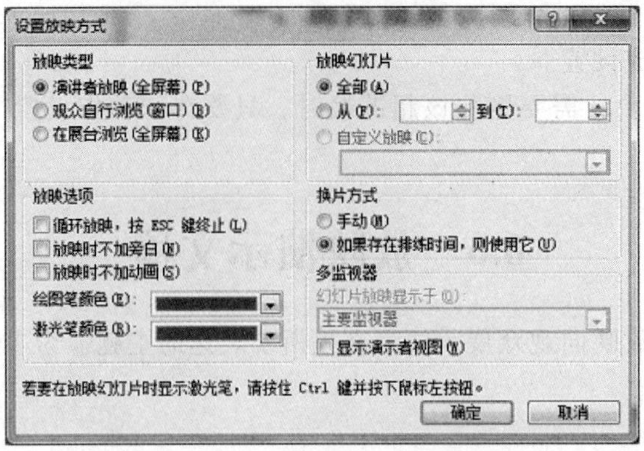

图 6-45 “设置放映方式”对话框

2．放映幻灯片

实现幻灯片放映的选片功能，可仅放映用户已选的规定幻灯片。默认放映全部幻灯片。

3．换片方式

用户可根据需要选择换片方式，有“手动”或“如果存在排列时间，则使用它”方式两种。若采用“手动”方式，用单击的方法进行换片操作；若采用“如果存在排列时间，则使用它”方式，当放映开始时，幻灯片便会按照原来定好的时间和顺序连续地进行播放，而无须人工干预。

4．绘图笔颜色

绘图笔是在放映时用于在幻灯片上做标记的工具，它的颜色可以由用户自行选定。单击“绘图笔颜色”下拉按钮，在下拉列表中选择合适的颜色。

6.6.3 排练计时

排练计时就是利用排练自动计时或人为定时来控制放映过程。设置了排练计时的演示文稿在放映时，幻灯片会按照设定好的时间和顺序连续播放，不再需要人工干预。具体操作步骤如下：

单击“幻灯片放映”选项卡“设置”组中的“排练计时”按钮，出现图 6-46 所示的“预演”对话框，对话框中显示每张幻灯片和总计时的时间，用户根据需要调整幻灯片的换片速度。设置完成后，单击此对话框的【关闭】按钮，屏幕上会显示图 6-47 所示的对话框，来确定在以后放映时采用预演计时的时间控制，单击【是】按钮即可。

图 6-46 “预演”对话框

图 6-47 排练计时选择框

6.6.4 录制旁白

用户录制幻灯片演示需要有声卡、话筒和扬声器。具体操作步骤如下：

（1）单击“幻灯片放映”选项卡“设置”组中的【录制幻灯片演示】按钮，弹出“录制幻灯片演示”对话框，如图 6-48 所示。

（2）选择“旁白和激光笔”选项，在话筒正常的状态下，单击【开始录制】按钮，则进入幻灯片放映视图。

此时一边控制幻灯片的放映，一边通过话筒语音录入旁白，直到浏览完所有幻灯片，并且旁白是自动保存的。

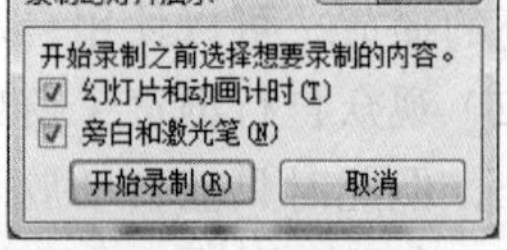

图 6-48 “录制幻灯片演示”对话框

6.6.5　隐藏幻灯片

当演示文稿制作完成后，针对不同类型的观众来说，演示文稿中的某些幻灯片可能不需要播放，因此在播放演示文稿时应将不需要放映的幻灯片隐藏起来。具体操作步骤如下：

（1）在普通视图模式下，单击窗口左侧幻灯片选项卡中需要隐藏的幻灯片（如第三张幻灯片）。

（2）单击“幻灯片放映”选项卡“设置”组中的【隐藏幻灯片】按钮，则被选中的幻灯片的缩略图编号出现图标，表明该幻灯片已经隐藏，不会播放。

若要放映隐藏的幻灯片，可先选定该幻灯片，单击“幻灯片放映”选项卡“设置”组中的【隐藏幻灯片】按钮，则幻灯片的缩略图编号图标消失，表示该幻灯片可以播放。

6.6.6　打包演示文稿

如果要将制作的演示文稿拿到一个没有安装 PowerPoint 的计算机上放映，这会使演示文稿无法播放。为解决这样的问题，PowerPoint 2010 提供了“打包”功能，就是将演示文稿和与之链接的文件连同 PowerPoint 播放器一起输出到某个指定文件夹内，或将演示文稿制作成能自动播放的 CD。

1. 打包演示文稿

（1）在 PowerPoint 程序中打开要打包的演示文稿。

（2）将空白的可写入 CD 插入到刻录机的 CD 驱动器中。

（3）单击“文件”｜“保存并发送”｜“将演示文稿打包成 CD”命令，单击【打包成 CD】按钮，如图 6-49 所示，弹出“打包成 CD”对话框，如图 6-50 所示。

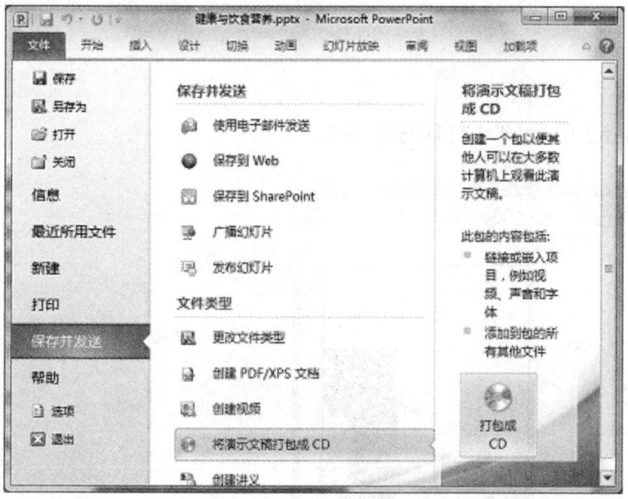

图 6-49　打包成 CD 控制面板

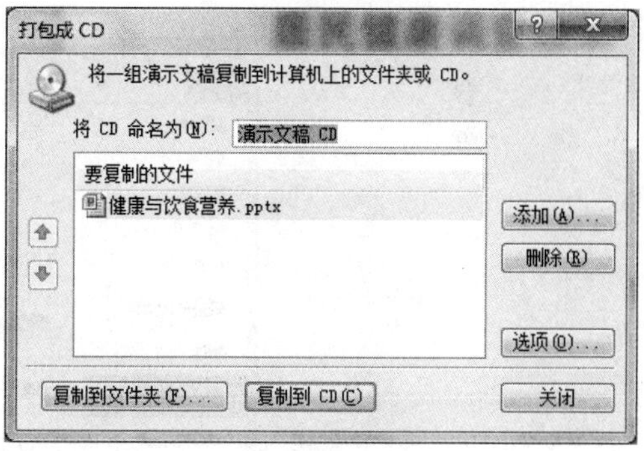

图 6-50　“打包成 CD”对话框

（4）在“将 CD 命名为”文本框中输入名称，如“演示文稿 CD”。

（5）单击【添加】按钮，可以选择多个演示文稿一起打包。

（6）单击【复制到文件夹】按钮，将打包后生成的文件输出到指定的文件夹内；单击【复制到 CD】按钮，可以将打包后的演示文稿制作成 CD。

（7）单击【关闭】按钮，退出打包程序。

2. 放映打包的演示文稿

如果将演示文稿打包成 CD 盘，将 CD 盘放入到目标计算机的光驱中，演示文稿会自动播放。

如果演示文稿被打包到某个文件夹中，可将该文件夹复制到目标计算机中，双击演示文稿名文件，被打包的演示文稿自动播放。

6.7 打　　印

演示文稿可以打印输出，在打印之前需要先对幻灯片的页面进行设置，然后才能打印。

6.7.1 页面设置

幻灯片的页面设置决定了幻灯片的大小、方向和起始序号。具体操作步骤如下：

（1）单击“设置”选项卡“页面设置”组中的【页面设置】按钮，打开图 6-51 所示的“页面设置”对话框。

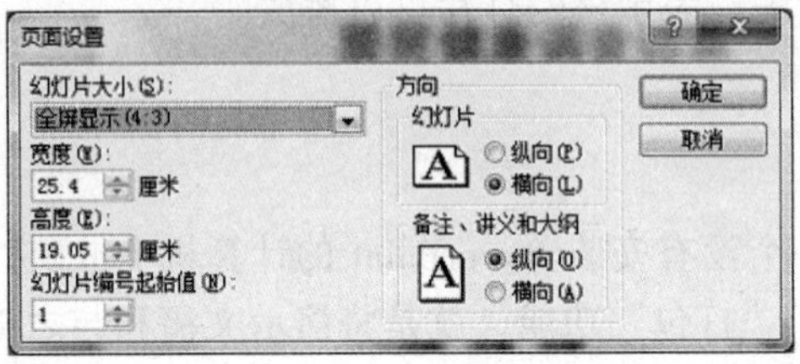

图 6-51 “页面设置”对话框

（2）在“幻灯片大小”下拉列表中包含 7 种幻灯片尺寸，可根据需要进行选择。选择“自定义”选项时需要在“宽度”“高度”框中输入适合的数值。

（3）在“幻灯片编号起始值”文本框中输入幻灯片起始编号；在“方向”选区中设置“幻灯片”或“备注、讲义和大纲”的显示方向。

（4）单击【确定】按钮，完成页面设置。

6.7.2 打印演示文稿

选择“文件”选项卡中的“打印”命令，打开图 6-52 所示的“打印设置窗口”。

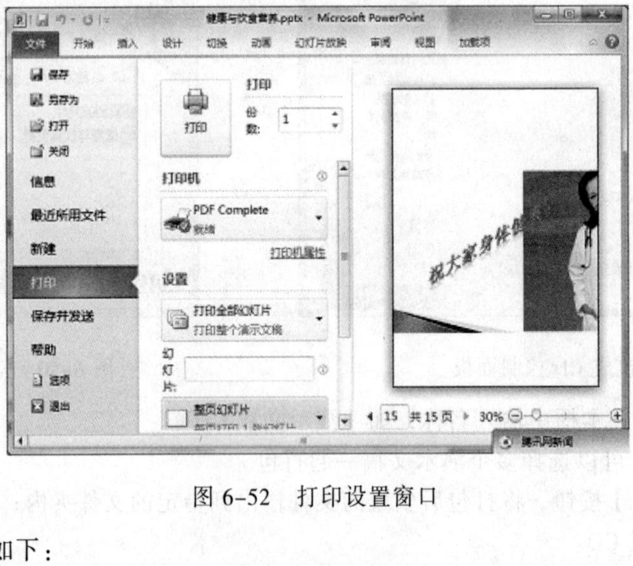

图 6-52 打印设置窗口

窗口中各选项区的含义如下：

打印机：在“打印机”下拉列表中选择合适的打印机型号。

设置：可设置打印演示文稿的范围，包括全部幻灯片、当前幻灯片、选定幻灯片和某些编号幻灯片。

份数：可在“打印份数”文本框中确定打印数值，实现演示文稿的多份打印。

打印版式：可设置为整页幻灯片、备注页和大纲幻灯片等。其中如选择“讲义”方式，可设置打印页每页包含的幻灯片数，每页最多 9 张。

颜色：可实现颜色、灰度或纯黑白方式打印。

技能训练

技能训练一　PowerPoint 2010 的基本操作

【训练目的】

1. 掌握 PowerPoint 2010 的启动和退出。
2. 掌握演示文稿的创建、保存、关闭的操作方法。
3. 掌握幻灯片的编辑。

【训练要求】

1. 启动 PowerPoint 应用程序，利用主题“龙腾四海”创建新演示文稿，并保存在桌面上，名称为“演示文稿作业 1.pptx”。

2. 在标题幻灯片中，标题栏中输入“个人简介”，副标题栏中输入自己的班级和姓名。

3. 按要求插入新幻灯片。

（1）在标题幻灯片后插入一张新幻灯片，版式为“标题和图示或组织结构图”，标题栏中输入“毕业院校”，在文本框中制作 SmartArt 图形，如图 6-53 所示。要求 SmartArt 图形是层次结构中的“组织结构图”，并添加自己的专业。

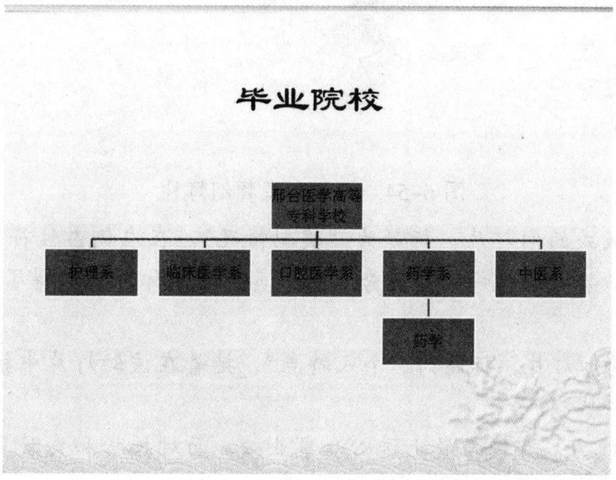

图 6-53　SmartArt 图形窗口

（2）插入一张新幻灯片，版式为“标题和内容”，在文本框中输入如下格式的内容并自己填充完整每一项：

- 英语水平：……
- 计算机水平：……
- 学习情况：……
- 学习能力：……

（3）插入“标题和内容”版式的幻灯片，标题为“基本资料”，在其中创建如下表格，表格为“无样式，网格型”。

姓名		性别	
年龄		民族	
籍贯		政治面貌	
身高		体重	
所学专业		学历	
毕业院校		备注	

（4）插入“两栏内容”版式的幻灯片，标题为“求职意向”，左侧文本框中输入自己的实际内容（例如：护理专业或医学类相关方向的工作等），右侧插入一张与本张幻灯片内容相符的剪贴画。

（5）插入一张“空白”版式的幻灯片，在该幻灯片中先插入一个横排文本框，并输入“个人状况”，字体设置为黑体、加粗、44 磅；再插入一个横排文本框输入如下内容：

本人是××××年考入××学校×系×专业，学×年，××××年毕业。

××××年9月1日至××××年4月30日实习于××单位。

联系方式：电话：××× 手机：×××

以上文字设置为红色、28 磅。

（6）插入一张新幻灯片，版式为“标题和内容”，标题为“业余爱好”，在文本框中输入如下内容：

- 看新闻
- 听音乐
- 爱运动

在该幻灯片中插入自己喜欢的视频和音频文件，并插入一张体育运动的剪贴画。最终效果如图 6-54 所示。

图 6-54 视频和音频幻灯片

（7）插入“内容与标题”版式的幻灯片，标题为“奖励情况”，在左侧占位符中输入自己的实际内容（例如：在校期间每学期所获的奖学金；某学年被评为“优秀共青团员”荣誉称号并获得了荣誉证书等），并把右侧占位符删除。

（8）插入“仅标题”版式的幻灯片，标题为“个人特点”。接着在该幻灯片中插入一个横排文本框，并输入如下内容：

- 具有较强的组织和沟通能力，有较强的上进心和事业心，面对挫折和失败具有良好的心态，有较强的自学和自我约束能力。
- 做事认真、负责，善于思考，能适应各种艰苦的工作环境。
- 本人身体健康，具有一定的工作能力，热爱医疗卫生事业，用心做好每一件事，真诚对待身边的每一个人。

（9）插入“仅标题”版式的幻灯片，标题为“自我评价”，在该幻灯片中插入图表，图表数据如图 6-55 所示，并对图表格式按图 6-56 所示进行设置。

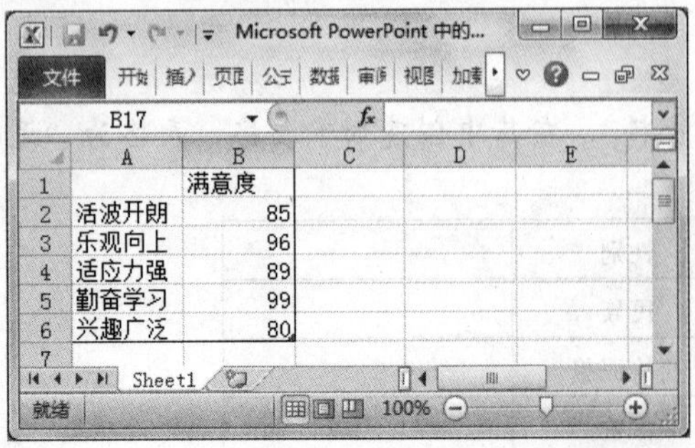

图 6-55 图表数据

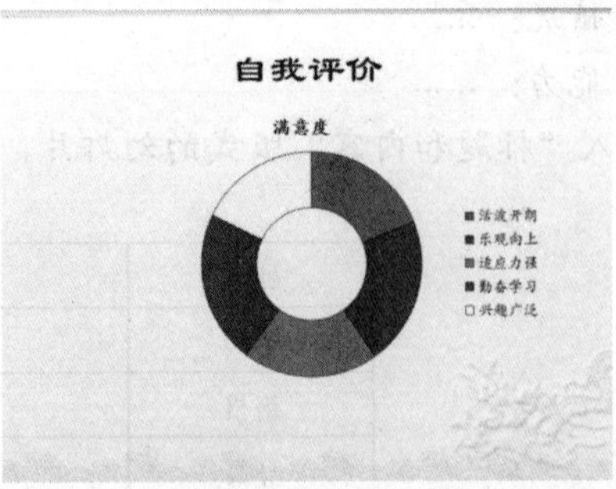

图 6-56 图表幻灯片

（10）插入一张“空白”版式的幻灯片，插入艺术字，选择艺术字中第三行第二列的样式，输入艺术字“谢谢指导!”，字体设置为黑体、红色、60 磅。

4. 将文稿中的第三张幻灯片加上标题为“个人能力”，设置字体为隶书、48 号、红色，然后将该幻灯片移动到“奖励情况”幻灯片的后面，作为整个文稿的第八张幻灯片。

5. 保存演示文稿，退出 PowerPoint 程序。

技能训练二　演示文稿的美化

【训练目的】

1. 掌握幻灯片背景设计的方法。
2. 了解幻灯片配色方案。
3. 熟悉幻灯片母版的用法。

【训练要求】

1. 打开技能训练一中的“演示文稿作业 1.pptx”演示文稿。
2. 利用幻灯片母版，在每张幻灯片的右上角插入竖排文字“求职成功”，设置字体为红色、加粗、36 磅。
3. 设置在每一张幻灯片上显示幻灯片的编号、日期和时间，并添加页脚内容“计算机应用基础”。
4. 将第二张、第三张幻灯片的主题颜色分别设置为“暗香扑面”和“华丽”。
5. 将第四张幻灯片的背景样式设置为样式 8。
6. 将第七张、第八张幻灯片的主题分别更改为“夏至”和“角度”。
7. 将第三张幻灯片的版式调整为“标题和竖排文字”。
8. 另存演示文稿到桌面，文件名为“演示文稿练习 2.pptx”。

技能训练三　幻灯片的动画、超链接设置及放映

【训练目的】

1. 掌握幻灯片内动画效果的设置。
2. 掌握幻灯片间切换效果的设置。
3. 熟悉超链接的设置。
4. 掌握演示文稿的放映方式。

【训练要求】

1. 打开技能训练二中保存的“演示文稿练习 2.pptx”。

2. 设置片内动画效果。

（1）设置标题幻灯片“标题”的进入效果为“飞入”，方向为“自左侧”，速度为“中速”；“副标题”进入效果为“劈裂”，方向为“中央向上下展开”。

（2）设置第二张幻灯片的动画，其中“标题”的进入效果为“旋转”；“组织结构图”的进入效果为“形状”，方向为“放大”，形状为“圆”，序列为“整批发送”。

（3）设置第三张幻灯片的动画，其中“标题”的进入效果为“缩放”；“表格”的进入效果为“阶梯状”，方向为“右下”。

（4）设置第四张幻灯片的“剪贴画”的动画效果为进入为“棋盘”，强调效果的“陀螺旋”；设置第五张幻灯片文本框内容动画为“十字形扩展”。

（5）设置第六张幻灯片的文本进入效果为“飞入”，设置其动画效果为“按字母”；视频进入效果为“出现”；音频播放效果为“在 6 张之后停止播放”，重复直到幻灯片末尾；剪贴画退出效果为“收缩并旋转”。

（6）设置第十一张幻灯片的艺术字的动画效果为“下拉”。

3. 设置全部幻灯片的切换效果为“推进”，效果选项为“自左侧”。

4. 设置超链接，将第三张幻灯片的标题文字链接到第八张幻灯片。

5. 幻灯片放映，采用多种放映方式观看自己制作的演示文稿。

6. 保存演示文稿，退出 PowerPoint 程序。

第 7 章

计算机网络基础与 Internet 应用

计算机网络和 Internet 发展迅速，其应用已越来越广泛，了解、学习计算机网络基本知识对每一个学习者都必不可少，本章主要介绍计算机网络的基本概念、网络体系结构、局域网、因特网等内容。

7.1 计算机网络概述

随着信息技术的高速发展和计算机应用的日益普及，人们对于“计算机网络”也越来越感兴趣。计算机网络的应用正在改变着人们的工作与生活方式，人们迫切需要掌握和使用计算机网络，获取工作、学习、生活所需的信息和知识。本节主要介绍计算机网络的一些基本概念和常识。

7.1.1 计算机网络的发展

从技术角度来划分，计算机网的形成与发展，大致可以分为以下 4 个阶段。

1．第一阶段（以主机为中心）

在第一代计算机网络中，计算机是网络的控制中心，终端围绕着中央计算机（主机）分布在各处，而主机的主要任务是进行实时处理、分时处理和批处理。人们利用物理通信线路将一台主机与多台用户终端相连接，用户通过终端命令以交互方式使用主机，从而实现多个终端用户共享一台主机的各种资源。这就是“主机—终端”系统，这个阶段的计算机网络又称为“面向终端的计算机网络”，它是计算机网络的雏形，如图 7-1 所示。

以单台计算机为中心的计算机网络并不是真正意义上的网络，而是一个面向终端的互联通信系统。美国航空公司与 IBM 公司在 20 世纪 60 年代投入使用的飞机订票系统，就是一个面向终端的计算机网络的典型代表。

2．多台计算机通过线路互联的计算机网络

面向资源子网的计算机网络兴起于 20 世纪 60 年代后期，它利用网络将分散在各地的主机经通信线路连接起来，形成一个以众多主机组成的资源子网，网络用户可以共享资源子网内的所有软硬件资源，如图 7-2 所示。最典型的是 ARPANET，它标志着计算机网络的发展进入到了一个新纪元，并促使计算机网络的概念发生了根本性变化。ARPANET 被认为是 Internet 的前身。

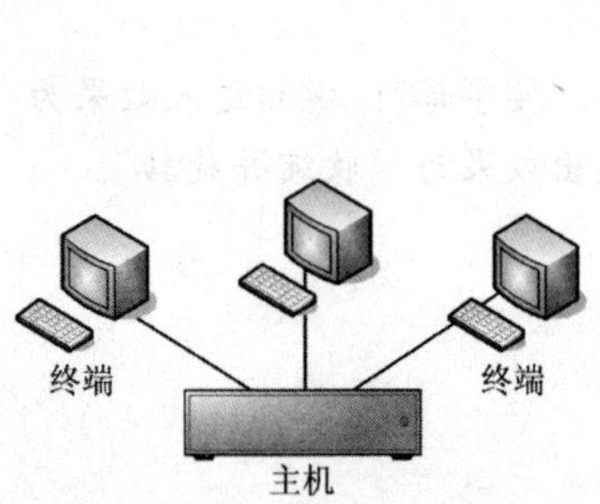

图 7-1　面向终端的计算机网络

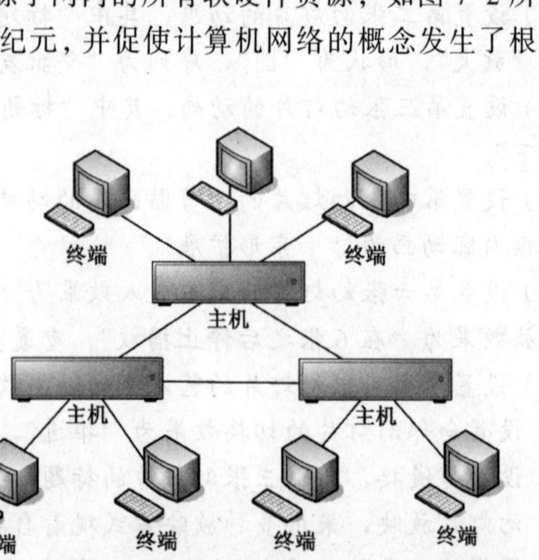

图 7-2　多台计算机通过线路互联的计算机网络

3．第三个阶段（体系结构标准化）

由于不同的网络体系结构是无法互连的，不同厂家的设备也无法达到互连（即使是同一家产品在不同时期也是如此），这样阻碍了大范围网络的发展。为了实现更大范围网络的发展以及使不同厂家的设备之间可以互连，国际标准化组织 ISO 于 1984 年正式发布了一个标准框架 OSI（Open System Interconnection Reference Model，开放系统互连参考模型），使不同的厂家设备、协议达到全网互连。这样，就形成了具有统一的网络体系结构，并遵守国际标准的开放式和标准化的计算机网络。

4．第四个阶段（以下一代互联网络为中心的新一代网络）

进入 20 世纪 90 年代后，随着数字通信技术和光纤等接入方式的出现，计算机网络呈现出网络化、综合化、高速化及计算机网络协同等特点。“信息时代”“信息高速公路”“Internet”等成为了网络新时代的典型特征。目前基于 IP 的 IPv6（Internet Protocol version 6）技术的发展，使人们坚信发展 IPv6 技术将成为构建高性能、可扩展、可运营、可管理、更安全的下一代网络的基础性工作。曾经独立发展的电信网、闭路电视网和计算机网络将合而为一，三网融合后信息孤岛现象将逐渐消失。

7.1.2　计算机网络的定义与分类

1．什么是计算机网络

“计算机网络”并没有一个严格的定义，从不同的角度、不同的发展阶段对计算机网络都可以有不同的定义。总之，计算机网络就是将地理位置不同，而且具有独立功能的多个计算机系统，通过通信设备和线路相互连接起来，并配以功能完善的网络软件，实现网络上数据通信和资源共享的系统。如图 7-3 所示，给出了一个简单网络系统的示意图，它将若干台计算机、打印机和其他外围设备互连成一个整体。连接在网络中的计算机、外围设备、通信控制设备等称为网络结点。

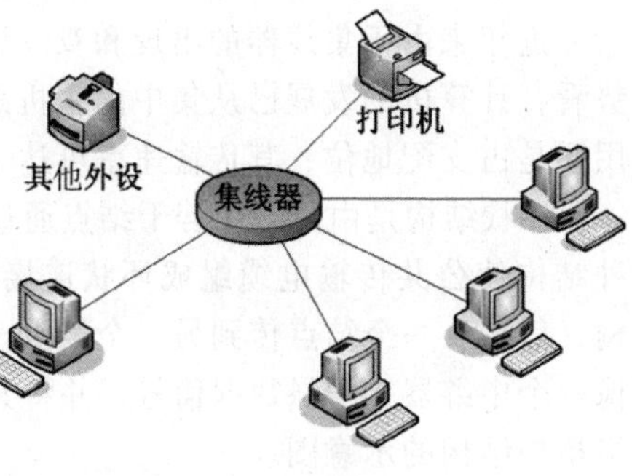

图 7-3　简单计算机网络

2．计算机网络的分类

计算机网络有不同的分类标准和方法，具体介绍如下。

1）按照覆盖的地理范围分类

（1）局域网（Local Area Network，LAN）。局域网覆盖范围一般不超过几十千米，通常将一座大楼或一个校园内分散的计算机连接起来构成 LAN。局域网典型的单段网络吞吐率为 10 ～100 Mbit/s，现代局域网单段网络吞吐率已达到 1 Gbit/s；为适应多媒体传输的需要，利用桥接或交换技术实现多个局域网段组成的网络，总吞吐率可达数 10 Gbit/s 甚至数 Tbit/s。

（2）城域网（Metropolitan Area Network，MAN）。城域网介于 LAN 和 WAN 之间，其覆盖范围通常为一个城市或地区，距离从几十千米到上百千米。城域网中可包含若干个彼此互联的局域网，可以采用不同的系统硬件、软件和通信传输介质构成，从而使不同的局域网能有效地共享信息资源。城域网通常采用光纤或微波作为网络的主干通道。

（3）广域网（Wide Area Network，WAN）。广域网指的是实现计算机远距离连接的计算机网络，可以把众多的城域网、局域网连接起来，也可以把全球的区域网、局域网连接起来。广域网涉及的范围较大，一般从几百千米到几万千米，用于通信的传输装置和介质一般由电信部门提供，能实现大范围内的资源共享。

随着计算机网络技术的发展，现在局域网、城域网和广域网的界限已经变得逐渐模糊了。

2）按公用与专用分类

公用网是指由电信部门或从事专业电信运营业务的公司提供的面向公众服务的网络，如中国电信提供的以 X.25 协议为基础的分组交换网 CHINAPAC。专用网是指政府、行业、企业和事业单位为本行业、本企业和本事业单位服务而建立的网络。尽管在现代社会中，除部分内部的保密资源外已很少有完全专用而不提供对外服务的网络，但这类网络的目的与应用从总体上看仍与专门提供通信与网络服务的公用网有很大的区别。专用网的实例很多，其中有代表性的包括教育科研网 CERNET 以及各级政府部门的网络等。

3）按网络拓扑结构分类

网络的拓扑结构是指网络中通信线路和站点（计算机或设备）的相互连接的物理结构。按网络的拓扑结构可分为总线、星状、环状、网状、树状和星环状等类型。

总线结构是指各工作站和服务器均连接在一条总线上，各工作站地位平等，无中心结点控制，公用总线上的信息多以基带形式串行传递，其传递方向总是从发送信息的结点开始向两端扩散，如同广播电台发射的信息一样，因此又称广播式计算机网络。各结点在接收信息时都进行地址检查，看是否与自己的工作站地址相符，相符则接收网上的信息。图 7-4 所示为总线网络拓扑结构的示意图。

总线拓扑结构的局域网采用集中控制、共享介质的方式。所有结点都可以通过总线发送和接收数据，但在某一时间段内只允许一个结点通过总线以广播方式发送数据，其他结点以收听方式接收数据。

星状结构是指各工作站以星状方式连接成网。网络有中央结点，其他结点（工作站、服务器）都与中央结点直接相连，这种结构以中央结点为中心，因此又称为集中式网络，如图 7-5 所示。

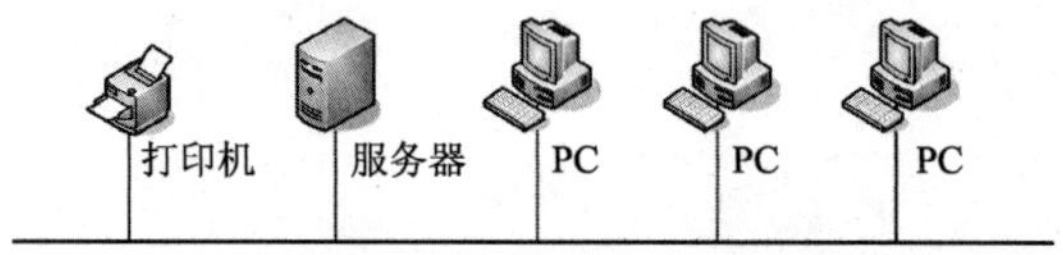

图 7-4 总线网络拓扑结构

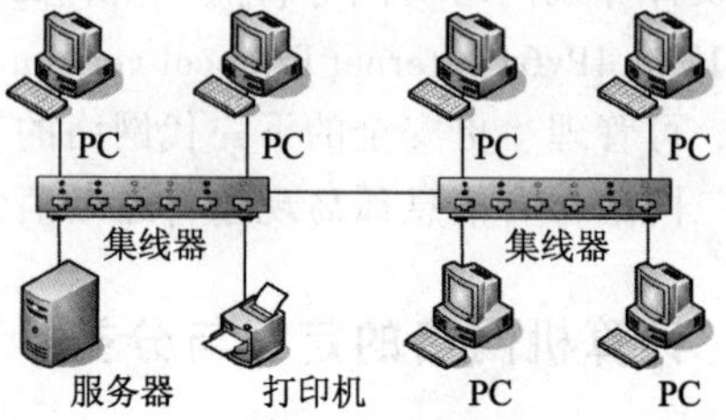

图 7-5 星状网络拓扑结构

近年来由于集线器的出现和双绞线大量用于局域网，星状结构的局域网获得了非常广泛的应用。从目前的趋势看，计算机的发展已从集中的主机系统发展到大量功能很强的微型机和工作站，在这种环境下，星状拓扑的使用还是占支配地位，其传输速率可达 1 000 Mbit/s。

环状结构是由网络中若干结点通过点到点的链路首尾相连形成一个闭合的环，这种结构使公共传输电缆组成环状连接，数据在环路中沿着一个方向在各个结点间传输，信息从一个结点传到另一个结点。数据信号通过每台计算机，而计算机的作用就像一个中继器，增强数据信号，并将其发送到下一个计算机上。图 7-6 所示为环状网络拓扑结构的示意图。

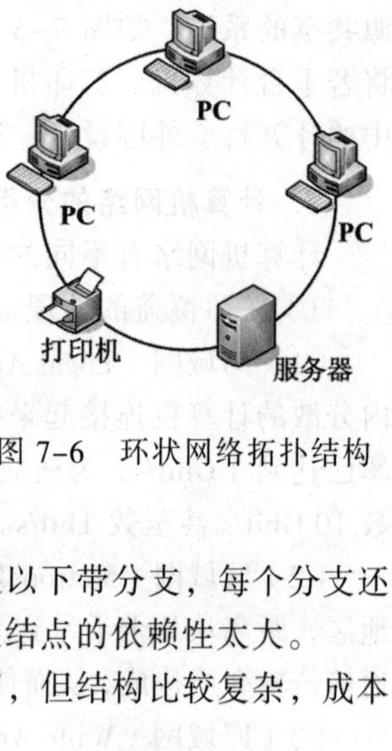

图 7-6 环状网络拓扑结构

在环状拓扑结构的局域网中，结点通过网卡，使用点对点线路连接，构成闭合环路。环中数据沿一个方向绕环逐站传输。环状网的结构比较适合于实时信息处理系统和工厂自动化系统。

光纤分布式数据结构（FDDI）是环状结构的一种典型网络，在 20 世纪 90 年代中期，就已达到 100～200 Mbit/s 的传输速率。但在近期，该种网络没有太大发展，已经很少采用。

树状拓扑结构从总线拓扑结构演变而来，形状像一棵倒置的树，顶端是树根，树根以下带分支，每个分支还可再带子分支，如图 7-7 所示，树状拓扑易于扩展、故障隔离较容易，但各个结点对根结点的依赖性太大。

网状拓扑结构如图 7-8 所示。网状拓扑不受瓶颈问题和失效问题的影响，可靠性高，但结构比较复杂，成本也比较高。

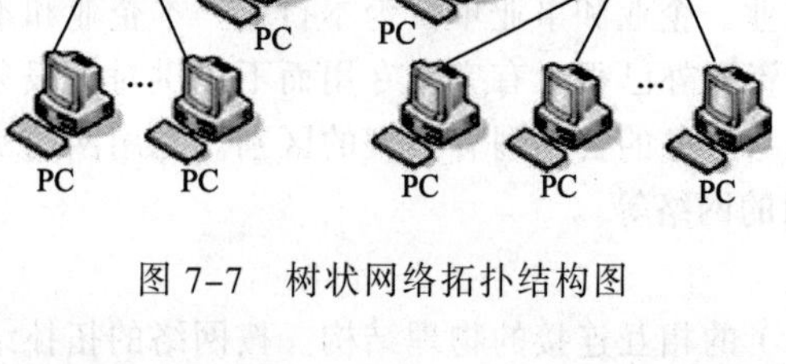

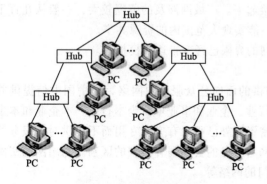

图 7-7 树状网络拓扑结构图

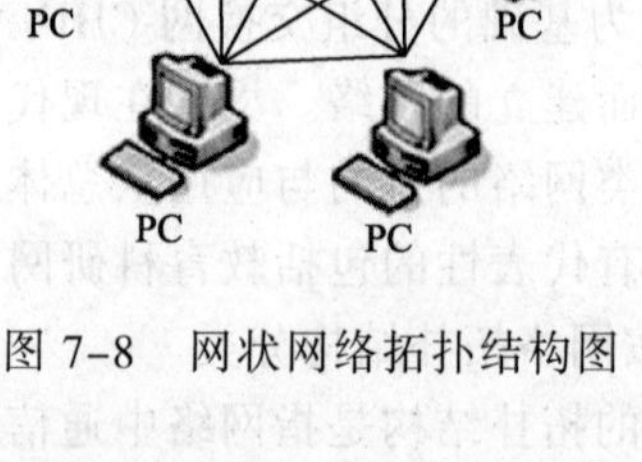

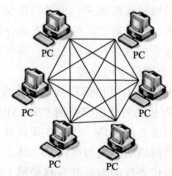

图 7-8 网状网络拓扑结构图

7.1.3　计算机网络的组成

计算机网络是计算机技术与通信技术密切结合的产物，也是继报纸、广播、电视之后的第四种媒体。其组成如下所述。

1. 计算机网络的逻辑组成

计算机网络按逻辑功能可分为资源子网和通信子网两部分，如图 7-9 所示。

资源子网是计算机网络中面向用户的部分，负责数据处理工作。它包括网络中独立工作的计算机及其外围设备、软件资源和整个网络共享数据。

通信子网则是网络中的数据通信系统，它由用于信息交换的网络结点处理机和通信链路组成，主要负责通信处理工作，如网络中的数据传输、加工、转发和变换等。

若只是访问本地计算机，则只在资源子网内部进行，无须通过通信子网。若要访问异地计算机资源，则必须通过通信子网。

2. 计算机网络的物理组成

计算机网络按物理结构可分为网络硬件和网络软件两部分，其组成结构如图 7-10 所示。

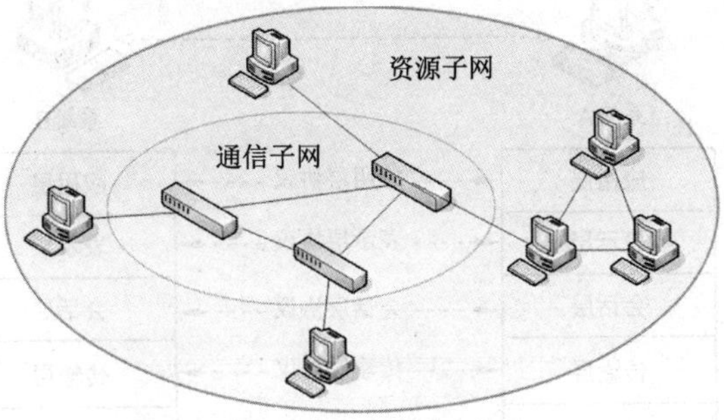

图 7-9　通信子网和资源子网

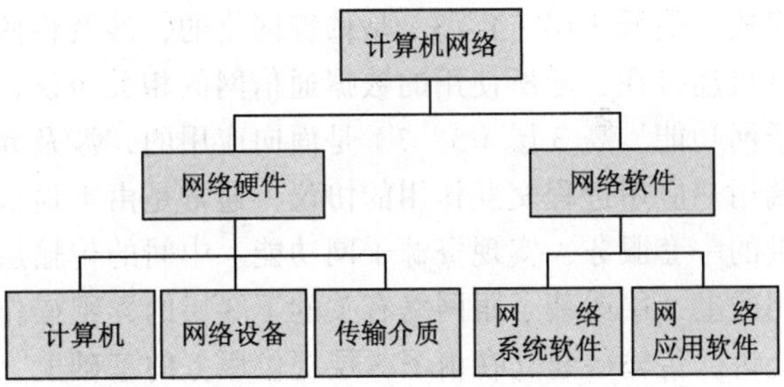

图 7-10　计算机网络的物理组成

在计算机网络中，网络硬件对网络的性能起着决定性作用，它是网络运行的实体，网络软件则是支持网络运行、提高效率和开发网络资源的工具。

7.1.4　计算机网络的功能

1. 数据通信

计算机联网之后，便可以互相传递数据，进行通信。随着因特网在世界各地的流行，传统的电话、电报、邮递通信方式受到很大冲击，电子邮件已为世界广泛接受，网上电话、视频会议等各种通信方式正在迅速发展。

2. 资源共享

在计算机网络中，有许多昂贵的资源，例如大型数据库、巨型计算机等，并非为每一用户所拥有，所以必须实行资源共享。资源共享包括硬件资源的共享，如打印机、大容量磁盘等；也包括软件资源的共享，如程序、数据等。资源共享的结果是避免重复投资和劳动，从而提高了资源的利用率，使系统的整体性能价格比得到改善。

3. 增加可靠性

在一个系统内，单个部件或计算机的暂时失效必须通过替换资源的办法来维持系统的继续运行。但在计算机网络中，每种资源（尤其程序和数据）可以存放在多个地点，而用户可以通过多种途径来访问网内的某个资源，从而避免了单点失效对用户产生的影响。

4. 提高系统处理能力

单机的处理能力是有限的，且由于种种原因（例如时差），计算机之间的忙闲程度是不均匀的。从理论上讲，同一个网络系统的多台计算机可通过协同操作和并行处理来提高整个系统的处理能力，并使各计算机负载均衡。

7.1.5 计算机网络体系结构和网络协议的基本概念

1. 计算机网络体系结构和 OSI 参考模型简介

在计算机网络系统中，网络服务请求者和网络提供者之间的通信非常复杂，计算机网络体系结构正是解决这个复杂问题的钥匙。所谓网络体系结构，就是对构成计算机网络的各组成部分之间的关系及所要实现功能的框架和技术基础，它采用分层结构模式。分层格局将网络通信任务划分为若干部分，每部分完成各自特殊的子任务，并通过明确的途径与其他部分相互作用。网络体系结构只为计算机间的通信提供了一种概念性框架，实际通信由各种通信协议支持实现。Internet 建立的 TCP/IP 网络体系结构，正是这样一种开放式网络体系结构，它被规范为一种世界网络标准，广泛应用于局域网、广域网及企业，并最终为因特网所采用。

为了解决不同标准的网络之间进行通信的问题，国际标准化组织研究提出了开放系统互连参考模型 OSI/RM。OSI/RM 参考模型是一个逻辑结构，并非一个具体的计算机设备或网络，但是任何两个遵守协议的标准的系统都可以互连通信，这正是“开放”的实际意义。

OSI/RM 模型的逻辑结构如图 7-11 所示，它由 7 个协议层组成。最低 3 层（1~3）是依赖网络的，涉及将两台通信计算机连接在一起所使用的数据通信网的相关协议，实现通信子网功能。高 3 层（5~7）是面向应用的，涉及允许两个终端用户应用进程交互作用的协议，通常是由本地操作系统提供的一套服务，实现资源子网功能。中间的传输层为面向应用的上 3 层遮蔽了跟网络有关的下 3 层的详细操作。从本质上讲，传输层建立在由下 3 层提供服务的基础上，为面向应用的高层提供网络无关的信息交换服务。

网络通信的涉及因素多而复杂，包括：通信线路、传输技术、计算机硬件、软件、应用业务、安全等。分层可以将复杂的网络通信问题分解为多个可在不同层次上处理的部分，提供了模块化的设计，对任何一层的修改、增加不会影响其他层的功能。表 7-1 简单描述了各层的功能。

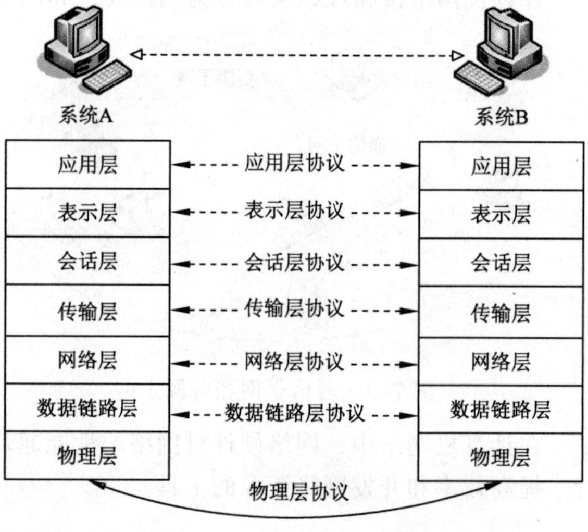

图 7-11 OSI/RM 模型的逻辑分层

表 7-1 OSI/RM 模型各层功能

层 级	分 层	功 能
第 7 层	应用层	提供如文件传输、电子邮件、万维网等各种应用
第 6 层	表示层	数据转换、压缩与解压缩、加密与解密
第 5 层	会话层	建立传输规则，传输内容
第 4 层	传输层	分组、流量控制、查错与错误处理
第 3 层	网络层	确定传送地址、选择传输路径
第 2 层	数据链路层	信号同步、差错校验、流向控制
第 1 层	物理层	完成相邻结节之间的比特流的传输

2. 网络协议的基本概念和 TCP/IP 协议

在计算机网络中，为了使计算机之间能够正确地传送信息，必须有一套关于信息传输顺序、信息格式等的约定，这一套约定称为通信协议。简单地说，网络协议就是计算机网络中任何两个结点间的通信规则。

协议通常由三部分组成：

- 语法：规定通信双方“讲什么”，即确定协议元素的类型，如发出何种控制信息、执行什么动作、返回的应答。

• 语义：规定通信双方“如何讲”，即确定协议元素的格式，如数据信息的格式、控制信息的格式。

• 同步：规定通信双方信息传递的顺序，即先传什么、后传什么。

TCP/IP 协议（Transmission Control Protocol/Internet Protocol，传输控制协议/互连协议），是目前最常用的一种网络协议，它是计算机世界里的一个通用协议，在 OSI 参考模型出现前 10 年就存在了，实际上是许多协议的总称，包括 TCP 和 IP 协议及其他 100 多个协议。而 TCP 和 IP 是这众多协议中最重要的两个核心协议。

TCP/IP 协议由网络接口层、网间网层、传输层、应用层等四个层次组成。其中，网络接口层是最底层，包括各种硬件协议，面向硬件；应用层面向用户，提供一组常用的应用程序，如电子邮件、文件传输等。

因特网就是通过路由器将不同类型的物理网互连在一起的虚拟网络，它采用 TCP/IP 协议控制各网络之间的数据传输，采用分组交换技术传输数据。

（1）网间互联协议 IP。IP 协议位于网间网层，主要将不同格式的物理地址转换为统一的 IP 地址，将不同格式的帧转换为“IP 数据报”，向 TCP 协议所在的传输层提供 IP 数据报，实现无连接数据报传送。IP 协议的另一个功能是数据报的路由选择。简单地说，路由选择就是在网上从一个结点到另一个结点的传输路径的选择，将数据从一地传输到另一地。

（2）传输控制协议 TCP。TCP 协议位于传输层，向应用层提供面向连接的服务，确保网上所发送的数据可以完整地接收。一旦数据丢失或破坏，则由 TCP 负责将被丢失或破坏的数据重新传输一次，实现数据的可靠传输。

（3）文件传输协议 FTP。文件传输协议用于控制两个主机之间的文件交换。

（4）简单邮件传送协议 SMTP。Internet 标准中的电子邮件是一个简单的面向文本的协议，用来有效、可靠地传送邮件。

7.1.6　网络连接设备

1．网卡

网卡也称“网络适配器”，简称 NIC，是局域网中最基本的部件之一，它是连接计算机与网络的硬件设备，如图 7-12 所示。

网卡主要负责整理计算机上需要发送的数据，并将数据分解为适当大小的数据包之后向网络上发送出去。每块网卡都有一个唯一的网络结点地址，它是网卡生产厂家在生产时烧入 ROM（只读存储芯片）中的，我们把它称为 MAC 地址（物理地址）。日常使用的网卡都是以太网网卡，按其传输速度来分可分为 10 M 网卡、10／100 M 自适应网卡以及千兆（1 000 M）网卡。如果只是作为一般用途，如日常办公等，比较适合使用 10 M 网卡和 10／100 M 自适应网卡两种。如果应用于服务器等产品领域，就要选择千兆级的网卡。

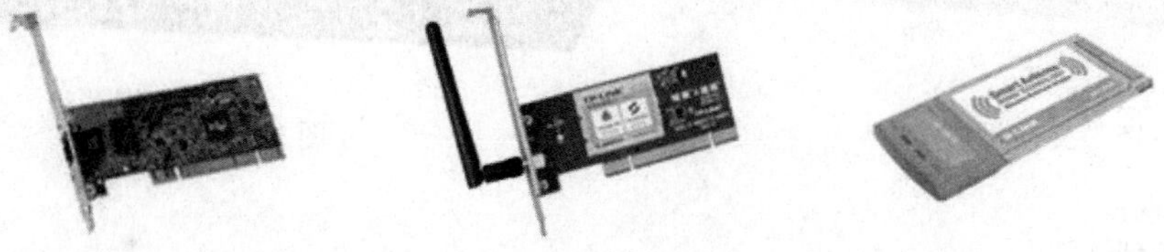

PC 网卡　　无线网卡　　笔记本式计算机的网卡

图 7-12　常见的网卡

近几年来，随着无线局域网技术快速的发展，无线局域网的应用也日益丰富。越来越多的家庭用户开始使用无线接入点组建方便快捷的家庭无线宽带网络。无线网卡是终端无线网络的设备，是计算机可以进行无线上网的一个装置，如果用户所在地有无线接入点的覆盖，就可以通过无线网卡以无线的方式连接无线网络而上网。

2．调制解调器（Modem）

调制解调器是 PC 通过电话线接入因特网的必备设备，它具有调制和解调两种功能，一般分外置和内置两种。外置调制解调器是在计算机机箱之外使用的，一端用电缆连接在计算机上，另一端与电话插口连接，外观如图 7-13 所示。内置调制解调器是一块电路板，插在计算机或终端内部，价格比外置调制解调器便宜。

在通信过程中，信息的发送端和接收端都需要调制解调器。发送端的调制解调器将数字信号调制成模拟信号送入通信线路，接收端的调制解调器再将模拟信号解调还原成数字信号进行接收和处理。

3. 集线器（Hub）

集线器的主要功能是对接收到的信号进行再生整形放大，以扩大网络的传输距离，同时把所有结点集中在以它为中心的结点上。集线器与网卡、网线等传输介质一样，属于局域网中的基本连接设备，常见集线器如图 7-14 所示。

图 7-13 调制解调器

图 7-14 集线器

在传统的局域网中，连网的结点通过双绞线与集线器连接，构成物理上的星状拓扑结构。目前，市场上的集线器有：独立式集线器、堆叠式集线器和智能型集线器等。

4. 交换机（Switch）

从广义上来看，交换机分为两种：广域网交换机和局域网交换机。广域网交换机主要应用于电信领域，提供通信用的基础平台。局域网交换机应用于局域网络，用于连接终端设备，如 PC 及网络打印机等。图 7-15 所示为局域网交换机。

交换机可以完成数据的过滤、学习和转发任务。比 Hub 拥有更快的接入速度，支持更大的信息流量。数据过滤可以帮助降低整个网络的数据传输量，提高效率。当然交换机的功能还不止如此，它可以把网络拆解成网络分支、分割网络数据流，隔离分支中发生的故障，这样就可以减少每个网络分支的数据信息流量而使每个网络更有效，提高整个网络效率。

目前，交换机成为了应用普及最快的网络设备之一，并且随着交换技术的不断发展，其价格急剧下降，有较强的代替集线器的趋势。

5. 路由器（Router）

把处于不同地理位置的局域网通过广域网进行互连是当前网络互连的一种常见的方式。路由器是实现局域网与广域网互连的主要设备，是一种连接多个网络或网段的网络设备，它能将不同网络或网段之间的数据信息进行"翻译"，以使它们能够相互"读"懂对方的数据，从而构成一个更大的网络。常见路由器如图 7-16 所示。

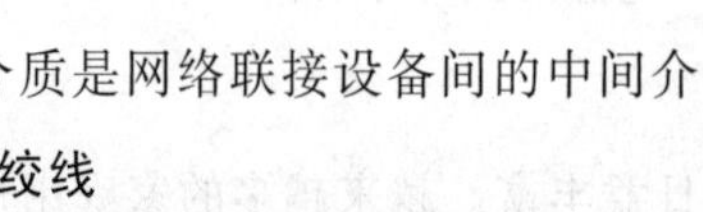

图 7-15 交换机

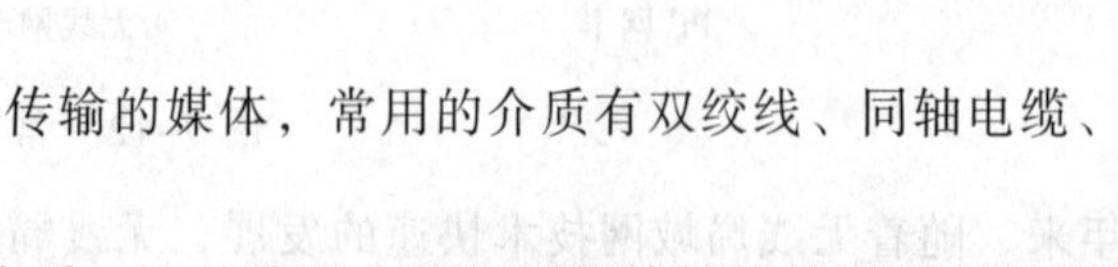

图 7-16 路由器

7.1.7 网络传输介质

传输介质是网络联接设备间的中间介质，也是信号传输的媒体，常用的介质有双绞线、同轴电缆、光缆等。

1. 双绞线

双绞线外观如图 7-17 所示，是现在最普通的传输介质。双绞线是由按规则螺旋结构排列的两根绝缘线组成。双绞线分为屏蔽双绞线 STP 和无屏蔽双绞线 UTP 两种。双绞线成本低，易于铺设，既可以传输模拟数据也可以传输数字数据，但是抗干扰能力较差。

2. 同轴电缆

同轴电缆以硬铜线为芯，外包一层绝缘材料，如图 7-18 所示。有两种广泛使用的同轴电缆：一种是 50 Ω 基带电缆，用于数字传输；另一种是 75 Ω 宽带电缆，既可以使用模拟信号发送，也可以传输数字信号。

同轴电缆内导体为铜线，外导体为铜管或网状材料，电磁场封闭在内外导体之间，故辐射损耗小，受外界干扰影响小。同轴电缆的这种结构，使它具有高带宽和极好的噪声抑制特性，常用于传送多路电话和电视。同轴电缆的带宽取决于电缆长度。1 km 的电缆可以达到 1~2 Gbit/s 的数据传输速率。目前，同轴电缆大量被光纤取代，但仍广泛应用于有线电视和某些局域网。

3．光缆

光缆是利用置于包覆护套中的一根或多根光纤作为传输介质并可以单独或成组使用的通信线缆组件。光导纤维是软而细的、利用内部全反射原理来传导光束的传输介质，有单模和多模之分。单模光纤多用于通信业，多模光纤多用于网络布线系统。

光纤为圆柱状，由纤芯、包层和护套等 3 个同心部分组成，如图 7-19 所示。每一路光纤包括两根，一根接收，一根发送。用光纤作为网络介质的局域网技术主要是光纤分布式数据接口（FDDI）。与同轴电缆比较，光纤可提供极宽的频带且功率损耗小、传输距离长（2 km 以上）、传输率高（可达数千 Mbit/s）、抗干扰性强，并且有极好的保密性。

图 7-17　双绞线与水晶头

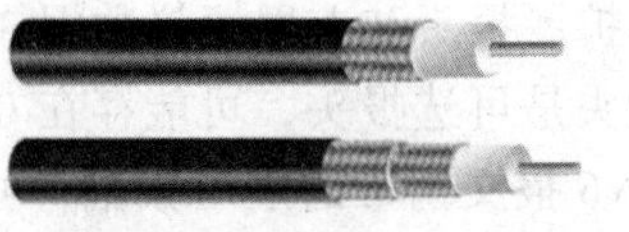

图 7-18　同轴电缆

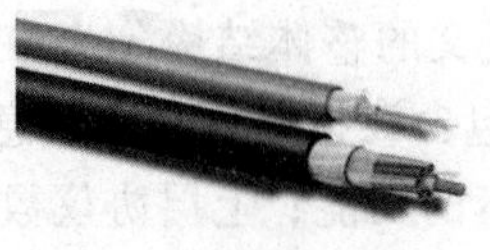

图 7-19　光缆

4．其他

由于受空间技术，军事等应用场合机动性要求，不便采用硬缆连接，而采用微波、红外线、激光和卫星等通信媒介。微波传输和卫星传输这两种传输方式均以空气为传输介质，以电磁波为传输载体，连网方式较为灵活。

7.2　计算机网络新技术

近年来，随着计算机网络技术进入新的发展阶段，其特点是互联、高速和智能化。

7.2.1　IPv6

IPv6 是互联网协议的第六版；最初它在IETF的 IPng选取过程中胜出时称为互联网新一代网际协议（IPng），IPv6 是被正式广泛使用的第二版互联网协议。

IPv6 作为下一代互联网的技术基础，对物联网、车联网、人工智能等新兴产业的发展有着重大影响。

1．IPv6 的发展历史

IPv6 的发展是从 1992 年开始的。至 1992 年初，一些关于互联网地址系统的建议在 IETF（互联网工程任务组）上提出，并于 1992 年底形成白皮书。

2012 年 6 月 6 日，国际互联网协会举行了世界 IPv6 启动纪念日，这一天，全球 IPv6 网络正式启动。

2017 年 11 月 26 日，中共中央办公厅、国务院办公厅印发《推进互联网协议第六版（IPv6）规模部署行动计划》。

2018 年 6 月，三大运营商（电信、联通、移动）联合阿里云宣布，将全面对外提供 IPv6 服务，并计划在 2025 年前助推中国互联网真正实现“IPv6 Only”。 7 月，百度云制定了中国的 IPv6 改造方案。 8 月 3 日，工信部通信司在北京召开 IPv6 规模部署及专项督查工作全国电视电话会议，中国将分阶段有序推进规模建设 IPv6 网络，实现下一代互联网在经济社会各领域深度融合。

2．IPv6 的表示方法

IPv6 的地址长度为 128 bit，是 IPv4 地址长度的 4 倍。于是 IPv4 点分十进制格式不再适用，采用十六进制表示。IPv6 有 3 种表示方法。

（1）冒分十六进制表示法。格式为 X:X:X:X:X:X:X:X，其中每个 X 表示地址中的 16 bit，以十六进制表示，例如：

ABCD:EF01:2345:6789:ABCD:EF01:2345:6789

这种表示法中，每个 X 的前导 0 是可以省略的，例如：

2001:0DB8:0000:0023:0008:0800:200C:417A→ 2001:DB8:0:23:8:800:200C:417A

（2）0 位压缩表示法。在某些情况下，一个 IPv6 地址中间可能包含很长的一段 0，可以把连续的一段 0 压缩为“::”。但为保证地址解析的唯一性，地址中“::”只能出现一次，例如：

FF01:0:0:0:0:0:0:1101 → FF01::1101

0:0:0:0:0:0:0:1 → ::1

0:0:0:0:0:0:0:0 → ::

（3）内嵌 IPv4 地址表示法。为了实现 IPv4-IPv6 互通，IPv4 地址会嵌入 IPv6 地址中，此时地址常表示为:X:X:X:X:X:X:d.d.d.d，前 96 bit 采用冒分十六进制表示，而最后 32 bit 地址则使用 IPv4 的点分十进制表示，例如::192.168.0.1 与::FFFF:192.168.0.1 就是两个典型的例子，注意在前 96 bit 中，压缩 0 位的方法依旧适用。

3．IPv6 的报文内容

IPv6报文的整体结构分为 IPv6 报头、扩展报头和上层协议数据 3 部分。IPv6 报头是必选报文头部，长度固定为 40 B，包含该报文的基本信息；扩展报头是可选报头，可能存在 0 个、1 个或多个，IPv6 协议通过扩展报头实现各种丰富的功能；上层协议数据是该 IPv6 报文携带的上层数据，可能是ICMPv6报文、TCP报文、UDP 报文或其他可能报文。

4．IPv6 的地址类型

IPv6 协议主要定义了三种地址类型：单播地址（Unicast Address）、组播地址（Multicast Address）和任播地址（Anycast Address）。与原来在 IPv4 地址相比，新增了“任播地址”类型，取消了原来 IPv4 地址中的广播地址，因为在 IPv6 中的广播功能是通过组播来完成的。

单播地址：用来唯一标识一个接口，类似于 IPv4 中的单播地址。发送到单播地址的数据报文将被传送给此地址所标识的一个接口。

组播地址：用来标识一组接口（通常这组接口属于不同的结点），类似于 IPv4 中的组播地址。发送到组播地址的数据报文被传送给此地址所标识的所有接口。

任播地址：用来标识一组接口（通常这组接口属于不同的结点）。发送到任播地址的数据报文被传送给此地址所标识的一组接口中距离源结点最近（根据使用的路由协议进行度量）的一个接口。

7.2.2 语义网

语义网是对未来网络的一个设想，现在与 Web 3.0 这一概念结合在一起，作为 3.0网络时代的特征之一。简单地说，语义网是一种智能网络，它不但能够理解词语和概念，而且还能够理解它们之间的逻辑关系，可以使交流变得更有效率和价值。

语义网，它的核心是通过给万维网上的文档（如HTML文档、XML文档）添加能够被计算机所理解的语义“元数据”（Meta data），从而使整个互联网成为一个通用的信息交换媒介。

1．语义网的定义

语义网就是能够根据语义进行判断的智能网络，实现人与计算机之间的无障碍沟通。它好比一个巨型的大脑，智能化程度极高，协调能力非常强大。在语义网上连接的每一部计算机不但能够理解词语和概念，而且还能够理解它们之间的逻辑关系，可以干人所从事的工作。它将使人类从搜索相关网页的繁重劳动中解放出来，把用户变成全能的上帝。语义网中的计算机能利用自己的智能软件，在万维网上的海量资源中找到所需要的信息，从而将一个个现存的信息孤岛发展成一个巨大的数据库。

语义网的建立极大地涉及了人工智能领域的部分，与 Web 3.0 智能网络的理念不谋而合，因此语义网的初步实现也作为 Web 3.0 的重要特征之一，但是想要实现成为网络上的超级大脑，需要长期的研究，这意味着语义网的相关实现会占据网络发展进程的重要部分，并且延续于数个网络时代，逐渐转化成“智能网”。

2．语义网的基本特征

语义网类似于 Web 2.0 以 AJAX 概念为契机，如果说 Web 3.0 以语义网概念为契机的话，同样会有近似于 AJAX 的一种技术，成为网络的标准、置标语言或者相关的处理工具，用来扩展万维网，开创语义网时代。

（1）语义网不同于现在 WWW。现有的 WWW 是面向文档，而语义网则面向文档所表示的数据，更重视于计算机“理解与处理”，并且具有一定的判断、推理能力。

（2）语义网的实现意味着当时会存在一大批与语义网相互依赖的智能个体（程序），广泛地存在于计算机、通信工具、电器等物品上，他们组合形成环绕人类生存的初级智能网络。

（3）语义网是 WWW 的扩展与延伸，它展示了 WWW 的美好前景以及由此而带来的互联网的革命。

3. 语义网的实现

语义网的实现需要三大关键技术的支持：XML、RDF 和 Ontology。

（1）XML（eXtensible Marked Language，可扩展标记语言）是一种标记语言。可扩展标记语言可以让信息提供者根据需要自行定义标记及属性名，从而使 XML 文件的结构可以复杂到任意程度。它具有良好的数据存储格式和可扩展性、高度结构化以及便于网络传输等优点，再加上其特有的 NS 机制及 XML Schema 所支持的多种数据类型与校验机制，使其成为语义网的关键技术之一。

（2）RDF（Resource Description Framework，资源描述语言），它的实质是一系列的 statements，也就是“主体-谓词-客体”三元组（object-attribute-value）。RDF 是 W3C 组织推荐使用的用来描述资源及其之间关系的语言规范，具有简单、易扩展、开放性、易交换和易综合等特点。RDF 由三部分组成：RDF Data Model、RDF Schema 和 RDF Syntax。

（3）Ontology（本体）是一个哲学上的概念，是对客观世界的抽象。目前，Ontology 已经被广泛应用到计算机科学领域，用以描述概念和概念之间关系。本体语言用于对本体进行显式的形式化描述，目前存在多种本体语言，W3C 的推荐标准是建立在 RDF 与 RDF Schema 基础上的 OWL（Web Ontology Language），OWL 为需要处理信息内容的应用程序设计，而不仅仅是向人类呈现信息，通过提供额外的词汇和形式化的语义，OWL 提供了比 XML、RDF 和 RDF Schema 更高的机器对 Web 内容的可解释性。

7.2.3 网格技术

网格技术的目的是利用互联网把分散在不同地理位置的计算机组织成一台“虚拟的超级计算机”，实现计算资源、存储资源、数据资源、信息资源、软件资源、通信资源、知识资源、专家资源等的全面共享。其中每一台参与的计算机就是一个结点，就像摆放在围棋棋盘上的棋子一样，而棋盘上纵横交错的线条对应于现实世界的网络，所以整个系统就称为“网格”。传统互联网实现了计算机硬件的连通，Web 实现了网页的连通，而网格实现互联网上所有资源的全面连通。

1. 网格的核心技术

网格是一种能带来巨大处理、存储能力和其他 IT 资源的新型网络。网格计算通过共享网络将不同地点的大量计算机相连，从而形成虚拟的超级计算机，将各处计算机的多余处理器能力合在一起，可为研究和其他数据集中应用提供巨大的处理能力。有了网格计算，那些没有能力购买价值数百万美元的超级计算机的机构，也能利用其巨大的计算能力。

为解决不同领域复杂科学计算与海量数据服务问题，人们以网络互连为基础构造了不同的网格，有代表性的如计算网格、拾遗网格、数据网格等，它们在体系结构和需要解决的问题类型等方面不尽相同，但都需要共同的关键技术。

（1）高性能调度技术。在网格系统中，大量的应用共享网格的各种资源，如何使得这些应用获得最大的性能，这就是调度所要解决的问题。网格调度技术比传统高性能计算中的调度技术更复杂，这主要是因为网格具有一些独有的特征，例如，网格资源的动态变化性、资源的类型异构性和多样性、调度器的局部管理性等。所以网格的调度需要建立随时间变化的性能预测模型，充分利用网格的动态信息来表示网格性能的波动。在网格调度中，还需要考虑移植性、扩展性、效率、可重复性以及网格调度和本地调度的结合等一系列问题。

（2）资源管理技术。资源管理的关键问题是为用户有效地分配资源。高效分配涉及资源分配和调度两个问题，一般通过一个包含系统模型的调度模型来体现，而系统模型则是潜在资源的一个抽象，系统模型为分配器及时地提供所有结点上可见的资源信息，分配器获得信息后将资源合理地分配给任务，从而优化系统性能。

（3）网格安全技术。网格计算环境对安全的要求比 Internet 的安全要求更为复杂。网格计算环境中的用户数量、资源数量都很大且动态可变，一个计算过程中的多个进程间存在不同的通信机制，资源支持不同的认证和授权机制且可以属于多个组织。正是由于这些网格独有的特征，使得它的安全要求性更高，具体包括支持在网格计算环境中主体之间的安全通信，防止主体假冒和数据泄密；支持跨虚拟组织的安全；支持网格计算环境中用户的单点登录，包括跨多个资源和地点的信任委托和信任转移等。

2．网格计算领域

网格作为一个集成的计算与资源环境，能够吸收各种计算资源，将它们转化成一种随处可得的、可靠的、标准的且相对经济的计算能力，其吸收的计算资源包括各种类型的计算机、网络通信能力、数据资料、仪器设备甚至有操作能力的人等各种相关资源等。因此网格最终提供的是一种通用的计算能力。

（1）分布式超级计算。网格计算可以把分布式的超级计算机集中起来，协同解决复杂的大规模的问题。使大量闲置的计算机资源得到有效的组织，提高了资源的利用效率，节省了大量的重复投资，使用户的需求能够得到及时满足。

（2）高吞吐率计算。网格技术能够十分有效地提高计算的吞吐率，它利用CPU的周期窃取技术，将大量空闲的计算机的计算资源集中起来，提供给对时间不太敏感的问题，作为计算资源的重要来源。

（3）数据密集型计算。数据密集型的问题的求解往往同时产生很大的通信和计算需求，需要网格能力才可以解决。网格可以满足药物分子设计、计算力学、计算材料、电子学、生物学、核物理反应、航空航天等众多的领域的广泛需求。

（4）基于广泛信息共享的人与人交互。网格的出现更加突破了人与人之间地理界线的限制，使得科技工作者之间的交流更加的方便，从某种程度上可以说实现人与人之间的智慧共享。

（5）更广泛的资源贸易。随着大型机性能的提高和微机的更加普及，其资源的闲置的问题也越来越突出，网格技术能够有效地组织这些闲置的资源，使得有大量的计算需求的用户能够获得这些资源，资源提供者的应用也不会受到太大的干扰。需要计算能力的人可以不必购买大型计算机，只要根据自己的任务的需求向网格购买计算能力就可以满足。

3．网格体系结构

网格体系结构用来划分系统的基本组件，指定系统组件的目的和功能，说明组件之间如何相互作用，规定了网格各部分相互的关系与集成的方法。可以说，网格体系结构是网格的骨架和灵魂，是网格技术中最核心的部分。

（1）五层沙漏结构。五层沙漏结构是一种早期的抽象层次结构，以"协议"为中心，强调协议在网格的资源共享和互操作中的地位。通过协议实现一种机制，使得虚拟组织的用户与资源之间可以进行资源使用的协商、建立共享关系，并且可以进一步管理和开发新的共享关系。这一标准化的开放结构对网格的扩展性、互操作性、一致性以及代码共享都很有好处。五层结构之所以形如沙漏，是由各部分协议数量的分布不均匀引起的。考虑到核心的移植、升级的方便性，核心部分的协议数量相对比较少（例如Internet上的TCP和HTTP），对于其最核心的部分，要实现上层协议（沙漏的顶层）向核心协议的映射，同时实现核心协议向下层协议（沙漏的底层）的映射。按照定义，核心协议的数量不能太多，这样核心协议就成了一个协议层次结构的瓶颈。在五层结构中，资源层和连接层共同组成这一核心的瓶颈部分，它促进了单独的资源共享。

（2）开放网格。开放网格服务结构OGSA是Global Grid Forum 4的重要标准建议，是目前最新也最有影响力的一种网格体系结构，被称为是下一代的网格结构。

OGSA是面向服务的结构，将所有事务都表示成一个Grid服务，计算资源、存储资源、网络、程序、数据等都是服务，所有的服务都联系对应的接口，所以OGSA被称为是以服务为中心的"服务结构"，通过标准的接口和协议支持创建、终止、管理和开发透明的服务，其发展象征着Web Service的一个进步，结合Web Service技术，支持透明安全的服务实例，OGSA有效地扩展了Web Service架构的功能。

五层模型与OGSA都相当重视互操作性，但OGSA更强调服务的观点，将互操作性问题转化为定义服务的接口和识别激活特定接口的协议。这一面向服务模型具有很多优点，环境中的所有组件都是虚拟化的，通过提供一个所有Grid服务实现基础的一致接口的核心集，可以使得分级的、更高级别的服务的构建能够跨多个抽象层以一种统一的方式进行处理。虚拟化还促使从多个逻辑资源实例到同一物理资源的映射，不考虑实现的服务组合，以及一个VO内的基于低级资源组合的资源管理。正是Grid服务的虚拟化加强了通用服务语义行为无缝地映射到本地平台设施的能力。

7.2.4　P2P

1．P2P 的含义

P2P 可以理解为“点对点”，即对等计算机网络，是一种在对等者（Peer）之间分配任务和工作负载的分布式应用架构，是对等计算模型在应用层形成的一种组网或网络形式。P2P 直接将人们联系起来，让人们通过互联网直接交互。

对等网络是一种网络结构的思想。它与目前网络中占据主导地位的 C/S 结构（也就是 WWW 所采用的结构方式）的一个本质区别是，整个网络结构中不存在中心结点（或中心服务器）。在 P2P 结构中，每一个结点（peer）大都同时具有信息消费者、信息提供者和信息通信等三方面的功能。从计算模式上来说，P2P 打破了传统的 C/S 模式，在网络中的每个结点的地位都是对等的。每个结点既充当服务器，为其他结点提供服务，同时也享用其他结点提供的服务。

对等网络是对分布式概念的成功拓展，它将传统方式下的服务器负担分配到网络中的每一结点上，每一结点都将承担有限的存储与计算任务，加入网络中的结点越多，结点贡献的资源也就越多，其服务质量也就越高。

对等网络可运用存在于 Internet 边缘的相对强大的计算机（个人计算机），执行较基于客户端的计算任务更高级的任务。现代的 PC 具有速度极快的处理器、海量内存以及超大的硬盘，而在执行常规计算任务（如浏览电子邮件和 Web）时，无法完全发挥这些设备的潜力。新式 PC 很容易就能同时充当许多类型的应用程序的客户端和服务器（对等方）。

2．P2P 网络技术的特点

（1）非中心化。网络中的资源和服务分散在所有结点上，信息的传输和服务的实现都直接在结点之间进行，可以无须中间环节和服务器的介入，避免了可能的瓶颈。P2P 的非中心化基本特点，带来了其在可扩展性、健壮性等方面的优势。

（2）可扩展性。在 P2P 网络中，随着用户的加入，不仅服务的需求增加了，系统整体的资源和服务能力也在同步地扩充，始终能比较容易地满足用户的需要。理论上其可扩展性几乎可以认为是无限的。例如，在传统的通过 FTP 的文件下载方式中，当下载用户增加之后，下载速度会变得越来越慢，然而 P2P 网络正好相反，加入的用户越多，P2P 网络中提供的资源就越多，下载的速度反而越快。

（3）健壮性。P2P 架构天生具有耐攻击、高容错的优点。由于服务是分散在各个结点之间进行的，部分结点或网络遭到破坏对其他部分的影响很小。P2P 网络一般在部分结点失效时能够自动调整整体拓扑，保持其他结点的连通性。P2P 网络通常都是以自组织的方式建立起来的，并允许结点自由地加入和离开。

（4）高性价比。性能优势是 P2P 被广泛关注的一个重要原因。随着硬件技术的发展，个人计算机的计算和存储能力以及网络带宽等性能依照摩尔定律高速增长。采用 P2P 架构里可以有效地利用互联网中散布的大量普通结点，将计算任务或存储资料分布到所有结点上。利用其中闲置的计算能力或存储空间，达到高性能计算和海量存储的目的。

（5）隐私保护。在 P2P 网络中，由于信息的传输分散在各结点之间进行而无须经过某个集中环节，用户的隐私信息被窃听和泄露的可能性大大减小。此外，目前解决 Internet 隐私问题主要采用中继转发的技术方法，从而将通信的参与者隐藏在众多的网络实体之中。在传统的一些匿名通信系统中，实现这一机制依赖于某些中继服务器结点。而在 P2P 中，所有参与者都可以提供中继转发的功能，因而大大提高了匿名通信的灵活性和可靠性，能够为用户提供更好的隐私保护。

（6）负载均衡。P2P 网络环境下由于每个结点既是服务器又是客户机，减少了对传统 C/S 结构服务器计算能力、存储能力的要求，同时因为资源分布在多个结点，更好地实现了整个网络的负载均衡。由于对等网络不需要专门的服务器来做网络支持，也不需要其他组件来提高网络的性能，因而组网成本较低，适用于人员少、组网简单的场景，故常用于网络范围较小的中小型企业或家庭中。

7.2.5　移动计算技术

移动计算技术是随着移动通信、互联网、数据库、分布式计算等技术的发展而兴起的新技术。它的作用是将信息准确、及时地在任何时间提供给任何地点的任何客户。移动计算技术使计算机或其他信息智能终端设备在无线环境下实现数据传输及资源共享，这将极大地改变人们的生活方式和工作方式。

7.2.6 物联网技术

1999年在美国召开的移动计算和网络国际会议首先提出物联网这个概念。

物联网是新一代信息技术的重要组成部分，也是“信息化”时代的重要发展阶段。其英文名称是“Internet of Things（IoT）”。顾名思义，物联网就是物物相连的互联网。这有两层意思：其一，物联网的核心和基础仍然是互联网，是在互联网基础上的延伸和扩展的网络；其二，其用户端延伸和扩展到了任何物品与物品之间，进行信息交换和通信，也就是物物相息。物联网通过智能感知、识别技术与普适计算等通信感知技术，广泛应用于网络的融合中，也因此被称为继计算机、互联网之后世界信息产业发展的第三次浪潮。

1．物联网的定义

物联网是通过射频识别、红外感应器、全球定位系统、激光扫描器等信息传感设备，按约定的协议，把任何物体与互联网相连接进行信息交换和通信，以实现对物体的智能化识别、定位、跟踪、监控、管理和控制的一种网络。

2．物联网的架构

从技术架构上来看，物联网可分为三层：感知层、网络层和应用层。

（1）感知层。感知层由各种传感器以及传感器网关构成，包括二氧化碳浓度传感器、温度传感器、湿度传感器、二维码标签、RFID 标签和读写器、摄像头、GPS 等感知终端。感知层的作用相当于人的眼耳鼻喉和皮肤等神经末梢，它是物联网识别物体、采集信息的来源，其主要功能是识别物体，采集信息。

（2）网络层。网络层由各种私有网络、互联网、有线和无线通信网、网络管理系统和云计算平台等组成，相当于人的神经中枢和大脑，负责传递和处理感知层获取的信息。

（3）应用层。应用层是物联网和用户（包括人、组织和其他系统）的接口，它与行业需求结合，实现物联网的智能应用。

物联网的行业特性主要体现在其应用领域内，绿色农业、工业监控、公共安全、城市管理、远程医疗、智能家居、智能交通和环境监测等各个行业均有物联网应用的尝试，某些行业已经积累一些成功的案例。

7.2.7 无线网络技术

无线网络（Wireless Network）是采用无线通信技术实现的网络。无线网络既包括允许用户建立远距离无线连接的全球语音和数据网络，也包括为近距离无线连接进行优化的红外线技术及射频技术，与有线网络的用途十分类似，最大的不同在于传输媒介的不同，利用无线网络取代网线，可以和有线网络互为备份。

目前使用比较广泛的无线通信技术是通过公众移动通信网实现的无线网络（如4G，5G或GPRS）、无线局域网（Wi-Fi）和蓝牙（Bluetooth）。

（1）GPRS 手机上网方式，是一种借助移动电话网络接入 Internet 的无线上网方式，因此只要所在城市开通了 GPRS 上网业务，在任何一个角落都可以无线上网。

（2）Wi-Fi 是一种可以将个人计算机、手持设备（如 Pad、手机）等终端以无线方式互相连接的技术，事实上，它是一个高频无线电信号，通过无线电波来连网。常见的是无线路由器。在无线路由器的电波覆盖的有效范围都可以采用 Wi-Fi 连接方式进行联网。如果无线路由器连接了一条 ADSL 线路或别的上网线路，则又被称为热点。

（3）蓝牙是一种无线技术标准，可实现固定设备、移动设备和楼宇个人域网之间的短距离数据交换。蓝牙技术最初由电信巨头爱立信公司于1994年创制，当时是作为 BS-232 数据线的替代方案。蓝牙可连接多个设备，克服了数据同步的难题。

7.2.8 蜂窝无线通信技术

随着移动通信技术的发展，无线蜂窝网的覆盖面越来越广。

1．蜂窝通信技术

（1）蜂窝移动通信方式。蜂窝移动通信是一种移动通信硬件架构，把移动电话的服务区分为一个个正六边形的小子区，每个小区设一个基站，形成了形状酷似“蜂窝”的结构，因而把这种移动通信方式称为蜂窝移动通信方式。

（2）蜂窝移动网络。蜂窝移动网络是基于数字通信技术，由蜂窝结构覆盖组成服务区的大容量移动通信网络，它是用户数量最大的无线网络，相当于无线网络中的广域网。近年来，蜂窝无线通信技术迅速发展，网络覆盖面也已相当广阔。如今，蜂窝移动网络已经进入 5G 时代。

（3）移动通信技术。移动通信是指通信双方至少有一方处于移动状态。移动通信是一门复杂的高新技术，尤其是蜂窝移动通信。要使通信的一方或双方在移动中实现通信，就必须采用无线通信方式。它不但集中了无线通信和有线通信的技术成果，而且集中了网络技术和计算机技术的许多新成果。

（4）蜂窝移动通信（Cellular Mobile Communication）是采用蜂窝无线组网方式，在终端和网络设备之间通过无线通道连接起来，进而实现用户在活动中可相互通信。其主要特征是终端的移动性，并具有越区切换和跨本地网自动漫游功能。蜂窝移动通信业务是指经过由基站子系统和移动交换子系统等设备组成蜂窝移动通信网提供的话音、数据、视频图像等业务。

2. 蜂窝移动通信系统

蜂窝移动通信系统一般由移动台（Mobile Station，MS）、基站（Base Station，BS）、移动业务交换中心（Mobile Switching，MSC）及与公共交换电话网络（Public Switched Telephone Network，PSTN）相连的中继线等组成。

（1）移动台：移动用户的终端设备，用来在移动通信网络中进行通信。

（2）基站：用于维护无线网络与移动台之间的连接，包括基站控制器（BSC）、基站收发机（BTS）等。

（3）移动业务交换中心：负责管理一个地理区域内的多个基站控制器。

蜂窝移动通信系统结构，每个小区设有一个（或多个）基站，它与若干个移动台建立无线通信链路。若干个小区组成一个区群（蜂窝），区群内各个小区的基站通过电缆、光缆或微波链路与移动业务交换中心相连。移动交换中心的主要功能是信息的交换和整个系统的集中控制管理。

3. 5G

第五代移动通信技术（5th generation mobile networks、5th generation wireless systems、5th-Generation，简称 5G）是最新一代蜂窝移动通信技术，是 4G（LTE-A、WiMax）、3G（UMTS、LTE）和 2G（GSM）系统后的延伸。5G 的性能目标是高数据速率、减少延迟、节省能源、降低成本、提高系统容量和大规模设备连接。Release-15 中的 5G 规范的第一阶段是为了适应早期的商业部署。Release-16 的第二阶段将于 2020 年 4 月完成，作为 IMT-2020 技术的候选提交给国际电信联盟（ITU）。ITU IMT-2020 规范要求速度高达 20 Gbit/s，可以实现宽信道带宽和大容量 MIMO。

7.3　Internet 基础

Internet 是世界上许多不同计算机网络通过网络互联而构成的特大计算机网络，或者说是“网络的网络”。Internet 通常译为“因特网”，有时译为“互联网”或“国际互联网”。Internet 是全球的、开放的信息互联网络，世界各地只要是采用开放系统互联协议的计算机都能够互相通信。Internet 是全球最具影响力的计算机互联网，也是世界范围内最重要的信息资源网。

本节主要介绍 Internet 的基础知识、基本服务功能与接入方式。

7.3.1　Internet 的发展史及其特点

1. Internet 的发展史

Internet 最初起源于美国国防部高级研究项目署（ARPA）在 1969 年建立的一个实验性网络 ARPANET。该网络将美国许多大学和研究机构中从事国防研究项目的计算机连接在一起，是一个广域网。1974 年 ARPANET 研究并开发了一种新的网络协议，即 TCP/IP 协议，使得连接到网络上的所有计算机能够相互交流信息。

20 世纪 80 年代局域网技术迅速发展，1981 年 ARPA 建立了以 ARPANET 为主干网的 Internet 网，1983 年 Internet 已开始由一个实验型网络转变为一个实用型网络。

2. Internet 的特点

（1）全球性：Internet 上的计算机通过全球唯一地址逻辑地连接在一起。

（2）开放性：Internet 中的计算机之间的通信使用 TCP/IP 协议。

（3）平等性：Internet 可以为公共用户或个人用户提供高水平服务。

7.3.2 Internet 提供的服务

Internet 上提供的服务种类繁多，通过 Internet 所提供的各种服务，网络用户可以获得分布于 Internet 上的各种信息资源，进行各种信息交流。同时，也可以将自己的信息发布到网上，这些信息也成为网络资源。Internet 所提供的服务非常广泛，下面介绍几种较为经典的服务。

1．WWW 服务

万维网 WWW（World Wide Web）是一种建立在 Internet 上的全球性、交互性、动态的、多平台、分布式信息系统网，是一个基于超文本方式的信息检索工具。对 WWW 的访问是通过一种叫作浏览器（Browse，Web 浏览器，如 IE）的软件来实现的。无论用户所需的信息在什么地方，只要浏览器为用户检索到之后，就可以将这些信息传输到用户的计算机屏幕上。由于 WWW 采用了超文本链接，用户只需轻轻单击鼠标，就可以很方便地从一个页面跳转到另一个页面。浏览 WWW 主要采用 http 协议。

在 WWW 上有各种互动性强、精美丰富的多媒体信息资源。它是 Internet 上最方便和最受欢迎的信息浏览方式，如在新浪（www.sina.com.cn）、搜狐(www.sohu.com)等网站上浏览各种信息。网站向网民提供信息服务，所以把网站称为 Internet 内容提供商（网络用户），即 ICP（Internet Content Provider）。

2．电子邮件

电子邮件（Electronic Mail，简称 E-mail）是一种用电子手段提供信息交换的通信方式。这些信息包括文本、数据、声音、图像、语言视频等内容，是 Internet 应用最广的服务。

由于 E-mail 采用了先进的网络通信技术，又能传送多种形式的信息，与传统的邮政通信相比，E-mail 具有传输速度快、费用低、高效率、全天候、全自动服务等优点，同时 E-mail 的传送不受时间、地点、位置的限制，发送者和接收者可以随时进行信件交换，E-mail 得以迅速普及。

通过网络的电子邮件系统，用户可以用非常低廉的价格（不管发送到哪里，都只需负担电话费和网费即可），以非常快速的方式(几秒钟之内可以发送到世界上任何你指定的目的地)，与世界上任何一个角落的网络用户联系。通过电子邮件还可以进行一对多的邮件传递，同一邮件可以一次发送给许多人。同时，用户可以得到大量免费的新闻、专题邮件，并实现轻松的信息搜索。这是任何传统的方式也无法相比的。

近年来，随着电子商务、网上服务（如电子贺卡、网上购物等）的不断发展和成熟，E-mail 将越来越成为人们主要的通信方式。

3．文件传输 FTP

FTP 是文件传送协议的缩写。在因特网中，文件传送服务采用文件传送协议，用户可以通过 FTP 与远程主机连接，从远程主机上把共享软件或免费资源复制到本地计算机（术语称“客户机”）上，也可以从本地计算机上把文件复制到远程主机上。例如，当我们完成自己所设计的网页时，可以通过 FTP 软件把这些网页文件传输到指定的服务器中去。使用 FTP 几乎可以传送任何类型的多媒体文件，如图像、声音、数据压缩文件等。

在因特网中，并不是所有的 FTP 服务器都可以随意访问以及获取资源。FTP 主机通过 TCP/IP 协议以及主机上的操作系统可以对不同的用户给予不同的文件操作权限（如只读、读写、完全）。有些 FTP 主机要求用户给出合法的注册账号和口令，才能访问主机。而那些提供匿名登录的 FTP 服务器一般只需用户输入账号“anonymous”，密码“用户的电子邮件”，就可以访问 FTP 主机。

常见的 FTP 软件有 LeapFTP、CuteFTP 及 SmartFTP 等。

4．IP 电话

IP 电话即网络电话，它是利用 Internet 实现远程通话的一种先进方式，使用 IP 电话替代国际长途电话可大大降低通信成本。目前有三类 IP 电话：PC 到 PC、PC 到电话、电话到电话，尤其第三种是 IP 电话发展过程中的一个重大突破，它几乎和打普通电话一样方便，而费用只有普通长途电话的几分之一，它主要是通过专用的网关来实现的。利用网络来传输音频和视频的软件主要有 IPhone 5 和 NetMeeting。

5. 新闻组

新闻组是因特网上的电子新闻传播工具。在网络上用来存放电子邮件等各种信息（即电子新闻）的一台计算机，称为新闻服务器（NNTP Server），而新闻组（Newsgroup）就是存放在服务器这台特殊的计算机上的“文件夹”。在每个新闻组内存放有主题、内容各不相同的邮件。当然，一个服务器上有许多主题不同的新闻组，每个新闻组都可以有若干个子新闻组。

用户可以通过运行新闻阅读程序来阅读电子新闻（俗称“帖子”），这样新闻组的文章信息就会显示出来，包括文章的作者、主题、第一页以及后续信息。当然用户也可以在新闻组上发送自己的信息。如果某个新闻组参加讨论的人多，则这个新闻组就会继续创建或存在下去，否则就会被自动删除。同时，能将无序化的新闻进行有序的整合，并大大压缩了信息的厚度，让人们在最短的时间内获得最有效的新闻信息。

未来的网络新闻将不再受传统新闻发布者的限制，受众可以发布自己的新闻，并在短时间内获得更快的传播，而且新闻将成为人们互动交流的平台。

6. 电子商务

电子商务通常是指在全球各地广泛的商业贸易活动中，在因特网开放的网络环境下，基于浏览器/服务器（B/S）应用方式，买卖双方不谋面地进行各种商贸活动，实现消费者的网上购物、商户之间的网上交易和在线电子支付以及各种商务活动、交易活动、金融活动和相关的综合服务活动的一种新型的商业运营模式。

电子商务涵盖的范围很广，一般可分为企业对企业（Business to Business），或企业对消费者（Business to Consumer）两种。随着国内 Internet 使用人口之增加，利用 Internet 进行网络购物并以银行卡付款的消费方式已渐流行，市场份额也在快速增长，电子商务网站也层出不穷。

在我国，“阿里巴巴”“淘宝”“京东”“当当”网等都是比较著名的电子商务网站。

7. 现代远程教育

现代远程教育是利用网络技术、多媒体技术等现代信息技术手段开展的新型教育形态，是建立在现代电子信息通信技术基础上的网络教育，以面授教学、函授教学和广播电视教学为辅助，它以学习者为主体，学生和教师、学生和教育机构之间主要运用多种媒体和多种交互手段进行系统教学和通信联系。现代远程教育是相对于函授教育、广播电视教育等传统远程教育形态而言。网络教育是现代信息技术应用于教育后产生的新概念，即运用网络技术与环境开展的教育，在教育部已出台的一些文件中，也称现代远程教育为网络教育。

8. BBS

BBS 即“电子公告板”。早期的 BBS 与一般街头和校园内的公告板性质相同，只不过是通过计算机来传播或获得消息而已。近些年来，由于爱好者们的努力，BBS 的功能得到了很大的扩充。

虽然每个 BBS 的功能和服务方式不完全相同，但大多数都具有传递信息、邮件服务、在线交谈、文件传输等功能。例如，国内常见的清华大学的 BBS 站点名称为“水木社区”。

9. 网络游戏

网络游戏，主要指网络在线游戏，比较流行的有网络泥巴（MUD），还有一些专门的网络游戏站点，例如联众网络游戏站点等，它提供围棋、象棋、桥牌、麻将等多种网络游戏，但它们都要先安装专用的用户端软件，并连接到服务器才能使用。

10. 网络聊天

网络聊天是一种越来越流行的网络应用，它把遍布在世界各地的 Internet 用户连接在一起，在网络空间中畅所欲言。目前，微信、QQ 等比较流行。

11. 博客

博客（Blog）是继 E-mail、BBS、QQ 之后出现的第四种网络交流方式。Blog 的全名应该是 Weblog，中文意思是“网络日志”，后来缩写为 Blog。实际上个人博客网站就是网民们通过互联网发表各种思想的虚拟场所。盛行的“博客”网站内容通常五花八门，从新闻内幕到个人思想、诗歌、散文甚至科幻小说，应有尽有。

从理解上讲，博客是一种表达个人思想、网络链接、内容，按照时间顺序排列，并且不断更新的出版方式。也可以这样说，博客是一类人，这类人习惯于在网上写日记。博客之后又推出了应用更加广泛的“微博”。

7.3.3 IP 地址、域名、URL 地址

Internet 上有成千上万台主机，需要用普遍接受的方法来识别每台计算机和用户。为了使信息能准确传送到网络的指定站点，就像每一部电话具有一个唯一的电话号码一样，各站点的主机都必须有一个唯一的可以识别的地址来标识自己。Internet 上的网络地址有两种表示形式：IP 地址和域名。

1. IP 地址

IP 地址是 Internet 上的通信地址，是计算机、服务器、路由器的端口地址，每一个 IP 地址是全球唯一的，是运行 TCP/IP 协议的唯一标识。

IP 地址是 Internet 上主机在网络中地址的数字形式，是一个 32 位的二进制数，例如“11011110 11010010 11101010 10011010”。但为了便于记忆和识别，通常写成被圆点分开的 4 个十进制数的形式，如上面的二进制地址用十进制表示为“222.210.234.154”。IP 地址按网络规模的大小主要可分成 A、B、C、D、E 五大类，分别适用于不同的网络。IP 地址的格式如图 7-20 所示。

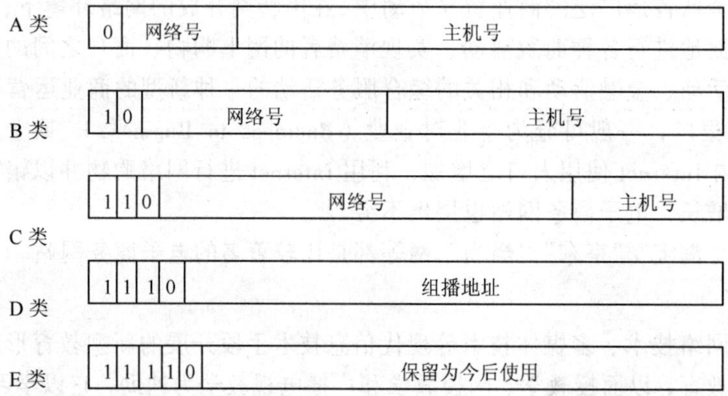

图 7-20 IP 地址分类

从图 7-20 中可以看出，IP 地址由网络地址、主机地址两部分组成。网络地址用来标识一个网络；主机地址用来标识这个网络上的某一台主机。

A 类地址供大型网络使用，最高位为 0，它所提供的网络地址字段仅有 7 个二进制位，因此 A 类网络最多只有 126 个，每一个 A 类网络中的主机个数最多为 16 777 214 台。

B 类地址供中型网络使用，最高位为 10，分别为网络地址和主机地址分配了 14 个和 16 个二进制位。B 类网络最多 16 382 个，每一个网络中的主机个数最多为 65 534 台。

C 类地址供小型网络使用，每一个网络中的主机个数最多为 254 台主机，此类网络有 2 097 150 个。

D 类用于 IP 组播，E 类地址按照 IP 协议规定留作将来使用。

Internet 网络信息中心 NIC（Network Information Center）负责全球 IP 地址的分配工作，以保证 IP 地址的全球唯一性。随着 Internet 的飞速发展，IP 地址也成为一种稀缺资源，IPv4 越来越不适应新的网络应用需求，新版本的 IP 协议是 IPv6。

2. 域名系统

在互联网发展之初并没有域名，有的只是 IP 地址。由于当时互联网主要应用在科研领域，IP 地址使用者非常少，所以记忆这样的数字并不是非常困难。但是随着时间的推移，连入互联网的计算机越来越多，需要记忆的 IP 地址也越来越多，记忆这些数字串变得越来越困难，于是域名应运而生。域名就是对应于 IP 地址的用于在互联网上标识机器的有意义的字符串。例如 CNNIC 的域名为 WWW.CNNIC.NET.CN，比起 IP 地址而言就更形象也更容易记忆。

Internet 采用的一种字符型的主机命名机制，这就是域名服务系统 DNS。这里要注意的是，DNS 通常具有两种含义：

（1）域名管理系统（Domain Name System）。域名是由圆点分开一串单词或缩写组成的，每个域名都对应一个唯一的 IP 地址，这一命名的方法或这样管理域名的系统叫作域名管理系统。

（2）域名解析服务器（Domain Name Server）。域名和 IP 地址都是表示主机的地址，实际上是一件事物的不同

表示。用户可以使用主机的 IP 地址，也可以使用它的域名。从域名到 IP 地址或者从 IP 地址到域名的转换（如 www.sina.com.cn 与 218.30.66.101 之间的转换），由域名服务器 DNS 完成。

为了避免重名，域名采用分层次定义命名，一般分为四部分，各层次的子域名之间用圆点“.”隔开，从右至左分别为第一级域名（也称最高级域名、顶级域名），第二级域名，直至主机名（最低级域名）。其结构如下：

主机名．组织机构名．第二级域名．第一级域名

国际上，第一级域名采用通用的标准代码，它分组织机构和地理模式两类。由于因特网诞生在美国，以 mil、edu、gov 为第一级域名特指美国的军事、教育、政府机构。美国的其他组织和机构及其他国家都用主机所在的地区的名称（由两个字母组成）为第一级域名，例如：US 美国，CN 中国，JP 日本，KR 韩国，UK 英国等。这里应该说明的一点是，由于特殊的历史原因，美国一直是唯一不用在网址后面加后缀“US”的国家。美国公司都习惯于用“.com”结尾的域名，为解决“.com”过于拥挤等问题，从 2002 年起，越来越多的美国公司开始使用“.US”域名。表 7-2 给出了常见的组织机构一级域名及其含义。

表 7-2　常用组织机构一级域名及含义

域　名	含　义	域　名	含　义
COM	商业组织	INT	国际组织
NET	网络机构	ORG	其他组织

根据《中国互联网络域名注册暂行管理办法》规定，我国的第一级域名是 CN，二级域名也分类别域名和地区域名，共计 40 个。其中类别域名有 6 个，如表 7-3 所示。

表 7-3　我国常用的类别域名及含义

域　名	含　义	域　名	含　义
AC	科研机构	COM	工、商、金融等企业
GOV	政府部门	EDU	教育机构
ORG	社会团体及非营利组织	NET	接入网络的信息和运行中心

例如：www.pku.edu.cn 是北京大学的一个域名，其中 www 是存放 Web 页的计算机，pku 是该大学的英文缩写，edu 表示教育机构，cn 表示中国。

地区域名是按照中国的各个行政区划分而成的，其划分标准依照原国家技术监督局发布的国家标准而定，包括“行政区域名”34 个（见表 7-4），适用于我国的各省、自治区、直辖市。例如北京的机构可以选择如 cnnic.bj.cn 的域名。

表 7-4　我国的 34 个行政区域名及含义

域　名	含　义	域　名	含　义	域　名	含　义
BJ	北京市	SH	上海市	TJ	天津市
CQ	重庆市	HE	河北省	SX	山西省
NM	内蒙古自治区	LN	辽宁省	JL	吉林省
HL	黑龙江省	JS	江苏省	ZJ	浙江省
AH	安徽省	FJ	福建省	JX	江西省
SD	山东省	HA	河南省	HB	湖北省
HN	湖南省	GD	广东省	GX	广西壮族自治区
HI	海南省	SC	四川省	GZ	贵州省
YN	云南省	XZ	西藏自治区	SN	陕西省
GS	甘肃省	QH	青海省	NX	宁夏回族自治区
TW	台湾省	HK	香港特别行政区	MO	澳门特别行政区
				XJ	新疆维吾尔自治区

一个单位、机构或个人若想在互联网上有一个确定的名称或位置，需要进行域名登记。域名登记工作是由经过授权的注册中心进行的。国际域名的申请由 InterNIC 及其他由“Internet 国际特别委员会（IAHC）”授权的机构

进行；国家二级域名的注册工作则由中国互联网络信息中心（CNNIC）负责进行。

在因特网中，有相应的软件把域名转换成IP地址。所以在使用上，IP地址和域名是等效的，二者一一对应。

3．URL地址

统一资源定位符（Uniform Resource Locator，URL），是用于完整地描述Internet上网页和其他资源地址的一种标识方法。

Internet上的每一个网页都具有一个唯一的名称标识，通常称之为URL地址，这种地址可以是本地磁盘，也可以是局域网上的某一台计算机，更多的是Internet上的站点。简单地说，URL就是Web地址，俗称“网址”。

对于Internet服务器或万维网服务器上的目标文件，可以使用“统一资源定位符（URL）”地址。Web服务器使用“超文本传输协议（HTTP）”，一种“幕后的”Internet信息传输协议。URL的格式如下：

协议：//IP地址或域名/路径/文件名

其中：

（1）“协议”是服务方式或是获取数据的方法，简单地说就是“游戏规则”，如http、ftp等。

（2）“IP地址或域名”是指存放该资源的主机的IP地址或域名。

（3）“路径”和“文件名”是用路径的形式表示Web页在主机中的具体位置（如文件夹、文件名等）。

比如，http://my2008.sina.com.cn/blog/index.html就是一个Web页的URL。它告诉系统：使用超文本传输协议http，资源是域名为my2008.sina.com.cn的主机上文件夹blog下的一个HTML语言文件index.html。

7.3.4 Internet常用接入方式

目前可供选择的接入Internet方式主要有PSTN、ISDN、DDN、LAN、ADSL、VDSL、Cable-Modem和光纤入户、无线接入方式，它们各有各的优缺点。

1．PSTN

拨号上网方式又称为拨号IP方式，因为采用拨号上网方式，在上网之后会被动态地分配一个合法的IP地址。拨号上网就是通过电话拨号的方式接入Internet的，但是用户的计算机与接入设备连接时，该接入设备不是一般的主机，而是称为接入服务（Access Server）的设备，同时在用户计算机与接入设备之间的通信必须用专门的通信协议SLIP或PPP。

拨号上网的特点：投资少，适合一般家庭及个人用户使用；速度慢，因为其受电话线及相关接入设备的硬件条件限制，一般在56 kbit/s左右。

2．ISDN拨号

ISDN（Integrated Service Digital Network，综合业务数字网）接入技术俗称“一线通”、窄带综合业务数字网业务（N-ISDN）。它是在现有电话网上开发的一种集语音、数据和图像通信于一体的综合业务形式。

一线通利用一对普通电话线即可得到综合电信服务：边上网边打电话、边上网边发传真、两部计算机同时上网、两部电话同时通话等。

通过ISDN专线上网的特点：方便，速度快，最高上网速度可达到128 kbit/s。

3．DDN

DDN即数字数据网，是利用数字传输通道（光纤、数字微波、卫星）和数字交叉复用结点组成的数字数据传输网。可以为用户提供各种速率的高质量数字专用电路和其他新业务，以满足用户多媒体通信和组建中高速计算机通信网的需要。

DDN专线的特点：采用数字电路，传输质量高，时延小，通信速率可根据需要选择；电路可以自动迂回，可靠性高。

4．ADSL

ADSL（Asymmetrical Digital Subscriber Line，非对称数字用户环路）是一种不对称数字用户线实现宽带接入互联网的技术，其作为一种传输层的技术，利用铜线资源，在一对双绞线上提供上行640 kbit/s、下行8 Mbit/s的宽带，从而实现了真正意义上的宽带接入。

ADSL宽带入网特点：与拨号上网或ISDN相比，减轻了电话交换机的负载，不需要拨号，属于专线上网，不需另缴电话费。

5. VDSL

VDSL是更高速的宽带接入，比ADSL还要快。使用VDSL，短距离内的最大下传速率可达55 Mbit/s，上传速率可达2.3 Mbit/s（将来可达19.2 Mbit/s，甚至更高）。VDSL使用的介质是一对铜线，有效传输距离可超过1 000 m。但VDSL技术仍处于发展初期，长距离应用仍需测试，端点设备的普及也需要时间。

6. Cable-modem

Cable-Modem（线缆调制解调器）是一种超高速Modem，它利用现成的有线电视（CATV）网进行数据传输，已是比较成熟的一种技术。随着有线电视网的发展壮大和人们生活质量的不断提高，通过Cable Modem利用有线电视网访问Internet已成为越来越受业界关注的一种高速接入方式。

7. 光纤入户

利用光纤传输宽带信号的接入网称为光纤接入网。几种常用的光纤接入技术：

- 有源光纤接入技术AON。
- 无源光纤接入技术PON。
- 同步光纤接入技术，即同步数字体系技术SDH（Synchronous Digital Hierarchy）。

光纤用户网具有带宽大、传输速度快、传输距离远、抗干扰能力强等特点。

8. 无线接入网

无线接入类型可分为固定无线接入和移动无线接入。

LMDS（Local Multipoint Distribution Services）。本地多点分配业务系统LMDS是宽带无线接入技术的一种新趋势，其优势表现在铺设开通快，维护简单，用户密度大时成本低。

9. 局域网接入方式

将一个局域网连接到Internet主机有两种方法：第一种是通过局域网的服务器，局域网中所有计算机共享服务器的一个IP地址；第二种是通过路由器，局域网上的所有主机都可以有自己的IP地址。

采用第二种接入方式的用户，软硬件的初始投资较高，通信线路费用也较高。这种方式是唯一可以满足大信息量因特网通信的方式，最适合希望多台主机都加入因特网的用户。

思 考 题

1. 什么是计算机网络？
2. 计算机网络按拓扑结构分为几类？
3. 计算机网络的功能有哪些？
4. 常用的网络连接设备有哪些？
5. IP地址、域名、URL地址分别表示什么？

参考文献

[1] 倪玉华．信息技术概论[M]．北京：科学出版社，2012.

[2] 高万萍，吴玉萍．计算机应用基础教程[M]．北京：清华大学出版社，2013.

[3] 汤敏，陈雅芳，訾志宇．办公自动化案例教程[M]．北京：清华大学出版社，2016.

[4] 罗爱静．卫生信息管理学[M]．2版．北京：人民卫生出版社，2007.

[5] 谭耀铭．操作系统概论[M]．北京：光明日报出版社，2008.

[6] 简超，羊清忠．中文版 Windows 7：从入门到精通[M]．北京：清华大学出版社，2010.

[7] 薛芳．精通 Windows 7 中文版[M]．北京：清华大学出版社，2012.

[8] 张巨俭．大学计算机基础与实践教程[M]．北京：中国铁道出版社，2012.

[9] 杨建辉，岳丽娜，吕欣．计算机操作系统原理与应用[M]．广州：华南理工大学出版社，2014.

[10] 贾小军．办公软件高级应用[M]．北京：中国铁道出版社，2017.

[11] 杰诚文化．最新 Office 2010 办公三合一[M]．北京：中国青年出版社，2010.

[12] 侯冬梅．计算机应用基础教程[M]．北京：中国铁道出版社，2012.

[13] 赵守香．计算机应用基础[M]．北京：中国人民大学出版社，2015.

[14] 刘相滨．大学计算机基础：应用操作指导[M]．北京：北京大学出版社，2018.

[15] 李畅．计算机应用基础习题与实验教程[M]．北京：人民邮电出版社，2013.

[16] 曾广雄，吴秀英．计算机应用基础项目化教程[M]．西安：西安电子科学大学出版社，2013.

[17] 特南鲍姆，韦瑟罗尔．计算机网络[M]．5版．严伟，潘爱民，译．北京：清华大学出版社，2012.

[18] 周炎涛，胡均平．计算机网络[M]．北京：人民邮电出版社，2008.